高等数学

（下册）

主　编　易正俊　张万雄　代　鸿
主　审　穆春来

重庆大学出版社

内容提要

本书的编写以培养学生的创新思维和应用能力为指导思想.全书取材着眼于微积分中的基本概念、基本原理、基本方法及应用,强调直观性,注重可读性. 内容处理新颖,覆盖面广,深入浅出,突出数学思想和数学方法,重在应用和数学建模,淡化各种运算技巧,注重把学生培养成为极具竞争优势的创新型人才,体现了国内外在教材改革方面的最新进展.

本书分为上下两册.上册内容包括极限论,导数与微分,中值定理与导数的应用,不定积分,定积分和定积分的应用;下册内容包括向量代数与空间解析几何,多元函数微分学及其应用,重积分,曲线积分与曲面积分,级数和微分方程.

本书可作为高等学校非数学专业,尤其是理工类各专业高等数学教材.

图书在版编目(CIP)数据

高等数学.下册/易正俊,张万雄,代鸿主编.—重庆:重庆大学出版社,2011.11(2021.3 重印)
ISBN 978-7-5624-6421-1

Ⅰ.①高… Ⅱ.①易…②张…③代… Ⅲ.①高等数学—高等学校—教材 Ⅳ.①O13

中国版本图书馆 CIP 数据核字(2011)第 230658 号

高等数学
(下册)
主 编 易正俊 张万雄 代 鸿
主 审 穆春来
策划编辑:曾显跃
责任编辑:文 鹏 版式设计:曾显跃
责任校对:邬小梅 责任印制:张 策
*
重庆大学出版社出版发行
出版人:饶帮华
社址:重庆市沙坪坝区大学城西路 21 号
邮编:401331
电话:(023) 88617190 88617185(中小学)
传真:(023) 88617186 88617166
网址:http://www.cqup.com.cn
邮箱:fxk@cqup.com.cn (营销中心)
全国新华书店经销
重庆华林天美印务有限公司印刷
*
开本:787mm×1092mm 1/16 印张:19.5 字数:487 千
2011 年 11 月第 1 版 2021 年 3 月第 3 次印刷
印数:9 001—10 360
ISBN 978-7-5624-6421-1 定价:48.00 元

前言

本教材以经典微积分为主要内容，目的是训练学生的数学思想和数学方法以及如何从已知世界去探索未知世界，把未知的问题转化为已知的问题进行求解. 多数专业课程的学习都以高等数学为基础，很多实际问题都可归结为数学建模和相应的求解问题. 因此，高等数学为学生的后续课程的学习和科技创新带来重要的价值，成为高校工科、理科专业及经济管理专业的一门重要必修基础课程.

《高等数学》教材在国内已有很多的版本，其内容和体系已经相当成熟. 但由于社会在进步，学科在发展，对高等数学的教学提出了更高的要求. 重庆大学主管教学的各级领导为达到"研究学术，造就人才，佑启乡邦，振导社会"的目的，从学生出发，一切为了学生，强调"以培养创新精神和应用能力为核心"的指导思想，把学生培养成为极具竞争优势的创新型人才，对教材建设的每一个环节提出了更高的要求.

本教材由重庆大学数学与统计学院具有丰富教学经验的一线教师编写，参考了国内外有关教材，博采众家之长，注重培养学生的创新思维，力争为后续课程的学习奠定扎实的理论基础和应用基础. 本教材的特色主要表现在以下 5 个方面：

①充分强调了高等数学基础理论的重要地位，所有基本概念与基本理论尽可能从研究背景引入，选取的是学生熟悉的背景知识，图文并茂，旨在培养学生的创新思维，点燃学生的求知欲.

②突出数学思想和数学方法，淡化各种运算技巧. 内容处理新颖，对高等数学教材的内容进行大幅度的调整，主要是依据教材内容的逻辑体系和学生的可接受性，将学生掌握难度较大的基本理论处理成若干个学生易于接受的部分，增加教材的可读性.

③例题的选取经过仔细筛选，每个例题都为后面的例题或习题埋下伏笔，顺序由易到难，渗透数学建模思想和数学在工程技术中的应用实例. 旨在培养学生提出问题，分析问题，解决问题的能力.

④重视反例在学生理解和掌握基本概念和基本理论中的重要作用，对读者易误解的概念和理论进行注释.

⑤习题的设置依据学生不同的层次和不同的要求分为 A 组和 B 组. A 组是基础知识训练；B 组是能力提升，对学生的创新思维进行训练.

本教材为高等数学下册，包括 6 章. 由易正俊教授组织参编人员进行多次讨论,合理确定了教材的内容体系和框架,由易正俊、张万雄、代鸿担任主编.第7章由张良才和刘琼芳编写,第8章由彭智军编写,第9章由胥斌和肖志祥编写,第10章由张万雄编写,第11章由党庆一和易正俊编写,第12章由代鸿编写,易正君负责对教材中所需的文献进行采集和书稿的校对.

本教材由重庆大学数学与统计学院教学院长、博士生导师穆春来教授审定.

本教材的出版得到重庆大学教务处、重庆大学数学与统计学院、重庆市教委和重庆大学出版社的大力支持,我们表示衷心的感谢.

由于时间较紧,加之编者水平有限,书中缺点和错误在所难免,恳请广大同行、读者批评指正.

编　者

2011年9月

目录

第 7 章 向量代数与空间解析几何

空间解析几何是通过点与坐标的对应,把抽象的数与空间的点统一起来,从而使得人们可以用代数的方法研究几何问题,也可以用几何的方法解决代数问题. 本章首先介绍向量及其代数运算,然后以向量为工具研究空间的直线与平面,最后讨论空间曲面与曲线的一般方程和特点.

7.1 向量及其运算

7.1.1 向量的基本概念

在自然界中经常会遇到两种量,一种是只有大小没有方向的量,称为数量,如年龄、身高、体温等. 另一种量是既有大小又有方向的量,称为向量,如速度、力、位移等. 向量可以用粗体英文字母表示,如 $\boldsymbol{a},\boldsymbol{r},\boldsymbol{v},\boldsymbol{F}$;也可用字母上加箭头来表示,如 $\vec{a},\vec{r},\vec{v},\vec{F}$.

向量的几何表示是用一条带有方向的线段(称为有向线段)来表示,如图 7.1 所示. 有向线段的长度表示向量的大小,有向线段的方向表示向量的方向. 以 M_1 为起点,M_2 为终点的向量记为$\overrightarrow{M_1M_2}$.

向量的大小称为向量的模,记为$|\boldsymbol{a}|$,$|\vec{a}|$,$|\overrightarrow{M_1M_2}|$. 模为 1 的向量称为单位向量. 模为 0 的向量称为零向量,记作 $\mathbf{0}$ 或 $\vec{0}$. 零向量的起点与终点重合,它的方向可以看作是任意的.

如果两个向量的模相等、方向相同,则称这两个向量相等. 我们在高等数学里所讲的向量

图 7.1　　图 7.2

是与起点无关的向量,这种向量称为自由向量.

如果两个向量模相等,方向相反,则这两个向量互为负向量,如图7.2所示.

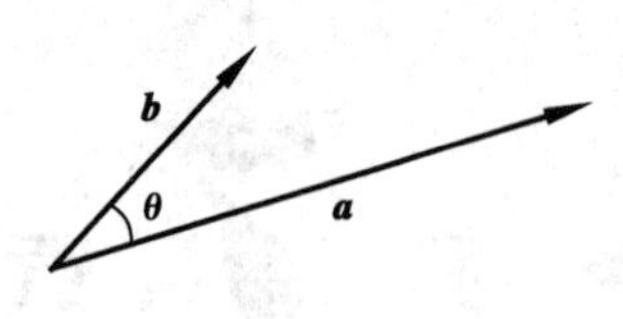

图7.3

如果两个非零向量的方向相同或相反,则称这两个向量平行(或称两向量共线),记为$\boldsymbol{a}//\boldsymbol{b}$或$\vec{a}//\vec{b}$. 规定:零向量与任何向量都平行.

把两个向量$\vec{a}$,$\vec{b}$所形成的夹角$\theta(0\leqslant\theta\leqslant\pi)$称为两向量的夹角(如图7.3所示),记为:$(\widehat{\vec{a},\vec{b}})$. 若两向量$\vec{a}$,$\vec{b}$平行,则这两个向量的夹角$(\widehat{\vec{a},\vec{b}})=0$或$(\widehat{\vec{a},\vec{b}})=\pi$.

7.1.2 向量的运算

(1)向量的加法

定义1 设有两个向量$\boldsymbol{a}$,$\boldsymbol{b}$,平移向量$\boldsymbol{b}$使$\boldsymbol{b}$的起点与$\boldsymbol{a}$的终点重合,此时从$\boldsymbol{a}$的起点到$\boldsymbol{b}$的终点的向量$\boldsymbol{c}$称为向量$\boldsymbol{a}$与$\boldsymbol{b}$的和,记作$\boldsymbol{a}+\boldsymbol{b}$,即

$$\boldsymbol{c}=\boldsymbol{a}+\boldsymbol{b}$$

上述定义也称为向量加法的三角形法则,如图7.4所示. 向量三角形法则可以推广到多个向量相加的情形,即:求向量$\boldsymbol{a}_1,\boldsymbol{a}_2,\cdots,\boldsymbol{a}_n$的和,就是把这$n$个向量首尾相连,从第一个向量的起点到最后一个向量的终点所构成的向量就是$\boldsymbol{a}_1,\boldsymbol{a}_2,\cdots,\boldsymbol{a}_n$的和$\sum\limits_{i=1}^{n}\boldsymbol{a}_i$,如图7.5所示的$\boldsymbol{s}$就表示$\sum\limits_{i=1}^{5}\boldsymbol{a}_i$.

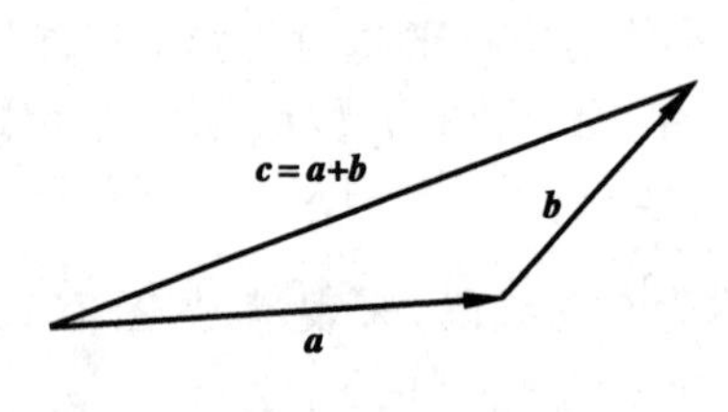

图7.4

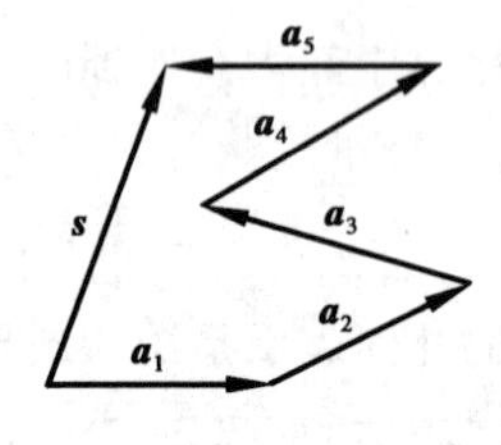

图7.5

定义2 设有两个不平行的向量$\boldsymbol{a}$,$\boldsymbol{b}$,平移向量使得$\boldsymbol{a}$与$\boldsymbol{b}$的起点重合,以$\boldsymbol{a}$,$\boldsymbol{b}$为邻边作平行四边形,从公共起点到对角顶点的向量就等于向量$\boldsymbol{a}$与$\boldsymbol{b}$的和$\boldsymbol{a}+\boldsymbol{b}$,如图7.6所示.

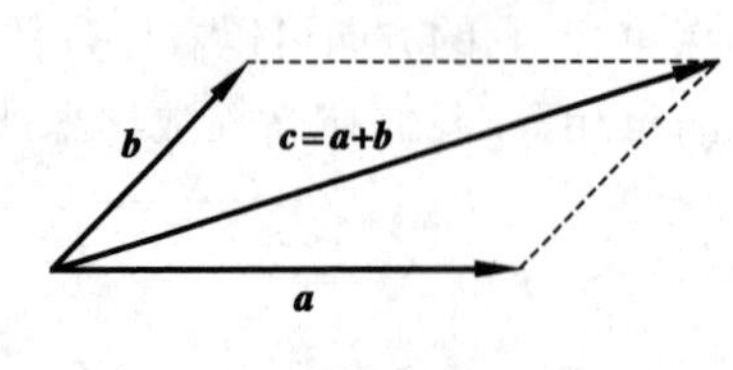

图7.6

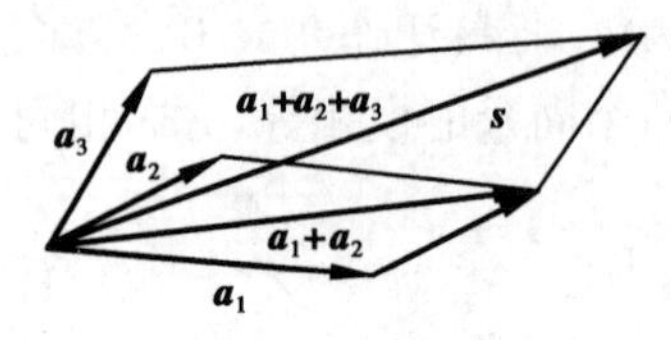

图7.7

对于多个向量相加,采用向量的平行四边形加法法则是先把两个向量相加,再与第三个向量相加,依次类推. 如图7.7所示的$\boldsymbol{s}$就表示$\sum\limits_{i=1}^{3}\boldsymbol{a}_i$.

共线的两个向量 $\boldsymbol{a},\boldsymbol{b}$ 的和规定为：

①若 $\boldsymbol{a}$ 与 $\boldsymbol{b}$ 同向，其和向量的方向就是 $\boldsymbol{a}$ 与 $\boldsymbol{b}$ 的共同方向，其模为 $\boldsymbol{a}$ 的模与 $\boldsymbol{b}$ 的模之和.

②若 $\boldsymbol{a}$ 与 $\boldsymbol{b}$ 反向，其和向量的方向就是 $\boldsymbol{a}$ 与 $\boldsymbol{b}$ 中模较长向量的方向，其模为 $\boldsymbol{a}$ 与 $\boldsymbol{b}$ 中较大的模与较小的模之差.

(2) 向量的减法

定义 3　规定两个向量 $\boldsymbol{b}$ 与 $\boldsymbol{a}$ 的差 $\boldsymbol{c}$ 为

$$\boldsymbol{c}=\boldsymbol{a}-\boldsymbol{b}=\boldsymbol{a}+(-\boldsymbol{b})$$

上式表明，把向量 $\boldsymbol{b}$ 的负向量 $-\boldsymbol{b}$ 加到向量 $\boldsymbol{a}$ 上，便得 $\boldsymbol{a}$ 与 $\boldsymbol{b}$ 的差 $\boldsymbol{a}-\boldsymbol{b}$，如图 7.8 所示. 特别地，当 $\boldsymbol{b}=\boldsymbol{a}$ 时，有

$$\boldsymbol{a}-\boldsymbol{a}=\boldsymbol{a}+(-\boldsymbol{a})=\boldsymbol{0}$$

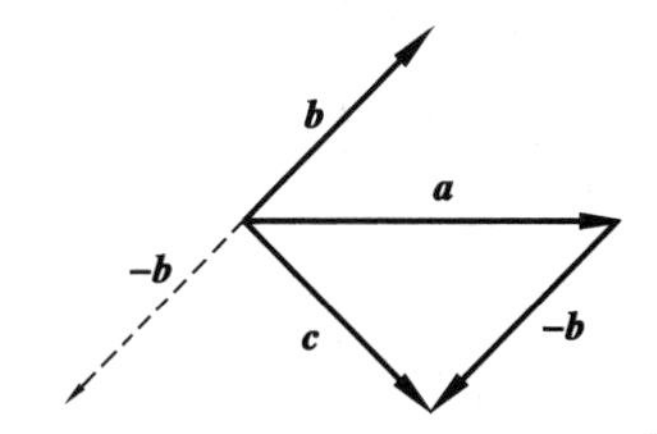

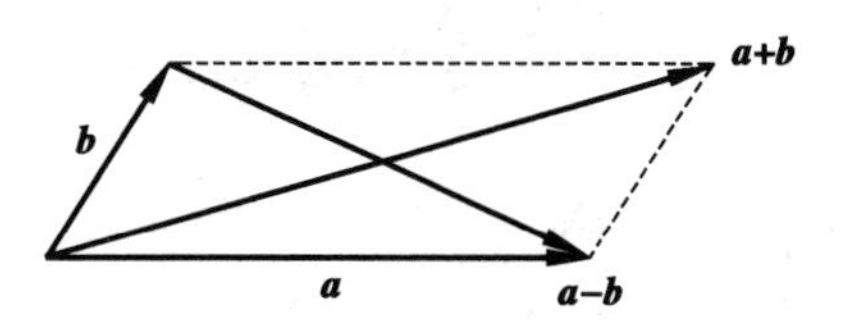

图 7.8

从图 7.8 所示可以看出：平移向量使得两个向量 $\boldsymbol{a}$ 与 $\boldsymbol{b}$ 的起点重合，从 $\boldsymbol{b}$ 向量的终点指向 $\boldsymbol{a}$ 向量的终点构成的向量就是 $\boldsymbol{a}-\boldsymbol{b}$.

(3) 向量的数乘

定义 4　设 λ 是一个实数，$\boldsymbol{a}$ 是一个非零向量，向量 $\boldsymbol{a}$ 与实数 λ 的乘积是一个向量，记作 $\lambda\boldsymbol{a}$. 向量 $\lambda\boldsymbol{a}$ 的模和方向规定如下：

①$|\lambda\boldsymbol{a}|=|\lambda|\cdot|\boldsymbol{a}|$.

②当 $\lambda>0$ 时，$\lambda\boldsymbol{a}$ 与 $\boldsymbol{a}$ 相同；当 $\lambda<0$ 时，$\lambda\boldsymbol{a}$ 与 $\boldsymbol{a}$ 相反；当 $\lambda=0$ 时，$\lambda\boldsymbol{a}=\boldsymbol{0}$.

特别地，当 $\lambda=\pm1$ 时，有 $1\boldsymbol{a}=\boldsymbol{a}$，$(-1)\boldsymbol{a}=-\boldsymbol{a}$.

定理 1　两向量 $\boldsymbol{a}$ 与 $\boldsymbol{b}$ 平行的充分必要条件是 $\boldsymbol{b}=\lambda\boldsymbol{a}$（或 $\boldsymbol{a}=\lambda\boldsymbol{b}$）.

证　①若 $\boldsymbol{a},\boldsymbol{b}$ 是两个非零向量.

必要性：因为 $\boldsymbol{a},\boldsymbol{b}\neq\boldsymbol{0}$ 时，取 $|\lambda|=\dfrac{|\boldsymbol{b}|}{|\boldsymbol{a}|}$，则

$$|\boldsymbol{b}|=|\lambda||\boldsymbol{a}|$$

当 $\boldsymbol{a}$ 与 $\boldsymbol{b}$ 同向时，λ 取正，$\boldsymbol{b}=\lambda\boldsymbol{a}$；当 $\boldsymbol{a}$ 与 $\boldsymbol{b}$ 反向时，λ 取负，$\boldsymbol{b}=\lambda\boldsymbol{a}$.

充分性：若 $\boldsymbol{b}=\lambda\boldsymbol{a}$，当 $\lambda>0$ 时，$\boldsymbol{a}$ 与 $\boldsymbol{b}$ 同向，$(\widehat{\boldsymbol{a},\boldsymbol{b}})=0$；当 $\lambda<0$ 时，$\boldsymbol{a}$ 与 $\boldsymbol{b}$ 反向，$(\widehat{\boldsymbol{a},\boldsymbol{b}})=\pi$.

根据两向量平行的定义可知：$(\widehat{\boldsymbol{a},\boldsymbol{b}})=0$ 或 $(\widehat{\boldsymbol{a},\boldsymbol{b}})=\pi$，得出 $\boldsymbol{a}/\!/\boldsymbol{b}$.

②若 $\boldsymbol{a},\boldsymbol{b}$ 两个向量至少有一个是零向量，结论显然成立，只是在 $\boldsymbol{b}\neq\boldsymbol{0}$，$\boldsymbol{a}=0$ 时，结论相应地写成 $\boldsymbol{a}=\lambda\boldsymbol{b}$.

有了向量的数乘概念以后，任一非零向量 $\boldsymbol{a}$ 还可以表示为

$$\boldsymbol{a}=|\boldsymbol{a}|\boldsymbol{a}^0$$

其中，$\boldsymbol{a}^0$ 表示与 $\boldsymbol{a}$ 同方向的单位向量. 于是

$$a^0 = \frac{a}{|a|}$$

(4)向量线性运算规律

假设下述所涉及的向量都是同维的,所涉及的数都是同一个数域的,则下述规律成立.

①向量的加法.

交换律:$\boldsymbol{a}+\boldsymbol{b}=\boldsymbol{b}+\boldsymbol{a}$;

结合律:$(\boldsymbol{a}+\boldsymbol{b})+\boldsymbol{c}=\boldsymbol{a}+(\boldsymbol{b}+\boldsymbol{c})$.

②数与向量的乘法.

结合律:$\lambda(\mu\boldsymbol{a})=\mu(\lambda\boldsymbol{a})=(\lambda\mu)\boldsymbol{a}$;

分配律:$(\lambda+\mu)\boldsymbol{a}=\lambda\boldsymbol{a}+\mu\boldsymbol{a}$;$\lambda(\boldsymbol{a}+\boldsymbol{b})=\lambda\boldsymbol{a}+\lambda\boldsymbol{b}$.

例 7.1 试用向量证明三角形的中位线平行于底边并且等于底边的一半.

证 如图 7.9 所示,设 D 是 AB 的中点,E 是 AC 的中点,则$\overrightarrow{AD}=\frac{1}{2}\overrightarrow{AB}$,$\overrightarrow{AE}=\frac{1}{2}\overrightarrow{AC}$.

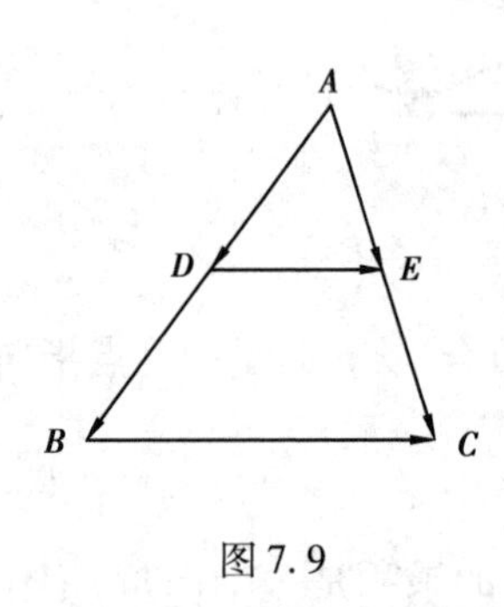

图 7.9

因为 $\overrightarrow{DE}=\overrightarrow{AE}-\overrightarrow{AD}=\frac{1}{2}(\overrightarrow{AC}-\overrightarrow{AB})=\frac{1}{2}\overrightarrow{BC}$

所以 $\overrightarrow{DE}/\!/\overrightarrow{BC}$且$|\overrightarrow{DE}|=\frac{1}{2}|\overrightarrow{BC}|$.

例 7.2 设$\overrightarrow{AB}=-6\vec{a}+18\vec{b}$,$\overrightarrow{BC}=8(\vec{a}-\vec{b})$,求$\overrightarrow{AC}$.

解 $\overrightarrow{AC}=\overrightarrow{AB}+\overrightarrow{BC}=(-6\vec{a}+18\vec{b})+8(\vec{a}-\vec{b})$

$=2\vec{a}+10\vec{b}$

例 7.3 求向量 $\boldsymbol{a}$ 与 $\boldsymbol{b}$ 夹角的平分线方向的方向向量 $\boldsymbol{d}$.

解 因为菱形的对角线平分对角,所以取向量 $\boldsymbol{a}$ 与 $\boldsymbol{b}$ 的单位向量 $\boldsymbol{a}^0$,$\boldsymbol{b}^0$,这两个单位向量的和就是 $\boldsymbol{a}$ 与 $\boldsymbol{b}$ 夹角的平分线方向的方向向量.

因为

$$\boldsymbol{a}^0=\frac{\boldsymbol{a}}{|\boldsymbol{a}|},\ \boldsymbol{b}^0=\frac{\boldsymbol{b}}{|\boldsymbol{b}|}$$

于是

$$\boldsymbol{d}=\boldsymbol{a}^0+\boldsymbol{b}^0=\frac{\boldsymbol{a}}{|\boldsymbol{a}|}+\frac{\boldsymbol{b}}{|\boldsymbol{b}|}=\frac{|\boldsymbol{a}|\boldsymbol{b}+|\boldsymbol{b}|\boldsymbol{a}}{|\boldsymbol{a}||\boldsymbol{b}|}$$

这就是与 $\boldsymbol{a}^0$,$\boldsymbol{b}^0$ 夹角平分线平行的向量.

(5)向量的投影

定义 5 设有向量 $\boldsymbol{a}$ 和 u 轴,用 φ 表示它们之间的夹角$(0\leqslant\varphi\leqslant\pi)$,称数量$|\boldsymbol{a}|\cos\varphi$ 为向量 $\boldsymbol{a}$ 在 u 轴上的投影或 $\boldsymbol{a}$ 在 u 轴方向上的投影,记作

$$\mathrm{Prj}_u\boldsymbol{a}=|\boldsymbol{a}|\cos\varphi$$

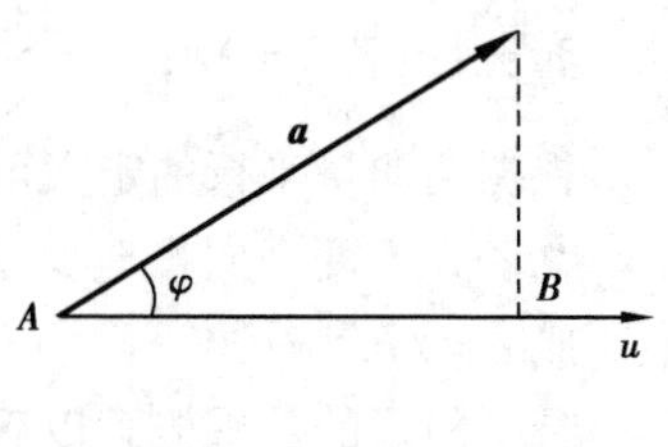

图 7.10

如图 7.10 所示向量 $\boldsymbol{a}$ 在 u 轴上的投影为:$\mathrm{Prj}_u\boldsymbol{a}=|\boldsymbol{a}|\cos\varphi=AB$.

显而易见,当$0\leqslant\varphi<\frac{\pi}{2}$时,投影为正,即 $\mathrm{Prj}_u\boldsymbol{a}=|\boldsymbol{a}|\cos\varphi=$

$AB>0$；当$\frac{\pi}{2}<\varphi\leqslant\pi$时，投影为负，即$\mathrm{Prj}_u\boldsymbol{a}=|\boldsymbol{a}|\cos\varphi=AB<0$；当$\varphi=\frac{\pi}{2}$时，投影为零，即$\mathrm{Prj}_u\boldsymbol{a}=|\boldsymbol{a}|\cos\varphi=0$（此时为一个点）.

可以证明：两个向量的和在轴上的投影等于两个向量在该轴上的投影之和. 此结论不难推广到n个向量的情况，即

$$\mathrm{Prj}_u(\boldsymbol{a}_1+\boldsymbol{a}_2+\cdots+\boldsymbol{a}_n)=\mathrm{Prj}_u\boldsymbol{a}_1+\mathrm{Prj}_u\boldsymbol{a}_2+\cdots+\mathrm{Prj}_u\boldsymbol{a}_n$$

(6)向量的数量积

1)数量积的概念

在物理学中，如果物体受到恒力$\boldsymbol{F}$的作用，沿直线发生的位移$\boldsymbol{s}$，设力$\boldsymbol{F}$与位移$\boldsymbol{s}$的夹角为θ，则力$\boldsymbol{F}$对物体所做的功为

$$W=|\boldsymbol{F}|\cdot|\boldsymbol{s}|\cdot\cos\theta$$

其中，$\theta=(\boldsymbol{F},\hat{\ }\boldsymbol{s})$.

功是一个数量，它等于力和位移这两个向量的模与这两个向量夹角的余弦的乘积，我们把向量的这种运算抽象出来，作为两个向量数量积的定义.

定义6　设有向量$\boldsymbol{a}$与$\boldsymbol{b}$，称数量$|\boldsymbol{a}||\boldsymbol{b}|\cos(\boldsymbol{a},\hat{\ }\boldsymbol{b})$为向量$\boldsymbol{a}$与$\boldsymbol{b}$的数量积，记为$\boldsymbol{a}\cdot\boldsymbol{b}$，即

$$\boldsymbol{a}\cdot\boldsymbol{b}=|\boldsymbol{a}||\boldsymbol{b}|\cos(\boldsymbol{a},\hat{\ }\boldsymbol{b})\tag{7.1}$$

两个向量的数量积也叫向量的点积或内积. 由数量积的定义，力$\boldsymbol{F}$做的功为$W=\boldsymbol{F}\cdot\boldsymbol{s}$.

2)数量积的性质

性质1　$\cos(\boldsymbol{a},\hat{\ }\boldsymbol{b})=\dfrac{\boldsymbol{a}\cdot\boldsymbol{b}}{|\boldsymbol{a}||\boldsymbol{b}|}$

证　因为　$\boldsymbol{a}\cdot\boldsymbol{b}=|\boldsymbol{a}||\boldsymbol{b}|\cos(\boldsymbol{a},\hat{\ }\boldsymbol{b})$

所以　$\cos(\boldsymbol{a},\hat{\ }\boldsymbol{b})=\dfrac{\boldsymbol{a}\cdot\boldsymbol{b}}{|\boldsymbol{a}||\boldsymbol{b}|}$

性质2　设$\boldsymbol{a}$是任意向量，则$\boldsymbol{a}\cdot\boldsymbol{a}=|\boldsymbol{a}|^2$.

证　因为　$(\boldsymbol{a},\hat{\ }\boldsymbol{a})=0$

所以　$\boldsymbol{a}\cdot\boldsymbol{a}=|\boldsymbol{a}||\boldsymbol{a}|\cos(\boldsymbol{a},\hat{\ }\boldsymbol{a})=|\boldsymbol{a}|^2$

性质3　当$\boldsymbol{a}\neq\boldsymbol{0}$时，$\boldsymbol{a}\cdot\boldsymbol{b}=|\boldsymbol{a}|\mathrm{Prj}_a\boldsymbol{b}$；当$\boldsymbol{b}\neq\boldsymbol{0}$时，$\boldsymbol{a}\cdot\boldsymbol{b}=|\boldsymbol{b}|\mathrm{Prj}_b\boldsymbol{a}$.

证　根据一个向量在另一个向量上的投影，得

$$\mathrm{Prj}_a^{\boldsymbol{b}}=|\boldsymbol{b}|\cos(\boldsymbol{a},\hat{\ }\boldsymbol{b}),\mathrm{Prj}_b^{\boldsymbol{a}}=|\boldsymbol{a}|\cos(\boldsymbol{a},\hat{\ }\boldsymbol{b})$$

$$\boldsymbol{a}\cdot\boldsymbol{b}=|\boldsymbol{a}||\boldsymbol{b}|\cos(\boldsymbol{a},\hat{\ }\boldsymbol{b})=|\boldsymbol{a}|\mathrm{Prj}_a^{\boldsymbol{b}}=|\boldsymbol{b}|\mathrm{Prj}_b^{\boldsymbol{a}}$$

性质4　$\boldsymbol{a}\perp\boldsymbol{b}$的充要条件是$\boldsymbol{a}\cdot\boldsymbol{b}=0$

证　①当$\boldsymbol{a}=\boldsymbol{0}$或$\boldsymbol{b}=0$时，结论显然成立.

②当$\boldsymbol{a}\neq\boldsymbol{0},\boldsymbol{b}\neq0$时，$|\boldsymbol{a}|\neq0,|\boldsymbol{b}|\neq0$.

必要性：若$\boldsymbol{a}\perp\boldsymbol{b}$，则$(\boldsymbol{a},\hat{\ }\boldsymbol{b})=\frac{\pi}{2}$，$\cos(\boldsymbol{a},\hat{\ }\boldsymbol{b})=0$，$\boldsymbol{a}\cdot\boldsymbol{b}=|\boldsymbol{a}||\boldsymbol{b}|\cos(\boldsymbol{a},\hat{\ }\boldsymbol{b})=0$.

充分性：若$\boldsymbol{a}\cdot\boldsymbol{b}=0$，则$|\boldsymbol{a}||\boldsymbol{b}|\cos(\boldsymbol{a},\hat{\ }\boldsymbol{b})=0$.

由于 $|\boldsymbol{a}|\neq 0$, $|\boldsymbol{b}|\neq 0$,所以 $\cos(\widehat{\boldsymbol{a},\boldsymbol{b}})=0$,由此得

$$(\widehat{\boldsymbol{a},\boldsymbol{b}})=\frac{\pi}{2}$$

所以 $\boldsymbol{a}\perp\boldsymbol{b}$

3)数量积的运算规律

①$\boldsymbol{a}\cdot\boldsymbol{b}=\boldsymbol{b}\cdot\boldsymbol{a}$ (交换律)

②$\lambda(\boldsymbol{a}\cdot\boldsymbol{b})=(\lambda\boldsymbol{a})\cdot\boldsymbol{b}=\boldsymbol{a}\cdot(\lambda\boldsymbol{b})$ (结合律)

③$\boldsymbol{a}\cdot(\boldsymbol{b}+\boldsymbol{c})=\boldsymbol{a}\cdot\boldsymbol{b}+\boldsymbol{a}\cdot\boldsymbol{c}$ (分配律)

例 7.4 用向量证明半圆上的圆周角为直角.

证 如图 7.11 所示,AB 是圆 O 的直径,C 是 AB 所对半圆周上的任意一点,记 $\overrightarrow{AC}=\vec{a}$, $\overrightarrow{CB}=\vec{b}$, $\overrightarrow{OC}=\vec{d}$, $\overrightarrow{AO}=\overrightarrow{OB}=\vec{c}$,则有

$$\vec{a}=\vec{c}+\vec{d}\qquad \vec{b}=-\vec{d}+\vec{c}$$

因为 $|\vec{c}|=|\vec{d}|$,所以 $\vec{a}\cdot\vec{b}=\vec{c}^{2}-\vec{d}^{2}=|\vec{c}|^{2}-|\vec{d}|^{2}=0$

故 $\vec{a}\perp\vec{b}$.

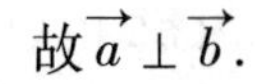

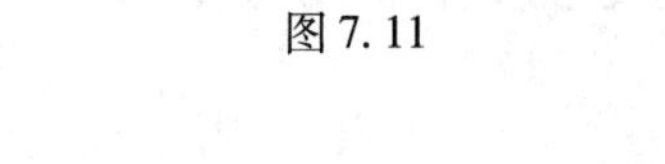

图 7.11

(7)向量的向量积(叉积)

1)向量积的定义

定义 7 设有向量 $\boldsymbol{a}$ 与 $\boldsymbol{b}$,作向量 $\boldsymbol{c}$ 使得:

①$\boldsymbol{c}$ 的大小为 $|\boldsymbol{c}|=|\boldsymbol{a}||\boldsymbol{b}|\sin(\widehat{\boldsymbol{a},\boldsymbol{b}})$;

②$\boldsymbol{c}$ 垂直于 $\boldsymbol{a}$ 与 $\boldsymbol{b}$ 确定的平面,且 $\boldsymbol{a}$、$\boldsymbol{b}$、$\boldsymbol{c}$ 顺序满足右手定则,则称向量 $\boldsymbol{c}$ 为向量 $\boldsymbol{a}$ 与 $\boldsymbol{b}$ 的向量积,记为 $\boldsymbol{a}\times\boldsymbol{b}$,即 $\boldsymbol{c}=\boldsymbol{a}\times\boldsymbol{b}$.

向量 $\boldsymbol{a}$ 与 $\boldsymbol{b}$ 的向量积也称为它们的外积或叉积.

向量积的模的几何意义:向量积 $\boldsymbol{a}\times\boldsymbol{b}$ 的模 $|\boldsymbol{a}\times\boldsymbol{b}|$ 是以向量 $\boldsymbol{a}$ 与 $\boldsymbol{b}$ 为邻边的平行四边形的面积,如图 7.12 所示.

2)向量积的性质

性质 1 设 $\boldsymbol{a}$ 是任意向量,则 $\boldsymbol{a}\times\boldsymbol{a}=\boldsymbol{0}$.

证 因为 $(\widehat{\boldsymbol{a},\boldsymbol{a}})=0$

所以 $|\boldsymbol{a}\times\boldsymbol{a}|=|\boldsymbol{a}||\boldsymbol{a}|\sin(\widehat{\boldsymbol{a},\boldsymbol{a}})=0$

因此 $\boldsymbol{a}\times\boldsymbol{a}=\boldsymbol{0}$

性质 2 $\boldsymbol{a}/\!/\boldsymbol{b}$ 的充要条件是 $\boldsymbol{a}\times\boldsymbol{b}=\boldsymbol{0}$

证 ①$\boldsymbol{a}=\boldsymbol{0}$ 或 $\boldsymbol{b}=0$,结论显然成立.

②$\boldsymbol{a}\neq\boldsymbol{0}$, $\boldsymbol{b}\neq\boldsymbol{0}$ 时,则

$$|\boldsymbol{a}|\neq 0,\ |\boldsymbol{b}|\neq 0$$

必要性:若 $\boldsymbol{a}/\!/\boldsymbol{b}$,则 $(\widehat{\boldsymbol{a},\boldsymbol{b}})=0$ 或 $(\widehat{\boldsymbol{a},\boldsymbol{b}})=\pi$

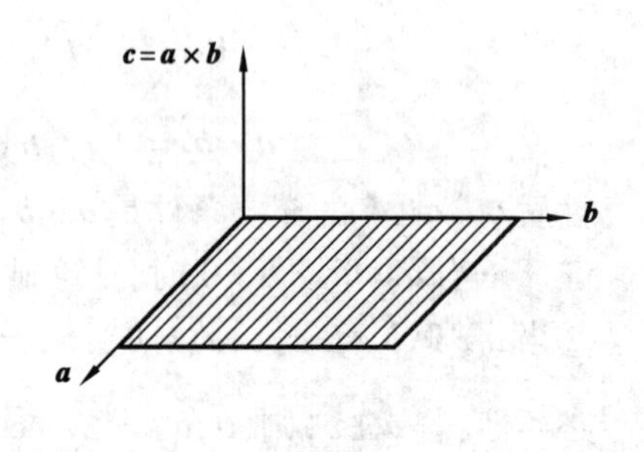

图 7.12

所以　$|\boldsymbol{a}\times\boldsymbol{b}|=|\boldsymbol{a}||\boldsymbol{b}|\sin(\boldsymbol{a},\hat{\ }\boldsymbol{b})=0$

故　$\boldsymbol{a}\times\boldsymbol{b}=\boldsymbol{0}$

充分性:若$\boldsymbol{a}\times\boldsymbol{b}=\boldsymbol{0}$,则

$$|\boldsymbol{a}\times\boldsymbol{b}|=|\boldsymbol{a}||\boldsymbol{b}|\sin(\boldsymbol{a},\hat{\ }\boldsymbol{b})=0$$

由$|\boldsymbol{a}|\neq0$,$|\boldsymbol{b}|\neq0$得出:$\sin(\boldsymbol{a},\hat{\ }\boldsymbol{b})=0$,于是有

$$(\boldsymbol{a},\hat{\ }\boldsymbol{b})=0\text{ 或 }(\boldsymbol{a},\hat{\ }\boldsymbol{b})=\pi$$

故　$\boldsymbol{a}/\!/\boldsymbol{b}$

综合①和②可以得出性质2成立.

性质3　以向量$\boldsymbol{a}$与$\boldsymbol{b}$为邻边的平行四边形的面积为$|\boldsymbol{a}\times\boldsymbol{b}|$.

3)向量积的运算规律

①$\boldsymbol{a}\times\boldsymbol{b}=-\boldsymbol{b}\times\boldsymbol{a}$　　(负交换律)

②$(\boldsymbol{a}+\boldsymbol{b})\times\boldsymbol{c}=\boldsymbol{a}\times\boldsymbol{c}+\boldsymbol{b}\times\boldsymbol{c}$;$\boldsymbol{c}\times(\boldsymbol{a}+\boldsymbol{b})=\boldsymbol{c}\times\boldsymbol{a}+\boldsymbol{c}\times\boldsymbol{b}$　　(分配律)

③$\lambda(\boldsymbol{a}\times\boldsymbol{b})=(\lambda\boldsymbol{a})\times\boldsymbol{b}=\boldsymbol{a}\times(\lambda\boldsymbol{b})$　　(结合律)

例7.5　已知$\triangle ABC$的$|\overrightarrow{AB}|=4$,$|\overrightarrow{AC}|=6$,$(\overrightarrow{AB},\hat{\ }\overrightarrow{AC})=\dfrac{\pi}{3}$,求三角形$\triangle ABC$的面积.

解　$S_{\triangle ABC}=\dfrac{1}{2}|\overrightarrow{AB}\times\overrightarrow{AC}|$

$=\dfrac{1}{2}|\overrightarrow{AB}||\overrightarrow{AC}|\sin(\overrightarrow{AB},\hat{\ }\overrightarrow{AC})$

$=\dfrac{1}{2}\times4\times6\times\dfrac{\sqrt{3}}{2}=6\sqrt{3}$

(8)向量的混合积

1)混合积的定义

定义8　设有三个向量$\boldsymbol{a},\boldsymbol{b},\boldsymbol{c}$,先作向量积$\boldsymbol{a}\times\boldsymbol{b}$,再作向量$\boldsymbol{a}\times\boldsymbol{b}$与向量$\boldsymbol{c}$的数量积,得到的数$(\boldsymbol{a}\times\boldsymbol{b})\cdot\boldsymbol{c}$称为三个向量$\boldsymbol{a},\boldsymbol{b},\boldsymbol{c}$的混合积,记为$[\boldsymbol{a}\ \boldsymbol{b}\ \boldsymbol{c}]$,即

$$[\boldsymbol{a}\ \boldsymbol{b}\ \boldsymbol{c}]=(\boldsymbol{a}\times\boldsymbol{b})\cdot\boldsymbol{c}$$

2)混合积的几何意义

设V为以$\boldsymbol{a},\boldsymbol{b},\boldsymbol{c}$为邻边的平行六面体的体积,由图7.13可知:

$$V=|[\boldsymbol{a}\ \boldsymbol{b}\ \boldsymbol{c}]|=|(\boldsymbol{a}\times\boldsymbol{b})\cdot\boldsymbol{c}|=|\boldsymbol{a}\times\boldsymbol{b}||\mathrm{Prj}_{\boldsymbol{a}\times\boldsymbol{b}}\boldsymbol{c}|$$

即混合积$[\boldsymbol{a}\ \boldsymbol{b}\ \boldsymbol{c}]$的绝对值等于以$\boldsymbol{a},\boldsymbol{b},\boldsymbol{c}$为邻边的平行六面体的体积.

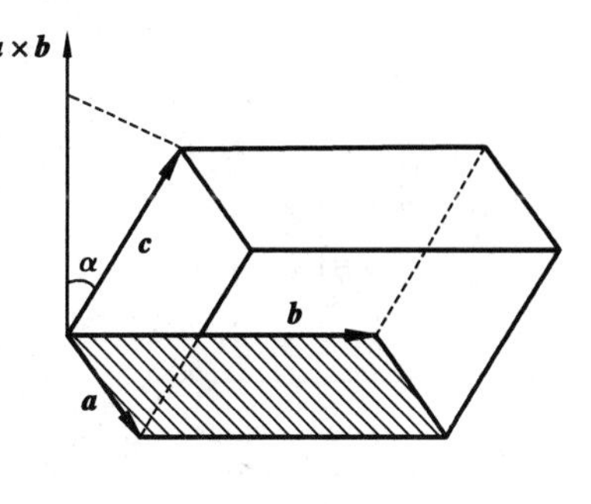

图7.13

3)混合积的性质

性质1　(轮换性)$[\boldsymbol{a}\ \boldsymbol{b}\ \boldsymbol{c}]=[\boldsymbol{b}\ \boldsymbol{c}\ \boldsymbol{a}]=[\boldsymbol{c}\ \boldsymbol{a}\ \boldsymbol{b}]$

性质2　$[\boldsymbol{a}\ \boldsymbol{b}\ \boldsymbol{c}]=-[\boldsymbol{b}\ \boldsymbol{a}\ \boldsymbol{c}]=-[\boldsymbol{a}\ \boldsymbol{c}\ \boldsymbol{b}]=-[\boldsymbol{c}\ \boldsymbol{b}\ \boldsymbol{a}]$

性质3　三个向量$\boldsymbol{a},\boldsymbol{b},\boldsymbol{c}$共面的充分必要条件是$[\boldsymbol{a}\ \boldsymbol{b}\ \boldsymbol{c}]=0$

例7.6　设$(\vec{a}\times\vec{b})\cdot\vec{c}=2$,求$[(\vec{a}+\vec{b})\times(\vec{b}+\vec{c})]\cdot(\vec{c}+\vec{a})$的值.

解 因为 $(\vec{a}\times\vec{b})\cdot\vec{c}=2$

所以 $[(\vec{a}+\vec{b})\times(\vec{b}+\vec{c})]\cdot(\vec{c}+\vec{a})=(\vec{a}\times\vec{b}+\vec{a}\times\vec{c}+\vec{b}\times\vec{c})\cdot(\vec{c}+\vec{a})=(\vec{a}\times\vec{b})\cdot\vec{c}+(\vec{b}\times\vec{c})\cdot\vec{a}=2(\vec{a}\times\vec{b})\cdot\vec{c}=2\times2=4$

习题 7.1

A 组

1. 向量 $\boldsymbol{a}$、$\boldsymbol{b}$ 只有满足什么条件时,向量 $\boldsymbol{a}+\boldsymbol{b}$ 才能平分 $\boldsymbol{a}$ 与 $\boldsymbol{b}$ 之间的夹角?

2. 把$\triangle ABC$ 的 BC 边 5 等分,设分点依次为 D_1,D_2,D_3,D_4,再把各分点与点 A 连接,试以 $\overrightarrow{AB}=c,\overrightarrow{BC}=a$ 表示向量$\overrightarrow{D_1A},\overrightarrow{D_2A},\overrightarrow{D_3A}$和$\overrightarrow{D_4A}$.

3. 已知向量 $\boldsymbol{a}$ 与 $\boldsymbol{b}$ 的夹角为 $\theta=\dfrac{3\pi}{4}$,且$|\boldsymbol{a}|=\sqrt{2}$,$|\boldsymbol{b}|=3$,求$|\boldsymbol{a}-\boldsymbol{b}|$.

4. 设$|\boldsymbol{a}|=3$,$\boldsymbol{b}=4$ 且 $\boldsymbol{a}\perp\boldsymbol{b}$,求$|(\boldsymbol{a}+\boldsymbol{b})\times(\boldsymbol{a}-\boldsymbol{b})|$.

5. 已知 $\boldsymbol{a},\boldsymbol{b},\boldsymbol{c}$ 相互垂直,且$|\boldsymbol{a}|=1$,$|\boldsymbol{b}|=2$,$|\boldsymbol{c}|=3$,求 $\boldsymbol{u}=\boldsymbol{a}+\boldsymbol{b}+\boldsymbol{c}$ 的长度,以及向量 $\boldsymbol{u}$ 与 $\boldsymbol{b}$ 的夹角.

6. 设向量 $\boldsymbol{a},\boldsymbol{b},\boldsymbol{c}$ 均为非零向量,下列表达式中哪些是数量?哪些是向量?哪些无意义?

$3a$; $\boldsymbol{a}\cdot\boldsymbol{a}\cdot\boldsymbol{a}$; $|\boldsymbol{a}\times\boldsymbol{b}|+\boldsymbol{c}$; $\dfrac{\boldsymbol{a}\times\boldsymbol{b}}{\boldsymbol{a}\cdot\boldsymbol{b}}$; $\dfrac{\boldsymbol{a}\cdot\boldsymbol{b}}{\boldsymbol{a}\times\boldsymbol{b}}$; $(\boldsymbol{a}\times\boldsymbol{b})\times\boldsymbol{c}$;

$(\boldsymbol{a}-\boldsymbol{b})\times\boldsymbol{c}+(\boldsymbol{a}+\boldsymbol{b})\times\boldsymbol{c}$;

7. 在$\triangle ABC$ 中, $\angle C=\dfrac{\pi}{6}$, $\angle A=\dfrac{\pi}{3}$,$|AB|=2$,求向量$\overrightarrow{AC},\overrightarrow{BC},\overrightarrow{AB}$在$\overrightarrow{AB}$上的投影.

8. 证明:$(\boldsymbol{a}\times\boldsymbol{b})\cdot(\boldsymbol{a}\times\boldsymbol{b})+(\boldsymbol{a}\cdot\boldsymbol{b})(\boldsymbol{a}\cdot\boldsymbol{b})=(|\boldsymbol{a}||\boldsymbol{b}|)^2$.

B 组

1. 设 $\boldsymbol{a}$ 与 $\boldsymbol{b}$ 均为非零向量,问应满足什么条件时,下列关系式成立?

(1) $|\boldsymbol{a}+\boldsymbol{b}|=|\boldsymbol{a}-\boldsymbol{b}|$ (2) $\boldsymbol{a}+\boldsymbol{b}=\lambda(\boldsymbol{a}-\boldsymbol{b})$

(3) $|\boldsymbol{a}+\boldsymbol{b}|<|\boldsymbol{a}-\boldsymbol{b}|$ (4) $|\boldsymbol{a}+\boldsymbol{b}|>|\boldsymbol{a}-\boldsymbol{b}|$

2. 设已知立方体三边上的向量分别为 $\boldsymbol{a},\boldsymbol{b},\boldsymbol{c}$,而 A,B,C,D,E,F 为各边的中点,如图 7.14 所示求证:$\overrightarrow{AB},\overrightarrow{CD},\overrightarrow{EF}$组成一个三角形.

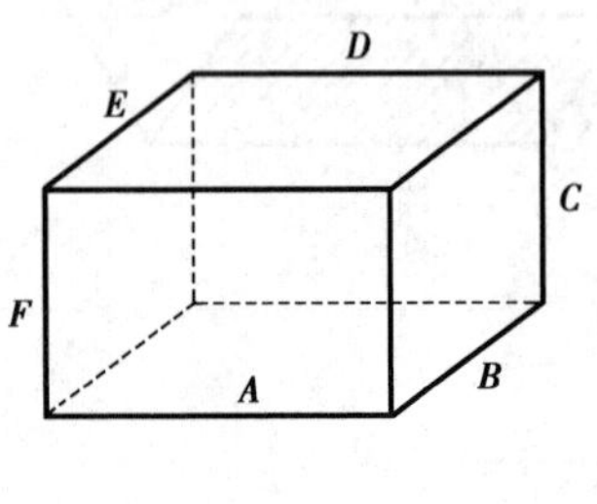

图 7.14

3. 用向量方法证明正弦定理: $\dfrac{a}{\sin A}=\dfrac{b}{\sin B}=\dfrac{c}{\sin C}$.

4. 用向量法证明:对角线互相平分的四边形是平行四边形.

5. 证明:若 $\boldsymbol{a}\times\boldsymbol{b}+\boldsymbol{b}\times\boldsymbol{c}+\boldsymbol{c}\times\boldsymbol{a}=\boldsymbol{0}$,则 $\boldsymbol{a},\boldsymbol{b},\boldsymbol{c}$ 共面.

(**提示**:将等式两边同时点乘 $\boldsymbol{c}$,证明 $\boldsymbol{a},\boldsymbol{b},\boldsymbol{c}$ 的混合积为0.)

6. 化简下列格式：

(1) $(\boldsymbol{a}+\boldsymbol{b})\cdot[(\boldsymbol{b}+\boldsymbol{c})\times(\boldsymbol{c}+\boldsymbol{a})]$

(2) $(2\boldsymbol{a}+\boldsymbol{b})\times(\boldsymbol{c}-\boldsymbol{a})+(\boldsymbol{b}+\boldsymbol{c})\times(\boldsymbol{a}+\boldsymbol{b})$

7. 设 $\boldsymbol{a},\boldsymbol{b}$ 是两个非零向量，且 $|\boldsymbol{b}|=1$，$(\boldsymbol{a},\boldsymbol{b})=\dfrac{\pi}{3}$，求 $\lim\limits_{x\to 0}\dfrac{|\boldsymbol{a}+x\boldsymbol{b}|-|\boldsymbol{a}|}{x}$.

7.2　空间直角坐标系与向量的坐标表示

7.2.1　空间直角坐标系

在空间中任意选定一点 O，过 O 点作三条相互垂直且具有相同单位长度的数轴，分别称为 x 轴、y 轴和 z 轴. x 轴、y 轴和 z 轴要满足右手定则，即右手握住 z 轴，大拇指指向 z 轴的正向，其余四个手指从 x 轴的正方向以 $\dfrac{\pi}{2}$ 角度转向 y 轴的正方向，这就构成了空间直角坐标系. 点 O 称为坐标原点，由两条坐标轴所决定的平面称为坐标面，它们两两相互垂直，分别简称为 xOy 面、yOz 面、zOx 面. 3 个坐标面把空间分为 8 个部分，每个部分称为一个卦限，分别用大写罗马数字Ⅰ，Ⅱ，…，Ⅷ表示，如图 7.15 所示. 在 xOy 平面之上，yOz 平面之前，zOx 平面之右的卦限称为第Ⅰ卦限. 在 xOy 平面上方的其余 3 个卦限按逆时针方向依次称为第Ⅱ卦限、第Ⅲ卦限和第Ⅳ卦限. 在 xOy 平面下方的 4 个卦限，规定第Ⅴ卦限在第Ⅰ卦限之下，其余 3 个卦限也按逆时针方向依次称为第Ⅵ卦限、第Ⅶ卦限和第Ⅷ卦限.

设 M 是空间任意一点，过 M 点分别作与 x 轴、y 轴、z 轴垂直的平面，这 3 个平面与 x 轴、y 轴和 z 轴的交点分别为 P,Q,R，如图 7.16 所示. 点 P,Q,R 在相应的坐标轴上的坐标依次为 x，y，z，于是空间点 M 唯一确定了一个有序数组 (x,y,z). 反之，对给定的有序数组 (x,y,z)，若在 x 轴、y 轴和 z 轴上分别取坐标为 x,y,z 的点 P,Q,R，过点 P,Q,R 分别作垂直于 x 轴、y 轴和 z 轴的 3 个平面，这 3 个平面有且仅有唯一的交点 M，因而有序数组 (x,y,z) 唯一对应于空间一点 M. 这样，通过空间直角坐标系，空间点 M 与有序数组 (x,y,z) 之间就建立起了一一对应的关系. 有序数组 (x,y,z) 称为点 M 的坐标，点 M 记为 $M(x,y,z)$，x 称为横坐标，y 称为纵坐标，z 称为竖坐标.

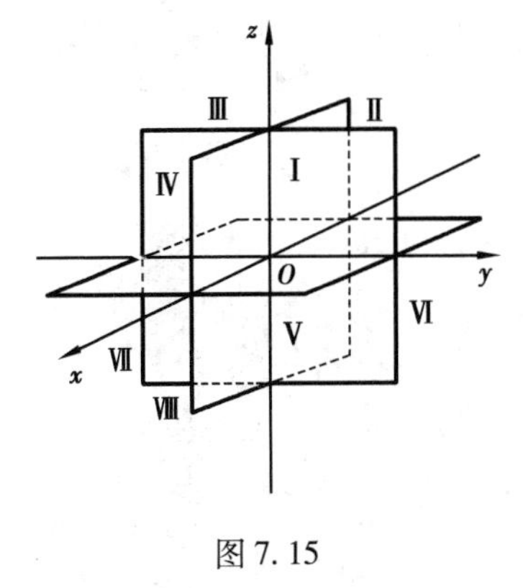

图 7.15

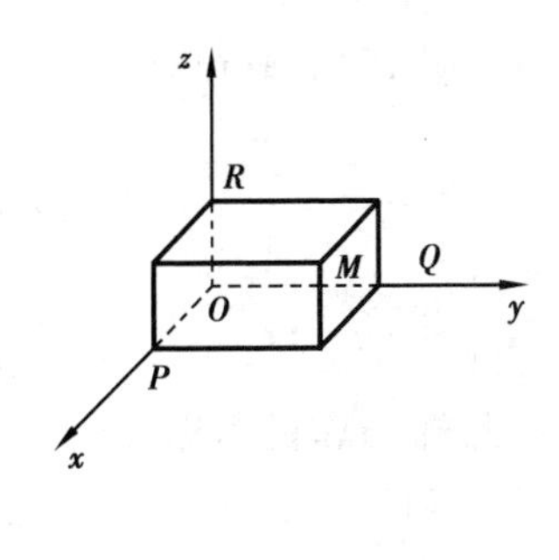

图 7.16

根据空间直角坐标系和空间点的概念,我们可得出在八个卦限点的坐标形式:

Ⅰ(+ , + , +)	Ⅴ(+ , + , -)
Ⅱ(- , + , +)	Ⅵ(- , + , -)
Ⅲ(- , - , +)	Ⅶ(- , - , -)
Ⅳ(+ , - , +)	Ⅷ(+ , - , -)

坐标轴上点的坐标形式:

x 轴上的点是$(x,0,0)$,

y 轴上的点是$(0,y,0)$,

z 轴上的点的坐标为$(0,0,z)$.

坐标面上点的坐标形式:

xoy 面上点的坐标$(x,y,0)$,

xoz 面上点的坐标$(x,0,z)$,

yoz 面上点的坐标$(0,y,z)$.

7.2.2 向量的坐标表示

设 x 轴、y 轴、z 轴正向的单位向量依次为 $\boldsymbol{i},\boldsymbol{j},\boldsymbol{k}$,如图 7.17 所示.

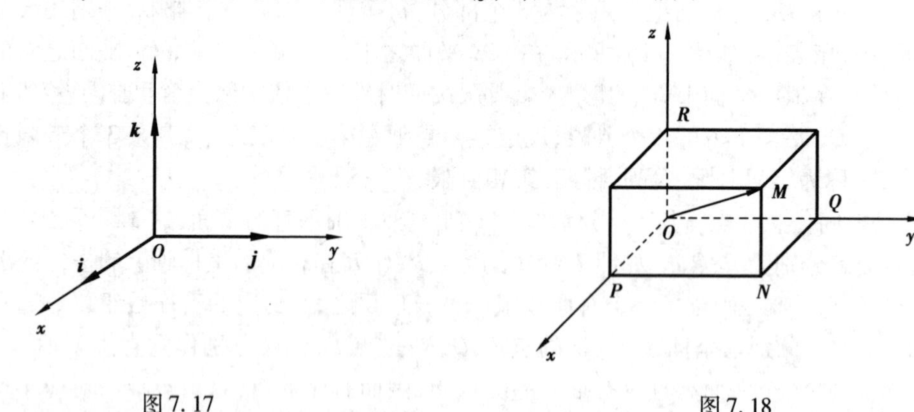

图 7.17　　图 7.18

(1)向径的坐标表达形式

向径是指起点在坐标原点的向量,设点 M 的坐标为(x,y,z),如图 7.18 所示. 由向量的数乘知:

$$\overrightarrow{OP} = x\boldsymbol{i},\overrightarrow{OQ} = y\boldsymbol{j},\overrightarrow{OR} = z\boldsymbol{k}$$

由向量的加法法则可知:

$$\begin{aligned}\overrightarrow{OM} &= \overrightarrow{OP} + \overrightarrow{PN} + \overrightarrow{NM} \\ &= \overrightarrow{OP} + \overrightarrow{OQ} + \overrightarrow{OR} = x\boldsymbol{i} + y\boldsymbol{j} + z\boldsymbol{k}.\end{aligned}$$

从而

$$\overrightarrow{OM} = x\boldsymbol{i} + y\boldsymbol{j} + z\boldsymbol{k} \tag{7.2}$$

式(7.2)称为向径$\overrightarrow{OM}$的坐标表达式. 而表达式中 $\boldsymbol{i},\boldsymbol{j},\boldsymbol{k}$ 前面的系数 x,y,z 其实就是向量$\overrightarrow{OM}$分别在 3 个坐标轴上的投影,也就是向量$\overrightarrow{OM}$的终点坐标,因此,(x,y,z)称为向量$\overrightarrow{OM}$的坐标表达式.

(2) **向量的坐标表达形式**

设 $\boldsymbol{a}=\overrightarrow{NM}$ 是一个起点为 $N(x_1,y_1,z_1)$、终点为 $M(x_2,y_2,z_2)$ 的向量,如图7.19所示.根据向径的坐标表达形式有

$$\overrightarrow{ON}=x_1\boldsymbol{i}+y_1\boldsymbol{j}+z_1\boldsymbol{k}$$
$$\overrightarrow{OM}=x_2\boldsymbol{i}+y_2\boldsymbol{j}+z_2\boldsymbol{k}$$

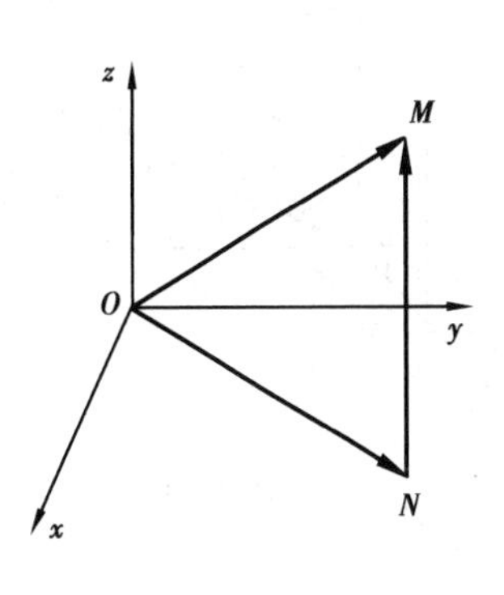

图7.19

由向量的减法得

$$\begin{aligned}\overrightarrow{NM}&=\overrightarrow{OM}-\overrightarrow{ON}\\&=(x_2\boldsymbol{i}+y_2\boldsymbol{j}+z_2\boldsymbol{k})-(x_1\boldsymbol{i}+y_1\boldsymbol{j}+z_1\boldsymbol{k})\\&=(x_2-x_1)\boldsymbol{i}+(y_2-y_1)\boldsymbol{j}+(z_2-z_1)\boldsymbol{k}\end{aligned}$$

因此,向量 $\boldsymbol{a}=\overrightarrow{NM}$ 的坐标为

$$\overrightarrow{NM}=(x_2-x_1,y_2-y_1,z_2-z_1)$$

一般地,如果向量 $\boldsymbol{a}$ 在 x 轴、y 轴和 z 轴上的投影分别为 a_x,a_y,a_z,则向量 $\boldsymbol{a}$ 的坐标表达形式为

$$\boldsymbol{a}=a_x\boldsymbol{i}+a_y\boldsymbol{j}+a_z\boldsymbol{k}=\{a_x,a_y,a_z\}$$

7.2.3 向量的模及其方向余弦

(1) **向量的模**

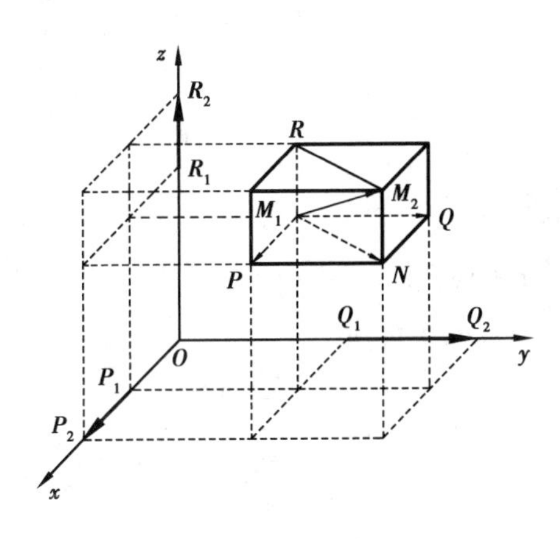

图7.20

设 $\boldsymbol{a}=\overrightarrow{M_1M_2}=\{a_x,a_y,a_z\}$,如图7.20所示.

$\overrightarrow{M_1P}=a_x\boldsymbol{i},\overrightarrow{PN}=a_y\boldsymbol{j},\overrightarrow{NM_2}=a_z\boldsymbol{k}$

$|\overrightarrow{M_1P}|=|a_x|,|\overrightarrow{PN}|=|a_y|,|\overrightarrow{NM_2}|=|a_z|$

$|\overrightarrow{M_1N}|^2=|\overrightarrow{M_1P}|^2+|\overrightarrow{PN}|^2=a_x^2+a_y^2$

$|\overrightarrow{M_1M_2}|^2=|\overrightarrow{M_1N}|^2+|\overrightarrow{NM_2}|^2=a_x^2+a_y^2+a_z^2$

$|\overrightarrow{M_1M_2}|=\sqrt{a_x^2+a_y^2+a_z^2}$

所以,若向量为 $\boldsymbol{a}=(a_x,a_y,a_z)$,则其模为

$$|\boldsymbol{a}|=\sqrt{a_x^2+a_y^2+a_z^2}$$

设 $M_1(x_1,y_1,z_1)$、$M_2(x_2,y_2,z_2)$ 为空间中的任意两点,则 $\overrightarrow{M_1M_2}$ 为

$$\overrightarrow{M_1M_2}=\{x_2-x_1,y_2-y_1,z_2-z_1\}$$

$\overrightarrow{M_1M_2}$ 的模为

$$|\overrightarrow{M_1M_2}|=\sqrt{(x_1-x_2)^2+(y_1-y_2)^2+(z_1-z_2)^2}$$

$\overrightarrow{M_1M_2}$ 的模为空间中 M_1,M_2 两点间的距离.

(2) **向量的方向余弦**

向量 $\boldsymbol{a}=(a_x,a_y,a_z)$ 与 x 轴、y 轴、z 轴的正方向所成的夹角 α、β、γ 称为向量 $\boldsymbol{a}$ 的**方向角**.根据两向量夹角的定义,有

$$0\leqslant\alpha\leqslant\pi,0\leqslant\beta\leqslant\pi,0\leqslant\gamma\leqslant\pi$$

方向角的余弦 $\cos\alpha$、$\cos\beta$、$\cos\gamma$ 称为向量 $\boldsymbol{a}$ 的方向余弦.

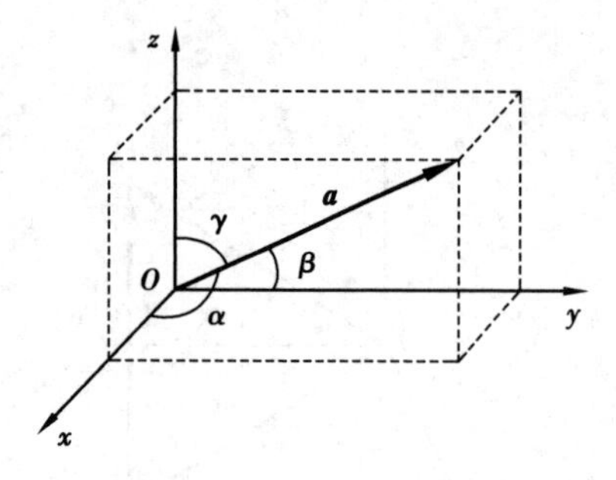

图 7.21

将向量 $\boldsymbol{a}=(a_x,a_y,a_z)$ 的起点平移至原点 O,这样,向量 $\boldsymbol{a}$ 与向径相对应,如图 7.21 所示.

根据向量在坐标轴上的投影的计算公式,得

$$a_x = |\boldsymbol{a}|\cos\alpha$$

$$a_y = |\boldsymbol{a}|\cos\beta$$

$$a_z = |\boldsymbol{a}|\cos\gamma$$

$$|\boldsymbol{a}| = \sqrt{a_x^2+a_y^2+a_z^2}$$

向量 $\boldsymbol{a}$ 的三个方向余弦为

$$\cos\alpha = \frac{a_x}{|\boldsymbol{a}|} = \frac{a_x}{\sqrt{a_x^2+a_y^2+a_z^2}}$$

$$\cos\beta = \frac{a_y}{|\boldsymbol{a}|} = \frac{a_y}{\sqrt{a_x^2+a_y^2+a_z^2}}$$

$$\cos\gamma = \frac{a_z}{|\boldsymbol{a}|} = \frac{a_z}{\sqrt{a_x^2+a_y^2+a_z^2}}$$

结论 1 任一非零向量 $\boldsymbol{a}$ 的方向余弦之间满足:

$$\cos^2\alpha+\cos^2\beta+\cos^2\gamma = 1$$

结论 2 单位向量 $\boldsymbol{a}$ 的坐标,就是其方向余弦,即

$$\boldsymbol{a} = \{\cos\alpha,\cos\beta,\cos\gamma\}$$

7.2.4 向量线性运算的坐标表示

设 $\boldsymbol{a}=a_x\boldsymbol{i}+a_y\boldsymbol{j}+a_z\boldsymbol{k}$, $\boldsymbol{b}=b_x\boldsymbol{i}+b_y\boldsymbol{j}+b_z\boldsymbol{k}$,则

$$\begin{aligned}\boldsymbol{a}\pm\boldsymbol{b} &= (a_x\boldsymbol{i}+a_y\boldsymbol{j}+a_z\boldsymbol{k})\pm(b_x\boldsymbol{i}+b_y\boldsymbol{j}+b_z\boldsymbol{k})\\ &= (a_x\pm b_x)\boldsymbol{i}+(a_y\pm b_y)\boldsymbol{j}+(a_z\pm b_z)\boldsymbol{k}\\ &= (a_x\pm b_x,a_y\pm b_y,a_z\pm b_z)\end{aligned}$$

$$\begin{aligned}\lambda\boldsymbol{a} &= \lambda(a_x\boldsymbol{i}+a_y\boldsymbol{j}+a_z\boldsymbol{k})\\ &= \lambda a_x\boldsymbol{i}+\lambda a_y\boldsymbol{j}+\lambda a_z\boldsymbol{k}\\ &= (\lambda a_x,\lambda a_y,\lambda a_z)\end{aligned}$$

若 $\boldsymbol{a}=(a_x,a_y,a_z)\neq\boldsymbol{0}$,$\boldsymbol{b}=(b_x,b_y,b_z)$,根据向量数乘的性质有:$\boldsymbol{a}/\!/\boldsymbol{b}$ 的充分必要条件是存在 $\lambda\in\mathbf{R}$,使 $\boldsymbol{b}=\lambda\boldsymbol{a}$.

$$\boldsymbol{b} = \{b_x,b_y,b_z\} = \lambda\boldsymbol{a} = \lambda\{a_x,a_y,a_z\} = \{\lambda a_x,\lambda a_y,\lambda a_z\}$$

所以

$$\begin{cases}b_x = \lambda a_x\\ b_y = \lambda a_y\\ b_z = \lambda a_z\end{cases}$$

即

$$\frac{a_x}{b_x} = \frac{a_y}{b_y} = \frac{a_z}{b_z}$$

这里若 $b_x=0$(或 $b_y=0$,或 $b_z=0$)应相应地理解为 $a_x=0$(或 $a_y=0$,或 $a_z=0$).

由此得出结论:两个向量平行的充要条件是两个向量的坐标对应成比例.

例7.7　已知两点 $A(4,0,5)$ 和 $B(7,1,3)$,求与$\overrightarrow{AB}$方向相同的单位向量 $\boldsymbol{e}$ 及其方向余弦.

解　向量$\overrightarrow{AB}$为

$$\overrightarrow{AB}=(7-4,1-0,3-5)=(3,1,-2)$$

向量$\overrightarrow{AB}$的模为

$$|\overrightarrow{AB}|=\sqrt{3^2+1^2+(-2)^2}=\sqrt{14}$$

与$\overrightarrow{AB}$方向相同的单位向量 $\boldsymbol{e}$ 为

$$\boldsymbol{e}=\frac{\overrightarrow{AB}}{|\overrightarrow{AB}|}=\frac{1}{\sqrt{14}}(3,1,-2)$$

其方向余弦为:$\cos\alpha=\dfrac{3}{\sqrt{14}},\cos\beta=\dfrac{1}{\sqrt{14}},\cos\gamma=\dfrac{-2}{\sqrt{14}}$.

例7.8　设 $\boldsymbol{m}=\boldsymbol{i}+\boldsymbol{j},\boldsymbol{n}=-2\boldsymbol{j}+\boldsymbol{k}$,求以向量 $\boldsymbol{m},\boldsymbol{n}$ 为边的平行四边形的对角线的长度.

解　对角线的长为$|\boldsymbol{m}+\boldsymbol{n}|$、$|\boldsymbol{m}-\boldsymbol{n}|$.

因为　$\boldsymbol{m}+\boldsymbol{n}=(1,-1,1),\boldsymbol{m}-\boldsymbol{n}=(1,3,-1)$

所以　$|\boldsymbol{m}+\boldsymbol{n}|=\sqrt{3}$,$|\boldsymbol{m}-\boldsymbol{n}|=\sqrt{11}$.

该平行四边形的对角线的长度各为$\sqrt{3}$, $\sqrt{11}$.

例7.9　已知两点 $A(x_1,y_1,z_1)$ 和 $B(x_2,y_2,z_2)$ 以及实数 $\lambda\neq-1$,在直线 AB 上求一点 M,使$\overrightarrow{AM}=\lambda\overrightarrow{MB}$.

解　设所求点为 $M(x,y,z)$,则

$$\overrightarrow{AM}=(x-x_1,y-y_1,z-z_1)$$

$$\overrightarrow{MB}=(x_2-x,y_2-y,z_2-z)$$

依题意有$\overrightarrow{AM}=\lambda\overrightarrow{MB}$即

$$(x-x_1,y-y_1,z-z_1)=\lambda(x_2-x,y_2-y,z_2-z)$$

$$(x,y,z)-(x_1,y_1,z_1)=\lambda(x_2,y_2,z_2)-\lambda(x,y,z)$$

$$(x,y,z)=\frac{1}{1+\lambda}(x_1+\lambda x_2,y_1+\lambda y_2,z_1+\lambda z_2)$$

$$x=\frac{x_1+\lambda x_2}{1+\lambda},y=\frac{y_1+\lambda y_2}{1+\lambda},z=\frac{z_1+\lambda z_2}{1+\lambda}$$

点 M 称为有向线段$\overrightarrow{AB}$的定比分点.

当 $\lambda=1$ 时,点 M 是有向线段$\overrightarrow{AB}$的中点,其坐标为

$$x=\frac{x_1+x_2}{2},y=\frac{y_1+y_2}{2},z=\frac{z_1+z_2}{2}$$

7.2.5　向量数量积的坐标表达式

设有两个向量

$$\boldsymbol{a}=a_x\boldsymbol{i}+a_y\boldsymbol{j}+a_z\boldsymbol{k},\boldsymbol{b}=b_x\boldsymbol{i}+b_y\boldsymbol{j}+b_z\boldsymbol{k}$$

根据向量的数量积有

$$\boldsymbol{i}\cdot\boldsymbol{i}=\boldsymbol{j}\cdot\boldsymbol{j}=\boldsymbol{k}\cdot\boldsymbol{k}=1,\boldsymbol{i}\cdot\boldsymbol{j}=\boldsymbol{j}\cdot\boldsymbol{k}=\boldsymbol{k}\cdot\boldsymbol{i}=0 \tag{7.3}$$

由式(7.3)及运算规律,有

$$\begin{aligned}\boldsymbol{a}\cdot\boldsymbol{b}&=(a_x\boldsymbol{i}+a_y\boldsymbol{j}+a_z\boldsymbol{k})\cdot(b_x\boldsymbol{i}+b_y\boldsymbol{j}+b_z\boldsymbol{k})\\&=a_xb_x+a_yb_y+a_zb_z\end{aligned}$$

即两个向量的数量积等于它们对应坐标的乘积的和:

$$\boldsymbol{a}\cdot\boldsymbol{b}=a_xb_x+a_yb_y+a_zb_z \tag{7.4}$$

两个非零向量夹角余弦的计算公式为

$$\cos(\widehat{\boldsymbol{a},\boldsymbol{b}})=\frac{\boldsymbol{a}\cdot\boldsymbol{b}}{|\boldsymbol{a}||\boldsymbol{b}|}=\frac{a_xb_x+a_yb_y+a_zb_z}{\sqrt{a_x^2+a_y^2+a_z^2}\sqrt{b_x^2+b_y^2+b_z^2}} \tag{7.5}$$

一个向量在另一个向量上的投影公式为

$$\mathrm{Prj}_{\boldsymbol{a}}^{\boldsymbol{b}}=|\boldsymbol{b}|\cos(\boldsymbol{a},\boldsymbol{b})=\frac{|\boldsymbol{b}||\boldsymbol{a}|\cos(\boldsymbol{a},\boldsymbol{b})}{|\boldsymbol{a}|}=\frac{\boldsymbol{a}\cdot\boldsymbol{b}}{|\boldsymbol{a}|}$$

$$\mathrm{Prj}_{\boldsymbol{b}}^{\boldsymbol{a}}=|\boldsymbol{a}|\cos(\boldsymbol{a},\boldsymbol{b})=\frac{|\boldsymbol{b}||\boldsymbol{a}|\cos(\boldsymbol{a},\boldsymbol{b})}{|\boldsymbol{b}|}=\frac{\boldsymbol{a}\cdot\boldsymbol{b}}{|\boldsymbol{b}|}$$

一个向量在另一个向量上的投影坐标表达形式为

$$\mathrm{Prj}_{\boldsymbol{a}}\boldsymbol{b}=\frac{a_xb_x+a_yb_y+a_zb_z}{|\boldsymbol{a}|},\mathrm{Prj}_{\boldsymbol{b}}\boldsymbol{a}=\frac{a_xb_x+a_yb_y+a_zb_z}{|\boldsymbol{b}|} \tag{7.6}$$

两个向量垂直的充分必要条件可以用坐标表示为

$$\boldsymbol{a}\cdot\boldsymbol{b}=a_xb_x+a_yb_y+a_zb_z=0 \tag{7.7}$$

例 7.10 设向量 $\boldsymbol{a}$ 与 $\boldsymbol{b}$ 的夹角为$\frac{\pi}{3}$,$|\boldsymbol{a}|=2$,$|\boldsymbol{b}|=3$,求 $\boldsymbol{a}\cdot\boldsymbol{b}$.

解 $\boldsymbol{a}\cdot\boldsymbol{b}=|\boldsymbol{a}||\boldsymbol{b}|\cos(\widehat{\boldsymbol{a},\boldsymbol{b}})=2\cdot3\cdot\cos\frac{\pi}{3}=3.$

例 7.11 设 $\boldsymbol{a}+\boldsymbol{b}+\boldsymbol{c}=\boldsymbol{0}$,$|\boldsymbol{a}|=1$,$|\boldsymbol{b}|=2$,$|\boldsymbol{c}|=3$, 求 $\boldsymbol{a}\cdot\boldsymbol{b}+\boldsymbol{b}\cdot\boldsymbol{c}+\boldsymbol{c}\cdot\boldsymbol{a}$.

解 由 $\boldsymbol{a}+\boldsymbol{b}+\boldsymbol{c}=\boldsymbol{0}$,得

$$\begin{aligned}\boldsymbol{a}\cdot(\boldsymbol{a}+\boldsymbol{b}+\boldsymbol{c})&=\boldsymbol{a}^2+\boldsymbol{a}\cdot\boldsymbol{b}+\boldsymbol{a}\cdot\boldsymbol{c}=0\\\boldsymbol{b}\cdot(\boldsymbol{a}+\boldsymbol{b}+\boldsymbol{c})&=\boldsymbol{a}\cdot\boldsymbol{b}+\boldsymbol{b}^2+\boldsymbol{b}\cdot\boldsymbol{c}=0\\\boldsymbol{c}\cdot(\boldsymbol{a}+\boldsymbol{b}+\boldsymbol{c})&=\boldsymbol{a}\cdot\boldsymbol{c}+\boldsymbol{b}\cdot\boldsymbol{c}+\boldsymbol{c}^2=0\end{aligned}$$

代入$|\boldsymbol{a}|=1$,$|\boldsymbol{b}|=2$,$|\boldsymbol{c}|=3$,三式相加,得

$$2(\boldsymbol{a}\cdot\boldsymbol{b}+\boldsymbol{b}\cdot\boldsymbol{c}+\boldsymbol{c}\cdot\boldsymbol{a})=-14$$

所以

$$\boldsymbol{a}\cdot\boldsymbol{b}+\boldsymbol{b}\cdot\boldsymbol{c}+\boldsymbol{c}\cdot\boldsymbol{a}=-7$$

7.2.6 向量叉积(向量积)的坐标表达形式

设 $\boldsymbol{a}=a_x\boldsymbol{i}+a_y\boldsymbol{j}+a_z\boldsymbol{k}$,$\boldsymbol{b}=b_x\boldsymbol{i}+b_y\boldsymbol{j}+b_z\boldsymbol{k}$,由向量积的运算规律,有

$$\boldsymbol{i}\times\boldsymbol{j}=\boldsymbol{k},\boldsymbol{j}\times\boldsymbol{k}=\boldsymbol{i},\boldsymbol{k}\times\boldsymbol{i}=\boldsymbol{j},\boldsymbol{j}\times\boldsymbol{i}=-\boldsymbol{k},\boldsymbol{k}\times\boldsymbol{j}=-\boldsymbol{i},\boldsymbol{i}\times\boldsymbol{k}=-\boldsymbol{j}$$

$$\boldsymbol{i}\times\boldsymbol{i}=\boldsymbol{0},\boldsymbol{j}\times\boldsymbol{j}=\boldsymbol{0},\boldsymbol{k}\times\boldsymbol{k}=\boldsymbol{0} \tag{7.8}$$

根据式(7.8),有

$$\begin{aligned}\boldsymbol{a}\times\boldsymbol{b}&=(a_x\boldsymbol{i}+a_y\boldsymbol{j}+a_z\boldsymbol{k})\times(b_x\boldsymbol{i}+b_y\boldsymbol{j}+b_z\boldsymbol{k})\\&=a_x\boldsymbol{i}\times(b_x\boldsymbol{i}+b_y\boldsymbol{j}+b_z\boldsymbol{k})+a_y\boldsymbol{j}\times(b_x\boldsymbol{i}+b_y\boldsymbol{j}+b_z\boldsymbol{k})+a_z\boldsymbol{k}\times(b_x\boldsymbol{i}+b_y\boldsymbol{j}+b_z\boldsymbol{k})\\&=a_xb_x(\boldsymbol{i}\times\boldsymbol{i})+a_xb_y(\boldsymbol{i}\times\boldsymbol{j})+a_xb_z(\boldsymbol{i}\times\boldsymbol{k})+a_yb_x(\boldsymbol{j}\times\boldsymbol{i})+a_yb_y(\boldsymbol{j}\times\boldsymbol{j})\end{aligned}$$

$$+a_yb_z(\boldsymbol{j}\times\boldsymbol{k})+a_zb_x(\boldsymbol{k}\times\boldsymbol{i})+a_zb_y(\boldsymbol{k}\times\boldsymbol{j})+a_zb_z(\boldsymbol{k}\times\boldsymbol{k})$$
$$=(a_yb_z-a_zb_y)\boldsymbol{i}+(a_zb_x-a_xb_z)\boldsymbol{j}+(a_xb_y-a_yb_x)\boldsymbol{k}$$

所以
$$\boldsymbol{a}\times\boldsymbol{b}=(a_yb_z-a_zb_y)\boldsymbol{i}+(a_zb_x-a_xb_z)\boldsymbol{j}+(a_xb_y-a_yb_x)\boldsymbol{k}$$

为便于记忆,引入二阶行列式$\begin{vmatrix} a & b \\ c & d \end{vmatrix}=ad-bc.$

$$\begin{matrix} a_x & \overbrace{a_y \quad a_z}^{X} & a_x \\ \underbrace{b_x \quad b_y}_{Z} & \underbrace{b_z \quad b_x}_{Y} & \end{matrix}$$

$$\boldsymbol{a}\times\boldsymbol{b}=\{X,Y,Z\}=\left\{\begin{vmatrix} a_y & a_z \\ b_y & b_z \end{vmatrix},\begin{vmatrix} a_z & a_x \\ b_z & b_x \end{vmatrix},\begin{vmatrix} a_x & a_y \\ b_x & b_y \end{vmatrix}\right\}$$

通常把$\boldsymbol{a}\times\boldsymbol{b}$借助于行列式来表示:

$$\boldsymbol{a}\times\boldsymbol{b}=\begin{vmatrix} \boldsymbol{i} & \boldsymbol{j} & \boldsymbol{k} \\ a_x & a_y & a_z \\ b_x & b_y & b_z \end{vmatrix}$$

但这个行列式只能按照第一行展开,得

$$\boldsymbol{a}\times\boldsymbol{b}=\begin{vmatrix} a_y & a_z \\ b_y & b_z \end{vmatrix}\boldsymbol{i}+\begin{vmatrix} a_z & a_x \\ b_z & b_x \end{vmatrix}\boldsymbol{j}+\begin{vmatrix} a_x & a_y \\ b_x & b_y \end{vmatrix}\boldsymbol{k}$$

例 7.12　设$\boldsymbol{a}=\boldsymbol{i}-\boldsymbol{k},\boldsymbol{b}=2\boldsymbol{i}+3\boldsymbol{j}+\boldsymbol{k}$,求$\boldsymbol{a}\times\boldsymbol{b}$.

解　由向量积的坐标表示式,得

$$\boldsymbol{a}\times\boldsymbol{b}=\begin{vmatrix} \boldsymbol{i} & \boldsymbol{j} & \boldsymbol{k} \\ 1 & 0 & -1 \\ 2 & 3 & 1 \end{vmatrix}=3\boldsymbol{i}-3\boldsymbol{j}+3\boldsymbol{k}$$

例 7.13　已知点$A(2,-1,2),B(1,2,-1),C(3,2,1)$.求:

①垂直于点A,B,C所在平面的单位向量$\boldsymbol{n}^0$;

②$\triangle ABC$的面积.

解　①由向量积的定义知,$\boldsymbol{n}=\pm\overrightarrow{AB}\times\overrightarrow{AC}$是同时垂直$\overrightarrow{AB}$和$\overrightarrow{AC}$的向量,也就是垂直于点$A$,$B,C$所在平面的向量.

因为$\overrightarrow{AB}=\{-1,3,-3\},\overrightarrow{AC}=\{1,3,-1\}$,所以

$$\boldsymbol{n}=\pm\overrightarrow{AB}\times\overrightarrow{AC}=\pm\begin{vmatrix} \boldsymbol{i} & \boldsymbol{j} & \boldsymbol{k} \\ -1 & 3 & -3 \\ 1 & 3 & -1 \end{vmatrix}$$
$$=\pm\left(\begin{vmatrix} 3 & -3 \\ 3 & -1 \end{vmatrix}\boldsymbol{i}-\begin{vmatrix} -1 & -3 \\ 1 & -1 \end{vmatrix}\boldsymbol{j}+\begin{vmatrix} -1 & 3 \\ 1 & 3 \end{vmatrix}\boldsymbol{k}\right)$$
$$=\pm(6\boldsymbol{i}-4\boldsymbol{j}-6\boldsymbol{k})$$

将向量$\boldsymbol{n}$单位化,得

$$\boldsymbol{n}^0==\pm\frac{\boldsymbol{n}}{|\boldsymbol{n}|}=\pm\frac{1}{\sqrt{22}}\{3,-2,-3\}$$

②所求三角形面积为:

$$S_{\triangle ABC} = \frac{1}{2}|\overrightarrow{AB} \times \overrightarrow{AC}| = \frac{1}{2}\sqrt{6^2 + (-4)^2 + (-6)^2} = \sqrt{22}$$

*7.2.7　混合积的坐标表示式

设向量 $\boldsymbol{a} = \{a_x, a_y, a_z\}$, $\boldsymbol{b} = \{b_x, b_y, b_z\}$, $\boldsymbol{c} = \{c_x, c_y, c_z\}$,

因为

$$\boldsymbol{a} \times \boldsymbol{b} = \begin{vmatrix} \boldsymbol{i} & \boldsymbol{j} & \boldsymbol{k} \\ a_x & a_y & a_z \\ b_x & b_y & b_z \end{vmatrix} = \begin{vmatrix} a_y & a_z \\ b_y & b_z \end{vmatrix}\boldsymbol{i} - \begin{vmatrix} a_x & a_z \\ b_x & b_z \end{vmatrix}\boldsymbol{j} + \begin{vmatrix} a_x & a_y \\ b_x & b_y \end{vmatrix}\boldsymbol{k}$$

$$(\boldsymbol{a} \times \boldsymbol{b}) \cdot \boldsymbol{c} = \begin{vmatrix} a_y & a_z \\ b_y & b_z \end{vmatrix}c_x - \begin{vmatrix} a_x & a_z \\ b_x & b_z \end{vmatrix}c_y + \begin{vmatrix} a_x & a_y \\ b_x & b_y \end{vmatrix}c_z = \begin{vmatrix} c_x & c_y & c_z \\ a_x & a_y & a_z \\ b_x & b_y & b_z \end{vmatrix}$$

所以混合积的坐标运算表达式为

$$(\boldsymbol{a} \times \boldsymbol{b}) \cdot \boldsymbol{c} = \begin{vmatrix} a_x & a_y & a_z \\ b_x & b_y & b_z \\ c_x & c_y & c_z \end{vmatrix}$$

例 7.14　判断四个点 $A(1,0,1)$, $B(4,4,6)$, $C(2,2,3)$, $D(-1,1,2)$ 是否在同一平面上.

解　三个向量共面的充要条件是这三个向量的混合积等于0.

因为
$$\overrightarrow{AB} = (3,4,5), \overrightarrow{AC} = (1,2,2), \overrightarrow{AD} = (-2,1,1)$$

$$\overrightarrow{AB} \cdot (\overrightarrow{AC} \times \overrightarrow{AD}) = \begin{vmatrix} 3 & 4 & 5 \\ 1 & 2 & 2 \\ -2 & 1 & 1 \end{vmatrix} = 5 \neq 0$$

所以四个点 $A(1,0,1)$, $B(4,4,6)$, $C(2,2,3)$, $D(-1,1,2)$ 不在同一平面上.

例 7.15　求以点 $A(1,1,1)$, $B(3,4,4)$, $C(3,5,5)$ 及 $D(2,4,7)$ 为顶点的四面体 $ABCD$ 的体积.

解　四面体 $ABCD$ 的体积 V 是以 $\overrightarrow{AB}, \overrightarrow{AC}, \overrightarrow{AD}$ 为相邻三棱的平行六面体体积的六分之一. 而

$$\overrightarrow{AB} = \{2,3,3\}, \overrightarrow{AC} = \{2,4,4\}, \overrightarrow{AD} = \{1,3,6\}$$

故

$$V_{ABCD} = \frac{1}{6}|(\overrightarrow{AB} \times \overrightarrow{AC}) \cdot \overrightarrow{AD}| = \frac{1}{6}\left\|\begin{matrix} 2 & 3 & 3 \\ 2 & 4 & 4 \\ 1 & 3 & 6 \end{matrix}\right\| = \frac{1}{6} \times 6 = 1$$

习题 7.2

A 组

1. 在空间直角坐标系中,指出下列各点在哪个卦限.

$A(1,-2,3)$, $B(2,3,-4)$, $C(2,-3,-4)$, $D(-2,-3,1)$.

2. 求点 $p(-3,2,-1)$ 关于坐标面与坐标轴对称点的坐标.

3. 求点 $A(-4,3,5)$ 在坐标面与坐标轴上的投影点的坐标.

4. 设 $\boldsymbol{a}=(1,1,1)$，求 $\boldsymbol{a}$ 的方向余弦.

5. 求证：以点 $P(4,3,1)$，$Q(7,1,2)$，$R(5,2,3)$ 为顶点的三角形是等腰三角形.

6. 在 z 轴上求一点，与两点 $A(-4,1,7)$，$B(3,5,-2)$ 的距离相等.

B 组

1. 已知向量 $\boldsymbol{a}=\boldsymbol{i}+2\boldsymbol{j}-\boldsymbol{k}$，$\boldsymbol{b}=-\boldsymbol{i}+\boldsymbol{j}$，求 $\boldsymbol{a}\cdot\boldsymbol{b}$，$\boldsymbol{a}\times\boldsymbol{b}$，$\boldsymbol{a}$ 与 $\boldsymbol{b}$ 夹角的正弦与余弦.

2. 试求与向量 $\boldsymbol{a}=2\boldsymbol{i}+\boldsymbol{j}-\boldsymbol{k}$ 平行，且满足 $\boldsymbol{x}\cdot\boldsymbol{a}=3$ 的向量 $\boldsymbol{x}$.

3. $(\boldsymbol{a}\times\boldsymbol{b})\times\boldsymbol{c}=\boldsymbol{a}\times(\boldsymbol{b}\times\boldsymbol{c})$ 是否成立？为什么？

4. 证明 Cauchy 不等式：

$$(a_1b_1+a_2b_2+a_3b_3)^2\leqslant(a_1^2+a_2^2+a_3^2)(b_1^2+b_2^2+b_3^2)$$

7.3　平面与直线

7.3.1　平面方程及其位置关系

(1) 平面方程的形式

1) 平面的点法式方程

与平面垂直的非零向量称为该平面的法向量，记为 $\boldsymbol{n}=(A,B,C)$. 平面的法向量与平面内的每一个向量都垂直.

设 $M_0(x_0,y_0,z_0)$ 是平面 π 上的点，其法向量为 $\boldsymbol{n}=(A,B,C)$. 求平面 π 的方程.

设 $M(x,y,z)$ 是平面 π 上任意一点（见图 7.22），则向量 $\overrightarrow{M_0M}=(x-x_0,y-y_0,z-z_0)$ 在平面 π 上，且 $\overrightarrow{M_0M}$ 必与 $\boldsymbol{n}=(A,B,C)$ 垂直，而

$$\overrightarrow{M_0M}\perp\boldsymbol{n} \text{ 的充要条件是 } \overrightarrow{M_0M}\cdot\boldsymbol{n}=0$$

所以，有

$$A(x-x_0)+B(y-y_0)+C(z-z_0)=0 \quad (7.9)$$

方程(7.9)称为平面 π 的点法式方程，它是由平面上的一点和平面的法向量所决定的.

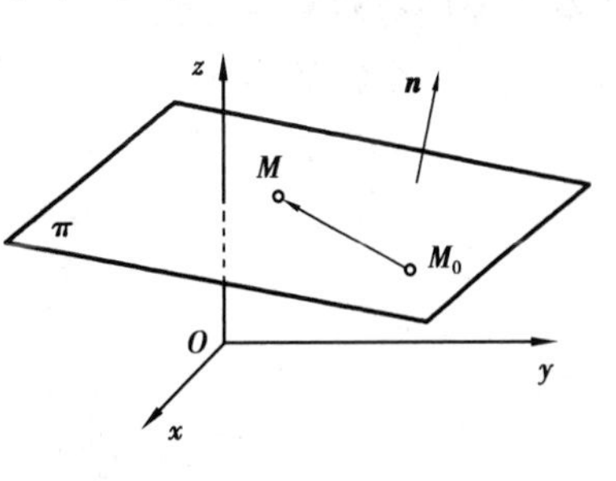

图 7.22

例 7.16　求过点 $P_1(1,1,-1)$，$P_2(-2,-2,2)$ 和 $P_3(1,-1,2)$ 的平面方程.

解　所求平面的法向量 $\boldsymbol{n}$ 可取为 $\boldsymbol{n}=\overrightarrow{P_1P_2}\times\overrightarrow{P_1P_3}$，而

$$\overrightarrow{P_1P_2}=(-3,-3,3),\overrightarrow{P_1P_3}=(0,-2,3)$$

所以

$$n = \overrightarrow{P_1P_2} \times \overrightarrow{P_1P_3} = \begin{vmatrix} \boldsymbol{i} & \boldsymbol{j} & \boldsymbol{k} \\ -3 & -3 & 3 \\ 0 & -2 & 3 \end{vmatrix} = -3\boldsymbol{i} + 9\boldsymbol{j} + 6\boldsymbol{k}$$

故平面方程为

$$-3(x-1) + 9(y-1) + 6(z+1) = 0$$

即

$$x - 3y - 2z = 0$$

2)平面的一般方程

把平面的点法式方程

$$A(x-x_0) + B(y-y_0) + C(z-z_0) = 0$$

化简得

$$Ax + By + Cz - (Ax_0 + By_0 + Cz_0) = 0 \tag{7.10}$$

令 $D = -(Ax_0 + By_0 + Cz_0)$,式(7.10)变为

$$Ax + By + Cz + D = 0(\text{其中 } A,B,C \text{ 不全为零}) \tag{7.11}$$

式(7.11)是一个关于 x,y,z 的三元一次方程.

反过来,任何一个关于 x,y,z 的三元一次方程 $Ax+By+Cz+D=0$ 代表空间中的一张平面.

可取满足方程(7.11)的一组数 x_0,y_0,z_0,即有

$$Ax_0 + By_0 + Cz_0 + D = 0 \tag{7.12}$$

将式(7.11)减式(7.12),得

$$A(x-x_0) + B(y-y_0) + C(z-z_0) = 0$$

可见方程(7.11)是过点 $M_0(x_0,y_0,z_0)$并以 $\boldsymbol{n}=(A,B,C)$为法向量的平面方程.

因此,平面的一般方程是三元一次方程,即

$$Ax + By + Cz + D = 0$$

在平面的一般方程中有四个常数 A,B,C,D,这四个常数有一个或多个为0,方程所表示的平面在空间有着特殊的位置.

①有一个常数为0

a. 当 $D=0$ 时,方程(7.11)变为 $Ax+By+Cz=0$,此平面过原点面,如图7.23所示;

b. 当 $A=0$ 时,方程变为 $By+Cz+D=0$,表示平行于 x 轴的平面,如图7.24所示.

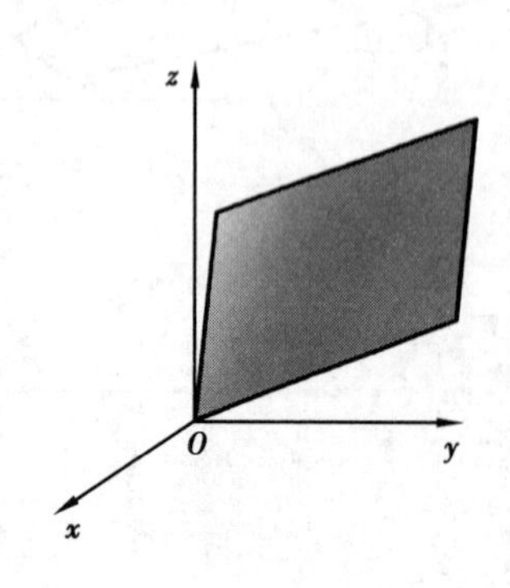

图7.23

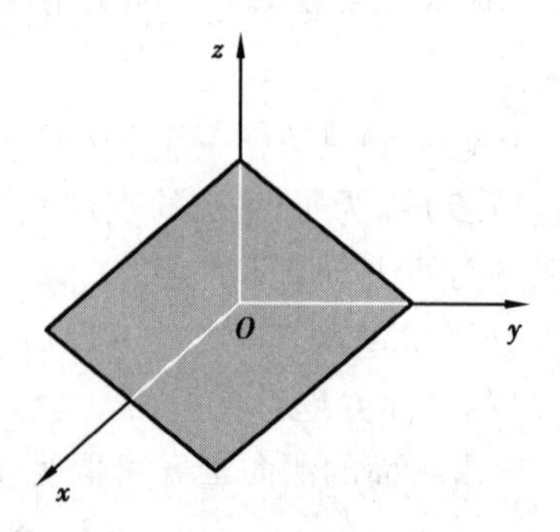

图7.24

平面方程 $Ax+By+Cz+D=0$ 中缺少哪一个变量,则这个平面就平行于相应的那个坐标轴.

②有两个常数为 0

a. 当 A,B,C 中有两个为零时,方程(7.11)表示平行于某坐标平面的平面. 如当 $A=B=0$ 时,方程(7.11)变为 $Cz+D=0$,此时方程 $Cz+D=0$ 表示平行于 xOy 面的平面,如图 7.25 所示.

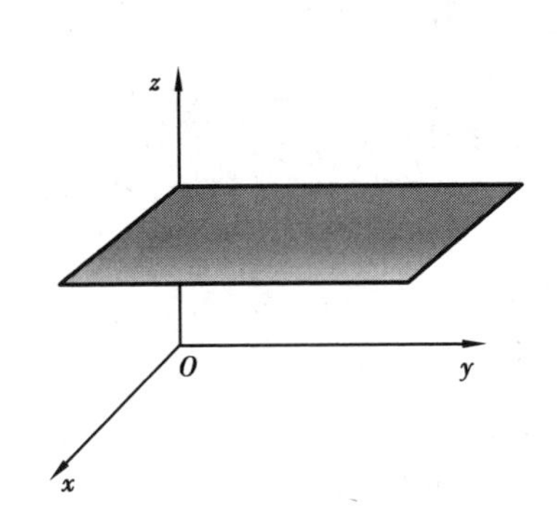

图 7.25

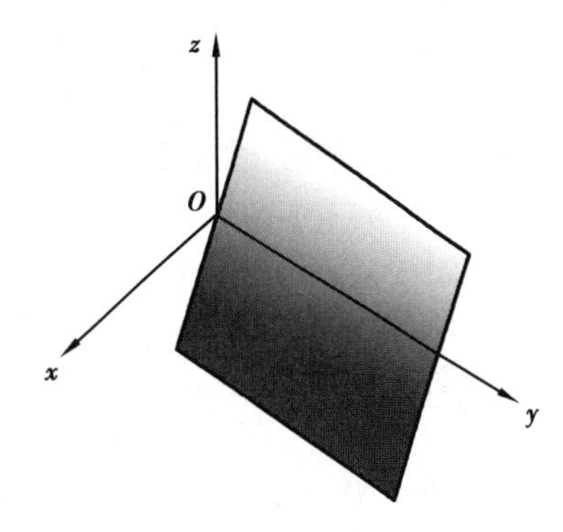

图 7.26

b. 若有一个变量系数为 0 和常数 $D=0$ 时,平面过原点且平行于相应缺的变量轴,即过缺的那个变量轴的平面. 如 $Ax+CZ=0$,缺变量 y,平面平行于 y 轴又过坐标原点,因此平面是过 y 轴的平面,如图 7.26 所示.

③有三个常数为 0 时

在这种情况下,不可能是三个变量的系数为 0,只能是两个变量系数为 0 和常数项 $D=0$.

a. 若 $A=B=D=0, C\neq 0$,则平面方程变为 $z=0$,代表 xOy 平面;

b. 若 $B=C=D=0, A\neq 0$,则平面方程变为 $x=0$,代表 yOz 平面;

c. 若 $A=C=D=0, B\neq 0$,则平面方程变为 $y=0$,代表 xOz 平面.

例 7.17　求过点(2,3,1)与 y 轴的平面方程.

解　因为所求平面通过 y 轴,设其方程为

$$Ax+Cz=0$$

又由于点(2,3,1)在平面上,因此 $2A+C=0$,即 $C=-2A$,代入所设方程并化简,得所求平面方程为

$$x-2z=0$$

3)平面的截距式方程

设平面在 x 轴、y 轴、z 轴上的截距分别为 a,b,c,其中 a,b,c 全不为零,求该平面的方程.

方法 1　用平面的点法式方程来求.

P,Q,R 的坐标为 $P(a,0,0)$、$Q(0,b,0)$ 和 $R(0,0,c)$,如图 7.27 所示.

$$\overrightarrow{PR}=\{0,0,c\}-\{a,0,0\}=\{-a,0,c\}$$
$$\overrightarrow{PQ}=\{0,b,0\}-\{a,0,0\}=\{-a,b,0\}$$

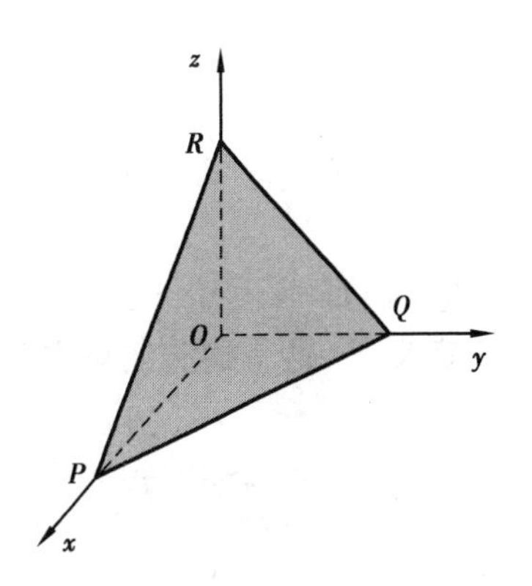

图 7.27

平面的法向量 $\vec{n}$ 为

$$\vec{n}=\overrightarrow{PR}\times\overrightarrow{PQ}=\{-a,0,c\}\times\{-a,b,0\}$$

$$=\left\{\begin{vmatrix}0 & c\\ b & 0\end{vmatrix},\begin{vmatrix}c & -a\\ 0 & -a\end{vmatrix},\begin{vmatrix}-a & 0\\ -a & b\end{vmatrix}\right\}$$

$$=\{-bc,-ac,-ab\}=\{bc,ac,ab\}$$

所求的平面方程为

$$bc(x-a)+ac(y-0)+ab(z-0)=0$$

化简得

$$bcx+acy+abz=bca \tag{7.13}$$

将式(7.13)的两边同时除以 abc,得到平面的截距式方程

$$\frac{x}{a}+\frac{y}{b}+\frac{z}{c}=1 \tag{7.14}$$

方法 2　采用平面的一般方程来求平面的截距式方程.

设所求平面的方程为

$$Ax+By+Cz+D=0$$

P,Q,R 的坐标为 $P(a,0,0)$、$Q(0,b,0)$ 和 $R(0,0,c)$,如图 7.27 所示.

将 P,Q 及 R 点的坐标代入方程,得方程组

$$\begin{cases}aA+D=0\\ bB+D=0\\ cC+D=0\end{cases}$$

解得

$$A=-\frac{D}{a},B=-\frac{D}{b},C=-\frac{D}{c}$$

将此代入所设方程,并消去 D 得平面的截距式方程为

$$\frac{x}{a}+\frac{y}{b}+\frac{z}{c}=1 \tag{7.15}$$

(2)两平面的位置关系

设平面 π_1,π_2 的方程为

$$\pi_1:A_1x+B_1y+C_1z=0$$

$$\pi_2:A_2x+B_2y+C_2z=0$$

平面 π_1,π_2 的法向量分别为

$$\boldsymbol{n}_1=(A_1,B_1,C_1),\boldsymbol{n}_2=(A_2,B_2,C_2)$$

两平面的位置关系是由两平面的法向量的位置关系确定的.

①两平面平行等价于两平面的法向量平行,即

$$\pi_1 /\!/ \pi_2 \Leftrightarrow \boldsymbol{n}_1 /\!/ \boldsymbol{n}_2 \Leftrightarrow \frac{A_1}{A_2}=\frac{B_1}{B_2}=\frac{C_1}{C_2}$$

②两平面垂直等价于两平面的法向量垂直,即

$$\pi_1 \perp \pi_2 \Leftrightarrow \boldsymbol{n}_1 \perp \boldsymbol{n}_2 \Leftrightarrow A_1A_2+B_1B_2+C_1C_2=0$$

③两平面既不平行也不垂直,即两个平面相交形成一个交角.

定义 1　两平面法向量之间的夹角 θ(通常取锐角)称为这两平面的夹角(如图 7.28 所示).

由向量夹角余弦公式有

$$\cos\theta=\frac{|\boldsymbol{n}_1\cdot\boldsymbol{n}_2|}{|\boldsymbol{n}_1|\cdot|\boldsymbol{n}_2|}=\frac{|A_1A_2+B_1B_2+C_1C_2|}{\sqrt{A_1^2+B_1^2+C_1^2}\sqrt{A_2^2+B_2^2+C_2^2}} \tag{7.16}$$

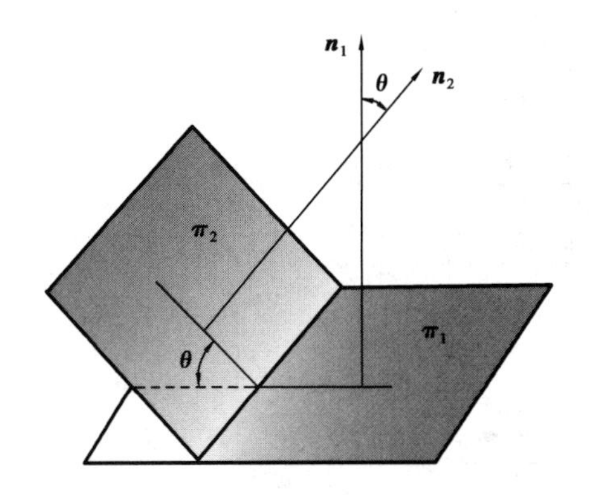

图7.28

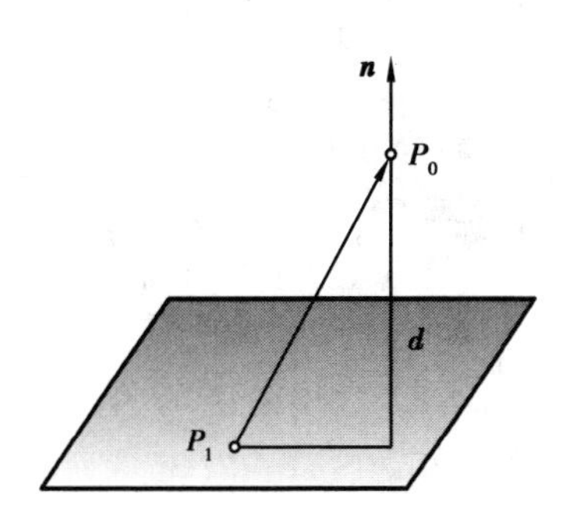

图7.29

例7.18　求平面 $x-y+2z-6=0$ 与 $2x+y+z-5=0$ 之间的夹角.

解　两平面的法向量分别为 $\boldsymbol{n}_1=(1,-1,2)$，$\boldsymbol{n}_2=(2,1,1)$，则两平面夹角 θ 的余弦为

$$\cos\theta=\frac{|1\times2+(-1)\times1+2\times1|}{\sqrt{1^2+(-1)^2+2^2}\sqrt{2^2+1^2+1^2}}=\frac{1}{2}$$

所以
$$\theta=\frac{\pi}{3}$$

例7.19　设一平面经过原点 O 及点 $P_0(6,-3,2)$，且与平面 $4x-y+2z=8$ 垂直，求此平面方程.

解　$\overrightarrow{OP_0}=(6,3,-2)-(0,0,0)=(6,3,-2)$

平面 $4x-y+2z=8$ 的法向量 $\vec{n}_1=(4,-1,2)$.

所求平面的法向量
$$\vec{n}=\overrightarrow{OP_0}\times\vec{n}_1=\{6,-3,2\}\times\{4,-1,2\}$$
$$=\left\{\begin{vmatrix}-3&2\\-1&2\end{vmatrix},\begin{vmatrix}2&6\\2&4\end{vmatrix},\begin{vmatrix}6&-3\\4&-1\end{vmatrix}\right\}$$
$$=\{-4,-4,6\}\mathbin{/\!/}\{2,2,-3\}$$

由原点和平面的法向量 $\vec{n}=\{2,2,-3\}$ 得出所求平面的方程为
$$2x+2y-3z=0$$

(3)点到平面的距离

设 $P_0(x_0,y_0,z_0)$ 是平面 $\pi:Ax+By+Cz+D=0$ 外的一点，如图7.29所示，求点 P_0 到平面 π 的距离.

在平面 π 上任意取一辅助点 $P_1(x_1,y_1,z_1)$，则点 P_0 到平面 π 的距离 d 为向量 $\overrightarrow{P_1P_0}=(x_0-x_1,y_0-y_1,z_0-z_1)$ 在平面法向量 $\boldsymbol{n}=(A,B,C)$ 上投影的绝对值，因点 $P_1(x_1,y_1,z_1)$ 在平面 π 上，所以 P_1 的坐标应满足平面的方程. $Ax_1+By_1+Cz_1+D=0$.

由此可得出
$$Ax_1+By_1+Cz_1=-D$$
$$d=\left|\,|\overrightarrow{P_1P_0}|\cos(\widehat{\overrightarrow{P_1P_0},\vec{n}})\,\right|$$
$$=\left|\frac{|\overrightarrow{P_1P_0}|\,|\vec{n}|\cos(\widehat{\overrightarrow{P_1P_0},\vec{n}})}{|\vec{n}|}\right|=\frac{|\overrightarrow{P_1P_0}\cdot\vec{n}|}{|\vec{n}|}$$

$$=\frac{|(x_0-x_1,y_0-y_1,z_0-z_1)\cdot(A,B,C)|}{\sqrt{A^2+B^2+C^2}}$$

$$=\frac{|Ax_0+By_0+Cz_0-(Ax_1+By_1+Cz_1)|}{\sqrt{A^2+B^2+C^2}}$$

$$=\frac{|Ax_0+By_0+Cz_0+D|}{\sqrt{A^2+B^2+C^2}}$$

故点 P_0 到平面 π 的距离为

$$d=\frac{|Ax_0+By_0+Cz_0+D|}{\sqrt{A^2+B^2+C^2}} \tag{7.17}$$

例 7.20 求点(2,3,1)到平面 $x-y+2z+2=0$ 的距离.

解 根据点到平面的距离公式有

$$d=\frac{|Ax_0+By_0+Cz_0+D|}{\sqrt{A^2+B^2+C^2}}$$

$$=\frac{|1\times2-1\times3+2\times1+2|}{\sqrt{1^2+(-1)^2+2^2}}=\frac{3}{\sqrt{6}}=\frac{\sqrt{6}}{2}$$

7.3.2 直线方程及直线的位置关系

(1)直线方程的形式

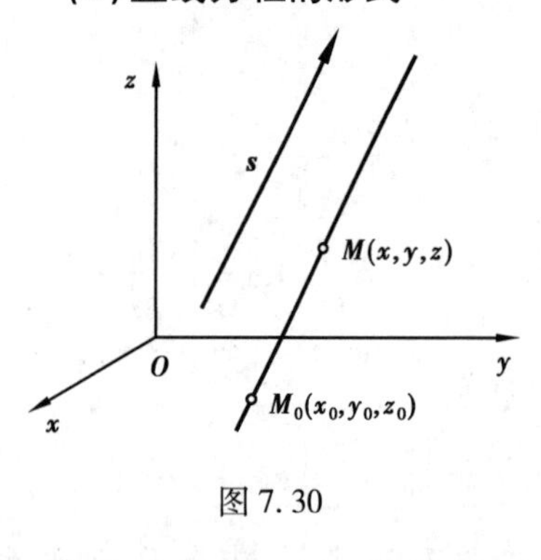

图 7.30

1)直线的点向式方程

空间直线的位置是由直线上的一点和与直线平行的一个向量完全确定的. 我们称与直线平行的非零向量为该直线的方向向量,记为 $\boldsymbol{s}=(m,n,p)$,而 $\boldsymbol{s}$ 的三个分量 m,n,p 称为该直线的一组方向数,如图 7.30 所示.

设 $M_0(x_0,y_0,z_0)$是直线 L 上的一点,直线 L 的一个方向向量 $\boldsymbol{s}=(m,n,p)$,求直线 L 的方程.

设 $M(x,y,z)$为直线 L 上任意一点,则向量$\overrightarrow{M_0M}=(x-x_0,y-y_0,z-z_0)$在直线上,因此有$\overrightarrow{M_0M}/\!/\boldsymbol{s}$,由两向量平行的充要条件是两向量的对应坐标成比例得

$$\frac{x-x_0}{m}=\frac{y-y_0}{n}=\frac{z-z_0}{p} \tag{7.18}$$

方程组(7.18)称为直线的点向式方程(或对称式方程).

注意 因为 $\boldsymbol{s}$ 是非零向量,所以它的方向数 m,n,p 不全为零,若某些分母为零,其分子也理解为零.

例如,当 $m=0$ 时,为保持方程的对称形式,式(7.18)我们仍写为

$$\frac{x-x_0}{0}=\frac{y-y_0}{n}=\frac{z-z_0}{p}$$

理解为

$$\begin{cases} x - x_0 = 0 \\ \dfrac{y - y_0}{n} = \dfrac{z - z_0}{p} \end{cases}$$

当 $m = n = 0, p \neq 0$ 时，式(7.18)理解为$\begin{cases} x = x_0 \\ y = y_0 \end{cases}$

2）直线的参数方程

在直线的点向式方程(7.18)中，令其等于 t（t 为实参数），即

$$\frac{x - x_0}{m} = \frac{y - y_0}{n} = \frac{z - z_0}{p} = t$$

于是

$$\begin{cases} x = x_0 + tm \\ y = y_0 + tn \\ z = z_0 + tp \end{cases} \tag{7.19}$$

称方程(7.19)为直线 L 的参数式方程.

直线的参数方程有时使用起来很方便，如求直线与平面的交点，先把直线写成参数方程的形式(7.19)，将其代入平面方程，得到参数 t 的值 t_0，再将 t_0 代入式(7.19)得到直线与平面的交点坐标.

3）直线的一般方程

空间直线可看作两张不平行平面的交线，如图 7.31 所示. 因此，可用通过直线 L 的任意两平面方程联立来表示直线方程.

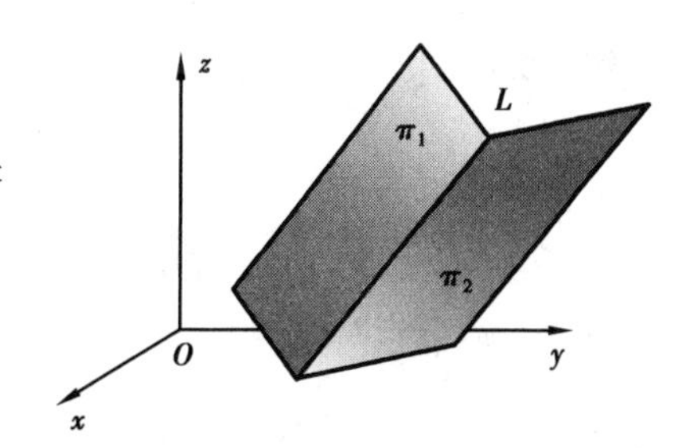

图 7.31

设两张平面的方程分别为

$$\pi_1: A_1x + B_1y + C_1z + D_1 = 0$$
$$\pi_2: A_2x + B_2y + C_2z + D_2 = 0$$

其中，$\boldsymbol{n}_1 = (A_1, B_1, C_1)$，$\boldsymbol{n}_2 = (A_2, B_2, C_2)$不平行，则交线 L 的方程就是

$$\begin{cases} A_1x + B_1y + C_1z + D_1 = 0 \\ A_2x + B_2y + C_2z + D_2 = 0 \end{cases} \tag{7.20}$$

式(7.20)称为空间直线的一般方程.

直线的这三种形式是可以相互转化的，如要把直线的一般方程转化成直线的对称式，则先在式(7.20)中选取一点(x_0, y_0, z_0)（选取的该点不唯一），再计算直线的方向 $\vec{s} = \vec{n}_1 \times \vec{n}_2 = \{m, n, p\}$，根据直线的点向式写出直线的对称式方程.

例 7.21　求过点 $M(1,1,1)$ 且与直线 $L\begin{cases} x - 2y + z = 0 \\ 2x + 2y + 3z - 6 = 0 \end{cases}$ 平行的直线方程.

解　记 $\boldsymbol{n}_1 = (1, -2, 1)$，$\boldsymbol{n}_2 = (2, 2, 3)$分别为过直线 L 的两平面的法向量.

设所求直线的方向向量 $\boldsymbol{s}$，由题意知，方向向量 $\boldsymbol{s}$ 可取

$$\boldsymbol{s} = \boldsymbol{n}_1 \times \boldsymbol{n}_2 = \begin{vmatrix} \boldsymbol{i} & \boldsymbol{j} & \boldsymbol{k} \\ 1 & -2 & 1 \\ 2 & 2 & 3 \end{vmatrix} = -8\boldsymbol{i} - \boldsymbol{j} + 6\boldsymbol{k}$$

所求直线方程为
$$\frac{x-1}{-8}=\frac{y-1}{-1}=\frac{z-1}{6}$$

例 7.22 已知两条直线的方程是
$$L_1:\frac{x-1}{1}=\frac{y-2}{0}=\frac{z-3}{-1}$$
$$L_2:\frac{x+2}{2}=\frac{y-1}{1}=\frac{z}{1}$$
求过 L_1 且平行于 L_2 的平面方程.

解 因为平面过 L_1,所以平面过 L_1 上的点(1,2,3).

直线 L_1 和 L_2 的方向 $\vec{v}_1=\{1,0,-1\}$, $\vec{v}_2=\{2,1,1\}$ 是平行于所求平面的,所以所求平面的法向量 $\vec{n}$ 为
$$\vec{n}=\vec{v}_1\times\vec{v}_2=\{1,0,-1\}\times\{2,1,1\}=\left\{\begin{vmatrix}0&-1\\1&1\end{vmatrix},\begin{vmatrix}-1&1\\1&2\end{vmatrix},\begin{vmatrix}1&0\\2&1\end{vmatrix}\right\}=\{1,-3,1\}$$

根据点法式方程得到所求平面的方程为
$$1(x-1)-3(y-2)+1(z-3)=0$$
$$x-3y+z+2=0$$

例 7.23 求与两直线 $\begin{cases}x=1\\y=-1+t\\z=2+t\end{cases}$ 及 $\frac{x+1}{1}=\frac{y+2}{2}=\frac{z-1}{1}$ 都平行且过原点的平面方程.

解 直线 $\begin{cases}x=1\\y=-1+t\\z=2+t\end{cases}$ 转化成点向式方程为 $\frac{x-1}{0}=\frac{y+1}{1}=\frac{z-2}{1}$,其方向数为
$$\vec{v_1}=\{0,1,1\}$$
直线 $\frac{x+1}{1}=\frac{y+2}{2}=\frac{z-1}{1}$ 的方向数为 $\vec{v_2}=\{1,2,1\}$.

所求平面的法向量为
$$\vec{n}=\vec{v_1}\times\vec{v_2}=\{0,1,1\}\times\{1,2,1\}=\left\{\begin{vmatrix}1&1\\2&1\end{vmatrix},\begin{vmatrix}1&0\\1&1\end{vmatrix},\begin{vmatrix}0&1\\1&2\end{vmatrix}\right\}=\{-1,1,-1\}$$

根据点法式方程有
$$-1(x-0)+1(y-0)+(-1)(z-0)=0$$
故,所求的平面方程为
$$x-y+z=0$$

例 7.24 将直线方程 $\begin{cases}2x-3y-z+3=0\\4x-6y+5z-1=0\end{cases}$ 化为点向式方程及参数方程.

解 先求直线上的一点 $M_0(x_0,y_0,z_0)$,取 $y=0$,解方程 $\begin{cases}2x-z=-3\\4x+5z=1,\end{cases}$ 得直线上的点 $M_0(-1,0,1)$.
$$\boldsymbol{n}_1=(2,-3,-1),\boldsymbol{n}_2=(4,-6,5)$$
直线的一个方向向量 $\boldsymbol{s}$ 为

$$s = n_1 \times n_2 = \begin{vmatrix} i & j & k \\ 2 & -3 & -1 \\ 4 & -6 & 5 \end{vmatrix} = -21i - 14j$$

所求直线的点向式方程为

$$\frac{x+1}{3} = \frac{y}{2} = \frac{z-1}{0}$$

令上式等于 t,可得直线的参数方程为

$$\begin{cases} x = -1 + 3t \\ y = 2t \\ z = 1 \end{cases}$$

(2)直线的位置关系

设两直线方程为

$$L_1: \frac{x-x_1}{m_1} = \frac{y-y_1}{n_1} = \frac{z-z_1}{p_1}$$

$$L_2: \frac{x-x_2}{m_2} = \frac{y-y_2}{n_2} = \frac{z-z_2}{p_2}$$

这两条直线的方向向量分别为

$$s_1 = (m_1, n_1, p_1), s_2 = (m_2, n_2, p_2)$$

两条直线的位置关系可由两条直线的方向向量的关系确定.

①两条直线平行等价于两条直线的方向向量平行,即

$$L_1 /\!/ L_2 \Leftrightarrow s_1 /\!/ s_2 \Leftrightarrow \frac{m_1}{m_2} = \frac{n_1}{n_2} = \frac{p_1}{p_2}$$

②两条直线垂直等价于两条直线的方向垂直,即

$$L_1 \perp L_2 \Leftrightarrow s_1 \perp s_2 \Leftrightarrow m_1 m_2 + n_1 n_2 + p_1 p_2 = 0$$

③如果两条直线既不平行也不垂直,则这两条直线应形成一个夹角,两直线方向向量的夹角 θ(通常取锐角)称为两直线的夹角.

夹角的计算方法由数量积的性质得出

$$\cos\theta = \frac{|s_1 \cdot s_2|}{|s_1||s_2|} = \frac{|m_1 m_2 + n_1 n_2 + p_1 p_2|}{\sqrt{m_1^2 + n_1^2 + p_1^2}\sqrt{m_2^2 + n_2^2 + p_2^2}} \tag{7.21}$$

由式(7.21)可以确定夹角 θ.

例 7.25　设有直线 $L_1: \frac{x-1}{1} = \frac{y-5}{-2} = \frac{z+8}{1}$ 与 $L_2: \begin{cases} x - y = 6 \\ 2y + z = 3 \end{cases}$,求 L_1 与 L_2 的夹角.

解　L_1 和 L_2 的方向向量分别为

$$\vec{v_1} = \{1, -2, 1\}, \vec{v_2} = \{-1, -1, 2\}$$

$$\cos\theta = \frac{|\vec{s_1} \cdot \vec{s_2}|}{|\vec{s_1}||\vec{s_2}|} = \frac{|1 \times (-1) + (-2) \times (-1) + 1 \times 2|}{\sqrt{6}\sqrt{6}} = \frac{1}{2}$$

$$\theta = \frac{\pi}{3}$$

7.3.3 直线与平面的位置关系

设直线 L 的方程为

$$\frac{x-x_0}{m}=\frac{y-y_0}{n}=\frac{z-z_0}{p},\boldsymbol{s}=(m,n,p)$$

平面 π 的方程为

$$Ax+By+Cz+D=0,\boldsymbol{n}=(A,B,C)$$

直线与平面的位置关系可由直线的方向 $\boldsymbol{s}=(m,n,p)$ 和平面的法向量 $\boldsymbol{n}=(A,B,C)$ 的关系进行判断.

①直线与平面平行等价于直线的方向与平面的法向垂直,即

$$L /\!/ \pi \Leftrightarrow \boldsymbol{s}\perp\boldsymbol{n}\Leftrightarrow Am+Bn+Cp=0$$

②直线与平面垂直等价于直线的方向与平面的法向量平行,即

$$L\perp\pi\Leftrightarrow\boldsymbol{s} /\!/ \boldsymbol{n}\Leftrightarrow\frac{A}{m}=\frac{B}{n}=\frac{C}{p}$$

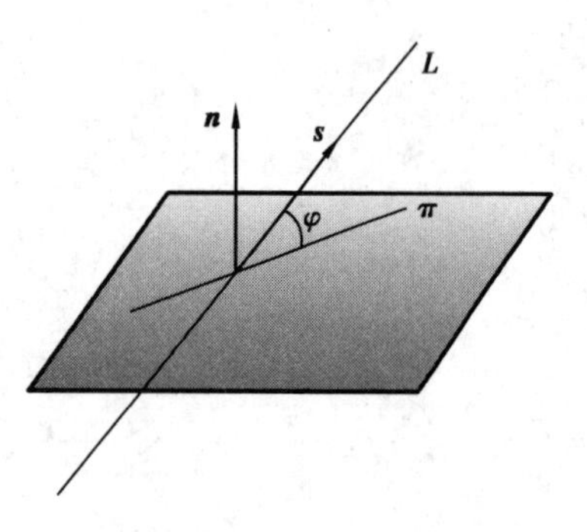

图 7.32

③如果直线与平面既不平行也不垂直,则直线与平面相交,直线与平面就形成了一个夹角.

直线和它在平面上的投影直线的夹角 φ(通常取锐角)称为直线与平面的夹角,如图 7.32 所示.

当直线 L 的方向与平面 π 的法向在平面 π 的同一侧时,L 与 π 的夹角 φ 为

$$\varphi=\frac{\pi}{2}-(\boldsymbol{s}\hat{,}\boldsymbol{n})$$

$$\sin\varphi=\sin\left(\frac{\pi}{2}-(\boldsymbol{s}\hat{,}\boldsymbol{n})\right)=\cos(\boldsymbol{s}\hat{,}\boldsymbol{n}) \qquad (7.22)$$

当直线 L 的方向与平面 π 的法向在平面 π 的异侧时,L 与 π 的夹角 φ 为

$$(\boldsymbol{s}\hat{,}\boldsymbol{n})=\varphi+\frac{\pi}{2},\ \varphi=(\boldsymbol{s}\hat{,}\boldsymbol{n})-\frac{\pi}{2}$$

$$\sin\varphi=\sin\left((\boldsymbol{s}\hat{,}\boldsymbol{n})-\frac{\pi}{2}\right)=-\cos(\boldsymbol{s}\hat{,}\boldsymbol{n}) \qquad (7.23)$$

由式(7.22)和式(7.23)可知

$$\sin\varphi=\left|\cos(\boldsymbol{s}\hat{,}\boldsymbol{n})\right|=\frac{|\boldsymbol{s}\cdot\boldsymbol{n}|}{|\boldsymbol{s}||\boldsymbol{n}|}$$

$$=\frac{|Am+Bn+Cp|}{\sqrt{m^2+n^2+p^2}\cdot\sqrt{A^2+B^2+C^2}}$$

故直线与平面的夹角的正弦为

$$\sin\varphi=\frac{|Am+Bn+Cp|}{\sqrt{m^2+n^2+p^2}\cdot\sqrt{A^2+B^2+C^2}} \qquad (7.24)$$

由式(7.24)可以确定直线与平面的夹角.

例 7.26　设有直线

$$L:\begin{cases}x+3y+2z+1=0\\2x-y-10z+3=0\end{cases}$$

及平面 $\pi: 4x-2y+z-2=0$，判断直线与平面的位置关系.

解　直线的方向为

$$\begin{aligned}\vec{v}&=\{1,3,2\}\times\{2,-1,-10\}\\&=\left\{\begin{vmatrix}3&2\\-1&-10\end{vmatrix},\begin{vmatrix}2&1\\-10&2\end{vmatrix},\begin{vmatrix}1&3\\2&-1\end{vmatrix}\right\}\\&=\{-28,14,-7\}\,/\!/\,\{4,-2,1\}\end{aligned}$$

平面的法向量 $\vec{n}=\{4,-2,1\}$.

由于直线 L 的方向向量和 π 的法线向量平行，所以直线和平面垂直.

例 7.27　求直线 $\frac{x-2}{1}=\frac{y-5}{1}=\frac{z-4}{2}$ 与平面 $2x+y+z-14=0$ 的夹角与交点.

解　(1)求直线与平面的夹角：

直线的方向向量 $\boldsymbol{s}=(1,1,2)$，平面的法向量 $\boldsymbol{n}=(2,1,1)$，由式(7.24)得

$$\sin\varphi=\frac{|1\times2+1\times1+2\times1|}{\sqrt{1^2+1^2+2^2}\cdot\sqrt{2^2+1^2+1^2}}=\frac{5}{6}$$

故直线与平面的夹角为 $\varphi=\arcsin\frac{5}{6}$.

(2)求直线与平面的交点：

令

$$\frac{x-2}{1}=\frac{y-5}{1}=\frac{z-4}{2}=t$$

得到直线的参数方程为

$$x=2+t,y=5+t,z=4+2t$$

代入平面方程 $2x+y+z-14=0$，得

$$2(2+t)+(5+t)+(4+2t)-14=0$$

解此方程，求得 $t=\frac{1}{5}$. 所以，直线与平面的交点为 $\left(\frac{11}{5},\frac{26}{5},\frac{22}{5}\right)$.

7.3.4　平面束

设有两张不平行的平面，交成一条直线 L，过直线 L 的所有平面称为由直线 L 所确定的平面束，如图 7.33 所示.

设空间直线的一般式方程为

$$L:\begin{cases}A_1x+B_1y+C_1z+D_1=0\\A_2x+B_2y+C_2z+D_2=0\end{cases}$$

则方程

$$A_1x+B_1y+C_1z+D_1+\lambda(A_2x+B_2y+C_2z+D_2)=0$$

(其中 λ 为参数)　　(7.25)

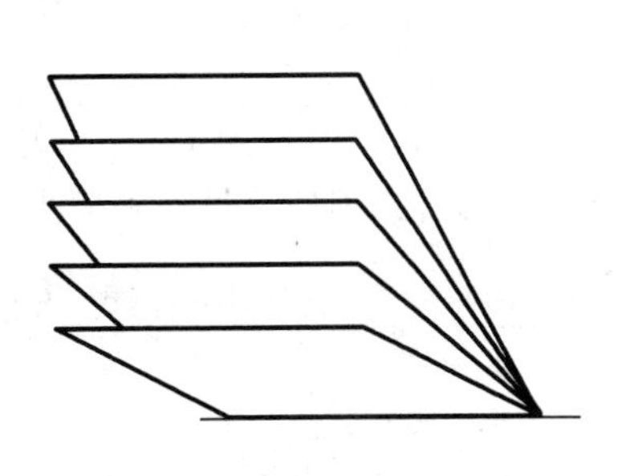

图 7.33

称为过直线 L 的平面束方程.

注 式(7.25)的平面束方程不能表示平面 $A_2x+B_2y+C_2z+D_2=0$,因为无论令 λ 为哪一个值,都不能得到 $A_2x+B_2y+C_2z+D_2=0$. 本来过直线 L 的平面束方程是

$$\mu(A_1x+B_1y+C_1z+D_1)+\lambda(A_2x+B_2y+C_2z+D_2)=0 \tag{7.26}$$

但式(7.26)引入两个参数 λ,μ,解题难度比较大. 不过,让我们求解平面束的平面一般不是给出的这两个平面中的一个平面,因此,平面束方程一般采用式(7.25)可以降低解题难度.

例 7.28 求直线 $L:\begin{cases}2x-4y+z=0\\3x-y-2z-9=0\end{cases}$ 在平面 $\pi:4x-y+z+1=0$ 上的投影直线方程.

解 过直线 L 且与平面 π 垂直的平面 π_1 称为直线 L 关于平面 π 的投影柱面,投影柱面 π_1 与平面 π 的交线 L' 称为直线 L 在平面 π 上的投影直线.

因为平面 π_1 过已知直线 L,所以可设过 L 的平面束方程为

$$(2x-4y+z)+\lambda(3x-y-2z-9)=0$$

即

$$(2+3\lambda)x+(-4-\lambda)y+(1-2\lambda)z-9\lambda=0$$

而平面 π 的法向量为 $\boldsymbol{n}=(4,-1,1)$,因此应有

$$4\cdot(2+3\lambda)+(-1)\cdot(-4-\lambda)+1\cdot(1-2\lambda)=0$$

解得 $\lambda=-\dfrac{13}{11}$,代入平面束方程,即得平面 π_1 的方程

$$17x+31y-37z+117=0$$

因此,直线 L 在平面 π 上的投影直线方程为

$$\begin{cases}17x+31y-37z+117=0\\4x-y+z+1=0\end{cases}$$

例 7.29 在过直线 $L:\begin{cases}x-y+z-7=0\\-2x+y+z=0\end{cases}$ 的所有平面中,找出平面 π 使点(1,1,1)到它的距离最长.

解 设过 L 的平面束方程为

$$(x-y+z-7)+\lambda(-2x+y+z)=0$$

即

$$(1-2\lambda)x+(-1+\lambda)y+(1+\lambda)z-7=0$$

要使

$$d^2(\lambda)=\frac{|(1-2\lambda)x+(-1+\lambda)y+(1+\lambda)z-7|^2}{(1-2\lambda)^2+(-1+\lambda)^2+(1+\lambda)^2}\Bigg|_{(x,y,z)=(1,1,1)}$$

$$=\frac{36}{(1+2\lambda)^2+(-1+\lambda)^2+(1+\lambda)^2} \tag{7.27}$$

达到最大,必须使分母达到最小,即

$$(1-2\lambda)^2+(-1+\lambda)^2+(1+\lambda)^2=6\left(\lambda-\frac{1}{3}\right)^2+\frac{7}{3}$$

为最小,得 $\lambda=\dfrac{1}{3}$.

故所求平面 π 的方程为

$$x-2y+2z-21=0$$

习题 7.3

A 组

1. 指出下列平面位置的特点,并作出图形:

(1) $x+5z+4=0$　　(2) $y-z=0$

(3) $x+3y-z=0$　　(4) $y-1=0$

2. 求过点 $P_0(-3,0,7)$ 且垂直于向量 $\boldsymbol{n}=\{5,2,-1\}$ 的平面方程.

3. 求过点 $(2,1,1)$ 且垂直于向量 $\boldsymbol{i}+2\boldsymbol{j}+\boldsymbol{k}$ 的平面方程.

4. 求过点 $P_1(1,-3,2)$ 及 $P_2(3,-2,1)$ 且平行于 x 轴的平面方程.

5. 求点 $P(1,1,3)$ 到平面 $3x+2y+6z-6=0$ 的距离.

6. 求两平面 $3x-6y-2z-15=0$ 与 $2x+y-2z-5=0$ 的夹角 θ.

7. 求直线 $L_1:\dfrac{x-1}{1}=\dfrac{y}{-4}=\dfrac{z+2}{1}$ 和直线 $L_2:\dfrac{x}{2}=\dfrac{y+2}{-2}=\dfrac{z}{-1}$ 夹角.

8. 直线过 $M_1(x_1,y_1,z_1)$, $M_2(x_2,y_2,z_2)$ 两点,求该直线的方程.

9. 将直线 $L:\begin{cases}x+2y-3z-4=0\\3x-y+5z+9=0\end{cases}$ 化为对称式方程和参数式方程.

B 组

1. 设一平面通过点 $P(4,-3,-2)$ 且垂直于两平面 $x+2y-z=0$ 和 $2x-3y+4z-5=0$. 求此平面的方程.

2. 求过点 $(3,1,-2)$ 且通过直线 $\dfrac{x-4}{5}=\dfrac{y+3}{2}=\dfrac{z}{1}$ 的平面方程.

3. 设一平面通过从点 $(1,-1,1)$ 到直线 $\begin{cases}y-z+1=0\\x=0\end{cases}$ 的垂线,且与平面 $z=0$ 垂直,求此平面的方程.

4. 求直线 $\begin{cases}x+y+3z=0\\x-y-z=0\end{cases}$ 和平面 $x-y-z+1=0$ 之间的夹角.

5. 证明过点 $P_0(x_0,y_0,z_0)$、$P_1(x_1,y_1,z_1)$ 及 $P_2(x_2,y_2,z_2)$ 的平面方程为

$$\begin{vmatrix}x-x_0 & y-y_0 & z-z_0\\x_1-x_0 & y_1-y_0 & z_1-z_0\\x_2-x_0 & y_2-y_0 & z_2-z_0\end{vmatrix}=0$$

6. 设直线过点 $A(-3,5,-9)$,且与两直线 $L_1:\begin{cases}3x-y=0\\2x-z-3=0\end{cases}$ 和 $L_2:\begin{cases}4x-y-7=0\\5x-z+10=0\end{cases}$ 相交,求此直线的方程.

7. 求过点 $P(0,2,4)$ 且与直线 $\begin{cases}y-3z=2\\x+2z=1\end{cases}$ 平行的直线方程.

8. 求过点 $(1,1,1)$ 且与平面 $2x-y-3z=0$ 及 $x+2y-5z=1$ 都平行的直线方程.

9. 设 P_0 是直线 L 外的一点,P 是 L 上任意一点,L 的方向向量为 $\boldsymbol{s}$. 证明:点 P_0 到直线 L 的距离为 $d=\dfrac{|\overrightarrow{P_0P}\times\boldsymbol{s}|}{|\boldsymbol{s}|}$.

10. 求点 $P_0(-3,4,0)$ 到直线 $\dfrac{x-3}{2}=\dfrac{y-1}{-1}=\dfrac{z-1}{2}$ 的距离.

11. 证明:直线 $\begin{cases}x+y+z-1=0\\x-y+z+1=0\end{cases}$ 不在平面 $x+y+z=0$ 上,并求该直线在平面上的投影直线方程.

12. 问直线 $\dfrac{x-1}{2}=\dfrac{y-2}{3}=\dfrac{z}{1}$ 与直线 $\dfrac{x+5}{-3}=\dfrac{y-6}{2}=\dfrac{z-12}{6}$ 是否相交？若相交,求这两条直线所在的平面.

13. 直线 $l:\dfrac{x-1}{1}=\dfrac{y}{1}=\dfrac{z-1}{-1}$ 在平面 $\pi:x-y+2z-1=0$ 上的投影直线 l_0 的方程,并求 l_0 绕 y 轴旋转一周所成曲面的方程.

14. 已知入射光线的路径为 $\dfrac{x-1}{4}=\dfrac{y-1}{3}=\dfrac{z-2}{1}$,求光线经平面 $x+2y+5z+17=0$ 反射后的反射线的方程.

提示:平面 $x+2y+5z+17=0$ 的法向量为 $\vec{n}=(1,2,5)$,入射光线方向向量为 $s_1=(4,3,1)$,设反射光线的方向向量为 s_2,则 $\vec{n}$ 为 s_1 与 s_2 的夹角平分向量,故当 $|\boldsymbol{s}_1|=|\boldsymbol{s}_2|$ 时,$\boldsymbol{s}_1+\boldsymbol{s}_2/\!/\boldsymbol{n}$,从而存在 $\lambda\neq0$,使得 $\boldsymbol{s}_1+\boldsymbol{s}_2=\lambda\boldsymbol{n}$.
从而有

$$|\boldsymbol{s}_1|^2=|\boldsymbol{s}_2|^2=|\lambda\boldsymbol{n}-\boldsymbol{s}_1|^2=\lambda^2|\boldsymbol{n}|^2-2\lambda\boldsymbol{n}\cdot\boldsymbol{s}_1+|\boldsymbol{s}_1|^2$$

可得:$\lambda=\dfrac{2\boldsymbol{n}\cdot\boldsymbol{s}}{|\boldsymbol{n}|^2}=\dfrac{2\times15}{30}=1$,反射光线的方向 $\boldsymbol{s}_2=\lambda\boldsymbol{n}-\boldsymbol{s}_1=(-3,-1,,4)$.

7.4 空间曲面与曲线

对空间曲面与曲线,主要讨论两个问题:第一个问题是如何根据曲面 Σ 上点的几何特征建立曲面的方程 $F(x,y,z)=0$;第二个问题是怎样由给定的曲面方程 $F(x,y,z)=0$ 画出它的图形.

7.4.1 空间曲面

(1)曲面方程的概念

定义 1 如果曲面 Σ 与方程 $F(x,y,z)=0$ 之间存在如下关系:
①曲面 Σ 上的点的坐标都满足方程 $F(x,y,z)=0$;
②不在曲面 Σ 上的点的坐标都不满足方程 $F(x,y,z)=0$.

则称方程 $F(x,y,z)=0$ 是曲面 Σ 的方程，而曲面 Σ 称为方程 $F(x,y,z)=0$ 的图形，如图7.34所示.

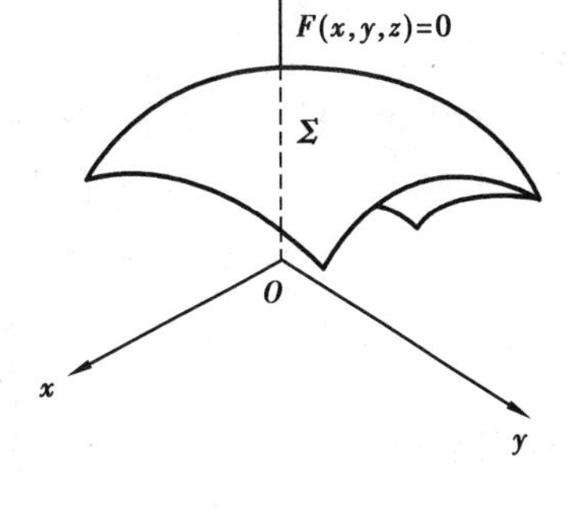

图7.34

(2)特殊曲面

1)球面

球面是空间中到定点的距离为常数的动点集合.

例7.30　建立球心在点 $M_0(x_0,y_0,z_0)$、半径为 R 的球面的方程.

解　设 $M(x,y,z)$ 是球面上任意一点，则 $|\overrightarrow{M_0M}|=R$，即

$$\sqrt{(x-x_0)^2+(y-y_0)^2+(z-z_0)^2}=R$$

将上式两边平方得

$$(x-x_0)^2+(y-y_0)^2+(z-z_0)^2=R^2 \tag{7.28}$$

将式(7.28)展开得

$$x^2+y^2+z^2-2x_0x-2y_0y-2z_0z+x_0^2+y_0^2+z_0^2-R^2=0$$

令
$$A=-2x_0,B=-2y_0,C=-2z_0,D=x_0^2+y_0^2+z_0^2-R^2$$

则有

$$x^2+y^2+z^2+Ax+By+Cz+D=0 \tag{7.29}$$

式(7.28)表示球心在 (x_0,y_0,z_0)，半径为 R 的球面方程. 式(7.29)表示球面的一般方程，它的特点是平方项 x^2,y^2,z^2 的系数相同，且不含 xy,yz,zx 交叉项. 特别地，球心在坐标原点的球面方程为

$$x^2+y^2+z^2=R^2$$

2)柱面

定义2　设有动直线 L 沿定曲线 C 作平行于定直线 L_0 移动而形成的曲面称为柱面. 动直线 L 称为柱面的母线，定曲线 C 称为柱面的准线.

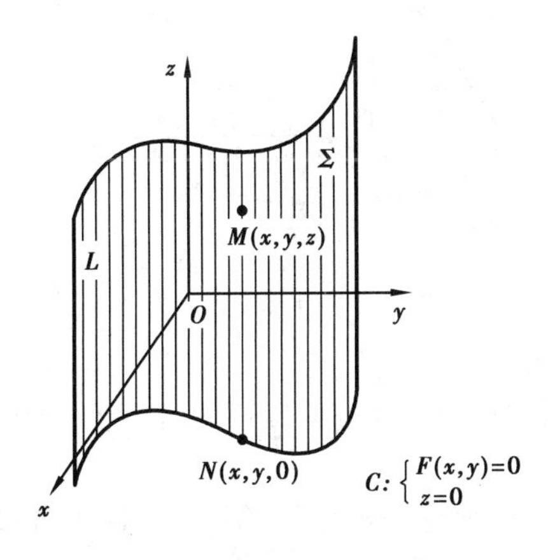

图7.35

柱面由它的准线和母线完全确定，但其准线并不唯一，也不一定是平面曲线. 在本书中，我们只讨论母线与坐标轴平行的柱面.

选择适当的坐标系，使柱面的母线平行于坐标轴. 如果柱面的母线平行于 z 轴，准线是 xOy 面上的曲线 C，其方程为：$F(x,y)=0$，则该曲面如图7.35所示，且该曲面方程为(注意其中不含 z 坐标)

$$F(x,y)=0$$

此方程即为柱面方程. 事实上，在柱面上任取一点 $M(x,y,z)$，过 M 作平行于 z 轴的直线，交 xOy 面于点 $N(x,y,0)$，点 N 必定在准线 C 上，所以，点 M 的坐标满足曲线 C 的方程 $F(x,y)=0$；反之，若空间一点 $M(x,y,z)$ 的坐标满足方程 $F(x,y)=0$，由于 $F(x,y)=0$ 不含 z，所以点 $M(x,y,z)$ 必在过准线 C 上点 $N(x,y,0)$ 而平行于 z 轴的直线上，即点 $M(x,y,z)$ 必在柱面上.

一般地,只含 x,y 而缺 z 的方程 $F(x,y)=0$ 在空间直角坐标系中表示母线平行于 z 轴的柱面方程.

同样地,只含 y,z 而缺 x 的方程 $F(y,z)=0$,表示母线平行于 x 轴的柱面方程;只含 x,z 而缺 y 的方程 $F(x,z)=0$ 表示母线平行于 y 轴的柱面方程.

例 7.31 下面的方程表示怎样的曲面?

(1) $x^2+y^2=a^2$; (2) $x^2=2y$; (3) $-\frac{x^2}{a^2}+\frac{z^2}{b^2}=1$.

解 (1) $x^2+y^2=a^2$ 缺 z 坐标,该方程表示母线平行于 z 轴的圆柱面,如图 7.36 所示;

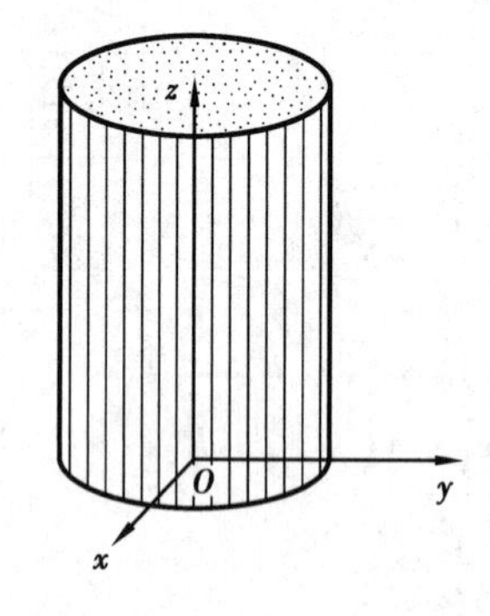

图 7.36

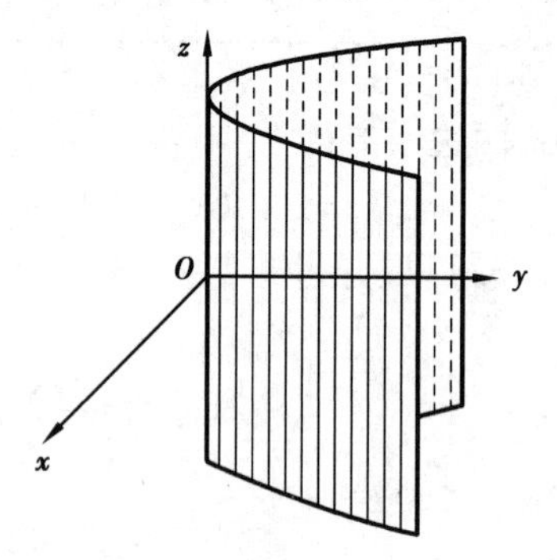

图 7.37

(2) $x^2=2y$ 缺 z 坐标,该方程表示母线平行于 z 轴的抛物柱面,如图 7.37 所示;

(3) $-\frac{x^2}{a^2}+\frac{z^2}{b^2}=1$ 缺 y 坐标,该方程表示母线平行于 y 轴的双曲柱面,如图 7.38 所示.

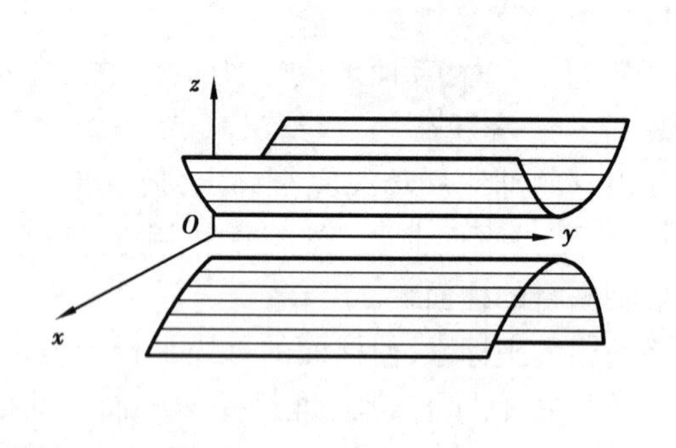

图 7.38

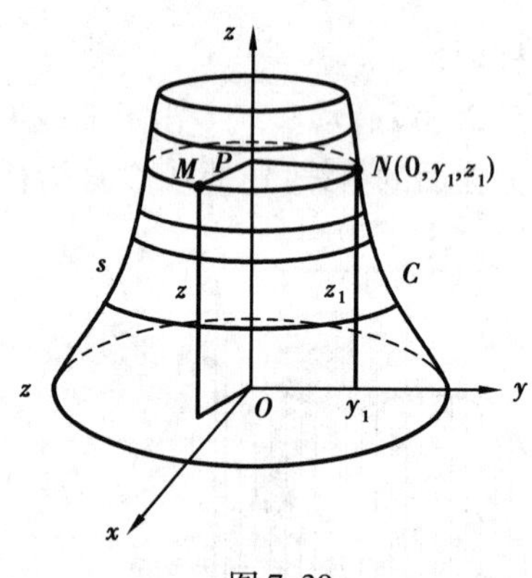

图 7.39

3) 旋转曲面

定义 3 空间曲线 C 绕空间的一条定直线 l 旋转而生成的曲面称为旋转曲面,空间曲线 C 称为旋转曲面的母线,定直线 l 称为旋转曲面的轴.

旋转面的应用十分广泛,如卫星地面站天线,许多车床加工的零件等都是旋转曲面. 旋转面不仅具有许多实用特性,而且还便于加工制作. 在本书中我们只考虑坐标面的曲线绕着该坐标面内的两条数轴旋转所形成的曲面.

设 C 是 yOz 平面内的一条曲线,其方程为 $\begin{cases}F(y,z)=0\\x=0\end{cases}$. 将曲线 C 绕 z 轴旋转一周得到一张旋转曲面(见图 7.39),求这个旋转曲面的方程.

当曲线 C 绕 z 轴旋转时，C 上每一点的轨迹都是一个圆，这些圆的圆心都在 z 轴上．在旋转曲面上任取一点 $M(x,y,z)$，假设点 M 是由曲线 C 上的点 $N(0,y_1,z_1)$ 通过旋转得到的，M,N 在同一个圆周上，圆心为 $(0,0,z)$，则 M 和 N 的竖坐标相等：$z_1=z$；它们到 z 轴的距离相等（或同一个圆的半径相等）：

$$|y_1| = \sqrt{x^2+y^2}$$

$$z_1 = z$$

又因为点 $N(0,y_1,z_1)$ 在曲线上，从而有

$$F(y_1,z_1) = 0 \tag{7.30}$$

将 $y_1=\pm\sqrt{x^2+y^2}$，$z_1=z$ 代入式(7.30)，得

$$F(\pm\sqrt{x^2+y^2},z) = 0 \tag{7.31}$$

显然，不在曲面上的点 $M(x,y,z)$，其坐标一定不满足方程(7.31)，所以该方程就是曲线 C 绕 z 轴旋转而成的旋转曲面的方程．

由方程(7.31)可以看出，yOz 平面上的曲线 $C:\begin{cases}F(y,z)=0\\x=0\end{cases}$ 绕 z 轴旋转而形成的旋转曲面，就是 $F(y,z)=0$ 方程中 z 保持不变，y 换成 $\pm\sqrt{x^2+y^2}$ 而得到旋转曲面的方程．

类似地，可得曲线 $C:\begin{cases}F(y,z)=0\\x=0\end{cases}$ 绕 y 轴旋转形成的旋转曲面就是方程 $F(y,z)=0$ 中 y 保持不变，用 $\pm\sqrt{x^2+z^2}$ 替换 $F(y,z)=0$ 中的 z 得到的旋转曲面方程为

$$F(y,\ \pm\sqrt{x^2+z^2}) = 0$$

同理，zOx 坐标面上的曲线 $\begin{cases}G(z,x)=0\\y=0\end{cases}$ 绕 z 轴旋转得到的曲面方程为

$$G(z,\ \pm\sqrt{x^2+y^2}) = 0$$

绕 x 轴旋转得到的旋转曲面方程为

$$G(\pm\sqrt{y^2+z^2},x) = 0$$

xOy 坐标面上的曲线 $\begin{cases}H(x,y)=0\\z=0\end{cases}$ 绕 x 轴旋转得到的旋转曲面方程为

$$H(x,\ \pm\sqrt{y^2+z^2}) = 0$$

绕 y 轴旋转而得到的旋转曲面方程为

$$H(\pm\sqrt{z^2+x^2},y) = 0$$

例 7.32　求 yOz 平面上的抛物线 $y^2=z$ 绕 z 轴旋转而成的旋转曲面的方程．

解　在方程 $y^2=z$ 中，保持 z 不变，将 y 换作 $\pm\sqrt{x^2+y^2}$，所以旋转曲面的方程为

$$x^2+y^2 = z$$

称其为旋转抛物面（图 7.40）．

4）圆锥面

定义 4　直线 L 绕另一条与 L 相交的直线旋转一周，所得的旋转曲面称为圆锥面．两直线的交点称为圆锥面的顶点，两直线的夹角 $\alpha\left(0<\alpha<\frac{\pi}{2}\right)$ 称为圆锥面的半顶角．

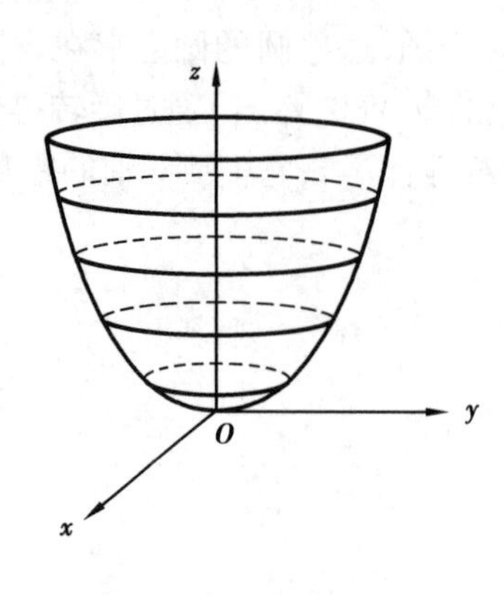

图 7.40

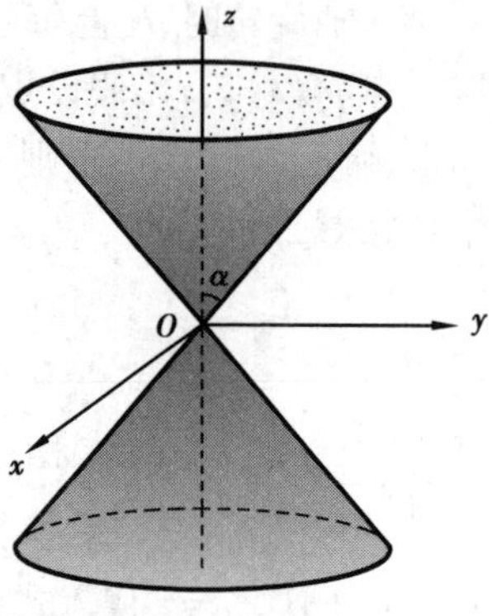

图 7.41

例 7.33 试建立顶点在坐标原点,旋转轴为 z 轴,半顶角为 α 的圆锥面方程.

解 在 yOz 平面上取直线 L,L 与 z 轴的交点为坐标原点,与 z 轴正方向的夹角为 α,则直线方程为

$$z = y\cot\alpha$$

因为 z 轴是旋转轴,则在直线方程中保持 z 不变,将 y 换作 $\pm\sqrt{x^2+y^2}$,就得到圆锥面方程为

$$z = \pm\sqrt{x^2+y^2}\cot\alpha$$

令 $a=\cot\alpha$,并对上式两边平方,则有

$$z^2 = a^2(x^2+y^2)$$

这就是所求的圆锥面方程,如图 7.41 所示.

7.4.2 空间曲线及其方程

(1)空间曲线的一般式方程

空间曲线 Γ 可以看成是过 Γ 的两张空间曲面 Σ_1 和 Σ_2 的交线,如图 7.42 所示.

设空间曲面 Σ_1 和 Σ_2 的方程分别是 $F(x,y,z)=0$ 和 $G(x,y,z)=0$,则空间曲线 Γ 的方程是:

$$\begin{cases}F(x,y,z)=0\\G(x,y,z)=0\end{cases} \tag{7.32}$$

方程组(7.32)称为空间曲线 Γ 的一般式方程.

其特点是:曲线上的点的坐标满足方程组;不在曲线上的点的坐标不满足方程组.

例 7.34 下列方程组各表示什么样的曲线?

(1)$\begin{cases}x^2+y^2+z^2=R^2\\z=0\end{cases}$; (2)$\begin{cases}x^2+y^2=R^2\\z=0\end{cases}$; (3)$\begin{cases}x^2+y^2+z^2=R^2\\x^2+y^2=R^2\end{cases}$.

解 它们都表示 xOy 面上以原点为圆心,以 R 为半径的圆,如图 7.43、图 7.44、图 7.45 所示.

由例 7.34 可知,表示曲线的一般式方程并不唯一.

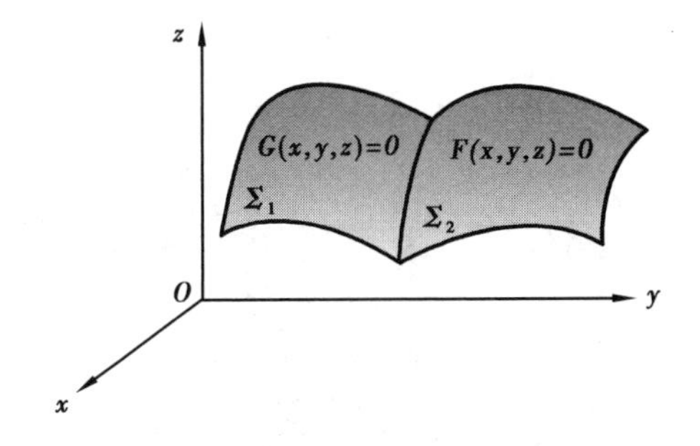

图 7.42

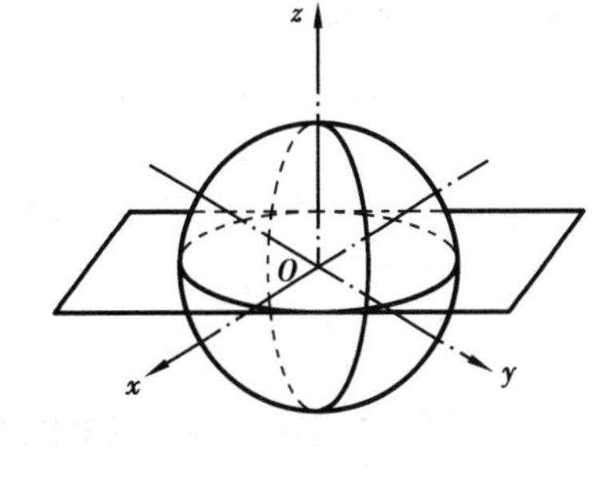

图 7.43

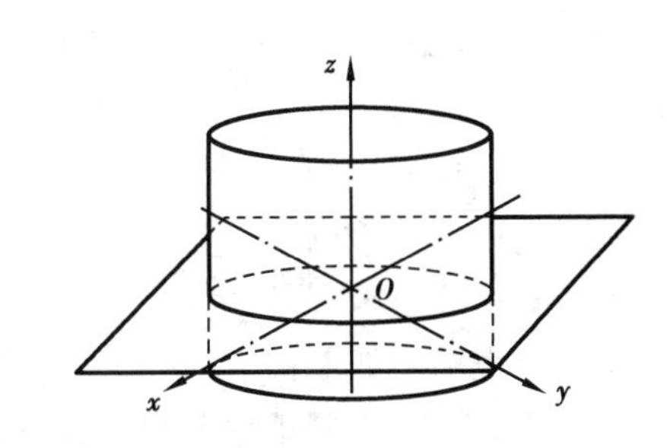

图 7.44

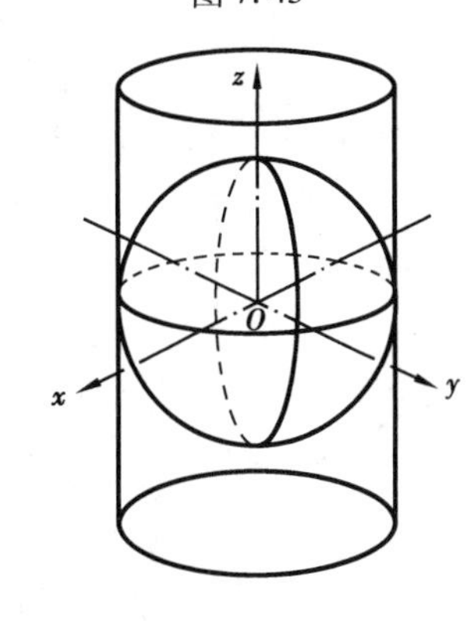

图 7.45

(2)曲线的参数方程

空间曲线除了可用一般式方程表示外,还可以用参数式方程来表示,也就是说把曲线看成是动点 $M(x,y,z)$ 依某个参数 t 运动的轨迹,即

$$\begin{cases} x = x(t) \\ y = y(t) \\ z = z(t) \end{cases} \quad (\alpha \leqslant t \leqslant \beta) \tag{7.33}$$

当 t 在$[\alpha,\beta]$内变化时,由方程组(7.33)所描绘出的点的轨迹就是空间曲线,所以方程组(7.33)称为空间曲线的参数方程.

例 7.35 空间一动点从 $A(a,0,0)$ 出发,它一方面以角速度 ω 在水平面内作圆周运动,同时又以速度 v 沿 z 轴的正方向作等速直线运动. 求动点 M 轨迹的方程.

解 取时间 t 为参数,设 $t=0$ 时,动点位于点 $A(a,0,0)$处. 经过时间 t,动点由点 $A(a,0,0)$ 运动到点 $M(x,y,z)$. 该动点沿 z 轴方向发生了位移 vt,同时沿圆柱面转过了角度 ωt,如图 7.46 所示. 故动点 M 轨迹的方程为

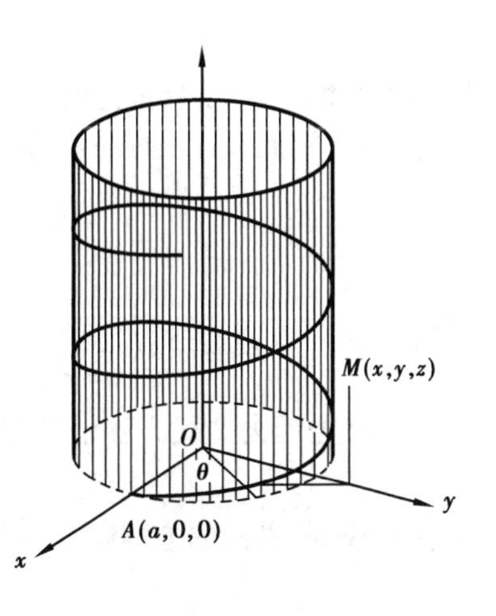

图 7.46

$$\begin{cases} x = a\cos\omega t \\ y = a\sin\omega t \\ z = vt \end{cases} \quad 0 \leqslant t \leqslant +\infty$$

这条曲线称为螺旋线.

若令参数 $\omega t=\theta$,并记 $b=\dfrac{v}{\omega}$,则上式可写为

$$\begin{cases}x=a\cos\theta\\y=a\sin\theta\\z=b\theta\end{cases}\quad(\theta\geqslant 0)$$

7.4.3 空间曲线在坐标面上的投影

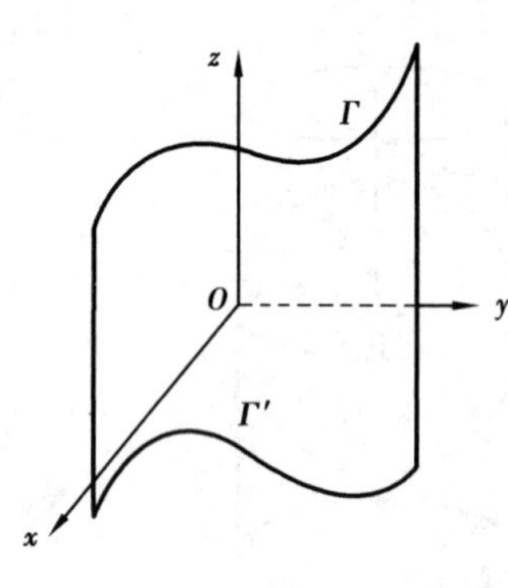

图 7.47

设有空间曲线 Γ,以曲线 Γ 为准线、母线平行于 z 轴的柱面称为曲线 Γ 关于 xOy 坐标面的投影柱面,此投影柱面与 xOy 坐标面的交线 Γ' 称为空间曲线 Γ 在 xOy 坐标面上的投影曲线(简称投影),如图 7.47 所示.

空间曲线 Γ:

$$\begin{cases}F(x,y,z)=0\\G(x,y,z)=0\end{cases}\tag{7.34}$$

在 3 个坐标面上的投影曲线方程求法如下:

首先,在所给空间曲线(7.34)中消去变量 z,得母线平行于 z 轴的柱面,即投影柱面方程为

$$H(x,y)=0\tag{7.35}$$

所以空间曲线 Γ 在 xOy 坐标面上的投影曲线为

$$\begin{cases}H(x,y)=0\\z=0\end{cases}\tag{7.36}$$

同理,消去方程(7.34)中的变量 x,所得方程 $R(y,z)=0$ 包含了曲线 Γ 关于 yOz 坐标面的投影柱面方程,曲线 Γ 在 yOz 面内的投影曲线为

$$\begin{cases}R(y,z)=0\\x=0\end{cases}\tag{7.37}$$

消去方程(7.34)中的变量 y,所得方程 $T(x,z)=0$ 包含了曲线 Γ 关于 zOx 坐标面的投影柱面方程,空间曲线在 zOx 坐标面内的投影曲线为

$$\begin{cases}T(x,z)=0\\y=0\end{cases}\tag{7.38}$$

例 7.36 求曲线 Γ:$\begin{cases}z=\sqrt{2-x^2-y^2}\\z=x^2+y^2\end{cases}$ 在 xOy 面上的投影.

解 首先消去曲线方程中的变量 z,得投影柱面方程

$$x^2+y^2=1$$

所以,再与 xOy 平面的方程联立,得曲线 Γ 关于 xOy 平面的投影曲线方程为

$$\begin{cases}x^2+y^2=1\\z=0\end{cases}$$

如图 7.48 所示.

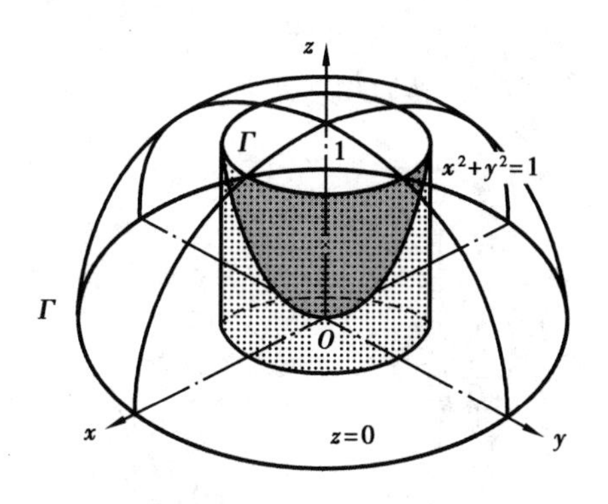

图 7.48

习题 7.4

A 组

1. 求球心在点 $M_0(3,2,-5)$，半径为 4 的球面方程.

2. 求球心在点 $M_0(-1,-3,2)$，球面过点 $M_1(-1,-1,1)$ 的球面方程.

3. 指出下列方程所表示的曲面，并作图.

(1) $x^2+z^2=R^2$　　(2) $x^2+z^2=y^2$

(3) $y^2=2z$　　(4) $x^2+y^2=2Rx \quad (R>0)$

(5) $\dfrac{x^2}{a^2}-\dfrac{z^2}{b^2}=1$　　(6) $\dfrac{x^2}{a^2}+\dfrac{z^2}{b^2}=1$

4. 求下列旋转曲面的方程，并作图.

(1) $\begin{cases} z=\dfrac{x^2}{4} \\ y=0 \end{cases}$ 绕 z 轴旋转而成的旋转曲面的方程

(2) $\begin{cases} 4x^2-y^2=16 \\ z=0 \end{cases}$ 绕 y 轴旋转而成的旋转曲面的方程

5. 指出下列方程在平面坐标系和空间坐标系中分别表示什么样的几何图形.

(1) $y=x+1$　　(2) $x^2+y^2-2x=0$

(3) $x^2-y^2=0$　　(4) $y=2$

6. 求曲线 $\begin{cases} 2x^2+y^2+z^2=16 \\ x^2-y^2+z^2=0 \end{cases}$ 关于 zOx 平面及 yOz 平面上的投影柱面方程及投影曲线方程.

7. 求曲线 $\begin{cases} y^2-z^2=1 \\ x=0 \end{cases}$ 在 xOy 平面上的投影.

8. 求上半球面 $z=\sqrt{4-x^2-y^2}$ 和锥面 $z=\sqrt{3(x^2+y^2)}$ 所围成空间区域在 xOy 面上的投影.

B 组

1. 求与原点 $O(0,0,0)$ 及点 $P(2,3,4)$ 的距离之比为 1∶2的点的全体组成的曲面的方程,它表示什么样的曲面?

2. 画出下列曲线的图形.

(1) $\begin{cases} z=\sqrt{9-x^2-y^2} \\ x=y \end{cases}$　　(2) $\begin{cases} 2x+3y+2z=6 \\ x=1 \end{cases}$

3. 将下列曲线方程化为参数式方程.

(1) $\begin{cases} x^2+y^2+z^2=4 \\ y=x \end{cases}$　　(2) $\begin{cases} (x-1)^2+(y-1)^2+(z-1)^2=4 \\ z=0 \end{cases}$

4. 指出下列参数式方程所表示的曲线.

(1) $\begin{cases} x=\cos 2t \\ y=\sin 2t \\ z=2\pi t \end{cases}$　　(2) $\begin{cases} x=1 \\ y=\cos\theta \\ z=\sin\theta \end{cases}$

5. 求直线 $\begin{cases} x=b \\ y=\dfrac{b}{c}z \end{cases}$ $(bc\neq 0)$ 绕 z 轴旋转所得的旋转面的方程,它代表什么曲面?

7.5　二次曲面

在空间解析几何中,三元方程 $F(x,y,z)=0$ 表示一张空间曲面. 若方程是一次方程,则它表示的曲面就是平面;若方程是二次方程,则它表示的曲面为二次曲面. 我们在这里介绍几种常见的二次曲面,为讨论三重积分奠定基础.

对于一般的三元二次方程所表示的曲面形状,一般采用截痕法:用坐标面和平行于坐标面的平面去截曲面,考察其交线(即截痕)的形状,然后加以综合,以了解曲面的全貌. 下面用截痕法来讨论几个常见的二次曲面.

7.5.1　**椭球面**

方程

$$\frac{x^2}{a^2}+\frac{y^2}{b^2}+\frac{z^2}{c^2}=1 \qquad (a>0,b>0,c>0) \tag{7.39}$$

所表示的曲面称为椭球面,其中 a,b,c 为椭球面的半轴.

由方程可知,椭球面关于三个坐标面、三个坐标轴以及原点是对称的,且该椭球面位于 $x=\pm a, y=\pm b, z=\pm c$ 所围成的长方体内.

如果用平行于 xOy 面的平面 $z=h(|h|\leqslant c)$ 去截椭球面,所得截痕为

$$\begin{cases} \dfrac{x^2}{a^2}+\dfrac{y^2}{b^2}=1-\dfrac{h^2}{c^2} \\ z=h \end{cases}$$

它表示平面 $z=h$ 上的椭圆.

当 $h=0$ 时,得到 xOy 面上的一个椭圆.

随着 $|h|$ 逐渐增大,椭圆会逐渐缩小;当 $|h|=c$ 时,椭圆缩为一个点.

当 $|h|>c$ 时,平面 $z=h$ 与椭球面无交点.

类似的,用平行于 yOz 面及 zOx 面的平面去截椭球面,可得到相应的结果.

综上讨论,就可以画出椭球面的图形,如图7.49所示.

如果 $a=b=c$,则椭球面方程变为 $x^2+y^2+z^2=a^2$,它表示球心在原点,半径为 a 的球面.

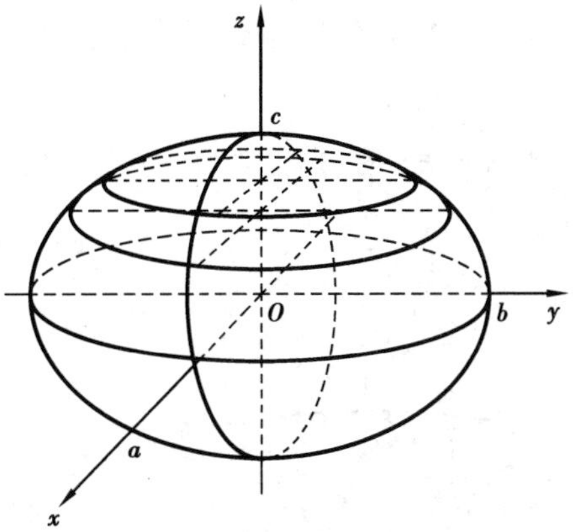

图 7.49

7.5.2　双曲面

(1)单叶双曲面

方程

$$\frac{x^2}{a^2}+\frac{y^2}{b^2}-\frac{z^2}{c^2}=1\quad(a>0,b>0,c>0)\tag{7.40}$$

所表示的曲面称为单叶双曲面,其中 a,b,c 称为单叶双曲面的半轴.

由方程可知,单叶双曲面关于 yOz 平面和 zOx 平面是对称的.

用平行于 xOy 面的平面 $z=h$ 去截椭球面,所得截痕为

$$\begin{cases}\dfrac{x^2}{a^2}+\dfrac{y^2}{b^2}=1+\dfrac{h^2}{c^2}\\ z=h\end{cases}$$

这是平面 $z=h$ 上的一个椭圆,它的中心在 z 轴上. 当 $h=0$ 时,截痕为 xOy 面上的一个椭圆. 当 $|h|$ 逐渐增大时,椭圆逐渐增大. 所以单叶双曲面可以在空间无限伸展.

用平行于 zOx 的平面 $y=k(|k|<b)$ 去截曲面,截痕是双曲线

$$\begin{cases}\dfrac{x^2}{a^2}-\dfrac{z^2}{c^2}=1-\dfrac{k^2}{b^2}\\ y=k\end{cases}$$

当 $|k|<b$ 时,双曲线的实轴平行于 x 轴,虚轴平行于 z 轴,有

$$\begin{cases}\dfrac{x^2}{a^2\left(1-\dfrac{k^2}{b^2}\right)}-\dfrac{z^2}{c^2\left(1-\dfrac{k^2}{b^2}\right)}=1\\ y=k\end{cases}$$

当 $|k|>b$ 时,双曲线的实轴平行于 z 轴,虚轴平行于 x 轴,有

$$\begin{cases}-\dfrac{x^2}{a^2\left(\dfrac{k^2}{b^2}-1\right)}+\dfrac{z^2}{c^2\left(\dfrac{k^2}{b^2}-1\right)}=1\\ y=k\end{cases}$$

当 $k=0$ 时,截痕为 zOx 面上的双曲线 $\begin{cases}\dfrac{x^2}{a^2}-\dfrac{z^2}{c^2}=1\\ y=0\end{cases}$.

当 $k=\pm b$ 时,方程变为 $\dfrac{x^2}{a^2}-\dfrac{z^2}{c^2}=0$,即

$$\frac{x}{a}-\frac{z}{c}=0,\frac{x}{a}+\frac{z}{c}=0$$

这是平面 $y=b$ 或 $y=-b$ 上的两条相交直线. 当截面为 $y=b$ 时,两条直线的交点为 $(0,b,0)$;当截面为 $y=-b$ 时,两条直线的交点为 $(0,-b,0)$.

类似地,可讨论用与 yOz 面平行的平面 $x=m$ 去截曲面的情形.

综上所述,可以绘出单叶双曲面的图形如图 7.50 所示. 从图中可以看出:方程的左边哪个变量是减项,单叶双曲面的对称轴就是哪一个变量轴.

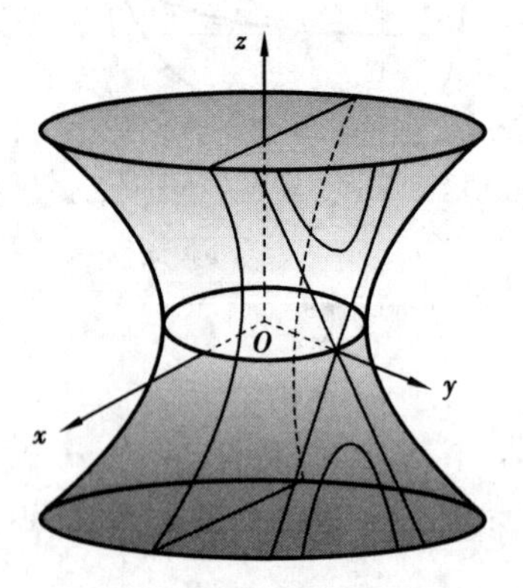

图 7.50

(2) 双叶双曲面

方程

$$\frac{z^2}{c^2}-\frac{x^2}{a^2}-\frac{y^2}{b^2}=1\quad(a>0,b>0,c>0)$$

所表示的曲面称为双叶双曲面,其中,a,b,c 称为双叶双曲面的半轴.

显然,$|z|\geqslant c$ 才有图像,用 $z=k,|k|\geqslant c$ 去截曲面截得的空间曲线为

$$\begin{cases}\dfrac{x^2}{a^2}+\dfrac{y^2}{b^2}=\dfrac{k^2}{c^2}-1=\dfrac{k^2-c^2}{c^2}\\ z=k\end{cases}$$

$$\begin{cases}\dfrac{x^2}{\left(\dfrac{a}{c}\sqrt{k^2-c^2}\right)^2}+\dfrac{y^2}{\left(\dfrac{b}{c}\sqrt{k^2-c^2}\right)^2}=1\\ z=k\end{cases}$$

用平行于 xOy 面的平面 $z=k,|k|\geqslant c$ 去截曲面截出的截痕是椭圆. $|k|$ 越大,截出的椭圆就越大,特别地,当 $k=\pm c$ 时,截出的截痕是一点.

用平行于 xOz 的平面 $y=k$ 去截空间曲面,截得的截痕为

$$\begin{cases}\dfrac{z^2}{c^2}-\dfrac{x^2}{a^2}=1+\dfrac{k^2}{b^2}\\ y=k\end{cases}$$

$$\begin{cases}\dfrac{z^2}{c^2}-\dfrac{x^2}{a^2}=\dfrac{k^2+b^2}{b^2}\\ y=k\end{cases}$$

$$\begin{cases}\dfrac{z^2}{\left(\dfrac{c}{b}\sqrt{k^2+b^2}\right)^2}-\dfrac{x^2}{\left(\dfrac{a}{b}\sqrt{k^2+b^2}\right)^2}=1\\ y=k\end{cases}$$

用平行于 xOz 的平面 $y=k$ 去截空间曲面,截得的截痕为 $y=k$ 平面上双曲线.

用平行于 yOz 的平面 $x=k$ 去截空间曲面,截得的截痕为

$$\begin{cases}\dfrac{z^2}{c^2}-\dfrac{y^2}{b^2}=1+\dfrac{k^2}{a^2}\\ x=k\end{cases}$$

$$\begin{cases}\dfrac{z^2}{c^2}-\dfrac{y^2}{b^2}=\dfrac{k^2+a^2}{a^2}\\ x=k\end{cases}$$

$$\begin{cases}\dfrac{z^2}{\left(\dfrac{c}{a}\sqrt{k^2+a^2}\right)^2}-\dfrac{x^2}{\left(\dfrac{b}{a}\sqrt{k^2+a^2}\right)^2}=1\\ x=k\end{cases}$$

用平行于 yOz 的平面 $x=k$ 去截空间曲面,截得的截痕为 $x=k$ 平面上的双曲线.

根据上面的截痕我们可以得到双叶双曲面的图形,如图 7.51 所示. 从此图形可以看出:方程左边哪一个变量是加项,双叶双曲面的对称轴就在哪一个变量轴上.

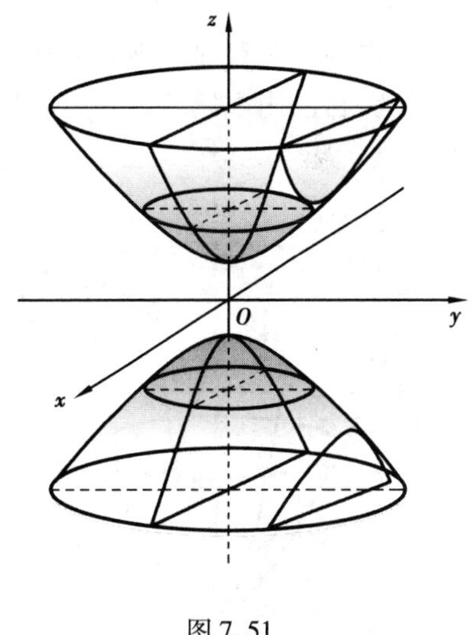

图 7.51

双叶双曲面 $\dfrac{x^2}{a^2}-\dfrac{y^2}{b^2}-\dfrac{z^2}{c^2}=1$ 和 $-\dfrac{x^2}{a^2}+\dfrac{y^2}{b^2}-\dfrac{z^2}{c^2}=1$ 的对称轴分别是 x 轴和 y 轴.

7.5.3　抛物面

(1)椭圆抛物面

方程

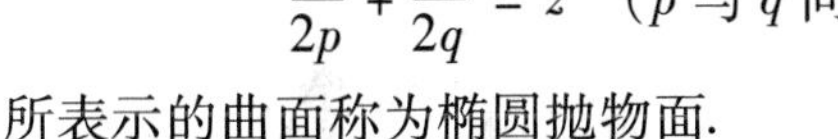

$$\frac{x^2}{2p}+\frac{y^2}{2q}=z\quad(p\text{ 与 }q\text{ 同号})$$

所表示的曲面称为椭圆抛物面.

不妨假设 $p>0,q>0$,由曲面的方程我们可以看出 $z\geqslant 0$ 时,在 xOy 面下方是没有图像的.

用 xOy 面去截曲面,截出的结果是坐标原点(0,0,0).

用平行于 xOy 面 $z=k(k>0)$ 去截曲面,截得的截痕为

$$\begin{cases}\dfrac{x^2}{2p}+\dfrac{y^2}{2q}=k\\ z=k\end{cases}$$

$$\begin{cases}\dfrac{x^2}{(\sqrt{2pk})^2}+\dfrac{y^2}{(\sqrt{2qk})^2}=1\\ z=k\end{cases}$$

由此看出:用平行于 xOy 面 $z=k(k>0)$ 去截曲面所得的截痕为椭圆,k 越大,椭圆就越大.

用平行于 xOz 面的平面 $y=k$ 去截曲面,截得的截痕为

$$\begin{cases} x^2 = 2p\left(z - \dfrac{k^2}{2q}\right) \\ y = k \end{cases}$$

用平行于 yOz 面的平面 $x = k$ 去截曲面,截得的截痕为

$$\begin{cases} y^2 = 2q\left(z - \dfrac{k^2}{2p}\right) \\ x = k \end{cases}$$

由此可以看出:用平行于 xOz、yOz 的平面去截曲面所得到的截痕为抛物线,由于截痕是椭圆或是抛物线,我们把这个曲面称为椭圆抛物面,如图 7.52 所示.

(2)双曲抛物面

由方程

$$-\frac{x^2}{2p} + \frac{y^2}{2q} = z \quad (p \text{ 与 } q \text{ 同号})$$

所表示的曲面称为双曲抛物面或马鞍面.

请读者自己用截痕法对方程的曲面形状进行讨论,当 $p > 0, q > 0$ 时,曲面的形状如图7.53所示.

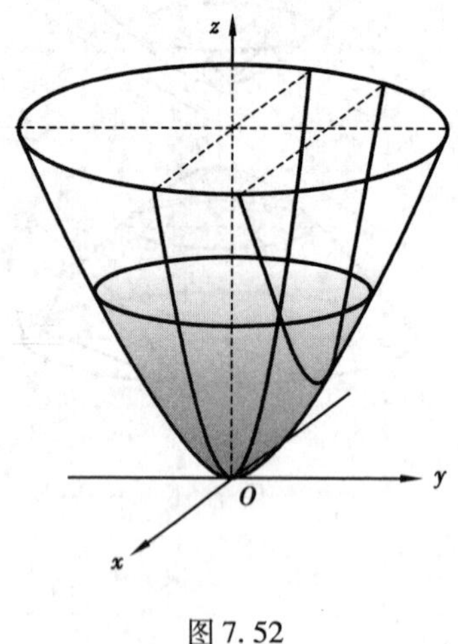

图 7.52

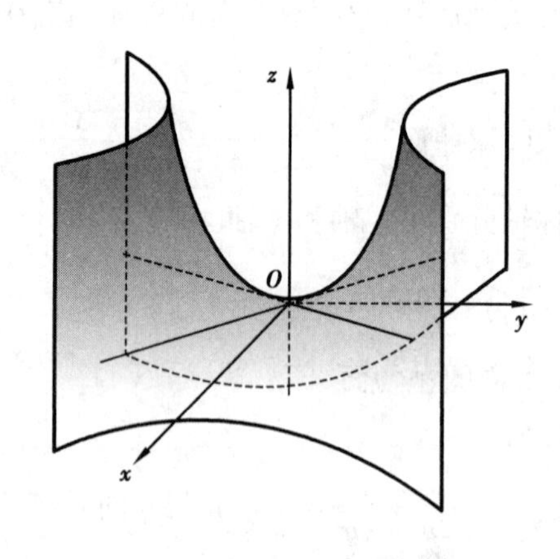

图 7.53

习题 7.5

A 组

画出下列各曲面所围成的立体的图形.

(1) $3x + 6y + 4z - 12 = 0, x = 0, y = 0, z = 0$

(2) $x = 0, y = 0, z = 0, x^2 + y^2 = R^2, y^2 + z^2 = R^2$

B 组

画出下列各曲面所围成的立体的图形.

(1) $y=\sqrt{1-x^2}, x-y=0, x-\sqrt{3}y=0, z=0, z=3$;
(2) $x-1=x^2+y^2, z=3$.

总习题 7

1. 一边长为 a 的立方体放置在 xOy 面上,底面中心在坐标原点,底面的顶点在 x 轴和 y 轴上,求各顶点的坐标.

2. 已知向量 $|\boldsymbol{a}|=10, |\boldsymbol{b}|=2, \boldsymbol{a}\cdot\boldsymbol{b}=12$. 求 $|\boldsymbol{a}\times\boldsymbol{b}|$.

3. 设 $|\boldsymbol{a}+\boldsymbol{b}|=|\boldsymbol{a}-\boldsymbol{b}|, \boldsymbol{a}=\{3,-5,8\}, \boldsymbol{b}=\{-1,1,z\}$,求 z.

4. 证明:四边形各相邻边中心的连线构成一个平行四边形.

5. 设正六边形 $ABCDEF$ 的中心为 O,P 为 EF 的中点,设 $\overrightarrow{AB}=\boldsymbol{a}, \overrightarrow{BC}=\boldsymbol{b}, \overrightarrow{CD}=\boldsymbol{c}$. 试用向量 $\boldsymbol{a}, \boldsymbol{b}, \boldsymbol{c}$ 表示 $\overrightarrow{OP}$ 及 $\overrightarrow{EO}$.

6. 求点 $(-1,2,0)$ 在平面 $x+2y-z=-1$ 上的投影.

7. 一平面过 z 轴,且与平面 $2x+y-\sqrt{5}z-7=0$ 的夹角为 $\frac{\pi}{3}$. 求此平面方程.

8. 试确定 k 的值,使平面 $kx+y+z+k=0$ 与 $x+ky+kz+k=0$:
(1) 互相垂直;(2) 互相平行;(3) 重合.

9. 过点 $A(1,0,7)$ 作直线,使它平行于平面 $3x-y+2z-15=0$ 且和直线 $\frac{x-1}{4}=\frac{y-3}{2}=\frac{z}{1}$ 相交,求此直线方程.

10. 求平行于直线 $\frac{x+2}{8}=\frac{y-1}{7}=\frac{z-4}{1}$ 且与两条直线 $\frac{x+3}{2}=\frac{y-5}{3}=\frac{z}{1}$ 及 $\frac{x-10}{5}=\frac{y+7}{4}=\frac{z}{1}$ 都相交的直线方程.

11. 求直线 $L: \frac{x-1}{1}=\frac{y}{1}=\frac{z-1}{-1}$ 在平面 $\Pi_1: x-y+2z-1=0$ 上的投影直线 L_0 的方程,并求直线 L_0 绕 y 轴旋转一周所产生的曲面的方程.

12. 求直线 $\frac{x-1}{2}=\frac{y-1}{0}=\frac{z}{1}$ 绕 x 轴旋转所产生的旋转曲面方程,并求该曲面和平面 $x=1$ 及 $x=2$ 所围成的立体的体积.

13. 设一直线过点 $(2,-1,2)$ 且与两条直线 $L_1: \frac{x-1}{1}=\frac{y-1}{0}=\frac{z-1}{1}$, $L_2: \frac{x-2}{1}=\frac{y-1}{1}=\frac{z+3}{-3}$ 同时相交. 求此直线的方程.

14. 求曲线 $\begin{cases} x^2+y^2+z^2=8 \\ x+z=1 \end{cases}$ 在三个坐标面上的投影方程.

第 8 章 多元函数微分法及其应用

在上册中讨论的函数都是一元函数,只含有一个自变量. 但在实际问题中我们常会遇到一个变量与多个变量之间的关系,如粮食的亩产量与施肥量、土地肥沃程度、光照强度、二氧化碳浓度、根系温度、株距和行距等因素有关;产品的销售量与价格、消费者的收入、消费者的偏好等因素有关. 反映到数学上,就是一个变量依赖于多个变量的情形,这就提出了多元函数以及多元函数的微分和积分的问题. 本章在一元函数微分学的基础上讨论多元函数的微分法及其应用. 从一元函数到多元函数,变量之间的关系变得复杂了,因而会产生一些与一元函数微分学有着显著不同的性质和特点. 由于二元函数有关的概念和方法大都有比较直观的几何解释,本章以讨论二元函数为主,从二元函数到二元以上的多元函数则可以类推.

8.1 多元函数的基本概念

8.1.1 平面点集

(1)邻域

以点 $P_0(x_0,y_0)$ 为圆心, 以正数 δ 为半径的圆内部的点 $P(x,y)$ 组成的集合称为点 P_0 为心 δ 为半径的邻域(如图 8.1 所示),记为: $U(P_0,\delta)$.

$$U(P_0,\delta) = \{P \mid |\overrightarrow{P_0P}| < \delta\}$$

或
$$U(P_0,\delta) = \{(x,y) \mid \sqrt{(x-x_0)^2+(y-y_0)^2} < \delta\}$$

(2)去心邻域

P_0 的 δ 去心邻域就是把 P_0 的 δ 邻域的心 P_0 去掉(如图 8.2 所示),记为 $U^0(P_0,\delta)$.

$$U^0(P_0,\delta) = \{P \mid 0 < |\overrightarrow{P_0P}| < \delta\}$$

或
$$U^0(P_0,\delta) = = \{(x,y) \mid 0 < \sqrt{(x-x_0)^2+(y-y_0)^2} < \delta\}$$

下面利用邻域的概念来描述点和点集之间的关系.

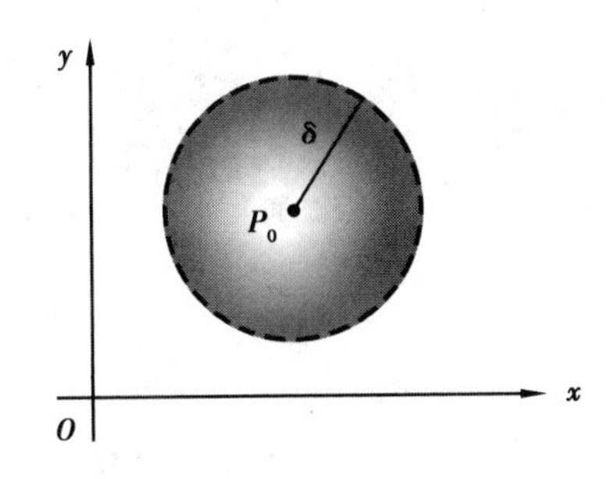

图8.1

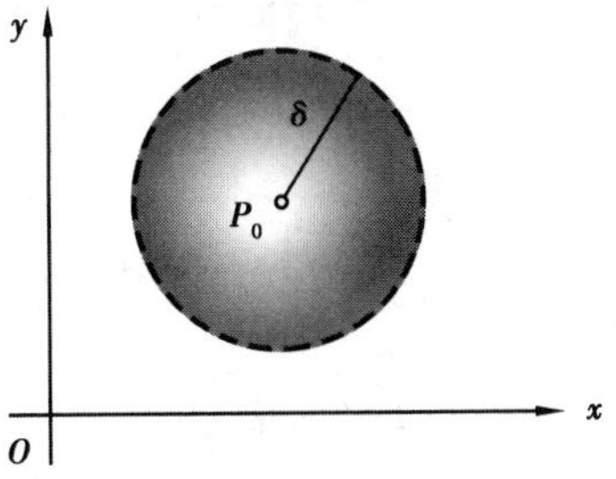

图8.2

(3)内点

设D为一平面点集,如果存在$\delta>0$使得$U(P_0,\delta)\subset D$,则称点P_0是D的内点.显然,点集D的内点属于点集D,如图8.3中的点P_0为点集D的内点.

(4)边界点

设D为一平面点集,P_1为一点,对$\forall\delta>0$,邻域$U(P_1,\delta)$既含有D的点,也含有不属于D的点,则P_1称为D的一个边界点,如图8.3所示.

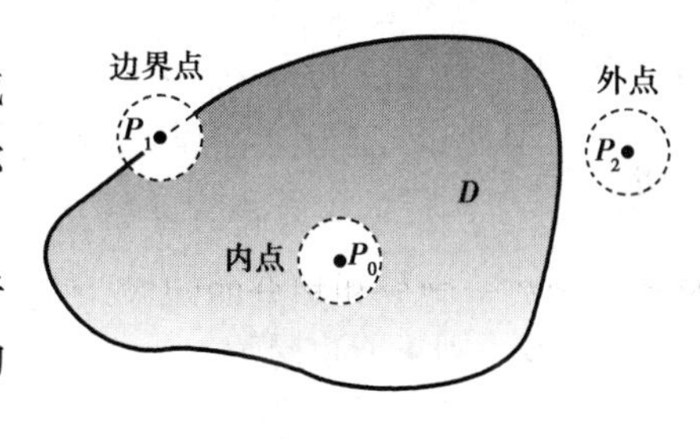

图8.3

由边界点的定义可以看出:D的边界点可能属于D,也可能不属于D. D的边界点组成的集合称为D的边界.

(5)外点

设D为一平面点集,P_2为一点,如果存在$\delta>0$,使得$U(P_2,\delta)\cap D=\varnothing$,则称$P_2$为$D$的一个外点(如图8.3所示).点集$D$的外点不属于点集$D$.

(6)聚点

设D为一平面点集,P为一点,如果对$\forall\delta>0$,使得$U^0(P,\delta)\cap D\neq\varnothing$,则称$P$是$D$的聚点.

点集D的聚点P可能属于点集D,也可能不属于点集D,它只要求点P的任意去心邻域内含有D中的点即可.

(7)开集

全由内点组成的点集称为开集.如点集$D_1=\{(x,y):x^2+y^2<1\}$为开集.

(8)闭集

如果点集D的余集为开集,则称D为闭集.如点集$\{(x,y)|1\leqslant x^2+y^2\leqslant 2\}$是闭集,但$\{(x,y)|1<x^2+y^2\leqslant 2\}$既非开集,也非闭集.

(9)连通集

如果点集D内的任意两点都可用位于D的折线连接起来,则称D为连通集.

图8.4表示了点集的连通和不能连通的概念.又如$D_1=\{(x,y):x^2+y^2<1\}$具有连通性,但点集$D_2=\{(x,y)|xy>0\}$却不具有连通性.

(10)区域(或开区域)

连通的开集称为区域.如$\{(x,y)|1<x^2+y^2<2\}$是区域.

(11)闭区域

区域连同它的边界组成的点集称为闭区域.如$\{(x,y)|1\leqslant x^2+y^2\leqslant 2\}$.

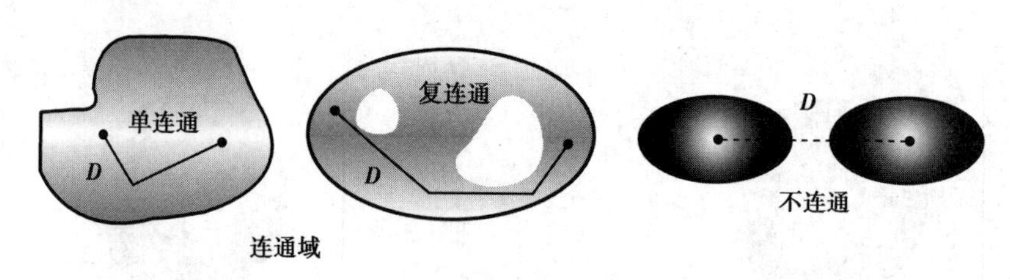

图 8.4

(12)有界区域与无界区域

对于平面点集 D,如果存在一个以原点为圆心、R 为半径的圆盘 $U(0,R)$,使 $D\subset U(0,R)$,则称 D 为有界区域,否则称为无界区域. 如 $E_1=\{(x,y):x^2+y^2<2\}$ 是有界区域;$E_2=\{(x,y):x^2+y^2\geqslant 8\}$ 是无界闭区域.

8.1.2 n 维空间

我们已经知道:数轴上的点与实数一一对应,平面上的点与二元有序实数对 (x,y) 一一对应,空间中的点与三元有序实数组 (x,y,z) 一一对应.

一般地,n 维空间中的点与 n 元实数组 $(x_1,x_2,\cdots,x_n)$ 一一对应,把 n 元实数组 $(x_1,x_2,\cdots,x_n)$ 的全体所构成的集合称为 n 维空间,记成 R^n,即

$$R^n=\{(x_1,x_2,\cdots,x_n):x_i\in R,i=1,2,\cdots,n\}$$

(其中 n 为一确定的正整数).

每个 n 元有序实数组 $(x_1,x_2,\cdots,x_n)$ 称为 n 维空间 R^n 中的一个点或 n 维向量,其中的数 x_i 称为该点(或 n 维向量)的第 i 个坐标或第 i 个分量.

R^n 中定义的线性运算如下:

$x=(x_1,x_2,\cdots,x_n)$,$y=(y_1,y_2,\cdots,y_n)$ 为 R^n 中任意两个元素,$\lambda\in\mathbf{R}$,定义 $x\pm y=(x_1\pm y_1,x_2\pm y_2,\cdots,x_n\pm y_n)$,$\lambda x=(\lambda x_1,\lambda x_2,\cdots,\lambda x_n)$.

R^n 空间中两点 $P_1(x_1,x_2,\cdots,x_n)$,$P_2(y_1,y_2,\cdots,y_n)$ 之间的距离 $\rho(P_1,P_2)$ 定义为

$$\rho(P_1,P_2)=\sqrt{(x_1-y_1)^2+(x_2-y_2)^2+\cdots+(x_n-y_n)^2}$$

显然,当 $n=1,2,3$ 时,上述规定与数轴上、平面直角坐标系及空间直角坐标系中两点之间的距离公式是一致的.

由于 n 维空间中线性运算和距离的引入,前面平面点集所叙述的一系列概念就可以平行地推广到 R^n 中去了.

8.1.3 多元函数的概念

在很多自然现象和许多实际应用问题中,常会遇到一个变量与多个变量之间的关系,如矩形面积 S 与长 x 和宽 y 的函数 $S=xy$;圆柱体的体积 V 是它的底半径 r 和高 h 的函数 $V=\pi r^2h$ 等. 这些实际例子的具体意义虽然各不相同,但它们却有共同的性质,抽出这些共同的性质可得出二元函数的定义.

定义 1 设 x,y,z 是 3 个变量,如果 x,y 在一定的范围 D 内取值时,按照一定的规则,变量 z 总有确定的值与之对应,则称变量 z 是 x,y 的二元函数,记为

$$z=f(x,y),(x,y)\in D$$

或

$$z=f(P),P\in D$$

其中,点集 D 称为函数 f 的定义域,x,y 称为自变量,z 称为因变量. 而 $f(D)=\{z:z=f(x,y),(x,y)\in D\}$ 称为函数 f 的值域.

二元函数在点 (x_0,y_0) 取得的函数值记为

$$z\Big|_{\substack{x=x_0\\y=y_0}},\quad z\Big|_{(x_0,y_0)}\quad 或\quad f(x_0,y_0)$$

类似地可定义三元以及三元以上的函数. 一般地,变量 $x_1,x_2,\cdots,x_n$ 在 n 维空间 R^n 内的点集 D 中取值时,按照一定的规则,变量 u 总有确定的值与之对应,则称 u 是 $x_1,x_2,\cdots,x_n$ 的 n 元函数,通常记为

$$u=f(x_1,x_2,\cdots,x_n)\quad (x_1,x_2,\cdots,x_n)\in D$$

或

$$u=f(P)\quad P(x_1,x_2,\cdots,x_n)\in D$$

在 $n=2,3$ 时,习惯上将点 (x_1,x_2) 与点 (x_1,x_2,x_3) 分别写成 (x,y) 与 (x,y,z).

8.1.4　二元函数的图形

设函数 $z=f(x,y)$ 的定义域为 D,取 $P(x,y)\in D$,对应的函数值为 $z=f(x,y)$,于是有序实数组 (x,y,z) 确定了空间的一点 $M(x,y,z)$. 当 (x,y) 遍取 D 中的所有点时,得到一个空间点集

$$\{(x,y,z):z=f(x,y),(x,y)\in D\}$$

该点集称为函数 $z=f(x,y)$ 的图形,如图 8.5 所示. 二元函数的图形是空间中的一张曲面.

例 8.1　求下列函数的定义域.

(1) $z=\dfrac{\arccos(x^2+y^2)}{\sqrt{x-y}}$

(2) $u=\sqrt{2az-x^2-y^2-z^2}+\arcsin\dfrac{x^2+y^2}{z^2}+xyz-1$

解　(1) 由题意知,x,y 应满足不等式组

$$\begin{cases}x-y>0\\x^2+y^2\leqslant 1\end{cases}$$

故所求定义域为

$$D=\{(x,y):x>y,x^2+y^2\leqslant 1\}$$

如图 8.6 所示.

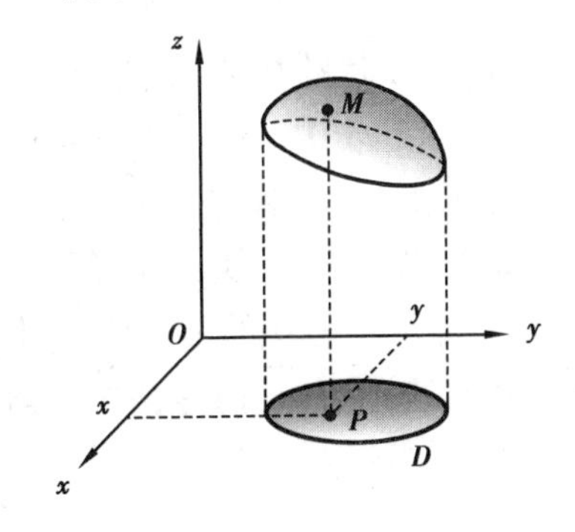

图 8.5

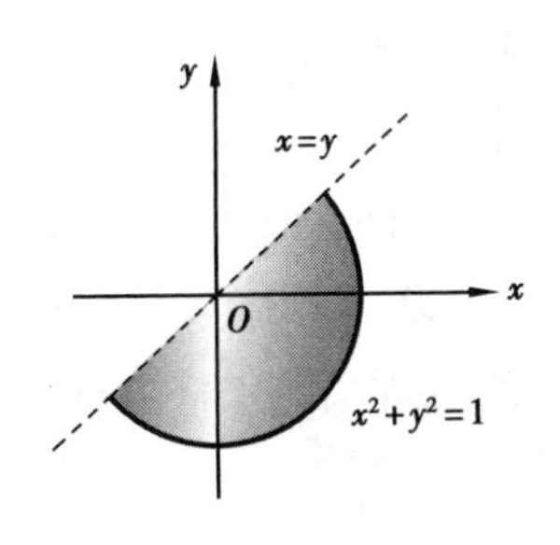

图 8.6

(2) 由题意知,x,y,z 应满足不等式组

$$\begin{cases}x^2+y^2+(z-a)^2\leqslant a^2\\x^2+y^2\leqslant z^2,z\neq 0\end{cases}$$

故所求定义域为

$$\Omega=\{(x,y,z)\mid x^2+y^2+(z-a)^2\leqslant a^2,x^2+y^2\leqslant z^2,z\neq 0\}$$

如图 8.7 所示.

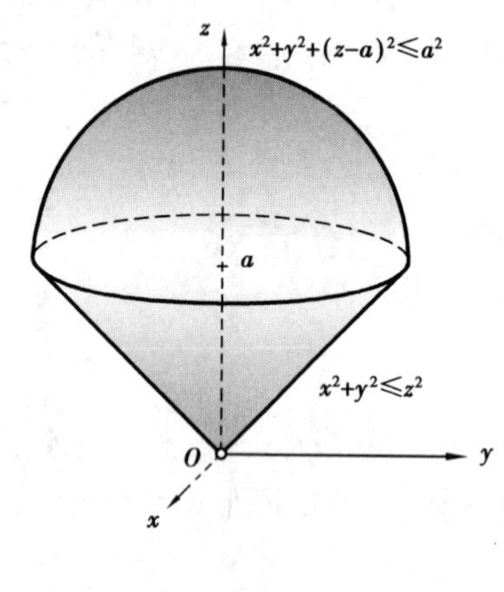

图 8.7

例 8.2 设$f(x,y)=\dfrac{x^2+y^2}{xy}$,求$f\left(\dfrac{1}{x},\dfrac{1}{y}\right)$.

解 令$\dfrac{1}{x}=u,\dfrac{1}{y}=v$,得到$x=\dfrac{1}{u},y=\dfrac{1}{v}$.

代入$f(x,y)=\dfrac{x^2+y^2}{xy}$中得

$$f\left(\frac{1}{u},\frac{1}{v}\right)=\frac{\left(\frac{1}{u}\right)^2+\left(\frac{1}{v}\right)^2}{\frac{1}{uv}}=uv\left(\frac{1}{u^2}+\frac{1}{v^2}\right)=\frac{u^2+v^2}{uv}$$

所以
$$f\left(\frac{1}{x},\frac{1}{y}\right)=\frac{x^2+y^2}{xy}=f(x,y)$$

例 8.3 已知$f(x^2+y^2,x^2-y^2)=x^4-y^4+\varphi(x^2+y^2)$且$f(x,0)=x^2$,求$f(x,y)$的表达式.

解 令$u=x^2+y^2,v=x^2-y^2$,因为$f(x^2+y^2,x^2-y^2)=(x^2+y^2)(x^2-y^2)+\varphi(x^2+y^2)$,$f(u,v)=uv+\varphi(u)$.

即
$$f(x,y)=xy+\varphi(x)$$

因为$f(x,0)=x^2$,所以$\varphi(x)=x^2$.

故
$$f(x,y)=x(x+y)$$

8.1.5 多元函数的极限

主要讨论二元函数的极限,因为二元函数的极限概念可相应地推广到多元函数的极限上去.

与一元函数极限的概念类似,在点$P(x,y)$趋于$P_0(x_0,y_0)$的过程中,函数$f(x,y)$无限地趋于某个确定的常数A,则称A为$f(x,y)$在(x,y)趋于(x_0,y_0)时的极限.函数$f(x,y)$在$P_0(x_0,y_0)$点有无极限与函数在该点有无定义无关,这里$P(x,y)$趋于$P_0(x_0,y_0)$表示$P(x,y)$以任意方式趋于$P_0(x_0,y_0)$,$P_0(x_0,y_0)$应该为$f(x,y)$的定义域内的一个聚点,注意$P_0(x_0,y_0)$的去心邻域内可能含有不属于定义域中的点.下面用"ε-δ"语言描述这个极限的概念.

定义 2 设二元函数$z=f(P)=f(x,y)$的定义域为D,$P_0(x_0,y_0)$是D的一个聚点.如果存在一个常数A,如果对于任意给定的正数ε,存在着一个正数δ,当点$P(x,y)\in U^0(P_0,\delta)\cap D$时,有

$$|f(x,y)-A|=|f(P)-A|<\varepsilon$$

则称常数A为函数$f(x,y)$当(x,y)趋于(x_0,y_0)时的极限,记作

$$\lim_{(x,y)\to(x_0,y_0)}f(x,y)=A$$

或
$$\lim_{\substack{x\to x_0\\y\to y_0}}f(x,y)=A$$
为区别于一元函数的极限,我们把二元函数的极限称为二重极限或全面极限.

求二元函数的极限时,我们一般把它化为一元函数的极限来求或根据二元函数极限的定义来求;但说明一个二元函数的极限不存在时,只需要选择 $P(x,y)$ 以两个不同方向趋于 $P_0(x_0,y_0)$ 时的极限不同即可. 注意:动点 $P(x,y)$ 在沿有限多个方向趋近于 $P_0(x_0,y_0)$ 时, $f(x,y)$ 趋于同一常数 A,不能断定 $f(x,y)$ 在 $P_0(x_0,y_0)$ 点的极限存在.

例 8.4　设函数 $f(x,y)=\dfrac{2x^2y}{x^2+y^2}$. 证明: $\lim\limits_{(x,y)\to(0,0)}f(x,y)=0$.

分析:此函数除点 $O(0,0)$ 外均有定义. 因为 $\forall\varepsilon>0$,要使得
$$|f(x,y)-0|=\left|\frac{2x^2y}{x^2+y^2}\right|\leqslant 2|y|<2\sqrt{(x-0)^2+(y-0)^2}<\varepsilon$$
必使
$$\sqrt{(x-0)^2+(y-0)^2}<\frac{\varepsilon}{2}$$

证　对任意给定的实数 $\varepsilon>0$,可取 $\delta=\dfrac{\varepsilon}{2}$,使得当 $P(x,y)\in U^0(O,\delta)$ 时,即
$$0<\sqrt{(x-0)^2+(y-0)^2}<\frac{\varepsilon}{2}$$
时,有
$$|f(x,y)-0|<2\sqrt{(x-0)^2+(y-0)^2}<\varepsilon$$
故
$$\lim_{(x,y)\to(0,0)}f(x,y)=0$$

例 8.5　求 $\lim\limits_{(x,y)\to(0,0)}\dfrac{\sin xy}{x}$.

解
$$\lim_{(x,y)\to(0,0)}\frac{\sin xy}{x}=\lim_{(x,y)\to(0,0)}\frac{\sin xy}{xy}y=\lim_{(x,y)\to(0,0)}\frac{\sin xy}{xy}\lim_{(x,y)\to(0,0)}y=0$$

例 8.6　求 $\lim\limits_{(x,y)\to(0,0)}\left(x\sin\dfrac{1}{x^2+y^2}+y\cos\dfrac{1}{x^2+y^2}\right)$.

解　因为 $0\leqslant\left|x\sin\dfrac{1}{x^2+y^2}+y\cos\dfrac{1}{x^2+y^2}\right|\leqslant|x|+|y|$
$$\lim_{(x,y)\to(0,0)}0=0,\quad\lim_{(x,y)\to(0,0)}(|x|+|y|)=0$$
根据夹逼准则有
$$\lim_{(x,y)\to(0,0)}\left(x\sin\frac{1}{x^2+y^2}+y\cos\frac{1}{x^2+y^2}\right)=0$$

例 8.7　设函数 $f(x,y)=\begin{cases}\dfrac{xy}{x^2+y^2},x^2+y^2\neq0\\0,x^2+y^2=0\end{cases}$,问 $\lim\limits_{(x,y)\to(0,0)}f(x,y)$ 是否存在?

解　当点 $P(x,y)$ 沿直线 $y=kx$ 趋近于原点 $O(0,0)$ 时,有
$$\lim_{\substack{x\to0\\y=kx}}f(x,y)=\lim_{\substack{x\to0\\y=kx}}\frac{xy}{x^2+y^2}=\lim_{x\to0}\frac{kx^2}{x^2+k^2x^2}=\frac{k}{1+k^2}$$
上式的极限值与 k 值有关,说明函数在 $P(x,y)$ 沿不同的直线方向趋于 $(0,0)$ 点时有不同

的极限值,所以 $\lim\limits_{(x,y)\to(0,0)} f(x,y)$ 不存在.

当 x,y 趋向于无穷大时 $f(x,y)$ 的极限可以类似定义.

二元函数极限的四则运算法则、无穷小量运算法则、夹逼定理等均与一元函数类似.

8.1.6 多元函数的连续性

多元函数的连续与一元函数的连续的定义相似,函数在某点的极限值等于函数在该点的函数值,则函数在该点连续. 二元函数的连续严格定义如下:

定义 3 设二元函数 $z=f(x,y)$ 的定义域为 $D\subset R^2$,点 $P_0(x_0,y_0)$ 是 D 的聚点,且 $P_0(x_0,y_0)\in D$,如果

$$\lim_{(x,y)\to(x_0,y_0)} f(x,y) = f(x_0,y_0)$$

则称函数 $z=f(x,y)$ 在点 $P_0(x_0,y_0)$ 处连续.

若令 $x=x_0+\Delta x, y=y_0+\Delta y$,则二元函数 $z=f(x,y)$ 在点 $P_0(x_0,y_0)$ 的全增量 Δz 为

$$\Delta z = f(x_0+\Delta x, y_0+\Delta y) - f(x_0,y_0)$$

定义 3 中连续定义

$$\lim_{(x,y)\to(x_0,y_0)} f(x,y) = \lim_{(\Delta x,\Delta y)\to(0,0)} f(x_0+\Delta x, y_0+\Delta y) = f(x_0,y_0)$$

$$\lim_{(\Delta x,\Delta y)\to(0,0)} [f(x_0+\Delta x, y_0+\Delta y) - f(x_0,y_0)] = \lim_{(\Delta x,\Delta y)\to(0,0)} \Delta z = 0$$

因此, $\lim\limits_{(x,y)\to(x_0,y_0)} f(x,y)=f(x_0,y_0)$ 与 $\lim\limits_{(\Delta x,\Delta y)\to(0,0)} \Delta z=0$ 是等价的,故二元函数在 $P_0(x_0,y_0)$ 连续性的定义可表为定义 4.

定义 4 设二元函数 $z=f(x,y)$ 的定义域为 $D\subset R^2$,点 $P_0(x_0,y_0)$ 是 D 的聚点,且 $P_0(x_0,y_0)\in D$, $\Delta z=f(x_0+\Delta x, y_0+\Delta y)-f(x_0 y_0)$,如果

$$\lim_{(\Delta x,\Delta y)\to(0,0)} \Delta z = 0$$

则称函数 $z=f(x,y)$ 在点 $P_0(x_0,y_0)$ 处连续.

如果 $f(x,y)$ 在 D 的每一点处都连续,则称函数 $f(x,y)$ 在 D 上连续,并称 $f(x,y)$ 是 D 上的连续函数. 从几何意义上说,连续的二元函数在几何上是一张没有洞、裂缝的一张曲面.

定义 5 设二元函数 $z=f(x,y)$ 的定义域为 $D\subset R^2$,点 $P_0(x_0,y_0)$ 是 D 的聚点,如果函数 $z=f(x,y)$ 在点 $P_0(x_0,y_0)$ 不连续,则称 $P_0(x_0,y_0)$ 为函数 $P_0(x_0,y_0)$ 的一个间断点.

同样地,二元函数间断的原因可能是函数在该点没有定义,也可能函数在该点的极限不存在,还可能是函数在该点的极限存在但不等于极限值.

如函数 $f(x,y)=\begin{cases}\dfrac{xy}{x^2+y^2}, x^2+y^2\neq 0\\ 0, x^2+y^2=0\end{cases}$ 在(0,0)点的极限不存在,所以函数在(0,0)点不连续,(0,0)点就是函数 $f(x,y)$ 的一个间断点,函数在几何上所表示的曲面在该点就是一个洞.

又如函数 $z=\cos\dfrac{1}{x^2+y^2-1}$ 在圆周 $x^2+y^2=1$ 上无定义,所以该圆周上各点都是函数的间断点. 函数在几何上所代表的曲面在该圆周线上就是一条裂缝.

同样可定义三元及三元以上的多元函数的连续性和间断点.

根据极限运算法则可以证明:

①多元连续函数的和、差、积、商(在分母不为零处)均为连续函数;

②多元连续函数的复合函数也是连续函数.

考虑一个变量 x 或 y 的基本初等函数,将它们当成二元函数,如

$$C,x^a,y^a,a^x,a^y,\sin x,\sin y,\cdots$$

称为二元基本初等函数.

将二元基本初等函数经过有限次的四则运算和有限次的复合运算而得到的、可用一个解析式表示的多元函数成为二元初等函数.

例如,$x+3y^3,\dfrac{x-y}{1+x^2},e^{2xy},\sin(x^2+y^2+z)$等都是多元初等函数.

一切二元初等函数在其定义区域内是连续的.因此,函数在连续点处的极限值就等于该点的函数值.

8.1.7　二元连续函数在有界闭区域上的性质

性质1(最值定理)　在有界闭区域 D 上连续的二元函数,必能取得最大值和最小值.

若二元函数 $z=f(x,y)$ 在有界闭区域 D 上连续,必存在 $(x_1,y_1),(x_2,y_2)\in D$,使得对任意的 $(x,y)\in D$,有 $f(x_1,y_1)\leqslant f(x,y)\leqslant f(x_2,y_2)$.

性质2(零点定理)　$z=f(x,y)$ 在有界闭区域 D 上连续,存在 $(x_1,y_1),(x_2,y_2)\in D$,$f(x_1,y_1)f(x_2,y_2)<0$,则存在 $(\xi,\eta)\in D$,使得 $f(\xi,\eta)=0$.

性质3(介质定理)　$z=f(x,y)$ 在有界闭区域 D 上连续,存在 $(x_1,y_1),(x_2,y_2)\in D$,$f(x_1,y_1)<c<f(x_2,y_2)$(或 $f(x_2,y_2)<c<f(x_1,y_1)$),则存在 $(\xi,\eta)\in D$,使得 $f(\xi,\eta)=c$.

多元连续函数在有界的闭区域上有三个同样的性质.

习题8.1

A组

1. 写出函数 $z=\sqrt{x-\sqrt{y}}$ 的定义域,并画出草图.
2. 求函数 $z=\sqrt{x\sin y}$ 的定义域.
3. 设 $f\left(\dfrac{y}{x}\right)=\dfrac{\sqrt{x^2+y^2}}{x},x>0$,求 $f(x)$.
4. 已知 $f(x,y)=x^2+y^2-xy\tan\dfrac{x}{y}$,求 $f(tx,ty)$.
5. 设 $f(x,y)=e^x\cos y,g(x,y)=e^x\sin y$,证明 $f^2(x,y)-g^2(x,y)=f(2x,2y)$.
6. 求下列函数的极限.

(1) $\lim\limits_{\substack{x\to0\\y\to0}}\dfrac{xye^x}{8(4-\sqrt{16+xy})}$　　(2) $\lim\limits_{\substack{x\to0\\y\to0}}\dfrac{y\sin 2x}{\sqrt{xy+1}-1}$

(3) $\lim\limits_{\substack{x\to0\\y\to0}}\dfrac{1-\sqrt{x^2y+1}}{x^3y^2}\sin(xy)$　　(4) $\lim\limits_{\substack{x\to+\infty\\y\to+\infty}}\left(\dfrac{xy}{x^2+y^2}\right)^{x^2}$

7. 求函数 $f(x,y)=\begin{cases}x\sin\dfrac{1}{y},y\neq0\\0,\quad\quad y=0\end{cases}$ 的间断点.

B 组

1. 设 $z=\frac{y}{x}\arctan\frac{y}{1+x^2+y^2}$,求该函数的定义域.

2. 求函数 $u=\arcsin\left(\frac{\sqrt{x^2+y^2}}{z}\right)$的定义域,并画出草图.

3. 设 $z=xf\left(\frac{y}{x}\right)$,其中 $x\neq0$. 如果当 $x=1$ 时,$z=\sqrt{1+y^2}$,试确定$f(x)$及 z.

4. 求下列二元函数的极限.

(1)$\lim\limits_{\substack{x\to0\\y\to0}}\frac{3y^3+2yx^2}{x^2-xy+y^2}$　　(2)$\lim\limits_{\substack{x\to0\\y\to0}}\frac{x^2y^{\frac{7}{3}}}{x^4+y^4}$

(3)$\lim\limits_{\substack{x\to0\\y\to0}}\frac{(x^2+y^2)x^2y^2}{1-\cos(x^2+y^2)}$　　(4)$\lim\limits_{\substack{x\to0\\y\to0}}\frac{x^2+y^2}{|x|+|y|}$

(5)$\lim\limits_{\substack{x\to0\\y\to1}}(1+xe^y)^{\frac{2y+x}{x}}$　　(6)$\lim\limits_{\substack{x\to0\\y\to0}}(x^2+y^2)^{x^2y^2}$

5. 试求函数$f(x,y,z)=\ln\frac{1}{\sqrt{|x^2+y^2+z^2-1|}}$的间断点.

6. 试求函数$f(x,y)=\frac{xy}{\sin^2\pi x+\sin^2\pi y}$的间断点.

7. 讨论函数$f(x,y)=\begin{cases}\frac{xy^2}{x^2+2y^4}, & (x,y)\neq(0,0)\\0, & (x,y)=(0,0)\end{cases}$ 在点(0,0)处的连续性.

8.2 偏导数

8.2.1 偏导数的定义及其计算法

(1)偏增量的概念

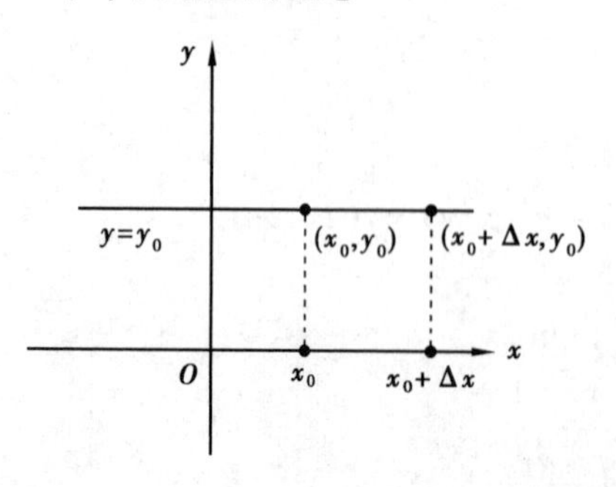

图 8.8

①设 $z=f(x,y)$的定义域为 D,$P(x_0,y_0)$是 D 中的一点,固定 $y=y_0$,动点在直线 $y=y_0$ 选取(如图 8.8 所示),增量$f(x_0+\Delta x,y_0)-f(x_0,y_0)$是由于 x 在 x_0 的基础上获得增量 Δx 而产生的,这个增量称为 $z=z(x,y)$在(x_0,y_0)点关于 x 的偏增量,记为:$\Delta_x z$. 即

$$\Delta_x z=f(x_0+\Delta x,y_0)-f(x_0,y_0)$$

②设 $z=f(x,y)$的定义域为 D,$P(x_0,y_0)$是 D 中的一点,固定 $x=x_0$,动点在直线 $x=x_0$ 选取(如图 8.9 所示),增量$f(x_0,y_0+\Delta y)-f(x_0,y_0)$是由于 y 在 y_0 的基础上获得增量 Δy 而产生的,这个增量称为 $z=z(x,y)$在(x_0,y_0)点关于 y 的偏增量,记为:$\Delta_y z$. 即

$$\Delta_y z=f(x_0,y_0+\Delta y)-f(x_0,y_0)$$

(2)偏导数的定义

一元函数的导数概念刻画了函数对自变量的变化率. 二元函数的偏导数刻画的是关于其中一个变量的变化率,对 x 的偏导数需要固定 y,对 y 的偏导数需要固定 x,这样处理以后二元函数的偏导数定义类似于一元函数导数的定义.

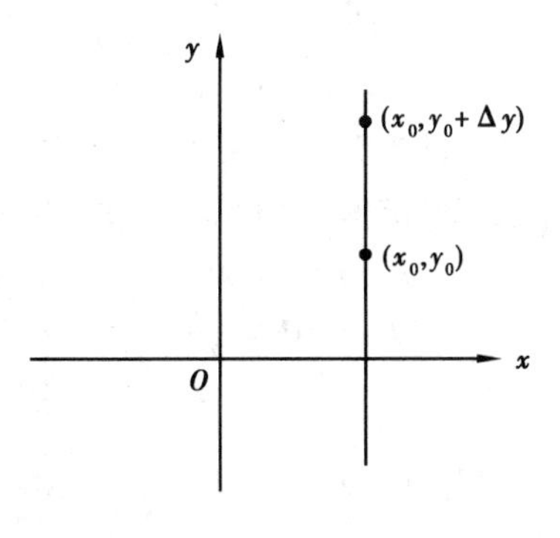

图 8.9

定义 1　设函数 $z=f(x,y)$ 在点 (x_0,y_0) 的某邻域内有定义,如果

$$\lim_{\Delta x\to 0}\frac{\Delta_x z}{\Delta x}=\lim_{\Delta x\to 0}\frac{f(x_0+\Delta x,y_0)-f(x_0,y_0)}{\Delta x}$$

存在,则称此极限为函数 $z=f(x,y)$ 在点 (x_0,y_0) 对 x 的偏导数,记作

$$\left.\frac{\partial f}{\partial x}\right|_{(x_0,y_0)},f'_x(x_0,y_0),\left.\frac{\partial z}{\partial x}\right|_{(x_0,y_0)}\text{或 } z'_x(x_0,y_0)$$

如果

$$\lim_{\Delta y\to 0}\frac{\Delta_y z}{\Delta y}=\lim_{\Delta y\to 0}\frac{f(x_0,y_0+\Delta y)-f(x_0,y_0)}{\Delta y}$$

存在,则称此极限为函数 $z=f(x,y)$ 在点 (x_0,y_0) 对 y 的偏导数,记作

$$\left.\frac{\partial f}{\partial y}\right|_{(x_0,y_0)},f'_y(x_0,y_0),\left.\frac{\partial z}{\partial y}\right|_{(x_0,y_0)}\text{或 } z'_y(x_0,y_0)$$

如果函数 $z=f(x,y)$ 在点 (x_0,y_0) 对 x 与对 y 的偏导数都存在,则称函数 $z=f(x,y)$ 在点 (x_0,y_0) 可偏导.

如果函数 $z=f(x,y)$ 在区域 D 内的每一点 (x,y) 处对 x(或对 y)的偏导数 $f_x(x,y)$ ($f_y(x,y)$)都存在,则此偏导数仍然是关于变量 x 和 y 的二元函数,称之为函数 $f(x,y)$ 的偏导函数. 求二元函数偏导函数的方法有两种,第一种方法是用 (x,y) 去取代定义偏导数定义中的 (x_0,y_0) 得到偏导函数:

$$\frac{\partial z}{\partial x}=f'_x(x,y)=\lim_{\Delta x\to 0}\frac{f(x+\Delta x,y)-f(x,y)}{\Delta x}$$

$$\frac{\partial z}{\partial y}=f'_y(x,y)=\lim_{\Delta y\to 0}\frac{f(x,y+\Delta y)-f(x,y)}{\Delta y}$$

第二种方法是对 x 求偏导时,把 y 看成一个常数;对 y 求偏导时,把 x 看成常数. 这种方法就是把二元函数的偏导数转化成一元函数的求导方法进行求导,不过分段函数在分界点的偏导数需要用偏导数的定义求出.

由偏导数的定义可知,求二元函数在某一点的偏导数的值 $f'_x(x_0,y_0)$、$f'_y(x_0,y_0)$ 也相应地有两种方法:一种方法由偏导数的定义直接得出;另一种方法先求出偏导函数,再代点求值.

偏导数的概念可推广到三元及三元以上的多元函数. 例如,对三元函数 $u=f(x,y,z)$ 可定义偏导数:

$$f'_x(x,y,z)=\lim_{\Delta x\to 0}\frac{f(x+\Delta x,y,z)-f(x,y,z)}{\Delta x}$$

$$f'_y(x,y,z)=\lim_{\Delta y\to 0}\frac{f(x,y+\Delta y,z)-f(x,y,z)}{\Delta y}$$

$$f'_z(x,y,z) = \lim_{\Delta z \to 0} \frac{f(x,y,z+\Delta z) - f(x,y,z)}{\Delta z}$$

由偏导数的定义可知,求多元函数的偏导数从本质上说就是求相应的一元函数的导数,对哪个变量求偏导,就把其余的变量看成常数,然后应用一元函数的求导法则对函数求导即可.

例 8.8 设函数 $f(x,y)=\begin{cases}\dfrac{xy}{x^2+y^2}, x^2+y^2\neq 0 \\ 0, x^2+y^2=0\end{cases}$,求 $f(x,y)$ 在 $(0,0)$ 点的偏导数.

解

$$f'_x(0,0) = \lim_{\Delta x \to 0} \frac{f(\Delta x,0) - f(0,0)}{\Delta x} = \lim_{\Delta x \to 0} \frac{0}{\Delta x} = 0$$

$$f'_y(0,0) = \lim_{\Delta y \to 0} \frac{f(0,\Delta y) - f(0,0)}{\Delta y} = \lim_{\Delta y \to 0} \frac{0}{\Delta y} = 0$$

例 8.9 求 $z=x^2+3xy+y^2$ 在点 $(1,2)$ 处的偏导数.

解 因为 $\dfrac{\partial z}{\partial x}=2x+3y, \dfrac{\partial z}{\partial y}=2y+3x$

所以

$$\left.\frac{\partial z}{\partial x}\right|_{(1,2)} = (2x+3y)\Big|_{(1,2)} = 2+6=8$$

$$\left.\frac{\partial z}{\partial y}\right|_{(1,2)} = (2y+3x)\Big|_{(1,2)} = 4+3=7$$

例 8.10 求函数 $z=\sin xy$ 的偏导数.

解

$$\frac{\partial z}{\partial x} = y\cos xy$$

$$\frac{\partial z}{\partial y} = x\cos xy$$

例 8.11 求函数 $u=\ln(x^2+y^2-z)$ 的偏导数.

解

$$\frac{\partial u}{\partial x} = \frac{2x}{x^2+y^2-z}$$

$$\frac{\partial u}{\partial y} = \frac{1}{x^2+y^2-z}2y = \frac{2y}{x^2+y^2-z}$$

$$\frac{\partial u}{\partial z} = \frac{1}{x^2+y^2-z}(-1) = \frac{-1}{x^2+y^2-z}$$

8.2.2 偏导数的几何意义

$z=f(x,y)$ 表示的是空间中的一张曲面,要求 $z=f(x,y)$ 关于 x 的偏导数,需要固定 $y=y_0$,$\begin{cases}z=f(x,y)\\y=y_0\end{cases}$ 就表示曲面与柱面的交线.一元函数 $f(x,y_0)$ 在 x_0 点的导数 $f'_x(x,y_0)\big|_{x=x_0}$ 就是二元函数 $z=f(x,y)$ 在 (x_0,y_0) 点关于 x 的偏导数 $f'_x(x_0,y_0)$,故由一元函数 $y=f(x)$ 导数的几何意义可知:

偏导数 $f'_x(x_0,y_0)$ 在几何上表示曲线 $\begin{cases}z=f(x,y)\\y=y_0\end{cases}$ 在点 $(x_0,y_0,f(x_0,y_0))$ 处的切线对 x 轴的斜率,即 $f'_x(x_0,y_0)=\tan\alpha$,如图 8.10 所示.

同理,偏导数 $f'_y(x_0,y_0)$ 在几何上表示曲线 $\begin{cases}z=f(x,y)\\x=x_0\end{cases}$ 在点 $(x_0,y_0,f(x_0,y_0))$ 处的切线对 y 轴的斜率,即 $f'_y(x_0,y_0)=\tan\beta$,如图 8.10 所示.

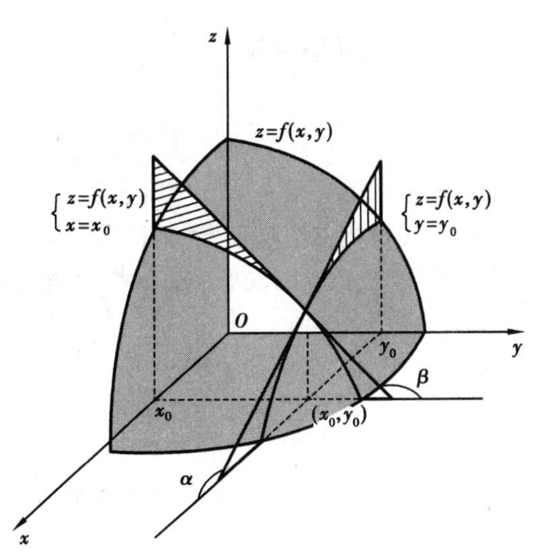

图 8.10

例 8.12　求曲线 $\begin{cases}z=\dfrac{x^2+y^2}{4}\\x=4\end{cases}$ 在点 $P(4,2,5)$ 处的切线与 Oy 轴的倾角.

解　设切线与 Oy 轴的倾角为 β,有

$$z_y=\frac{y}{2}$$

$$z_y(4,2)=\frac{2}{2}=1$$

根据偏导数的几何意义有:$\tan\beta=1$,由此得到 $\beta=\dfrac{\pi}{4}$.

例 8.13　设函数 $f(x,y)=e^{xy}\sin\pi y+\dfrac{4}{\pi}(x-1)\arctan\sqrt{\dfrac{x}{y}}$,求偏导数 $f_x(1,1)$,并说明其几何意义.

解

$$f(x,1)=\frac{4}{\pi}(x-1)\arctan\sqrt{x}$$

$$f'_x(x,1)=\frac{4}{\pi}\left[\arctan\sqrt{x}+(x-1)\cdot\frac{1}{1+x}\cdot\frac{1}{2\sqrt{x}}\right]$$

所以

$$f'_x(1,1)=\frac{4}{\pi}\arctan 1=\frac{4}{\pi}\times\frac{\pi}{4}=1$$

该偏导数在几何上表示曲线 $\begin{cases}f(x,y)=e^{xy}\sin\pi y+\dfrac{4}{\pi}(x-1)\arctan\sqrt{\dfrac{x}{y}}\\y=1\end{cases}$ 在点 $(1,1,0)$ 的切线对 Ox 轴的斜率为 1,进而可得该切线与 Ox 轴的正向夹角为 $\dfrac{\pi}{4}$.

注意

①一元函数在某点可导能推出函数在该点连续,但多元函数在某点可偏导不能推出函数在该点连续. 如函数 $f(x,y)=\begin{cases}\dfrac{xy}{x^2+y^2},x^2+y^2\neq0\\0,x^2+y^2=0\end{cases}$ 在点 $(0,0)$ 的两个偏导数等于 0,而函数在该点的极限不存在,所以函数在该点不连续.

②二元函数在某点不连续,函数在该点的偏导数不一定不存在.

③二元函数在某点连续不能推出函数在该点的偏导数存在. 如 $f(x,y)=\sqrt{x^2+y^2}$ 在 $(0,0)$ 处连续,但函数在 $(0,0)$ 处的两个偏导数 $f_x(0,0)$,$f_y(0,0)$ 不存在.

8.2.3 高阶偏导数

$z=f(x,y)$是x,y的二元函数,一般$\frac{\partial z}{\partial x}=f'_x(x,y)$和$\frac{\partial z}{\partial y}=f'_y(x,y)$还是$x,y$的函数.如$z=x^2y^3$,它的两个偏导数$z_x=2xy^3$,$z_y=3x^2y^2$还是$x,y$的函数,这两个偏导函数$f'_x(x,y)$,$f'_y(x,y)$如果在区域$D$内继续求偏导,则称这些偏导数为函数$z=f(x,y)$的二阶偏导数.类似定义更高阶的偏导数.按求导的次序应有四个二阶偏导数,它们分别为

$$\frac{\partial^2 z}{\partial x^2}=\frac{\partial}{\partial x}\left(\frac{\partial z}{\partial x}\right)=f_{xx}(x,y)\qquad \frac{\partial^2 z}{\partial x\partial y}=\frac{\partial}{\partial y}\left(\frac{\partial z}{\partial x}\right)=f_{xy}(x,y)$$

$$\frac{\partial^2 z}{\partial y\partial x}=\frac{\partial}{\partial x}\left(\frac{\partial z}{\partial y}\right)=f_{yx}(x,y)\qquad \frac{\partial^2 z}{\partial y^2}=\frac{\partial}{\partial y}\left(\frac{\partial z}{\partial y}\right)=f_{yy}(x,y)$$

$\frac{\partial^2 z}{\partial y\partial x}$,$\frac{\partial^2 z}{\partial x\partial y}$称为$z=f(x,y)$的二阶混合偏导数.

例 8.14 设函数$z=\arctan\frac{y}{x}$,求$\frac{\partial^2 z}{\partial x\partial y}$,$\frac{\partial^2 z}{\partial y\partial x}$.

解

$$\frac{\partial z}{\partial x}=\frac{1}{1+\left(\frac{y}{x}\right)^2}\frac{-y}{x^2}=\frac{-y}{x^2+y^2},\frac{\partial z}{\partial y}=\frac{1}{1+\left(\frac{y}{x}\right)^2}\frac{1}{x}=\frac{x}{x^2+y^2}$$

$$\frac{\partial^2 z}{\partial x\partial y}=\frac{\partial}{\partial y}\left(\frac{-y}{x^2+y^2}\right)=\frac{(-1)(x^2+y^2)-(-y)(0+2y)}{(x^2+y^2)^2}=\frac{y^2-x^2}{(x^2+y^2)^2}$$

$$\frac{\partial^2 z}{\partial y\partial x}=\frac{\partial}{\partial y}\left(\frac{x}{x^2+y^2}\right)=\frac{(x^2+y^2)-x(2x+0)}{(x^2+y^2)^2}=\frac{y^2-x^2}{(x^2+y^2)^2}$$

例 8.15 设$u=e^{-x}\sin\frac{x}{y}$,求则$\frac{\partial^2 u}{\partial x\partial y}$在点$\left(2,\frac{1}{\pi}\right)$处的值.

解

$$\frac{\partial u}{\partial x}=-e^{-x}\sin\frac{x}{y}+\frac{1}{y}e^{-x}\cos\frac{x}{y}$$

$$\frac{\partial^2 u}{\partial x\partial y}=\frac{x}{y^2}e^{-x}\cos\frac{x}{y}-\frac{1}{y^2}e^{-x}\cos\frac{x}{y}-\frac{x}{y^3}e^{-x}\sin\frac{x}{y}$$

$$\left.\frac{\partial^2 u}{\partial x\partial y}\right|_{(2,\frac{1}{\pi})}=2\pi^2e^{-2}-\pi^2e^{-2}=\left(\frac{\pi}{e}\right)^2$$

从例 8.14 可以看出两个混合偏导数相等,但两个混合偏导数相等是要具备条件的,这个条件表述为下面的定理.

定理 1 如果函数$z=f(x,y)$的两个二阶混合偏导数$\frac{\partial^2 z}{\partial x\partial y}$和$\frac{\partial^2 z}{\partial y\partial x}$在区域$D$内连续,则在该区域内成立

$$f_{xy}(x,y)=f_{yx}(x,y)$$

定理 1 表明,如果混合偏导数$f_{xy}(x,y)$和$f_{yx}(x,y)$在某区域D内连续,则混合偏导数$f_{xy}(x,y)$和$f_{yx}(x,y)$与求偏导数的次序无关.这一结果可推广到更高阶的偏导数.

若函数$z=f(x,y)$在区域D内存在直到n阶的所有偏导数,并且所有这些偏导数都在区域D内连续,则称这样的函数为D内的$C^{(n)}$类函数,记作$f(x,y)\in C^{(n)}(D)$.

例 8.16 设函数$z=x\ln(x^2+y^2)$,求函数的二阶偏导数$\frac{\partial^2 u}{\partial y\partial x}$.

解
$$\frac{\partial z}{\partial y}=\frac{2xy}{x^2+y^2}$$
$$\frac{\partial^2 z}{\partial y\partial x}=\frac{2y(x^2+y^2)-4x^2y}{(x^2+y^2)^2}=\frac{2y(y^2-x^2)}{(x^2+y^2)^2}$$

例 8.17　设 $r=\sqrt{x^2+y^2+z^2}$, $u=\frac{1}{r}$,求$\frac{\partial^2 u}{\partial x^2}+\frac{\partial^2 u}{\partial y^2}+\frac{\partial^2 u}{\partial z^2}$的值.

解
$$\frac{\partial u}{\partial x}=\frac{\partial}{\partial r}\left(\frac{1}{r}\right)\cdot\frac{\partial r}{\partial x}=-\frac{1}{r^2}\cdot\frac{x}{\sqrt{x^2+y^2+z^2}}=-\frac{x}{r^3}$$
$$\frac{\partial^2 u}{\partial x^2}=-\frac{1}{r^3}+\frac{3x}{r^4}\cdot\frac{x}{r}=-\frac{1}{r^3}+\frac{3x^2}{r^5}$$

由于函数 u 对于变量 x,y,z 是对称的,因而把上式中的 x 换成 y 及 z,即得
$$\frac{\partial^2 u}{\partial y^2}=-\frac{1}{r^3}+\frac{3y^2}{r^5},\quad \frac{\partial^2 u}{\partial z^2}=-\frac{1}{r^3}+\frac{3z^2}{r^5}$$

故
$$\frac{\partial^2 u}{\partial x^2}+\frac{\partial^2 u}{\partial y^2}+\frac{\partial^2 u}{\partial z^2}=-\frac{3}{r^3}+\frac{3(x^2+y^2+z^2)}{r^5}=-\frac{3}{r^3}+\frac{3}{r^3}=0$$

习题 8.2

A 组

1. 求下列函数的偏导数.

(1)$u=(xy)^z$　　　　(2)$z=\int_x^y e^{t^2}dt$

2. 求下列函数在指定点处的一阶偏导数.

(1)$z=x+(y-1)\arcsin\sqrt{\frac{x}{y}}$,点$(0,1)$;

(2)$z=x^2e^y+(x-1)\arctan\frac{y}{x}$,点$(1,0)$.

3. 求函数 $z=\cos^2(x+2y)$ 的高阶偏导数$\frac{\partial^2 z}{\partial x^2},\frac{\partial^2 z}{\partial x\partial y},\frac{\partial^2 z}{\partial y^2}$.

4. 设$f(x,y)=\sqrt{x^2+y^4}$,问$f_x(0,0)$与$f_y(0,0)$是否存在?若存在,求其值.

5. 证明:$f(x,y)=\begin{cases}\frac{xy^2}{x^2+y^4},&(x,y)\neq(0,0)\\0,&(x,y)=(0,0)\end{cases}$ 在点$(0,0)$不连续,但存在一阶偏导数.

6. 设$f(x,y)=\begin{cases}xy-\frac{x^3+y^3}{x^2+y^2},&(x,y)\neq(0,0)\\0,&(x,y)=(0,0)\end{cases}$,根据偏导数定义求$f_x(0,0)$,$f_y(0,0)$.

7. 验证函数 $z=f\left(\ln x+\frac{1}{y}\right)$满足方程 $x\frac{\partial z}{\partial x}+y^2\frac{\partial z}{\partial y}=0$,其中$f$为可微函数.

B 组

1. 设 $u(x,y)=\arcsin\sqrt{\dfrac{x^2-y^2}{x^2+y^2}}$，求$\left.\dfrac{\partial u}{\partial x}\right|_{\substack{x=3\\y=1}}$.

2. 求下列函数的偏导数.

(1) $u=\arctan(x-y)^z$　　　　(2) $u=x\sqrt{yz}+\dfrac{y}{\sqrt[3]{zx}}$

3. 设 $z=(y\sin x)^y$，求$\dfrac{\partial z}{\partial x}$.

4. 设 $f(x,y)=x^y+xy$，求$\left.\dfrac{\partial f}{\partial x}\right|_{(x,x^2)}$，$\left.\dfrac{\partial f}{\partial y}\right|_{(x,x^2)}$.

5. 求函数 $f(x,y)=\begin{cases}\dfrac{x^3y-xy^3}{x^2+y^2}, & (x,y)\neq(0,0)\\ 0, & (x,y)=(0,0)\end{cases}$ 的偏导数.

6. $P=R\dfrac{T}{V}$，R 为常数. 证明：$\dfrac{\partial P}{\partial V}\cdot\dfrac{\partial V}{\partial T}\cdot\dfrac{\partial T}{\partial P}=-1$.

7. 设 $f(x,y)=\begin{cases}e^{\frac{-1}{x^2+y^2}}, & x^2+y^2\neq0\\ 0, & x^2+y^2=0\end{cases}$，求 $f_{xx}(0,0)$.

8. 验证：

(1) 函数 $r=\sqrt{x^2+y^2+z^2}$ 满足方程$\dfrac{\partial^2 r}{\partial x^2}+\dfrac{\partial^2 r}{\partial y^2}+\dfrac{\partial^2 r}{\partial z^2}=\dfrac{2}{r}$　$(r\neq0)$.

(2) $u=e^{a_1x_x+a_2x_2+\cdots+a_nx_n}$，$a_1^2+a_2^2+\cdots+a_n^2=1$ 满足 $\dfrac{\partial^2 u}{\partial x_1^2}+\dfrac{\partial^2 u}{\partial x_2^2}+\cdots+\dfrac{\partial^2 u}{\partial x_n^2}=u$.

9. 设 $f(x,y)=\begin{cases}xy\dfrac{x^2-y^2}{x^2+y^2}, & x^2+y^2\neq0\\ 0, & x^2+y^2=0\end{cases}$，求 $f_{xy}(0,0)$，$f_{yx}(0,0)$.

8.3 全微分

8.3.1 全微分概念

一元函数 $y=f(x)$ 在 x_0 点的增量 $\Delta y=f(x_0+\Delta x)-f(x_0)$ 可以表示为自变量增量的线性函数与动点到定点距离的高阶无穷小，即 $\Delta y=A\Delta x+o(\Delta x)$，其中 A 与 Δx 无关，则称函数 $y=f(x)$ 在 x_0 可微，并称 Δy 的线性主部 $A\Delta x$ 为函数 $y=f(x)$ 在点 x_0 的微分.

二元函数 $z=f(x,y)$ 有自变量 x 和 y，这两个自变量在 (x_0,y_0) 点分别获得增量 $\Delta x,\Delta y$，函数获得的增量

$$\Delta z=f(x_0+\Delta x,y_0+\Delta y)-f(x_0,y_0)$$

称为函数 $z=f(x,y)$ 的全增量.

由于二元函数的自变量有 x,y，自变量的增量也有 $\Delta x,\Delta y$，动点 $(x_0+\Delta x,y_0+\Delta y)$ 到定点

(x_0,y_0)的距离是$\rho=\sqrt{\Delta x^2+\Delta y^2}$,仿照一元函数微分的定义得到二元函数全微分的定义如下:

定义1　设函数$z=f(x,y)$在点(x_0,y_0)的某邻域内有定义,如果函数在点(x_0,y_0)的全增量可以表示为

$$\Delta z = A\Delta x + B\Delta y + o(\rho)$$

其中$\rho=\sqrt{(\Delta x)^2+(\Delta y)^2}$,而$A,B$是不依赖于$\Delta x$和$\Delta y$的两个常数(但一般与点$(x_0,y_0)$有关),则称函数$z=f(x,y)$在点$(x_0,y_0)$可微分,并称$A\Delta x+B\Delta y$为函数$z=f(x,y)$在点$(x_0,y_0)$的全微分,记作$\mathrm{d}z$,即

$$\mathrm{d}z = A\Delta x + B\Delta y$$

规定自变量的微分

$$\mathrm{d}x = \Delta x, \mathrm{d}y = \Delta y$$

函数$z=f(x,y)$在点(x_0,y_0)的全微分可记为

$$\mathrm{d}z = A\mathrm{d}x + B\mathrm{d}y$$

如果函数$z=f(x,y)$在R^2中某平面区域D内处处可微时,则称函数$z=f(x,y)$在D内可微.

由二元函数全微分的定义可知,函数在某一点处可微则函数在该点一定连续.这是因为

$$\lim_{\substack{\Delta x\to 0\\ \Delta y\to 0}}\Delta z = \lim_{\substack{\Delta x\to 0\\ \Delta y\to 0}}(A\Delta x + B\Delta y + o(\rho)) = 0$$

所以,函数连续是可微的必要条件.

对于二元函数的全微分$\mathrm{d}z=A\mathrm{d}x+B\mathrm{d}y$表达式中的$A,B$,定理1说明了这两个值的确定方法.

定理1(可微的必要条件)　若函数$z=f(x,y)$在点(x,y)可微,则函数在点(x,y)处的两个偏导数$\frac{\partial z}{\partial x},\frac{\partial z}{\partial y}$存在,且

$$\mathrm{d}z = \frac{\partial z}{\partial x}\mathrm{d}x + \frac{\partial z}{\partial y}\mathrm{d}y$$

证　因为函数$z=f(x,y)$在点(x,y)可微,所以有

$$\Delta z = f(x+\Delta x, y+\Delta y) - f(x,y) = A\Delta x + B\Delta y + o(\sqrt{(\Delta x)^2+(\Delta y)^2})$$

在上式中,如果令$\Delta y=0$,则得函数关于自变量x的偏增量

$$\Delta_x z = f(x+\Delta x, y) - f(x,y) = A\Delta x + o(|\Delta x|)$$

上式两端同除以Δx,令$\Delta x\to 0$,得

$$\lim_{\Delta x\to 0}\frac{\Delta_x z}{\Delta x} = \lim_{\Delta x\to 0}\frac{f(x+\Delta x,y)-f(x,y)}{\Delta x} = \lim_{\Delta x\to 0}\left(A + \frac{o(|\Delta x|)}{\Delta x}\right) = A$$

由偏导数的定义知

$$\frac{\partial z}{\partial x} = A$$

类似可得

$$\frac{\partial z}{\partial y} = B$$

考察一个二元函数在某一点是否可微的方法有两种. 第一种是把函数的全增量 Δz 表示成 $A\Delta x+B\Delta y+o(\rho)$,一般用于说明抽象函数的可微. 另一种方法是首先求出函数的两个偏导数 $\frac{\partial z}{\partial x},\frac{\partial z}{\partial y}$,然后计算极限 $\lim\limits_{\substack{\Delta x\to 0\\ \Delta y\to 0}}\frac{\Delta z-\left(\frac{\partial z}{\partial x}\Delta x+\frac{\partial z}{\partial x}\Delta x\right)}{\rho}$,看此极限是否为0. 如果此极限为0,则函数在该点可微;如果此极限不为0或极限不存在,则函数在该点不可微. 这种方法一般用于判断一个具体函数在某点是否可微.

例 8.18 设函数 $f(x,y)=\begin{cases}\frac{xy}{x^2+y^2},x^2+y^2\neq 0\\ 0,x^2+y^2=0\end{cases}$,考察函数在原点是否可微.

解

$$\left.\frac{\partial z}{\partial x}\right|_{\substack{x=0\\ y=0}}=\lim_{\Delta x\to 0}\frac{f(0+\Delta x,0)-f(0,0)}{\Delta x}=\lim_{\Delta x\to 0}\frac{0}{\Delta x}=0$$

$$\left.\frac{\partial z}{\partial y}\right|_{\substack{x=0\\ y=0}}=\lim_{\Delta y\to 0}\frac{f(0+\Delta y,0)-f(0,0)}{\Delta y}=\lim_{\Delta y\to 0}\frac{0}{\Delta y}=0$$

即 $f_x(0,0)=0,f_y(0,0)=0$.

因为函数在(0,0)处的全增量为

$$\Delta z=f(0+\Delta x,0+\Delta y)-f(0,0)=\frac{\Delta x\Delta y}{\Delta x^2+\Delta y^2}$$

$$\Delta z-[f_x(0,0)\cdot\Delta x+f_y(0,0)\cdot\Delta y]==\frac{\Delta x\Delta y}{\Delta x^2+\Delta y^2}$$

令点 $P(\Delta x,\Delta y)$ 沿直线 $\Delta y=\Delta x$ 趋于(0,0)时,

$$\lim_{\substack{\Delta x\to 0\\ \Delta y=\Delta x}}\frac{\Delta z-[f_x(0,0)\cdot\Delta x+f_y(0,0)\cdot\Delta y]}{\sqrt{(\Delta x)^2+(\Delta y)^2}}=\lim_{\substack{\Delta x\to 0\\ \Delta y\to 0}}\frac{\Delta x\Delta y}{(\Delta x^2+\Delta y^2)^{\frac{3}{2}}}=\lim_{\substack{\Delta x=\Delta y\\ \Delta x\to 0}}\frac{\Delta x^2}{\sqrt{8}\,\Delta x^3}=\infty$$

由于上式的极限是不存在的,可微要求上式的极限不仅存在而且还要为0. 故函数 $f(x,y)$ 在点(0,0)不可微.

从例 8.18 可以看出,多元函数在某点的偏导数存在不能推出函数在该点可微,如果偏导数存在且连续就能推出函数在该点可微,这就是下面的定理2.

定理 2 若函数 $z=f(x,y)$ 的偏导数 $f_x(x_0,y_0),f_y(x_0,y_0)$ 在点 (x_0,y_0) 连续,则函数 $z=f(x,y)$ 在点 (x_0,y_0) 可微.

分析:由于函数是一个抽象函数,要想证明函数 $z=f(x,y)$ 在点 (x_0,y_0) 可微,需要把函数的全增量 Δz 表示成 $\Delta z=\frac{\partial z}{\partial x}\Delta x+\frac{\partial z}{\partial y}\Delta y+o(\rho)$ 的形式,而 $\Delta z=f(x+\Delta x,y+\Delta y)-f(x,y)$ 不含偏导数,需要配成偏增量,再根据拉格朗日中值定理把偏增量用偏导数来表示,但不是在 (x_0,y_0) 点的偏导数,还需要用到偏导数连续的概念,由极限与无穷小的关系便得到所需要的结论.

证 设 $(x+\Delta x,y+\Delta y)$ 为点 (x,y) 的某邻域内的点. 函数的全增量为

$$\begin{aligned}\Delta z&=f(x+\Delta x,y+\Delta y)-f(x,y)\\&=[f(x+\Delta x,y+\Delta y)-f(x,y+\Delta y)]+[f(x,y+\Delta y)-f(x,y)]\end{aligned}$$

因为 $f(x,y+\Delta y)$ 在 $[x,x+\Delta x]$ 上连续,在 $(x,x+\Delta x)$ 内可导,根据拉格朗日中值定理得

$$\exists\xi=x+\theta\Delta x\in(x,x+\Delta x)$$

使得
$$f(x+\Delta x,y+\Delta y)-f(x,y+\Delta y)=f_x(x+\theta\Delta x,y+\Delta y)\Delta x$$

同理，因为$f(x,y)$在$[y,y+\Delta y]$上连续，在$(y,y+\Delta y)$内可导，根据拉格朗日中值定理得
$$\exists\xi^*=y+\eta\Delta y\in(y,y+\Delta y),$$
使得
$$f(x,y+\Delta y)-f(x,y)=f_y(x,y+\eta\Delta y)\Delta y$$
所以
$$\Delta z=f_x(x+\theta\Delta x,y+\Delta y)\cdot\Delta x+f_y(x,y+\eta\Delta y)\cdot\Delta y$$

又因$f_x(x,y)$和$f_y(x,y)$都在点(x,y)连续，所以有
$$\lim_{\substack{\Delta x\to 0\\ \Delta y\to 0}}f_x(x+\theta\Delta x,y+\Delta y)=f_x(x,y)$$
$$\lim_{\substack{\Delta x\to 0\\ \Delta y\to 0}}f_y(x,y+\eta\Delta y)=f_y(x,y)$$
再根据极限与无穷小的关系有
$$f_x(x+\theta\Delta x,y+\Delta y)=f_x(x,y)+\varepsilon_1$$
$$f_y(x,y+\eta\Delta y)=f_y(x,y)+\varepsilon_2$$
其中
$$\lim_{(\Delta x,\Delta y)\to(0,0)}\varepsilon_1=0,\lim_{(\Delta x,\Delta y)\to(0,0)}\varepsilon_2=0$$
于是
$$\Delta z=f_x(x,y)\Delta x+f_y(x,y)\Delta y+(\varepsilon_1\Delta x+\varepsilon_2\Delta y)$$
因为
$$0\leqslant\frac{|\varepsilon_1\cdot\Delta x+\varepsilon_2\cdot\Delta y|}{\rho}\leqslant|\varepsilon_1|\frac{|\Delta x|}{\rho}+|\varepsilon_2|\frac{|\Delta y|}{\rho}\leqslant|\varepsilon_1|+|\varepsilon_2|$$

根据夹逼定理有$\lim\limits_{(\Delta x,\Delta y)\to(0,0)}\dfrac{|\varepsilon_1\cdot\Delta x+\varepsilon_2\cdot\Delta y|}{\rho}=0$，即$\varepsilon_1\cdot\Delta x+\varepsilon_2\cdot\Delta y=o(\rho)$.

故
$$\Delta z=f_x(x,y)\cdot\Delta x+f_y(x,y)\cdot\Delta y+o(\rho)$$
所以函数$f(x,y)$在点(x,y)处可微.

从定理 1 的证明过程可以看出，函数在某一点可微可以采用如下的定义：设函数 $z=f(x,y)$在点(x_0,y_0)的某邻域内有定义，如果函数在点(x_0,y_0)的全增量可以表示为
$$\Delta z=f_x(x_0,y_0)\Delta x+f_y(x_0,y_0)\Delta y+(\varepsilon_1\Delta x+\varepsilon_2\Delta y)$$
其中$\lim\limits_{\substack{\Delta x\to 0\\ \Delta y\to 0}}\varepsilon_i=0(1\leqslant i\leqslant 2)$，则称函数 $z=f(x,y)$在点(x_0,y_0)可微分，并称
$$f_x(x_0,y_0)\Delta x+f_y(x_0,y_0)\Delta y$$
为函数 $z=f(x,y)$在点(x_0,y_0)的全微分，记作 dz.

注意　$f(x,y)$在点(x_0,y_0)可微，偏导数$\dfrac{\partial f}{\partial x},\dfrac{\partial f}{\partial y}$在点$(x_0,y_0)$不一定连续，即偏导数在某点处连续是函数在该点处可微的充分而非必要条件.

例 8.19　$z=\sin(xy)$，求全微分 dz.

解　因为
$$\frac{\partial z}{\partial x}=y\cos(xy),\frac{\partial z}{\partial y}=x\cos(xy)$$

所以
$$dz = y\cos(xy)dx + x\cos(xy)dy$$

例 8.20 $z=\arctan\dfrac{x+y}{x-y}$,求 dz.

解 因为偏导数
$$\frac{\partial z}{\partial x} = \frac{-y}{x^2+y^2},\frac{\partial z}{\partial y} = \frac{x}{x^2+y^2},$$
所以
$$dz = \frac{-ydx + xdy}{x^2+y^2}$$
以上全微分的概念及相关性质可以推广到三元及三元以上的函数.

8.3.2 全微分的应用

(1)利用全微分进行近似计算

设函数 $z=f(x,y)$ 的两个一阶偏导数在点(x_0,y_0)连续,且$|\Delta x|$,$|\Delta y|$都很小,当$f_x(x_0,y_0)$,$f_y(x_0,y_0)$不全为零时,则有
$$f(x_0+\Delta x,y_0+\Delta y)-f(x_0,y_0) = f_x(x_0,y_0)\cdot\Delta x + f_y(x_0,y_0)\cdot\Delta y + o(\rho)$$
移项有
$$f(x_0+\Delta x,y_0+\Delta y) = f(x_0,y_0) + f_x(x_0,y_0)\cdot\Delta x + f_y(x_0,y_0)\cdot\Delta y + o(\rho)$$
略去高阶无穷小,得到函数值的近似计算公式
$$f(x_0+\Delta x,y_0+\Delta y) \approx f(x_0,y_0) + f_x(x_0,y_0)\cdot\Delta x + f_y(x_0,y_0)\cdot\Delta y \tag{8.1}$$

例 8.21 求$\sqrt{\dfrac{0.93}{1.02}}$的近似值.

解 设函数$f(x,y)=\sqrt{\dfrac{1+x}{1+y}}$,则
$$f_x(x,y) = \frac{1}{2\sqrt{\dfrac{1+x}{1+y}}}\cdot\frac{1}{1+y},f_y(x,y) = \frac{1}{2\sqrt{\dfrac{1+x}{1+y}}}\cdot\frac{-(1+x)}{(1+y)^2}$$

其次选择点(x_0,y_0):选 $x_0=0$,$y_0=0$,$\Delta x=-0.07$,$\Delta y=0.02$. 从而有$f_x(0,0)=\dfrac{1}{2}$,$f_y(0,0)=-\dfrac{1}{2}$,$f(0,0)=1$.

最后代入式(8.1),得
$$\sqrt{\frac{0.93}{1.02}} \approx 1 + \frac{1}{2}\cdot(-0.07) - \frac{1}{2}\cdot(0.02) = 0.955$$

(2)绝对误差与相对误差

在考虑函数的误差时,通常将$f(x+\Delta x,y+\Delta y)$视为函数的真值,而将$f(x,y)$视为函数的近似值. 一般得不到$|f(x+\Delta x,y+\Delta y)-f(x,y)|$的精确值,但如果函数$z=f(x,y)$的两个自变量$x$,$y$的绝对误差限分别为$\delta_x$,$\delta_y$,即
$$|\Delta x| \leqslant \delta_x,|\Delta y| \leqslant \delta_y$$
而当δ_x,δ_y较小时,由全微分的定义知$|\Delta z|$和$|dz|$相差很小,则
$$|\Delta z| \approx |dz| = |f_x(x,y)\cdot\Delta x + f_y(x,y)\cdot\Delta y|$$

$$\leqslant |f_x(x,y)|\cdot|\Delta x|+|f_y(x,y)|\cdot|\Delta y|\leqslant |f_x(x,y)|\cdot\delta_x+|f_y(x,y)|\cdot\delta_y$$

从而得到函数的绝对误差限近似为

$$\delta_z=|f_x(x,y)|\cdot\delta_x+|f_y(x,y)|\cdot\delta_y \tag{8.2}$$

函数的相对误差近似为

$$\frac{\delta_z}{|z|}=\left|\frac{f_x(x,y)}{f(x,y)}\right|\delta_x+\left|\frac{f_y(x,y)}{f(x,y)}\right|\delta_y \tag{8.3}$$

例 8.22　设近似数 $x=0.001$, $y=-3.105$ 均为有效数,求 $z=x+y$ 的绝对误差与相对误差.

解　取 $z=f(x,y)=x+y$,则 $f_x(x,y)=1$, $f_y(x,y)=1$.

因为 x,y 为有效数,故它们的绝对误差不超过它们各自最末尾的半个单位,即

$$\delta_x\leqslant\frac{1}{2}\times10^{-3},\delta_y\leqslant\frac{1}{2}\times10^{-3}$$

由式(8.2),得

$$\delta_z=|f_x(x,y)|\cdot\delta_x+|f_y(x,y)|\cdot\delta_y\leqslant\delta_x+\delta_y=10^{-3}$$

由式(8.3),得

$$\frac{\delta_z}{|z|}=\left|\frac{f_x(x,y)}{f(x,y)}\right|\delta_x+\left|\frac{f_y(x,y)}{f(x,y)}\right|\delta_y$$

$$=\frac{|\delta_x|}{|x+y|}+\frac{|\delta_y|}{|x+y|}=\frac{1}{2}\times10^{-3}\cdot\frac{2}{3.104}\approx0.322\ 16$$

习题 8.3

A 组

1. 选择题

(1)二元函数 $f(x,y)$ 在点 (x_0,y_0) 处两个偏导数 $f'_x(x_0,y_0)$, $f'_y(x_0,y_0)$ 存在是 $f(x,y)$ 在该点连续的(　　).

A. 充分条件而非必要条件　　B. 必要条件而非充分条件

C. 充分必要条件　　D. 既非充分条件又非必要条件

(2) 二元函数 $f(x,y)=\begin{cases}\dfrac{xy}{x^2+y^2},(x,y)\neq(0,0)\\0,\qquad(x,y)=(0,0)\end{cases}$,在点(0,0)处(　　).

A. 连续、偏导数存在　　B. 连续、偏导数不存在

C. 不连续、偏导数存在　　D. 不连续、偏导数不存在

2. 考察函数 $f(x,y)=\begin{cases}\dfrac{xy}{\sqrt{x^2+y^2}},x^2+y^2\neq0\\0,\qquad x^2+y^2=0\end{cases}$ 在点(0,0)的可微性.

3. 讨论函数 $f(x,y)=\begin{cases}\sqrt{x^2+y^2}\sin\dfrac{1}{x^2+y^2},x^2+y^2\neq0\\0,\qquad x^2+y^2=0\end{cases}$ 在点(0,0)处的连续性、可导性和可

微性.

4. 设 $z=e^{\frac{y}{x}}$,求 dz.

5. 设 $u(x,y,z)=\frac{z}{x^2+y^2}$,求 du.

B 组

1. 设 $f(x,y)=\begin{cases}(x^2+y^2)\cos\frac{1}{x^2+y^2}, & x^2+y^2\neq 0\\ 0, & x^2+y^2=0\end{cases}$,考察函数在点(0,0)点的可微性及偏导数的连续性.

2. 设函数 $f(x,y)=\begin{cases}(x^2+y^2)\sin\frac{1}{\sqrt{x^2+y^2}}, & x^2+y^2\neq 0\\ 0, & x^2+y^2=0\end{cases}$. 证明:

(1)偏导数 $f_x(x,y)$,$f_y(x,y)$ 在点(0,0)邻域内存在,但偏导数在点(0,0)处不连续;

(2)函数 $f(x,y)$ 在(0,0)处可微分.

3. 已知 $\varphi(x)$ 可微,求 $A(x)$ 使 $d\varphi\{\sin[x\varphi(x)]\}=A(x)dx$.

4. 设 $f(x,y)=|x|+\sin xy$,试研究(0,0)处的全微分是否存在.

5. 若在点 (x,y) 的某一邻域内 $f(x,y)$ 的偏导数存在且有界,证明:$f(x,y)$ 在该点连续.

6. 若 $f_x(x_0,y_0)$ 存在,且 $f_y(x,y)$ 在点 (x_0,y_0) 连续,证明:$f(x,y)$ 在 (x_0,y_0) 处可微.

7. 利用微分近似计算下列各值.

(1) $\sqrt{(1.02)^3+(1.97)^3}$　　(2) $\ln(\sqrt[3]{1.03}+\sqrt[4]{0.98}-1)$

(3) $(1.97)^{1.06}$　　(4) $\sin 29°\cdot\tan 46°$

8. 一无盖圆柱形容器的壁与底的厚度均为 0.1 cm,内高为 20 cm,内半径为 4 cm. 求容器外壳体积的近似值.

9. 有 4 个小于 50 的正数先被舍入到一位小数,然后相乘. 试用全微分估计由于舍入使乘积可能产生的最大误差.

10. 测得一矩形的长宽分别为 30 cm 和 24 cm,可能的最大测量误差为 0.1 cm. 试用全微分估计由测量值计算出的矩形面积的最大误差.

8.4 复合函数的求导法则

8.4.1 复合函数的偏导数法则

已知一元函数的复合函数的求导法则是先对中间变量求导,再乘以中间变量对自变量求导,即 $y=f(u)$,$u=\phi(x)$,则复合函数 $y=f(\phi(x))$ 对自变量 x 的导数为

$$\frac{dy}{dx}=\frac{dy}{du}\cdot\frac{du}{dx}=f'(u)u'(x)=f'(\phi(x))\phi'(x)$$

对于多元复合函数的偏导数与一元函数的复合偏导数有着类似的求导法则,下面以二元

函数的偏导数为例分情况进行讨论.

(1) 中间变量为二元函数的情形

定理 1　设函数 $z=f(u,v)$ 在 (u,v) 可微, $u=u(x,y)$, $v=v(x,y)$ 在点 (x,y) 可偏导, 则复合函数 $z=f[u(x,y),v(x,y)]$ 在点 (x,y) 的偏导数存在, 且

$$\frac{\partial z}{\partial x}=\frac{\partial z}{\partial u}\cdot\frac{\partial u}{\partial x}+\frac{\partial z}{\partial v}\cdot\frac{\partial v}{\partial x}$$

$$\frac{\partial z}{\partial y}=\frac{\partial z}{\partial u}\cdot\frac{\partial u}{\partial y}+\frac{\partial z}{\partial v}\cdot\frac{\partial v}{\partial y}$$

证　因为 $z=f(u,v)$ 在 (u,v) 可微, 所以有

$$\Delta z=\frac{\partial z}{\partial u}\Delta u+\frac{\partial z}{\partial v}\Delta v+o(\rho),\quad \rho=\sqrt{\Delta x^2+\Delta y^2} \tag{8.4}$$

在式(8.4)中令 $\Delta y=0$, 得

$$\Delta_x z=\frac{\partial z}{\partial u}\Delta_x u+\frac{\partial z}{\partial v}\Delta_x v+o(|\Delta x|)$$

在上式的两边同时除以 Δx 并取极限得

$$\lim_{\Delta x\to 0}\frac{\Delta_x z}{\Delta x}=\lim_{\Delta x\to 0}\frac{\partial z}{\partial u}\frac{\Delta_x u}{\Delta x}+\lim_{\Delta x\to 0}\frac{\partial z}{\partial v}\frac{\Delta_x v}{\Delta x}+\lim_{\Delta x\to 0}\frac{o(|\Delta x|)}{\Delta x}$$

所以得到 $\frac{\partial z}{\partial x}=\frac{\partial z}{\partial u}\frac{\partial u}{\partial x}+\frac{\partial z}{\partial v}\frac{\partial v}{\partial x}$.

同理, 在式(8.4)中令 $\Delta x=0$, 得

$$\Delta_y z=\frac{\partial z}{\partial u}\Delta_y u+\frac{\partial z}{\partial v}\Delta_y v+o(|\Delta y|)$$

在上式的两边同时除以 Δy 并取极限得

$$\lim_{\Delta y\to 0}\frac{\Delta_y z}{\Delta y}=\lim_{\Delta y\to 0}\frac{\partial z}{\partial u}\frac{\Delta_y u}{\Delta y}+\lim_{\Delta y\to 0}\frac{\partial z}{\partial v}\frac{\Delta_y v}{\Delta y}+\lim_{\Delta y\to 0}\frac{o(|\Delta y|)}{\Delta y}$$

所以得到 $\frac{\partial z}{\partial y}=\frac{\partial z}{\partial u}\frac{\partial u}{\partial y}+\frac{\partial z}{\partial v}\frac{\partial v}{\partial y}$.

定理 1 表明的是有两个中间变量的复合函数的偏导数法则, 我们可以推广到中间变量为多个的情形, 如 $z=f(u,v,w)$ 在 (u,v,w) 点可微, $u=u(x,y)$, $v=v(x,y)$, $w=w(x,y)$ 的偏导数存在, 则 $z=f(u(x,y),v(x,y),w(x,y))$ 关于 x,y 的偏导数存在, 且

$$\frac{\partial z}{\partial x}=\frac{\partial z}{\partial u}\frac{\partial u}{\partial x}+\frac{\partial z}{\partial v}\frac{\partial v}{\partial x}+\frac{\partial z}{\partial w}\frac{\partial w}{\partial x}$$

$$\frac{\partial z}{\partial y}=\frac{\partial z}{\partial u}\frac{\partial u}{\partial y}+\frac{\partial z}{\partial v}\frac{\partial v}{\partial y}+\frac{\partial z}{\partial w}\frac{\partial w}{\partial y}$$

该定理还可以推广到中间变量以及自变量多于两个的情形:

设 $u=f(v_1,\cdots,v_m)$ 在点 $(v_1,\cdots,v_m)$ 可微, $v_i=v_i(x_1,\cdots,x_n)$, $(i=1,\cdots,m)$ 在点 $(x_1,\cdots,x_n)$ 可偏导, 则复合函数 $u=f(v_1(x_1,\cdots,x_n),\cdots,v_m(x_1,\cdots,x_n))$ 在点 $(x_1,\cdots,x_n)$ 的偏导数存在, 且

$$\frac{\partial u}{\partial x_j}=\sum_{i=1}^{m}\frac{\partial u}{\partial v_i}\frac{\partial v_i}{\partial x_j}\quad (j=1,2,\cdots,n)$$

例 8.23　设函数 $z=\mathrm{e}^{uv}$, $u=xy$, $v=x+y$. 求 $\frac{\partial z}{\partial x}$, $\frac{\partial z}{\partial y}$.

解 $\frac{\partial z}{\partial x}=\frac{\partial z}{\partial u}\frac{\partial u}{\partial x}+\frac{\partial z}{\partial v}\frac{\partial v}{\partial x}=v\mathrm{e}^{uv}y+u\mathrm{e}^{uv}=\mathrm{e}^{uv}(yv+u)=\mathrm{e}^{xy(x+y)}(2xy+y^2)$

$\frac{\partial z}{\partial y}=\frac{\partial z}{\partial u}\frac{\partial u}{\partial y}+\frac{\partial z}{\partial v}\frac{\partial v}{\partial y}=v\mathrm{e}^{uv}x+u\mathrm{e}^{uv}=\mathrm{e}^{uv}(xv+u)=\mathrm{e}^{xy(x+y)}(x^2+2xy)$

例 8.24 已知 $z=f(x^2-y^2)$,其中 f 可微,求$\frac{\partial z}{\partial x}$和$\frac{\partial z}{\partial y}$.

解 $z_x=f'(x^2-y^2)\cdot 2x=2xf'(x^2-y^2)$

$z_y=f'(x^2-y^2)\cdot(-2y)=-2yf'(x^2-y^2)$

例 8.25 设函数 $u=\mathrm{e}^{xyz},x=2s+3t,y=4s-5t,z=s^2-t^2$. 求$\frac{\partial u}{\partial t},\frac{\partial u}{\partial s}$.

解 $\frac{\partial u}{\partial t}=\frac{\partial u}{\partial x}\cdot\frac{\partial x}{\partial t}+\frac{\partial u}{\partial y}\cdot\frac{\partial y}{\partial t}+\frac{\partial u}{\partial z}\cdot\frac{\partial z}{\partial t}$

$=3yz\mathrm{e}^{xyz}+xz\mathrm{e}^{xyz}(-5)+xy\mathrm{e}^{xyz}(-2t)=\mathrm{e}^{xyz}(3yz-5xz-2xyt)$

$\frac{\partial u}{\partial s}=\frac{\partial u}{\partial x}\cdot\frac{\partial x}{\partial s}+\frac{\partial u}{\partial y}\cdot\frac{\partial y}{\partial s}+\frac{\partial u}{\partial z}\cdot\frac{\partial z}{\partial s}$

$=2yz\mathrm{e}^{xyz}+4xz\mathrm{e}^{xyz}+2sxy\mathrm{e}^{xyz}=\mathrm{e}^{xyz}(2yz+4xz+2sxy)$

例 8.26 设函数 $z=f\left(x,\frac{x}{y}\right)$,求$\frac{\partial z}{\partial x}$.

解 令 $v=\frac{x}{y}$,则 z 是有两个中间变量 x,v 和两个自变量的复合函数,由复合函数求导公式有

$$\frac{\partial z}{\partial x}=\frac{\partial f}{\partial x}\frac{\mathrm{d}x}{\mathrm{d}x}+\frac{\partial f}{\partial v}\frac{\partial v}{\partial x}=\frac{\partial f}{\partial x}\cdot 1+\frac{\partial f}{\partial v}\frac{1}{y}=\frac{\partial f}{\partial x}+\frac{1}{y}\frac{\partial f}{\partial v}$$

注意 上式两端出现的$\frac{\partial z}{\partial x},\frac{\partial f}{\partial x}$的含义不同,$x$ 具有双重身份,既是自变量,又是中间变量. 等式左边的$\frac{\partial z}{\partial x}$表示函数对自变量 x 的偏导数,求偏导时仅将变量 y 视为常数;而等式右边的$\frac{\partial f}{\partial x}$表示函数对中间变量 x 的偏导数,求偏导时将中间变量 v 视为常数.

例 8.27 设 $u=yf\left(\frac{x}{y}\right)+xg\left(\frac{y}{x}\right)$,其中函数 f,g 具有二阶连续的导数,求 $x\frac{\partial^2 u}{\partial x^2}+y\frac{\partial^2 u}{\partial x\partial y}$.

解
$$\frac{\partial u}{\partial x}=f'\left(\frac{x}{y}\right)+g\left(\frac{y}{x}\right)-\frac{y}{x}g'\left(\frac{y}{x}\right)$$

$$\frac{\partial^2 u}{\partial x^2}=\frac{1}{y}f''\left(\frac{x}{y}\right)+\frac{y^2}{x^3}g''\left(\frac{y}{x}\right),\frac{\partial^2 u}{\partial x\partial y}=-\frac{x}{y^2}f''\left(\frac{x}{y}\right)-\frac{y}{x^2}g''\left(\frac{y}{x}\right)$$

所以
$$x\frac{\partial^2 u}{\partial x^2}+y\frac{\partial^2 u}{\partial x\partial y}=0$$

例 8.28 设 $z=f(\mathrm{e}^x\sin y,x^2+y^2)$,其中 f 具有二阶连续偏导数,求$\frac{\partial^2 z}{\partial x\partial y}$.

解 记 1 表示 $\mathrm{e}^x\sin y$,2 表示 x^2+y^2.

$$\frac{\partial z}{\partial x}=\mathrm{e}^x\sin yf'_1+2xf'_2$$

$$\frac{\partial^2 z}{\partial x\partial y}=f''_{11}\mathrm{e}^{2x}\sin y\cos y+2\mathrm{e}^x(y\sin y+x\cos y)f''_{12}+4xyf''_{22}+f'_1\mathrm{e}^x\cos y$$

注意

①抽象复合函数的高阶导数要注意到f_1'，f_2'应该看成

$$f_1'(e^x\sin y,x^2+y^2),f_2'(e^x\sin y,x^2+y^2)$$

的形式，即把f_1'，f_2'看成与原来的复合关系相同，这一点是求复合函数高阶偏导数的关键所在.

②f''_{12}，f''_{21}本来是在连续的情况下才相等，但在计算中一般认为是相等的，主要是使得我们的运算变得简单，除非题目条件已经给出这两个混合偏导数不等.

例 8.29　设$z=x^3f\left(xy,\dfrac{y}{x}\right)$，$f$具有连续二阶偏导数，求$\dfrac{\partial z}{\partial y}$，$\dfrac{\partial^2 z}{\partial y^2}$及$\dfrac{\partial^2 z}{\partial x\partial y}$.

解

$$\frac{\partial z}{\partial y}=x^4f_1'+x^2f_2'$$

$$\frac{\partial^2 z}{\partial y^2}=x^4\left[xf''_{11}+\frac{1}{x}f''_{12}\right]+x^2\left[xf''_{21}+\frac{1}{x}f''_{22}\right]=x^5f''_{11}+2x^3f''_{12}+xf''_{22}$$

$$\frac{\partial^2 z}{\partial x\partial y}=4x^3f_1'+x^4\left[xf''_{11}-\frac{y}{x^2}f''_{12}\right]+2xf_2'+x^2\left[yf''_{21}-\frac{y}{x^2}f''_{22}\right]$$

$$=4x^3f_1'+2xf_2'+x^4yf''_{11}-yf''_{22}$$

例 8.30　设变换$\begin{cases}u=x-2y\\v=x+ay\end{cases}$可把方程$6\dfrac{\partial^2 z}{\partial x^2}+y\dfrac{\partial^2 z}{\partial x\partial y}-\dfrac{\partial^2 z}{\partial y^2}=0$简化为$\dfrac{\partial^2 z}{\partial u\partial v}=0$，求常数$a$.

解

$$\frac{\partial z}{\partial x}=\frac{\partial z}{\partial u}+\frac{\partial z}{\partial v},\frac{\partial z}{\partial y}=-2\frac{\partial z}{\partial u}+a\frac{\partial z}{\partial v},\frac{\partial^2 z}{\partial x^2}=\frac{\partial^2 z}{\partial u^2}+2\frac{\partial^2 z}{\partial u\partial v}+\frac{\partial^2 z}{\partial v^2}$$

$$\frac{\partial^2 z}{\partial y^2}=4\frac{\partial^2 z}{\partial u^2}-4a\frac{\partial^2 z}{\partial u\partial v}+a^2\frac{\partial^2 z}{\partial v^2},\frac{\partial^2 z}{\partial x\partial y}=-2\frac{\partial^2 z}{\partial u^2}+(a-2)a\frac{\partial^2 z}{\partial u\partial v}+a\frac{\partial^2 z}{\partial v^2}$$

将上述结果代入原方程，经整理后得

$$(10+5a)\frac{\partial^2 z}{\partial u\partial v}+(6+a-a^2)\frac{\partial^2 z}{\partial v^2}=0$$

依题意，a应满足

$$6+a-a^2=0\text{ 且 }10+5a\neq 0$$

解之得

$$a=3$$

(2)中间变量为一元函数的情形

定理 2　函数$z=f(u,v)$在对应点(u,v)可微，函数$u=u(t)$，$v=v(t)$都在点t可微，则复合函数$z=f[u(t),v(t)]$在点t可导，且有

$$\frac{dz}{dt}=\frac{\partial z}{\partial u}\cdot\frac{du}{dt}+\frac{\partial z}{\partial v}\cdot\frac{dv}{dt}$$

证　因为函数$z=f(u,v)$在对应点(u,v)可微，根据可微的第二种定义，有

$$\Delta z=[f_u(u,v)\cdot\Delta u+f_v(u,v)\cdot\Delta v]+[\varepsilon_1\cdot\Delta u+\varepsilon_2\cdot\Delta v]\tag{8.5}$$

$$\left(\lim_{\substack{\Delta x\to 0\\ \Delta y\to 0}}\varepsilon_i=0,(1\leqslant i\leqslant 2)\right)$$

对式(8.5)两边同除以Δt，得

$$\frac{\Delta z}{\Delta t}=\frac{\partial z}{\partial u}\cdot\frac{\Delta u}{\Delta t}+\frac{\partial z}{\partial v}\cdot\frac{\Delta v}{\Delta t}+\varepsilon_1\frac{\Delta u}{\Delta t}+\varepsilon_2\frac{\Delta v}{\Delta t}\tag{8.6}$$

因为 $u=u(t)$,$v=v(t)$ 都在点 t 可导,所以这两个函数在点 t 连续,从而有 $\lim\limits_{\Delta t\to 0}\Delta u=0$,$\lim\limits_{\Delta t\to 0}\Delta v=0$,进而可得到 $\lim\limits_{\Delta t\to 0}\varepsilon_i=0(1\leqslant i\leqslant 2)$.

$$\lim_{\Delta t\to 0}\frac{\Delta u}{\Delta t}=\frac{\mathrm{d}u}{\mathrm{d}t},\lim_{\Delta t\to 0}\frac{\Delta v}{\Delta t}=\frac{\mathrm{d}v}{\mathrm{d}t}$$

在式(8.6)中,令 $\Delta t\to 0$,故得

$$\lim_{\Delta t\to 0}\frac{\Delta z}{\Delta t}=\frac{\partial z}{\partial u}\cdot\frac{\mathrm{d}u}{\mathrm{d}t}+\frac{\partial z}{\partial v}\cdot\frac{\mathrm{d}v}{\mathrm{d}t}$$

即

$$\frac{\mathrm{d}z}{\mathrm{d}t}=\frac{\partial z}{\partial u}\cdot\frac{\mathrm{d}u}{\mathrm{d}t}+\frac{\partial z}{\partial v}\cdot\frac{\mathrm{d}v}{\mathrm{d}t}$$

注意

①定理 2 中的中间变量由于是一元函数,经复合所得到的复合函数也是一元函数. 一元函数是导数,不是偏导数,有的教材称定理 2 中的公式为全导数公式. 在定理公式中注意到哪些采用导数符号,哪些采用偏导数符号,不可用错.

②定理 2 中 $f(u,v)$ 在点 (u,v) 可微不能减弱为偏导数存在,如

$z=f(u,v)=\begin{cases}\dfrac{u^2v}{u^2+v^2},u^2+v^2\neq 0\\ 0,u^2+v^2=0\end{cases}$,$u=t,v=t$,复合函数为 $z(t)=\dfrac{t}{2}$

易知 $\left.\dfrac{\partial z}{\partial u}\right|_{(0,0)}=f_u(0,0)=0$,$\left.\dfrac{\partial z}{\partial v}\right|_{(0,0)}=f_v(0,0)=0$,但复合函数 $z=f(t,t)=\dfrac{t}{2}$,$\dfrac{\mathrm{d}z}{\mathrm{d}t}=\dfrac{1}{2}\neq\dfrac{\partial z}{\partial u}\cdot\dfrac{\mathrm{d}u}{\mathrm{d}t}+\dfrac{\partial z}{\partial v}\cdot\dfrac{\mathrm{d}v}{\mathrm{d}t}=0\cdot 1+0\cdot 1=0$.

定理 2 可以推广到多个中间变量的情形:

设函数 $u=f(v_1,\cdots,v_m)$ 可微,$v_i=v_i(x)$,$(i=1,\cdots,m)$ 可导,则复合函数 $u=f(v_1(x),\cdots,v_m(x))$ 在点 x 处可导,且

$$\frac{\mathrm{d}u}{\mathrm{d}x}=\sum_{i=1}^{m}\frac{\partial u}{\partial v_i}\frac{\mathrm{d}v_i}{\mathrm{d}x}$$

例 8.31 设函数 $u=x^3y^2z$,$x=\mathrm{e}^t$,$y=t$,$z=t^2$. 求 $\dfrac{\mathrm{d}u}{\mathrm{d}t}$.

解

$$\begin{aligned}\frac{\mathrm{d}u}{\mathrm{d}t}&=\frac{\partial u}{\partial x}\cdot\frac{\mathrm{d}x}{\mathrm{d}t}+\frac{\partial u}{\partial y}\cdot\frac{\mathrm{d}y}{\mathrm{d}t}+\frac{\partial u}{\partial z}\cdot\frac{\mathrm{d}z}{\mathrm{d}t}\\&=3x^2y^2z\cdot\mathrm{e}^t+2x^3yz\cdot 1+x^3y^2\cdot 2t=\mathrm{e}^{3t}(3t^4+4t^3)\end{aligned}$$

8.4.2 全微分形式不变性

我们知道可微函数 $z=f(u,v)$ 是以 u,v 为自变量的函数,则它的全微分为

$$\mathrm{d}z=\frac{\partial f}{\partial u}\mathrm{d}u+\frac{\partial f}{\partial v}\mathrm{d}v \tag{8.7}$$

若 $z=f(u,v)$,$u=u(x,y)$,$v=v(x,y)$,此时 u,v 为中间变量,x,y 为自变量,且函数均可微,根据全微分和复合函数的偏导数的法则得到复合函数 $z=f[u(x,y),v(x,y)]$ 的全微分为

$$
\begin{aligned}
\mathrm{d}z &= \frac{\partial z}{\partial x}\mathrm{d}x + \frac{\partial z}{\partial y}\mathrm{d}y \\
&= \left(\frac{\partial f}{\partial u}\cdot\frac{\partial u}{\partial x} + \frac{\partial f}{\partial v}\cdot\frac{\partial v}{\partial x}\right)\mathrm{d}x + \left(\frac{\partial f}{\partial u}\cdot\frac{\partial u}{\partial y} + \frac{\partial f}{\partial v}\cdot\frac{\partial v}{\partial y}\right)\mathrm{d}y \\
&= \frac{\partial f}{\partial u}\left(\frac{\partial u}{\partial x}\mathrm{d}x + \frac{\partial u}{\partial y}\mathrm{d}y\right) + \frac{\partial f}{\partial v}\left(\frac{\partial v}{\partial x}\mathrm{d}x + \frac{\partial v}{\partial y}\mathrm{d}y\right)
\end{aligned} \tag{8.8}
$$

又因为 $\mathrm{d}u = \frac{\partial u}{\partial x}\mathrm{d}x + \frac{\partial u}{\partial y}\mathrm{d}y, \mathrm{d}v = \frac{\partial v}{\partial x}\mathrm{d}x + \frac{\partial v}{\partial y}\mathrm{d}y$,代入式(8.8)得

$$
\mathrm{d}z = \frac{\partial f}{\partial u}\mathrm{d}u + \frac{\partial f}{\partial v}\mathrm{d}v \tag{8.9}
$$

由式(8.7)和式(8.9)可知:不论 u,v 是自变量还是中间变量,函数 $z=f(u,v)$ 的全微分具有相同的形式. 全微分的这一性质称为全微分形式的不变性. 此结论对三元及三元以上的函数也成立.

应用全微分形式不变性,可以推导出多元函数全微分的四则运算法则:

①$\mathrm{d}(u\pm v) = \mathrm{d}u \pm \mathrm{d}v$;

②$\mathrm{d}(uv) = v\mathrm{d}u + u\mathrm{d}v$;

③$\mathrm{d}\left(\frac{u}{v}\right) = \frac{v\mathrm{d}u - u\mathrm{d}v}{v^2}$,　$(v\neq 0)$;

可利用全微分形式不变性求复合函数的偏导数.

例 8.32　设函数 $z=f(u,v)$, $u=xy$, $v=\frac{y}{x}$,其中 f 可微. 求 $\mathrm{d}z$.

解　利用全微分形式不变性,得

$$
\begin{aligned}
\mathrm{d}z &= \mathrm{d}f(u,v) = f_1\mathrm{d}(xy) + f_2\mathrm{d}\left(\frac{y}{x}\right) \\
&= f_1(y\mathrm{d}x + x\mathrm{d}y) + f_2\frac{x\mathrm{d}y - y\mathrm{d}x}{x^2} \\
&= \left(yf_1 - \frac{y}{x^2}f_2\right)\mathrm{d}x + \left(xf_1 + \frac{1}{x}f_2\right)\mathrm{d}y
\end{aligned}
$$

由于 $\mathrm{d}z = \frac{\partial z}{\partial x}\mathrm{d}x + \frac{\partial z}{\partial y}\mathrm{d}y$,所以由上式还可以求 z 关于 x,y 的两个偏导数:

$$
\frac{\partial z}{\partial x} = yf_1 - \frac{y}{x^2}f_2, \frac{\partial z}{\partial y} = xf_1 + \frac{1}{x}f_2.
$$

习题 8.4

A 组

1. 设 $z=f(x)^{g(x)}$, $f(x)>0$,且 f,g 可微,利用复合函数的偏导数法则求 $\frac{\mathrm{d}z}{\mathrm{d}x}$.

2. 设 $z=xf\left(\frac{y}{x}\right)+2y\varphi\left(\frac{x}{y}\right)$,式中 f,φ 均可导,求 $\frac{\partial z}{\partial x}$.

3. $z=x^3f\left(xy,\frac{y}{z}\right)$,求$\frac{\partial u}{\partial x},\frac{\partial u}{\partial y},\frac{\partial^2 u}{\partial x\partial y}$.

4. $z=xf\left(\frac{y^2}{x}\right)$,$f$可微,求二阶偏导数$\frac{\partial^2 z}{\partial x\partial y}$.

5. 设$z=\arctan(xy)$,而$y=e^x$,求$\frac{dz}{dy}$.

6. 设$u=f\left(\frac{x}{y},\frac{y}{z}\right)$,$f$可微,求 d$u$.

B 组

1. 设$z=\ln(x+y+\sqrt{(x+y)^2+1})$,求$z_x$.

2. 设$u=x^2+y^2+z^2$,$x=r\cos\theta\sin\varphi$,$y=r\sin\theta\sin\varphi$,$z=r\cos\varphi$,求$\frac{\partial u}{\partial r},\frac{\partial u}{\partial \theta},\frac{\partial u}{\partial \varphi}$.

3. $u=x^n\varphi\left(\frac{y}{x^\alpha},\frac{z}{y^\beta}\right)$,$\varphi$为$C^{(1)}$类函数,$n,\alpha,\beta$为常数,求 d$u$.

4. 设$z=f(u,v,w)+g(u,w)$,其中f,g均为$C^{(1)}$类函数,而$u=\varphi(x,y)$,$v=\psi(x,y)$,$w=F(x)$均可导,求$\frac{\partial z}{\partial x}$.

5. 求下列复合函数指定的偏导数.

(1)$z=(x^2+y^2)e^{-\arctan\frac{y}{x}}$,求$\frac{\partial^2 z}{\partial x^2},\frac{\partial^2 z}{\partial x\partial y},\frac{\partial^2 z}{\partial y^2}$.

(2)$u=f(x^2+y^2+z^2)$,求$\frac{\partial^2 u}{\partial x^2},\frac{\partial^2 u}{\partial x\partial y},\frac{\partial^3 u}{\partial x\partial y\partial z}$.

6. 设函数$z=F[\varphi(x)-y,x+\phi(y)]$,其中$\varphi(x)$,$\phi(x)$都是可微函数,求$\frac{\partial^2 z}{\partial x\partial y}$.

7. 证明:函数$u=\varphi(x+at)+\varphi(x-at)$满足波动方程$\frac{\partial^2 u}{\partial t^2}=a^2\frac{\partial^2 u}{\partial x^2}$.

8. 设函数$u=f(x,y)\in C^{(1)}$,$x=r\cos\theta$,$y=r\sin\theta$. 证明:

(1)$\left(\frac{\partial u}{\partial x}\right)^2+\left(\frac{\partial u}{\partial y}\right)^2=\left(\frac{\partial u}{\partial r}\right)^2+\frac{1}{r^2}\left(\frac{\partial u}{\partial \theta}\right)^2$

(2)$\frac{\partial^2 u}{\partial x^2}+\frac{\partial^2 u}{\partial y^2}=\frac{1}{r^2}\left[r\frac{\partial}{\partial r}\left(r\frac{\partial u}{\partial r}\right)+\frac{\partial^2 u}{\partial \theta^2}\right]$

9. 设函数$z=f\left(x^2+y^2,\frac{x}{y},xy\right)$,$f\in C^{(2)}$,求$\frac{\partial^2 z}{\partial x^2}$和$\frac{\partial^2 z}{\partial x\partial y}$.

10. 设函数$z=f(x,y)$在点$(1,1)$处可微,且$f(1,1)=1$,$\left.\frac{\partial f}{\partial x}\right|_{(1,1)}=2$,$\left.\frac{\partial f}{\partial y}\right|_{(1,1)}=3$,$\varphi(x)=f(x,f(x,x))$,求$\left.\frac{d}{dx}\varphi^3(x)\right|_{x=1}$.

8.5　隐函数的微分法

我们在上册已经谈到隐函数的概念,函数的对应关系是由方程所确定的,但那时是假定了一个方程已经确定了一个隐函数,然后求隐函数的导数,但一个方程确定一个隐函数是需要条件的. 我们在本节讨论隐函数存在的条件以及如何用偏导数把隐函数的导数或偏导数表示出来.

8.5.1　一个方程确定的隐函数

(1) 一个方程两个变量的情形

隐函数存在定理 1　设函数 $F(x,y)$ 在包含点 (x_0,y_0) 的某邻域内满足:

①$F(x,y)$ 在 (x_0,y_0) 点的某邻域具有连续的偏导数;

②$F(x_0,y_0)=0$;

③$F_y(x_0,y_0)\neq 0$,

则方程 $F(x,y)=0$ 在点 (x_0,y_0) 的某邻域内唯一确定一个连续可导的一元函数 $y=y(x)$,它满足 $y_0=y(x_0)$,并有

$$\frac{\mathrm{d}y}{\mathrm{d}x}=-\frac{F_x}{F_y} \tag{8.10}$$

注意

①条件 $F_y(x_0,y_0)\neq 0$ 确定 y 是 x 的一元函数,如果 $F_x(x_0,y_0)\neq 0$,则确定 x 是 y 的一元函数.

②此定理是指方程 $F(x,y)=0$ 在点 (x_0,y_0) 的某邻域内确定一个单值、连续、可导的函数,不是指在整个定义域内. 如 $x^2+y^2-1=0$ 在 $[-1,1]$ 不是单值函数,而是一个多值函数,但在点 $\left(\frac{1}{2},\frac{\sqrt{3}}{2}\right)$ 的某邻域内却确定了一个单值、连续、可导的函数 $y=\sqrt{1-x^2}$.

对定理 1 不作证明,只推导公式(8.10).

设 $y=y(x)$ 是由方程式 $F(x,y)=0$ 所确定的隐函数,代 $y(x)$ 入方程 $F(x,y)=0$ 中,有

$$F(x,y(x))\equiv 0$$

此式左端是关于 x 的复合函数,根据全导数公式,得

$$F_x+F_y\cdot\frac{\mathrm{d}y}{\mathrm{d}x}=0$$

由条件知 F_y 在点 (x_0,y_0) 的邻域内连续,且 $F_y(x_0,y_0)\neq 0$,因此,存在点 (x_0,y_0) 的一个邻域,在此邻域内 $F_y\neq 0$,故

$$\frac{\mathrm{d}y}{\mathrm{d}x}=-\frac{F_x}{F_y}$$

例 8.33　$x^2+\sqrt{y}-1=0$,求 $\frac{\mathrm{d}y}{\mathrm{d}x}$ 在 $x=0$ 点的值.

解　当 $x=0$ 时,$y=1$.

令
$$F(x,y)=x^2+\sqrt{y}-1$$
$F(x,y)$具有连续偏导数.
$$F(0,1)=0$$
$$F_y(0,1)=\frac{1}{2}\neq 0$$

由隐函数存在定理1知,方程$x^2+\sqrt{y}-1=0$在点$(0,1)$的某邻域内能唯一确定一个连续可导的函数.

$$\frac{\mathrm{d}y}{\mathrm{d}x}=-\frac{F_x}{F_y}=-\frac{2x}{\frac{1}{2\sqrt{y}}}=-4x\sqrt{y}\Big|_{(0,1)}=0$$

(2)一个方程三个变量的情形

定理1是一个方程,有两个变量,只能解出一个变量,另一个变量作因变量.如果一个方程有三个变量,我们可以解出一个变量,剩下的两个变量作自变量,因此方程确定一个二元函数.一个三元方程确定一个二元函数也是需要条件的,这里把它表示为隐函数存在定理2.

隐函数存在定理2

①$F(x,y,z)$在点(x_0,y_0,z_0)的某邻域内具有连续的偏导数;

②$F(x_0,y_0,z_0)=0$;

③$F_z(x_0,y_0,z_0)\neq 0$,

则方程$F(x,y,z)=0$在点(x_0,y_0,z_0)的某邻域内唯一确定了一个具有连续偏导数的二元函数$z=z(x,y)$,满足$z_0=z(x_0,y_0)$,且
$$\frac{\partial z}{\partial x}=-\frac{F_x}{F_z},\frac{\partial z}{\partial y}=-\frac{F_y}{F_z} \tag{8.11}$$

对定理2不作证明,只推导公式(8.11).

将$z=z(x,y)$代入方程$F(x,y,z)=0$,得
$$F(x,y,z(x,y))=0 \tag{8.12}$$

将式(8.12)的两边同时对x求偏导,得
$$F_x+F_z\frac{\partial z}{\partial x}=0,\frac{\partial z}{\partial x}=-\frac{F_x}{F_z}$$

将式(8.12)的两边同时对y求偏导,得
$$F_y+F_z\frac{\partial z}{\partial y}=0$$

解得
$$\frac{\partial z}{\partial y}=-\frac{F_y}{F_z}$$

例8.34 若方程$F(x,y,z)=0$满足隐函数存在定理2的条件,且在点(x_0,y_0,z_0)处F_x,F_y,F_z都不为零,求$\frac{\partial x}{\partial y}\cdot\frac{\partial y}{\partial z}\cdot\frac{\partial z}{\partial x}$.

解 因为方程$F(x,y,z)=0$满足隐函数存在定理2的条件,且F_x,F_y,F_z在点(x_0,y_0,z_0)的值都不为0,根据隐函数存在定理2有
$$\frac{\partial x}{\partial y}=-\frac{F_y}{F_x},\frac{\partial y}{\partial z}=-\frac{F_z}{F_y},\frac{\partial z}{\partial x}=-\frac{F_x}{F_z}$$

于是

$$\frac{\partial x}{\partial y}\cdot\frac{\partial y}{\partial z}\cdot\frac{\partial z}{\partial x}=\left(-\frac{F_y}{F_x}\right)\left(-\frac{F_x}{F_y}\right)\left(-\frac{F_x}{F_z}\right)=-1$$

例 8.35　求由方程 $xyz+\sqrt{x^2+y^2+z^2}=\sqrt{2}$ 所确定的函数 $z=z(x,y)$ 在点 $(1,0,-1)$ 处的全微分.

解　令 $F(x,y,z)=xyz+\sqrt{x^2+y^2+z^2}-\sqrt{2}$,有

$$F_x\big|_{(1,0,-1)}=\left(yz+\frac{x}{\sqrt{x^2+y^2+z^2}}\right)\Bigg|_{(1,0,-1)}=\frac{1}{\sqrt{2}}$$

$$F_y\big|_{(1,0,-1)}=\left(xz+\frac{y}{\sqrt{x^2+y^2+z^2}}\right)\Bigg|_{(1,0,-1)}=-1$$

$$F_z\big|_{(1,0,-1)}=\left(xy+\frac{z}{\sqrt{x^2+y^2+z^2}}\right)\Bigg|_{(1,0,-1)}=-\frac{1}{\sqrt{2}}$$

根据隐函数定理,有

$$\frac{\partial z}{\partial x}\Bigg|_{(1,0,-1)}=-\frac{F_x}{F_z}\Bigg|_{(1,0,-1)}=1,\frac{\partial z}{\partial y}\Bigg|_{(1,0,-1)}=-\frac{F_y}{F_z}\Bigg|_{(1,0,-1)}=-\sqrt{2}$$

$$\mathrm{d}z=\frac{\partial z}{\partial x}\Bigg|_{(1,0,-1)}\mathrm{d}x+\frac{\partial z}{\partial y}\Bigg|_{(1,0,-1)}\mathrm{d}y=\mathrm{d}x-\sqrt{2}\,\mathrm{d}y$$

例 8.36　设 $z=z(x,y)$ 是由方程 $f(x+y,y+z)=0$ 唯一确定的函数,且 f 具有二阶连续的偏导数,求 $\frac{\partial^2 z}{\partial x^2}$.

解　令 $F(x,y,z)=f(x+y,y+z)$,则

$$F_x=f_1',F_y=f_1'+f_2',F_z=f_2'$$

所以

$$\frac{\partial z}{\partial x}=-\frac{F_x}{F_z}=-\frac{f_1'}{f_2'},\frac{\partial z}{\partial y}=-\frac{F_y}{F_z}=-\frac{f_1'+f_2'}{f_2'}$$

故

$$\frac{\partial^2 z}{\partial x^2}=\frac{\partial}{\partial x}\left(\frac{\partial z}{\partial x}\right)=\frac{\partial}{\partial x}\left(-\frac{f_1'}{f_2'}\right)=-\frac{(f_{11}''+f_{12}''\cdot z_x)f_2'-f_1'(f_{21}''+f_{22}''\cdot z_x)}{(f_2')^2}$$

$$=\frac{f_1'f_{12}''-f_2'f_{11}''}{(f_2')^2}+\frac{f_1'f_2'f_{21}''-(f_1')^2f_{22}''}{(f_2')^3}$$

注意　$F(x,y,z)$ 求偏导时应该把 x,y,z 看成是独立的变量,z 不能看成 x,y 的函数,在求 $\frac{\partial^2 z}{\partial x^2}$ 时,应该把 $\frac{\partial z}{\partial x}$ 表达式中的 z 看成 x,y 的函数.

例 8.37　设 $u=f(x,y,z),\phi(x^2,\mathrm{e}^y,z)=0,y=\sin x$,其中 f,ϕ 都具有一阶连续的偏导数,且 $\frac{\partial\phi}{\partial z}\neq 0$,求 $\frac{\mathrm{d}u}{\mathrm{d}x}$.

解　由方程 $\phi(x^2,\mathrm{e}^y,z)=0$ 可以确定一个隐函数 $z=z(x,y)$,根据隐函数定理,有

$$\frac{\partial z}{\partial x}=-\frac{2x\phi_1}{\phi_3},\frac{\partial z}{\partial y}=-\frac{\phi_2\mathrm{e}^y}{\phi_3}$$

将 $y=\sin x$ 代入得到,$z=z(x,\sin x)$

$$\begin{aligned}\frac{\mathrm{d}z}{\mathrm{d}x}&=\frac{\partial z}{\partial x}\cdot\frac{\mathrm{d}x}{\mathrm{d}x}+\frac{\partial z}{\partial y}\cdot\frac{\mathrm{d}y}{\mathrm{d}x}\\&=\left(-\frac{2x\phi_1}{\phi_3}\right)+\left(-\frac{\phi_2\mathrm{e}^y}{\phi_3}\right)\cos x\\&=-\frac{1}{\phi_3}(2x\phi_1+\phi_2\mathrm{e}^y\cos x)\end{aligned}$$

所以
$$u=f(x,\sin x,z(x,\sin x))$$

根据全导数公式有

$$\begin{aligned}\frac{\mathrm{d}u}{\mathrm{d}x}&=\frac{\partial f}{\partial x}+\frac{\partial f}{\partial y}\cdot\frac{\mathrm{d}y}{\mathrm{d}x}+\frac{\partial f}{\partial z}\cdot\frac{\mathrm{d}z}{\mathrm{d}x}\\&=\frac{\partial f}{\partial x}+\frac{\partial f}{\partial y}\cos x-\frac{\partial f}{\partial z}\frac{1}{\phi_3}(2x\phi_1+\phi_2\mathrm{e}^y\cos x)\end{aligned}$$

8.5.2 方程组确定的隐函数

定理1和定理2所讲的是一个方程确定一个隐函数,下面讲两个方程确定两个隐函数,因为两个方程可以解出两个变量,剩下的变量作为自变量,如果两个方程有4个变量,则这个方程组就会确定一个二元函数组;如果两个方程有三个变量就会确定一个一元函数组,当然这也需要一定的条件.下面分情况进行讨论,分别表述为定理3和定理4.

(1)两个方程四个变量的情形

隐函数组存在定理3

①$F(x,y,u,v)$,$G(x,y,u,v)$在点$P(x_0,y_0,u_0,v_0)$的某一邻域内具有连续的偏导数;

②$F(x_0,y_0,u_0,v_0)=0$,$G(x_0,y_0,u_0,v_0)=0$;

③$J=\left.\frac{\partial(F,G)}{\partial(u,v)}\right|_{(x_0,y_0,u_0,v_0)}=\left.\begin{vmatrix}F_u & F_v\\G_u & G_v\end{vmatrix}\right|_{(x_0,y_0,u_0,v_0)}\neq0$,

则方程组

$$\begin{cases}F(x,y,u,v)=0\\G(x,y,u,v)=0\end{cases}\tag{8.13}$$

在点(x_0,y_0,u_0,v_0)的某邻域内唯一确定了一组具有连续偏导数的二元函数$u=u(x,y)$及$v=v(x,y)$,满足$u_0=u(x_0,y_0)$,$v_0=v(x_0,y_0)$,并有

$$\begin{cases}\dfrac{\partial u}{\partial x}=-\dfrac{1}{J}\dfrac{\partial(F,G)}{\partial(x,v)}=-\dfrac{1}{J}\begin{vmatrix}F_x & F_v\\G_x & G_v\end{vmatrix}\\[2ex]\dfrac{\partial v}{\partial x}=-\dfrac{1}{J}\dfrac{\partial(F,G)}{\partial(u,x)}=-\dfrac{1}{J}\begin{vmatrix}F_u & F_x\\G_u & G_x\end{vmatrix}\\[2ex]\dfrac{\partial u}{\partial y}=-\dfrac{1}{J}\dfrac{\partial(F,G)}{\partial(y,v)}=-\dfrac{1}{J}\begin{vmatrix}F_y & F_v\\G_y & G_v\end{vmatrix}\\[2ex]\dfrac{\partial v}{\partial y}=-\dfrac{1}{J}\dfrac{\partial(F,G)}{\partial(u,y)}=-\dfrac{1}{J}\begin{vmatrix}F_u & F_y\\G_u & G_y\end{vmatrix}\end{cases}\tag{8.14}$$

注意 $\left.\frac{\partial(F,G)}{\partial(u,v)}\right|_{(x_0,y_0,u_0,v_0)}$称为$F,G$关于$u,v$的雅可比行列式在$(x_0,y_0,u_0,v_0)$的值,如果

这个值不为0,则方程组确定了以 u,v 为因变量的二元函数. 如果$\left.\frac{\partial(F,G)}{\partial(x,v)}\right|_{(x_0,y_0,u_0,v_0)}$不为0,则方程组确定了以 x,v 为因变量的二元函数.

下面推导公式(8.14). 设 $u=u(x,y)$, $v=v(x,y)$ 是由方程组(8.13)所确定的隐函数,将其代入方程组(8.14)得

$$\begin{cases}F(x,y,u(x,y),v(x,y))=0\\G(x,y,u(x,y),v(x,y))=0\end{cases}\tag{8.15}$$

将方程组(8.15)两边同时对 x 求偏导,得

$$\begin{cases}F_x+F_u\cdot\dfrac{\partial u}{\partial x}+F_v\cdot\dfrac{\partial v}{\partial x}=0\\G_x+G_u\cdot\dfrac{\partial u}{\partial x}+G_v\cdot\dfrac{\partial v}{\partial x}=0\end{cases}$$

即

$$\begin{cases}F_u\cdot\dfrac{\partial u}{\partial x}+F_v\cdot\dfrac{\partial v}{\partial x}=-F_x\\G_u\cdot\dfrac{\partial u}{\partial x}+G_v\cdot\dfrac{\partial v}{\partial x}=-G_x\end{cases}\tag{8.16}$$

这是关于$\frac{\partial u}{\partial x},\frac{\partial v}{\partial x}$的二元一次方程组. 根据克莱姆求解方法,有

$$J=\frac{\partial(F,G)}{\partial(u,v)}=\begin{vmatrix}F_u&F_v\\G_u&G_v\end{vmatrix}\neq0$$

$$J_{\frac{\partial u}{\partial x}}=-\begin{vmatrix}F_x&F_v\\G_x&G_v\end{vmatrix}=-\frac{\partial(F,G)}{\partial(x,v)}$$

$$J_{\frac{\partial v}{\partial x}}=-\begin{vmatrix}F_u&F_x\\G_u&G_x\end{vmatrix}=-\frac{\partial(F,G)}{\partial(u,x)}$$

所以$\frac{\partial u}{\partial x}=\frac{J_{\frac{\partial u}{\partial x}}}{J}=-\frac{\frac{\partial(F,G)}{\partial(x,v)}}{\frac{\partial(F,G)}{\partial(u,v)}}=-\frac{\begin{vmatrix}F_x&F_v\\G_x&G_v\end{vmatrix}}{\begin{vmatrix}F_u&F_v\\G_u&G_v\end{vmatrix}}$,$\frac{\partial v}{\partial x}=\frac{J_{\frac{\partial v}{\partial x}}}{J}=-\frac{\frac{\partial(F,G)}{\partial(u,x)}}{\frac{\partial(F,G)}{\partial(u,v)}}=-\frac{\begin{vmatrix}F_u&F_x\\G_u&G_x\end{vmatrix}}{\begin{vmatrix}F_u&F_v\\G_u&G_v\end{vmatrix}}$.

同理,将方程组(8.15)两边同时对 y 求偏导,得到关于$\frac{\partial u}{\partial y},\frac{\partial v}{\partial y}$的一个方程组,根据克莱姆求解方法得

$$\frac{\partial u}{\partial y}=-\frac{\frac{\partial(F,G)}{\partial(y,v)}}{\frac{\partial(F,G)}{\partial(u,v)}}=-\frac{\begin{vmatrix}F_y&F_v\\G_y&G_v\end{vmatrix}}{\begin{vmatrix}F_u&F_v\\G_u&G_v\end{vmatrix}},\quad\frac{\partial v}{\partial y}=-\frac{\frac{\partial(F,G)}{\partial(u,y)}}{\frac{\partial(F,G)}{\partial(u,v)}}=-\frac{\begin{vmatrix}F_u&F_y\\G_u&G_y\end{vmatrix}}{\begin{vmatrix}F_u&F_v\\G_u&G_v\end{vmatrix}}$$

由以上推导过程可以看出求方程组所确定的隐函数组的偏导数有两种方法. 第一种是将方程组所确定的隐函数组代入方程组,两边同时对 x 求偏导,得到$\frac{\partial u}{\partial x},\frac{\partial v}{\partial x}$的二元一次方程组,如

果两边同时对 y 求偏导,得到$\frac{\partial u}{\partial y},\frac{\partial v}{\partial y}$的二元一次方程组,解这两个方程组便能得到隐函数组的四个偏导数;第二种方法是直接代定理中的公式.

例 8.38 设 u,v 为方程组$\begin{cases}x^2+y^2-uv=0\\xy-u^2+v^2=0\end{cases}$所确定的变量 x,y 的隐函数,且 $u^2+v^2\neq 0$,求$\frac{\partial u}{\partial x},\frac{\partial v}{\partial x}$.

解法 1 把题设两个方程中的 u,v 看成是 x,y 的函数,将方程组的两边同时对 x 求偏导,得

$$\begin{cases}2x-(u_xv+uv_x)=0\\y-2uu_x+2vv_x=0\end{cases}$$

因为 $u^2+v^2\neq 0$,求解关于 u_x,v_x 的二元一次方程组,得

$$u_x=\frac{4xv+uy}{2(u^2+v^2)},v_x=\frac{4xu-yv}{2(u^2+v^2)}$$

解法 2 设 $F(x,y,u,v)=x^2+y^2-uv,G(x,y,u,v)=xy-u^2+v^2$

$$F_x=2x,\quad F_y=2y,\quad F_u=-v,\quad F_v=-u$$

$$G_x=y,\quad G_y=x,\quad G_u=-2u,\quad G_v=2v$$

$$\frac{\partial(F,G)}{\partial(u,v)}=\begin{vmatrix}F_u & F_v\\G_u & G_v\end{vmatrix}=\begin{vmatrix}-v & -u\\-2u & 2v\end{vmatrix}=-2(u^2+v^2)$$

$$\frac{\partial(F,G)}{\partial(x,v)}=\begin{vmatrix}F_x & F_v\\G_x & G_v\end{vmatrix}=\begin{vmatrix}2x & -u\\y & 2v\end{vmatrix}=4xv+uy$$

$$\frac{\partial(F,G)}{\partial(u,x)}=\begin{vmatrix}F_u & F_x\\G_u & G_x\end{vmatrix}=\begin{vmatrix}-v & 2x\\-2u & y\end{vmatrix}=4xu-yv$$

$$\frac{\partial u}{\partial x}=-\frac{\frac{\partial(F,G)}{\partial(x,v)}}{\frac{\partial(F,G)}{\partial(u,v)}}=\frac{4xv+uy}{2(u^2+v^2)},\frac{\partial v}{\partial x}=-\frac{\frac{\partial(F,G)}{\partial(u,x)}}{\frac{\partial(F,G)}{\partial(u,v)}}=\frac{4xu-yv}{2(u^2+v^2)}$$

(2)两个方程三个变量的情形

如果两个方程组成的方程组,但只有三个变量,若此方程组能确定一个隐函数组,这个隐函数组是两个一元函数,因为两个方程解两个变量,剩下只有一个变量,它所需要的条件表述为定理 4.

隐函数组存在定理 4

①$F(x,y,z),G(x,y,z)$在点 $P(x_0,y_0,z_0)$的某一邻域内具有连续的偏导数;

②$F(x_0,y_0,z_0)=0,G(x_0,y_0,z_0)=0$;

③$J=\left.\frac{\partial(F,G)}{\partial(y,z)}\right|_{(x_0,y_0,z_0)}=\left.\begin{vmatrix}F_y & F_z\\G_y & G_z\end{vmatrix}\right|_{(x_0,y_0,z_0)}\neq 0$,

则方程组

$$\begin{cases}F(x,y,z)=0\\G(x,y,z)=0\end{cases}\tag{8.17}$$

在点(x_0,y_0,z_0)的某邻域内唯一确定了一对具有连续导数的一元函数：$y=y(x)$、$z=z(x)$，满足$y_0=y(x_0)$，$z_0=(x_0)$，并有

$$\frac{\mathrm{d}y}{\mathrm{d}x}=-\frac{\frac{\partial(F,G)}{\partial(x,z)}}{\frac{\partial(F,G)}{\partial(y,z)}}=-\frac{\begin{vmatrix}F_x & F_z\\ G_x & G_z\end{vmatrix}}{\begin{vmatrix}F_y & F_z\\ G_y & G_z\end{vmatrix}}$$

$$\frac{\mathrm{d}z}{\mathrm{d}x}=-\frac{\frac{\partial(F,G)}{\partial(y,x)}}{\frac{\partial(F,G)}{\partial(y,z)}}=-\frac{\begin{vmatrix}F_y & F_x\\ G_y & G_x\end{vmatrix}}{\begin{vmatrix}F_y & F_z\\ G_y & G_z\end{vmatrix}}$$

其中，$J=\begin{vmatrix}F_y & F_z\\ G_y & G_z\end{vmatrix}$称为雅可比行列式.

定理 4 其实是定理 3 的一种特殊情况，证明过程完全类似.

例 8.39　已知$\begin{cases}x+y+z^2=0\\ x+y^2+z=0\end{cases}$，求$\frac{\mathrm{d}y}{\mathrm{d}x},\frac{\mathrm{d}z}{\mathrm{d}x}$.

解法 1　把方程组中的y,z看成是x的函数，对方程组关于x求导，可得

$$\begin{cases}1+y'+2zz'=0\\ 1+2yy'+z'=0\end{cases}$$

求解关于$y'(x)$、$z'(x)$的二元一次方程组，得

$$\frac{\mathrm{d}y}{\mathrm{d}x}=\frac{2z-1}{1-4yz},\quad \frac{\mathrm{d}z}{\mathrm{d}x}=\frac{2y-1}{1-4yz}$$

解法 2　设$F(x,y,z)=x+y+z^2$，$G(x,y,z)=x+y^2+z$，

$F_x=1$，$F_y=1$，$F_z=2z$，$G_x=1$，$G_y=2y$，$G_z=1$，有

$$\frac{\mathrm{d}y}{\mathrm{d}x}=-\frac{\frac{\partial(F,G)}{\partial(x,z)}}{\frac{\partial(F,G)}{\partial(y,z)}}=-\frac{\begin{vmatrix}F_x & F_z\\ G_x & G_z\end{vmatrix}}{\begin{vmatrix}F_y & F_z\\ G_y & G_z\end{vmatrix}}=-\frac{\begin{vmatrix}1 & 2z\\ 1 & 1\end{vmatrix}}{\begin{vmatrix}1 & 2z\\ 2y & 1\end{vmatrix}}=-\frac{1-2z}{1-4yz}$$

$$\frac{\mathrm{d}z}{\mathrm{d}x}=-\frac{\frac{\partial(F,G)}{\partial(y,x)}}{\frac{\partial(F,G)}{\partial(y,z)}}=-\frac{\begin{vmatrix}F_y & F_x\\ G_y & G_x\end{vmatrix}}{\begin{vmatrix}F_y & F_z\\ G_y & G_z\end{vmatrix}}=-\frac{\begin{vmatrix}1 & 1\\ 2y & 1\end{vmatrix}}{\begin{vmatrix}1 & 2z\\ 2y & 1\end{vmatrix}}=-\frac{1-2y}{1-4yz}$$

例 8.40　设$z=xf(x+y)$，$F(x,y,z)=0$，f与F都是具有一阶连续的偏导数，求$\frac{\mathrm{d}z}{\mathrm{d}x}$.

解法 1　因为题目给的是两个方程，三个变量，所以确定的隐函数组为$\begin{cases}y=y(x)\\ z=z(x)\end{cases}$.

令$G(x,y,z)=z-xf(x+y)$，$G_x=-(f+xf')$，$G_y=-xf'$，$G_z=1$，有

$$\frac{\mathrm{d}z}{\mathrm{d}x}=-\frac{\dfrac{\partial(F,G)}{\partial(y,x)}}{\dfrac{\partial(F,G)}{\partial(y,z)}}=-\frac{\begin{vmatrix}F_y & F_x\\ -xf' & -(f+xf')\end{vmatrix}}{\begin{vmatrix}F_y & F_z\\ -xf' & 1\end{vmatrix}}$$

$$=-\frac{-F_y(f+xf')+xf'F_x}{F_y+xf'F_z}=\frac{F_y(f+xf')-xf'F_x}{F_y+xf'F_z}$$

解法 2 方程两边对 x 求导，得

$$\begin{cases}\dfrac{\mathrm{d}z}{\mathrm{d}x}=f+xf'\cdot\left(1+\dfrac{\mathrm{d}y}{\mathrm{d}x}\right)\\ F_1'+F_2'\cdot\dfrac{\mathrm{d}y}{\mathrm{d}x}+F_3'\dfrac{\mathrm{d}z}{\mathrm{d}x}=0\end{cases}$$

整理得

$$\begin{cases}-xf'\dfrac{\mathrm{d}y}{\mathrm{d}x}+\dfrac{\mathrm{d}z}{\mathrm{d}x}=f+xf'\\ F_2'\cdot\dfrac{\mathrm{d}y}{\mathrm{d}x}+F_3'\dfrac{\mathrm{d}z}{\mathrm{d}x}=-F_1'\end{cases}$$

解之,得

$$\frac{\mathrm{d}z}{\mathrm{d}x}=\frac{\begin{vmatrix}-xf' & f+xf'\\ F_2' & F_1'\end{vmatrix}}{\begin{vmatrix}-xf' & 1\\ F_2' & F_3'\end{vmatrix}}=\frac{xF_1'f'-xF_2'f'-fF_2'}{-xf'F_3'-F_2'}\quad(xf'F_3'+F_2'\neq 0)$$

习题 8.5

A 组

1. 设 $y=y(x)$ 由方程 $x-y+\arctan y=0$ 所确定,求 $\dfrac{\mathrm{d}y}{\mathrm{d}x},\dfrac{\mathrm{d}^2y}{\mathrm{d}x^2}$.

2. 设函数 $z=z(x,y)$ 由方程 $z=\mathrm{e}^{2x-3z}+2y$ 所确定,求 $3\dfrac{\partial z}{\partial x}+\dfrac{\partial z}{\partial y}$.

3. 函数 $z=z(x,y)$ 由方程 $F\left(x+\dfrac{z}{y},y+\dfrac{z}{x}\right)=0$ 所确定,其中 F 有连续的一阶偏导数,求证 $x\dfrac{\partial z}{\partial x}+y\dfrac{\partial z}{\partial y}=z-xy$.

4. 函数 $y=y(x),z=z(x)$ 由方程组 $\begin{cases}x+y+\mathrm{e}^z=1\\ x+y^2+z=1\end{cases}$ 所确定,求 $\dfrac{\mathrm{d}y}{\mathrm{d}x},\dfrac{\mathrm{d}z}{\mathrm{d}x}$.

5. 函数 $u=u(x,y),v=v(x,y)$ 由方程组 $\begin{cases}xu-yv=0\\ yu+xv=1\end{cases}$ 所确定,求 $\mathrm{d}v$.

B 组

1. 函数 $z=z(x,y)$ 由方程 $x+y+z=\mathrm{e}^{-(x+y+z)}$ 所确定，求 $\frac{\partial^2 z}{\partial x^2}, \frac{\partial^2 z}{\partial x \partial y}$.

2. 设函数 $z=f(2x-y)+g(x,xy)$，其中 $f(t)$，$g(u,v)$ $C^{(2)}$ 类函数，求 $\frac{\partial^2 z}{\partial x \partial y}$.

3. 设函数 $u=f(x,y,z)$，$z=g(x,y)$，求 $\frac{\partial^2 u}{\partial x \partial y}$.

4. 设 $\begin{cases} x^2+y^2=\frac{1}{2}z^2 \\ x+y+z=2 \end{cases}$ 确定函数 $x=x(z)$，$y=y(z)$，求 $\frac{\mathrm{d}x}{\mathrm{d}z}$ 和 $\frac{\mathrm{d}y}{\mathrm{d}z}$ 在 $(1,-1,2)$ 处的值.

5. 函数 $u=u(x,y)$，$v=v(x,y)$ 由方程组 $\begin{cases} u+v=x+y \\ y\sin u=x\sin v+1 \end{cases}$ 所确定，求 $\mathrm{d}u$ 和 $\mathrm{d}v$.

8.6　多元函数微分法在几何上的应用

多元函数微分法在几何上的应用主要是求空间曲线的切线、法平面，以及空间曲面的切平面、法线.

8.6.1　空间曲线的切线及法平面

空间曲线的切线是割线的极限位置，如图 8.11 所示，空间光滑曲线 Γ 在点 M_0 处的切线 M_0T 是点 M_0 处割线的极限位置. 过 M_0 点且与切线 M_0T 垂直的平面 π 为曲线 Γ 在该点的法平面.

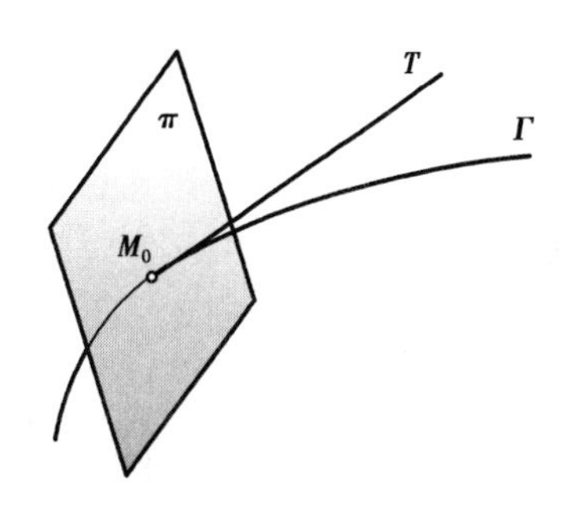

图 8.11

求空间曲线的切线与法平面方程，关键是要求出空间曲线的切向量，知道了曲线上某点和该点的切向量，根据直线的点向式可求出空间曲线在该点的切线方程，同时该点的切向量也是过该点的法平面的法线方向，根据点法式可求出法平面的方程.

(1) 参数方程表示空间曲线 Γ

设空间曲线的参数方程为

$$\Gamma: \begin{cases} x=x(t) \\ y=y(t) \\ z=z(t) \end{cases} \qquad t\in[\alpha,\beta]$$

其中，$x(t)$，$y(t)$，$z(t)$ 对 t 的导数存在且不同时为零. 当参数值 $t=t_0$ 时，对应曲线 Γ 上的点 $M_0(x_0,y_0,z_0)$，给 t 一个改变量 $\Delta t(\Delta t\neq 0)$，x,y,z 相应的改变量为 $\Delta x,\Delta y,\Delta z$，这时得到曲线上另一点 $M(x_0+\Delta x,y_0+\Delta y,z_0+\Delta z)$，则割线 $\overrightarrow{M_0M}$ 的方向向量为

$$\begin{aligned}\overrightarrow{M_0M}&=(x(t_0+\Delta t)-x(t_0),y(t_0+\Delta t)-y(t_0),z(t_0+\Delta t)-z(t_0))\\&=(\Delta x,\Delta y,\Delta z)\end{aligned}$$

对割线方向除以 Δt,还是表示割线的方向向量,即

$$\frac{\overrightarrow{M_0M}}{\Delta t}=\left(\frac{\Delta x}{\Delta t},\frac{\Delta y}{\Delta t},\frac{\Delta z}{\Delta t}\right)$$

因 $x(t),y(t),z(t)$ 是 t 的可微函数,令 $\Delta t\to0$,将上式割线方向取极限得到曲线 Γ 在点 $M_0(x_0,y_0,z_0)$ 处切线的方向向量,称为切向量,记为 $\boldsymbol{v}_0$,即

$$\boldsymbol{v}_0=\{x'(t_0),y'(t_0),z'(t_0)\}$$

根据直线的对称式方程得到曲线 Γ 在点 $M_0(x_0,y_0,z_0)$ 处的切线方程为

$$\frac{x-x_0}{x'(t_0)}=\frac{y-y_0}{y'(t_0)}=\frac{z-z_0}{z'(t_0)} \tag{8.18}$$

根据法平面的定义,$M_0(x_0,y_0,z_0)$ 处切线的方向向量也是过该点的法平面的法向,根据点法式得到曲线 Γ 在点 $M_0(x_0,y_0,z_0)$ 处的法平面方程为

$$x'(t_0)(x-x_0)+y'(t_0)(y-y_0)+z'(t_0)(z-z_0)=0 \tag{8.19}$$

例 8.41 求曲线 $x=t,y=t^2,z=t^e$ 在对应于 $t=1$ 点处的切线方程和法平面方程.

解 参数 $t=1$ 对应的点 $(1,1,1)$,又任一点处的切向量为

$$\overrightarrow{v(t)}=\{x'(t),y'(t),z'(t)\}=\{1,2t,\mathrm{e}t^{\mathrm{e}-1}\}$$

对应点 $(1,1,1)$ 的切向量为

$$\overrightarrow{v(1)}=\{1,2,\mathrm{e}\}$$

切线方程为

$$\frac{x-1}{1}=\frac{y-1}{2}=\frac{z-1}{\mathrm{e}}$$

法平面方程为

$$(x-1)+2(y-1)+\mathrm{e}(z-1)=0$$

或

$$x+2y+\mathrm{e}z-(3+\mathrm{e})=0$$

特别地,若空间曲线 Γ 由方程 $\begin{cases}x=x\\y=y(x)\\z=z(x)\end{cases}$ 表示,则曲线 Γ 在点 x_0 处的切向量为

$$\boldsymbol{v}_0=\{1,y'(x_0),z'(x_0)\}$$

从而切线方程为

$$\frac{x-x_0}{1}=\frac{y-y(x_0)}{y'(x_0)}=\frac{z-z(x_0)}{z'(x_0)}$$

法平面方程为

$$(x-x_0)+y'(x_0)(y-y(x_0))+z'(x_0)(z-z(x_0))=0$$

(2)交面式表示的空间曲线 Γ 方程表示

设空间曲线 Γ 的一般方程为

$$\begin{cases}F(x,y,z)=0\\G(x,y,z)=0\end{cases} \tag{8.20}$$

且由方程(8.20)确定了两个隐函数 $y=y(x)$ 和 $z=z(x)$,由隐函数求导法则,得

$$\frac{\mathrm{d}y}{\mathrm{d}x}=-\frac{\begin{vmatrix}F_x & F_z\\ G_x & G_z\end{vmatrix}}{\begin{vmatrix}F_y & F_z\\ G_y & G_z\end{vmatrix}}=-\frac{1}{J}\frac{\partial(F,G)}{\partial(x,z)},\quad \frac{\mathrm{d}z}{\mathrm{d}x}=-\frac{\begin{vmatrix}F_y & F_x\\ G_y & G_x\end{vmatrix}}{\begin{vmatrix}F_y & F_z\\ G_y & G_z\end{vmatrix}}=-\frac{1}{J}\frac{\partial(F,G)}{\partial(y,x)}$$

故曲线 Γ 在点 M_0 的切向量为

$$\boldsymbol{s}_0=\left\{1,\frac{\mathrm{d}y}{\mathrm{d}x}\bigg|_{x_0},\frac{\mathrm{d}z}{\mathrm{d}x}\bigg|_{x_0}\right\}=\frac{1}{\frac{\partial(F,G)}{\partial(y,z)}}\left\{\frac{\partial(F,G)}{\partial(y,z)},-\frac{\partial(F,G)}{\partial(x,z)},-\frac{\partial(F,G)}{\partial(y,x)}\right\}$$

可取

$$\boldsymbol{s}_0=\left\{\frac{\partial(F,G)}{\partial(y,z)},\frac{\partial(F,G)}{\partial(z,x)},\frac{\partial(F,G)}{\partial(x,y)}\right\}\tag{8.21}$$

由式(8.21)可求出曲线的切向量 $\boldsymbol{s}_0$,因而就可求出曲线的切线及法平面方程.

例 8.42　求曲线$\begin{cases}z=xy+5\\ xyz+6=0\end{cases}$在点$(1,-2,3)$处的切线及法平面方程.

解　设 $F(x,y,z)=z-xy-5,G(x,y,z)=xyz+6$,有

$F_x\big|_{(1,-2,3)}=-y\big|_{(1,-2,3)}=2,\quad F_y\big|_{(1,-2,3)}=-x\big|_{(1,-2,3)}=-1,\quad F_z\big|_{(1,-2,3)}=1$

$G_x\big|_{(1,-2,3)}=yz\big|_{(1,-2,3)}=-6,\quad G_y\big|_{(1,-2,3)}=xz\big|_{(1,-2,3)}=3,G_z\big|_{(1,-2,3)}=xy\big|_{(1,-2,3)}=-2$

$$\frac{\mathrm{d}y}{\mathrm{d}x}=-\frac{\begin{vmatrix}F_x & F_z\\ G_x & G_z\end{vmatrix}}{\begin{vmatrix}F_y & F_z\\ G_y & G_z\end{vmatrix}}=-\frac{\begin{vmatrix}2 & 1\\ -6 & -2\end{vmatrix}}{\begin{vmatrix}-1 & 1\\ 3 & -2\end{vmatrix}}=-\frac{2}{-1}=2,$$

$$\frac{\mathrm{d}z}{\mathrm{d}x}=-\frac{\begin{vmatrix}F_y & F_x\\ G_y & G_x\end{vmatrix}}{\begin{vmatrix}F_y & F_z\\ G_y & G_z\end{vmatrix}}=-\frac{\begin{vmatrix}-1 & 2\\ 3 & -6\end{vmatrix}}{\begin{vmatrix}-1 & 1\\ 3 & -2\end{vmatrix}}=0$$

切线方向　$\boldsymbol{v}_0=\{1,2,0\}$

所以,切线方程为

$$\frac{x-1}{1}=\frac{y+2}{2}=\frac{z-3}{0}$$

法平面方程为

$$(x-1)+2(y+2)+0(z-3)=0.$$

即　$x+2y+3=0$

8.6.2　曲面的切平面及法线

如图 8.12 所示,设 $M_0(x_0,y_0,z_0)$为曲面 $\boldsymbol{\Sigma}$ 上一定点,过 M_0 且落在曲面 $\boldsymbol{\Sigma}$ 上的所有光滑曲线的全体切线组成的一张平面,称为曲面在 M_0 点的切平面,过 M_0 点且垂直于切平面的直线称为法线. 那么,过 M_0 且落在曲面 $\boldsymbol{\Sigma}$ 上的所有光滑曲线的全体切线是否在同一个平面内?如果在同一个平面内,如何求这个切平面和法线的方程? 下面来证明这些切线在同一个平面内.

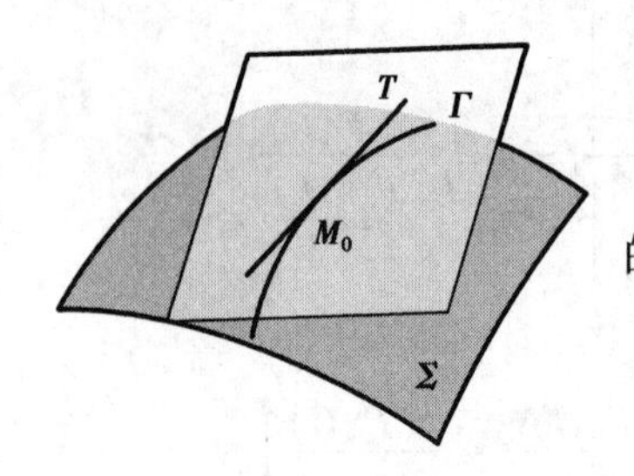

图 8.12

设曲面 Σ 的方程为

$$F(x,y,z)=0 \tag{8.22}$$

$M_0(x_0,y_0,z_0)$是曲面上给定的一点，过 M_0 且位于曲面 Σ 上的任意曲线 Γ 的方程为

$$\begin{cases} x=x(t) \\ y=y(t) \\ z=z(t) \end{cases} \tag{8.23}$$

其中，$x(t),y(t),z(t)$在点 M_0 对应的参数 $t=t_0$ 处是可导的，且不全为零. 因为曲线 Γ 在曲面上，所以曲线 Γ 的方程应该满足曲面的方程，于是将式(8.23)代入式(8.22)得

$$F(x(t),y(t),z(t))=0 \tag{8.24}$$

将式(8.24)两边同时对 t 求导，并代入(x_0,y_0,z_0)得

$$F_x(x_0,y_0,z_0)x'(t_0)+F_y(x_0,y_0,z_0)y'(t_0)+F_z(x_0,y_0,z_0)z'(t_0)=0 \tag{8.25}$$

将式(8.25)改写成

$$\{F_x(x_0,y_0,z_0),F_y(x_0,y_0,z_0),F_z(x_0,y_0,z_0)\}\cdot\{x'(t_0),y'(t_0),z'(t_0)\}=0 \tag{8.26}$$

从式(8.26)可以看出$\{F_x(x_0,y_0,z_0),F_y(x_0,y_0,z_0),F_z(x_0,y_0,z_0)\}$是曲面 Σ 在点 M_0 处的固定向量，$\{x'(t_0),y'(t_0),z'(t_0)\}$刚好是曲线 Γ 在 M_0 点的切向量，与向量$\{F_x(x_0,y_0,z_0),F_y(x_0,y_0,z_0),F_z(x_0,y_0,z_0)\}$垂直，再由曲线 Γ 的任意性知道，过 M_0 点且位于曲面上的所有曲线在 M_0 点的切线在同一个平面以内，且都与向量$\{F_x(x_0,y_0,z_0),F_y(x_0,y_0,z_0),F_z(x_0,y_0,z_0)\}$垂直，所以切平面的法向量 $\boldsymbol{n}$ 为

$$\boldsymbol{n}=\{F_x(x_0,y_0,z_0),F_y(x_0,y_0,z_0),F_z(x_0,y_0,z_0)\}$$

由于法线是过点 M_0 且与切平面垂直的直线，所以切平面的法向量 $\boldsymbol{n}$ 也是法线的方向. 曲面 Σ 在点 M_0 处的切平面方程为

$$F_x(x_0,y_0,z_0)(x-x_0)+F_y(x_0,y_0,z_0)(y-y_0)+F_z(x_0,y_0,z_0)(z-z_0)=0$$

法线方程为

$$\frac{x-x_0}{F_x(x_0,y_0,z_0)}=\frac{y-y_0}{F_y(x_0,y_0,z_0)}=\frac{z-z_0}{F_z(x_0,y_0,z_0)}$$

例 8.43　求曲面 $z-\mathrm{e}^x+2xy=3$ 在点$(1,2,0)$处的切平面方程.

解　令 $F(x,y,z)=z-\mathrm{e}^x+2xy-3$，有

$$F_x(x,y,z)=-\mathrm{e}^x+2y,\quad F_y(x,y,z)=2x,\quad F_z(x,y,z)=1$$

$$F_x(1,2,0)=-\mathrm{e}+4,\quad F_y(1,2,0)=2,\quad F_z(1,2,0)=1$$

切平面的法向量为

$$\boldsymbol{n}=\{4-\mathrm{e},\ 2,\ 1\}$$

切平面的方程为　　$(4-\mathrm{e})(x-1)+2(y-2)+z=0$

例 8.44　已知曲面 $z=4-x^2-y^2$ 上点 P 处的切平面平行于平面 $2x+2y+z-1=0$，求点 P 的坐标.

解　设 P 点的坐标为(x_0,y_0,z_0)，有

$$F(x,y,z)=x^2+y^2+z-4$$

$$F_x(x,y,z)=2x,\quad F_y(x,y,z)=2y,\quad F_z(x,y,z)=1$$

$$F_x(x_0,y_0,z_0)=2x_0,\quad F_y(x_0,y_0,z_0)=2y_0,\quad F_z(x_0,y_0,z_0)=1$$

所以切平面的法向量为 $\boldsymbol{n}_1=\{2x_0,2y_0,1\}//\{2,2,1\}$.

$$\frac{2x_0}{2}=\frac{2y_0}{2}=\frac{1}{1},\quad x_0=y_0=1$$

又因为(x_0,y_0,z_0)在曲面 $z=4-x^2-y^2$ 上,所以

$$z_0=4-{x_0}^2-{y_0}^2=4-1-1=2$$

故所求的点 $P(x_0,y_0,z_0)=(1,1,2)$

有了曲面切平面的法向量的求法以后,我们求交面式空间曲线的切线方程和法平面方程可以采用下面的方法.

例 8.45　设空间曲线 Γ 为$\begin{cases}F(x,y,z)=0\\G(x,y,z)=0\end{cases}$,$P_0(x_0,y_0,z_0)$为曲线 Γ 上的一点,求曲线 Γ 在 $P_0(x_0,y_0,z_0)$点的切线方程和法平面方程.

解　因为曲线上的点 $P_0(x_0,y_0,z_0)$在曲面 $\Sigma_1:F(x,y,z)=0$ 上,所以曲面 Σ_1 在点 $P_0(x_0,y_0,z_0)$处的切平面的法向量为

$$\boldsymbol{n}_1=\{F_x(x_0,y_0,z_0),F_y(x_0,y_0,z_0),F_z(x_0,y_0,z_0)\}=\{F_x^0,F_y^0,F_z^0\}$$

它垂直于曲线 Γ 在 $P_0(x_0,y_0,z_0)$点的切线方向 $\boldsymbol{s}$,反过来,$\boldsymbol{s}$ 垂直于 $\boldsymbol{n}_1$;

曲线上的点 $P_0(x_0,y_0,z_0)$在曲面 $\Sigma_2:G(x,y,z)=0$ 上,所以曲面 Σ_2 在点 $P_0(x_0,y_0,z_0)$处的切平面的法向量为

$$\boldsymbol{n}_2=\{G_x(x_0,y_0,z_0),G_y(x_0,y_0,z_0),G_z(x_0,y_0,z_0)\}=\{G_x^0,G_y^0,G_z^0\}$$

它垂直于曲线 Γ 在 $P_0(x_0,y_0,z_0)$点的切线方向 $\boldsymbol{s}$,反过来,$\boldsymbol{s}$ 垂直于 $\boldsymbol{n}_2$;

由于曲线 Γ 在 $P_0(x_0,y_0,z_0)$点的切线方向 $\boldsymbol{s}$ 既垂直于 $\boldsymbol{n}_1$,又垂直于 $\boldsymbol{n}_2$,所以

$$\boldsymbol{s}=\boldsymbol{n}_1\times\boldsymbol{n}_2=\{F_x^0,F_y^0,F_z^0\}\times\{G_x^0,G_y^0,G_z^0\}=\left\{\begin{vmatrix}F_y^0 & F_z^0\\G_y^0 & G_z^0\end{vmatrix},\begin{vmatrix}F_z^0 & F_x^0\\G_z^0 & G_x^0\end{vmatrix},\begin{vmatrix}F_x^0 & F_y^0\\G_x^0 & G_y^0\end{vmatrix}\right\}$$

切线方程为

$$\frac{x-x_0}{\begin{vmatrix}F_y^0 & F_z^0\\G_y^0 & G_z^0\end{vmatrix}}=\frac{y-y_0}{\begin{vmatrix}F_z^0 & F_x^0\\G_z^0 & G_x^0\end{vmatrix}}=\frac{z-z_0}{\begin{vmatrix}F_x^0 & F_y^0\\G_x^0 & G_y^0\end{vmatrix}}$$

法平面方程为

$$\begin{vmatrix}F_y^0 & F_z^0\\G_y^0 & G_z^0\end{vmatrix}(x-x_0)+\begin{vmatrix}F_z^0 & F_x^0\\G_z^0 & G_x^0\end{vmatrix}(y-y_0)+\begin{vmatrix}F_x^0 & F_y^0\\G_x^0 & G_y^0\end{vmatrix}(z-z_0)=0$$

习题 8.6

A 组

1. 若曲线 $x=\ln(1+t^2)$,$y=\arctan t$,$z=t^3$ 在点$\left(\ln 2,-\dfrac{\pi}{4},-1\right)$处的一个切向量与 Ox 轴正向夹角为锐角,求此向量与 Oy 轴正向夹角的余弦.

2. 求曲线 $x=\mathrm{e}^t\cos t, y=\mathrm{e}^t\sin t, z=\mathrm{e}^t$ 在对应于 $t=\dfrac{\pi}{4}$ 点处的切线与 zx 平面交角的正弦值.

3. 若曲线 $\begin{cases}x^2-y^2-z=0\\x^2+2y^2+z^2=3\end{cases}$ 在点 $(1,-1,0)$ 处的切向量与 y 轴正向成钝角,求它与 x 轴正向夹角的余弦.

4. 求曲面 $z=\dfrac{x^2}{2}+y^2$ 平行于平面 $2x+2y-z=0$ 的切平面方程.

5. 求旋转抛物面 $z=2x^2+2y^2$ 在点 $\left(-1,\dfrac{1}{2},\dfrac{5}{2}\right)$ 处的切平面方程和法线方程.

6. 求椭球面 $x^2+2y^2+3z^2=21$ 上某点 M 处的切平面 π 的方程,使 π 过已知直线 L:$\dfrac{x-6}{2}=\dfrac{y-3}{1}=\dfrac{2z-1}{-2}$.

B 组

1. 若曲线 $x=\arctan t, y=\ln(1+t^2), z=-\dfrac{5}{4(1+t^2)}$ 在 P 点处的切线向量与三个坐标轴的夹角相等,求点 P 对应的 t 值.

2. 设直线 l:$\begin{cases}x+y+b=0\\x+ay-z-3=0\end{cases}$ 在平面 π 上,而平面 π 与曲面:$z=x^2+y^2$ 相切于点 $(1,-2,5)$,求 a,b 之值.

3. 求曲面 $x^2+2y^2+3z^2=21$ 上平行于平面 $x+4y+6z=0$ 的切平面方程.

4. 证明曲线 $x=at, y=b\cos(at), z=b\sin(at)$ 上任意一点的切线与 yz 平面的夹角都相同(其中 $a\neq0, b\neq0$).

5. 求点 $(1,-2,-5)$ 到双叶双曲面 $x^2-2y^2-4z^2=4$ 在点 $(4,2,-1)$ 处切平面的距离.

6. 求曲面 $x+xy+xyz=9$ 与平面 $2x-4y-z+9=0$ 在点 $(1,2,3)$ 处的夹角.

7. 求椭球面 $x^2+y^2+4z^2=13$ 与单叶旋转双曲面 $x^2+y^2-4z^2=11$ 在点 $\left(2\sqrt{2},2,\dfrac{1}{2}\right)$ 处两曲面交线的切线方程,并求两曲面在该点处的交角.

8. 求曲面 $x^2-y^2-z^2+6=0$ 垂直于直线 $\dfrac{x-3}{2}=y-1=\dfrac{z-2}{-3}$ 的切平面方程.

9. 若旋转抛物面 $z=x^2+y^2$ 与抛物柱面 $z=1-x^2$ 在点 P 处相交,且交角为 $\dfrac{\pi}{4}$,求点 P 的竖坐标.

10. 证明曲面 $(z-2x)^2=(z-3y)^3$ 上任一点处的法线都平行于平面 $3x+2y+6z-1=0$.

8.7　方向导数与梯度

我们知道:$z=f(x,y)$的两个偏导数$f_x(x,y)$及$f_y(x,y)$分别表示函数$f(x,y)$在点$P(x,y)$处沿x轴方向及y轴方向的变化率.然而在实际问题中需要研究函数在某一点沿某个指定方向的变化率及函数在该点沿哪个方向的变化率达到最大的问题,这就是本节将要研究的方向导数和梯度.

8.7.1　方向导数

(1)方向导数的定义

定义1　设函数$z=f(x,y)$在点$P_0(x_0,y_0)$的某邻域内有定义,l为自点$P_0(x_0,y_0)$发出的射线,$\boldsymbol{l}^0=\{\cos\alpha,\cos\beta\}$是与$l$同方向的单位向量(如图8.13所示),则有向射线$l$的方程为

$$\begin{cases}x=x_0+\rho\cos\alpha\\ y=y_0+\rho\cos\beta\end{cases}\quad(\rho\geqslant 0)$$

当$\rho\to0^+$时,点(x,y)沿有向射线l趋于点$P_0(x_0,y_0)$,如果

$$\lim_{\rho\to0^+}\frac{f(x_0+\rho\cos\alpha,y_0+\rho\cos\beta)-f(x_0,y_0)}{\rho}\tag{8.27}$$

存在,则称此极限为函数$z=f(x,y)$在点$P_0(x_0,y_0)$沿l方向的方向导数,记作

$$\frac{\partial f}{\partial l}(x_0,y_0)\quad 或\quad f_l(x_0,y_0)$$

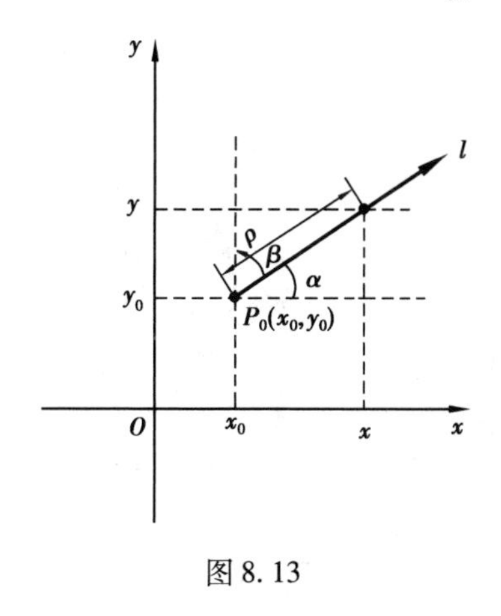

图8.13

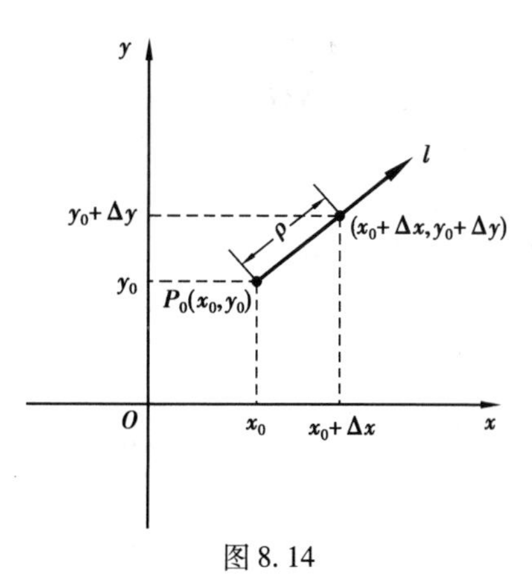

图8.14

从方向导数的定义式(8.27)知,方向导数$\frac{\partial f}{\partial l}(x_0,y_0)$就是函数在指定点$P_0(x_0,y_0)$处沿给定方向$l$的变化率.

定义2　设函数$z=f(x,y)$在点$P_0(x_0,y_0)$的某邻域内有定义,l为自点$P_0(x_0,y_0)$发出的射线,$P(x_0+\Delta x,y_0+\Delta y)$是$l$上的动点,$\rho(\rho=\sqrt{\Delta x^2+\Delta y^2})$是动点$P(x_0+\Delta x,y_0+\Delta y)$到定点$P_0(x_0,y_0)$的距离(见图8.14),若极限

$$\lim_{\substack{\Delta x\to 0\\ \Delta y\to 0}}\frac{\Delta z}{\rho}=\lim_{\substack{\Delta x\to 0\\ \Delta y\to 0}}\frac{f(x_0+\Delta x,y_0+\Delta y)-f(x_0,y_0)}{\sqrt{\Delta x^2+\Delta y^2}}$$

存在,则称此极限为函数 $z=f(x,y)$ 在点 $P_0(x_0,y_0)$ 沿 l 方向的方向导数,记作

$$\frac{\partial f}{\partial l}(x_0,y_0)\ 或 f_l(x_0,y_0)$$

由方向导数的定义可以看出:$\frac{\Delta z}{\rho}$表示函数 $z=f(x,y)$ 在点 $P_0(x_0,y_0)$ 沿 l 方向的平均变化率,$\frac{\partial f}{\partial l}(x_0,y_0)$ 表示函数 $z=f(x,y)$ 在点 $P_0(x_0,y_0)$ 沿 l 方向的变化率. 当$\frac{\partial f}{\partial l}>0$ 时,函数 $z=f(x,y)$ 在 P 点沿方向 l 作微小变化是增加的;当$\frac{\partial f}{\partial l}<0$ 时,函数 $z=f(x,y)$ 在 P 点沿方向 l 作微小变化是减少的.

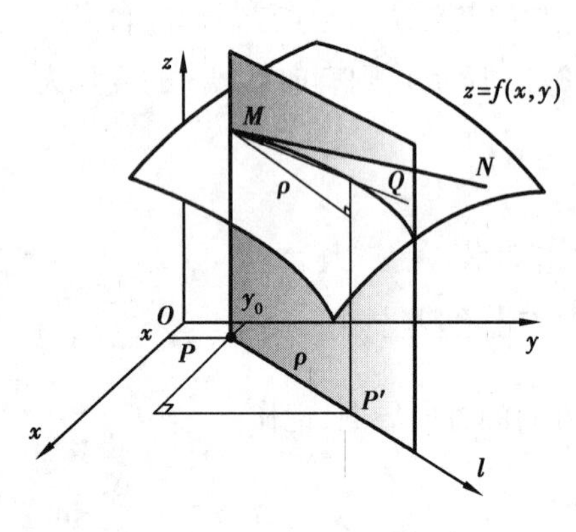

图 8.15

(2)方向导数的几何意义

函数 $z=f(x,y)$ 表示一张空间曲面,当自变量限制在 l 方向变化时,对应的空间点形成一条过 l 的铅垂平面与曲面的交线,如图 8.15 所示. 此交线在点 M 有一条半切线 MN,记 MN 与方向 l 的夹角为 θ,则由方向导数的定义有

$$\frac{\partial f}{\partial l}=\tan\theta$$

(3)方向导数的计算

定理 1 设函数 $z=f(x,y)$ 在点 $P(x_0,y_0)$ 处可微,则函数 $z=f(x,y)$ 在点 $P(x_0,y_0)$ 处沿任意方向 $\boldsymbol{l}^0=\{\cos\alpha,\cos\beta\}$ 的方向导数都存在,且

$$\left.\frac{\partial f}{\partial l}\right|_{(x_0,y_0)}=f_x(x_0,y_0)\cos\alpha+f_y(x_0,y_0)\cos\beta \tag{8.28}$$

证 由于$f(x,y)$在点(x_0,y_0)处可微,所以

$$\Delta z=f(x_0+\Delta x,y_0+\Delta y)-f(x_0,y_0)$$
$$=f_x(x_0,y_0)\Delta x+f_y(x_0,y_0)\Delta y+o(\rho)$$
$$\left.\frac{\partial z}{\partial l}\right|_{(x_0,y_0)}=\lim_{\rho\to 0}\frac{f(x_0+\Delta x,y_0+\Delta y)-f(x_0,y_0)}{\rho}$$
$$=\lim_{\rho\to 0}\left[f_x(x_0,y_0)\frac{\Delta x}{\rho}+f_y(x_0,y_0)\frac{\Delta y}{\rho}+\frac{o(\rho)}{\rho}\right]$$
$$=f_x(x_0,y_0)\cos\alpha+f_y(x_0,y_0)\cos\beta$$

定理 1 表明:计算函数的方向导数,首先要计算函数的偏导数和给定方向的方向余弦,然后根据

$$\left.\frac{\partial z}{\partial l}\right|_{(x_0,y_0)}=f_x(x_0,y_0)\cos\alpha+f_y(x_0,y_0)\cos\beta$$

进行计算. 此公式也可以推广到三元及三元以上的函数在某一点的方向导数的计算公式. 以三元函数为例,若函数 $f(x,y,z)$ 在点(x_0,y_0,z_0)可微,则函数在(x_0,y_0,z_0)点沿方向 $\boldsymbol{l}^0=$

$(\cos\alpha,\cos\beta,\cos\gamma)$的方向导数计算公式为

$$\frac{\partial f}{\partial l}=f_x\cdot\cos\alpha+f_y\cdot\cos\beta+f_z\cdot\cos\gamma$$

注意　方向导数和偏导数不能互推,即偏导数存在不能推出方向导数存在,方向导数存在也不能推出偏导数存在. $f(x,y)$在(x_0,y_0)处的偏导数存在只能推出函数在(x_0,y_0)处沿 x 轴正方向与负方向,沿 y 轴正方向、负方向四个方向的方向导数$\frac{\partial f}{\partial x^+},\frac{\partial f}{\partial x^-},\frac{\partial f}{\partial y^+},\frac{\partial f}{\partial y^-}$存在,但不能保证$f(x,y)$在$(x_0,y_0)$处沿任意方向的方向的方向导数存在;反过来,$f(x,y)$在$(x_0,y_0)$处沿任意方向的方向的方向导数存在,只可以推出

$$\frac{\partial z}{\partial x^+}=\lim_{\Delta x\to0^+}\frac{f(x_0+\Delta x,y_0)-f(x_0,y_0)}{\Delta x},\frac{\partial z}{\partial x^-}=-\lim_{\Delta x\to0^-}\frac{f(x_0+\Delta x,y_0)-f(x_0,y_0)}{\Delta x}$$

存在,不能保证$\frac{\partial z}{\partial x^+}=-\frac{\partial z}{\partial x^-}$,即不能保证

$$\lim_{\Delta x\to0^+}\frac{f(x_0+\Delta x,y_0)-f(x_0,y_0)}{\Delta x}=\lim_{\Delta x\to0^-}\frac{f(x_0+\Delta x,y_0)-f(x_0,y_0)}{\Delta x}$$

因此不能保证$\left.\frac{\partial z}{\partial x}\right|_{(x_0,y_0)}$存在,同理也不能保证$\left.\frac{\partial z}{\partial y}\right|_{(x_0,y_0)}$存在.

事实上,对函数 $z=\sqrt{x^2+y^2}$ 来说,在原点处沿任何方向的方向导数都存在而且相等,但函数在原点处却不可偏导. 这就很好地说明了偏导数与方向导数的区别.

例 8.46　求函数 $u=\ln(x+\sqrt{y^2+z^2})$ 在点 $A(1,0,1)$ 处沿点 A 指向点 $B(3,-2,2)$ 方向的方向导数.

解

$$\frac{\partial u}{\partial x}=\frac{1}{x+\sqrt{y^2+z^2}}$$

$$\frac{\partial u}{\partial y}=\frac{1}{x+\sqrt{y^2+z^2}}\ \frac{y}{\sqrt{y^2+z^2}}$$

$$\frac{\partial u}{\partial x}=\frac{1}{x+\sqrt{y^2+z^2}}\ \frac{z}{\sqrt{y^2+z^2}}$$

$$\left.\frac{\partial u}{\partial x}\right|_{(1,0,1)}=\frac{1}{2},\quad \left.\frac{\partial u}{\partial y}\right|_{(1,0,1)}=0,\quad \left.\frac{\partial u}{\partial z}\right|_{(1,0,1)}=\frac{1}{2}$$

$$\overrightarrow{AB}=(3,-2,2)-(1,0,1)=(2,-2,1),\quad |\overrightarrow{AB}|=3$$

$$\overrightarrow{AB}^0=\{\cos\alpha,\cos\beta,\cos\gamma\}=\left\{\frac{2}{3},-\frac{2}{3},\frac{1}{3}\right\}$$

$$\frac{\partial u}{\partial l_{AB}}=\left.\frac{\partial u}{\partial x}\right|_{(1,0,1)}\cos\alpha+\left.\frac{\partial u}{\partial y}\right|_{(1,0,1)}\cos\beta+\left.\frac{\partial u}{\partial z}\right|_{(1,0,1)}\cos\gamma$$

$$=\frac{1}{2}\times\frac{2}{3}+0\times\left(-\frac{2}{3}\right)+\frac{1}{2}\times\frac{1}{3}=\frac{1}{2}$$

8.7.2　梯度

方向导数$\left.\frac{\partial f}{\partial l}\right|_{(x_0,y_0)}$描述了函数$f(x,y)$在点$(x_0,y_0)$处沿 $\boldsymbol{l}$ 方向的变化率. 而在点(x,y)引

出的方向有无穷多个方向,那么函数沿哪个方向变化得最快呢?为找出使$\frac{\partial f}{\partial l}$达最大的方向,我们记$\boldsymbol{G}=\{f_x(x_0,y_0),f_y(x_0,y_0)\}$,$\boldsymbol{l}^0$为$\boldsymbol{l}$的单位向量,$\boldsymbol{G}$与$\boldsymbol{l}$的夹角为$\theta$,根据方向导数的计算公式,有

$$\begin{aligned}\left.\frac{\partial z}{\partial l}\right|_{(x_0,y_0)}&=f_x(x_0,y_0)\cos\alpha+f_y(x_0,y_0)\cos\beta\\&=\{f_x(x_0,y_0),f_y(x_0,y_0)\}\cdot\{\cos\alpha,\cos\beta\}\\&=\boldsymbol{G}\cdot\boldsymbol{l}^0=|\boldsymbol{G}|\cdot|\boldsymbol{l}^0|\cos\theta=|\boldsymbol{G}|\cdot\cos\theta\end{aligned}$$

当$\cos\theta=1$,即$\theta=0$,$\boldsymbol{l}$的方向与$\boldsymbol{G}$的方向相同时,方向导数达到最大,且为$|\boldsymbol{G}|=\sqrt{f_x^{\ 2}+f_y^{\ 2}}$.因此,$\boldsymbol{G}$的方向就是方向导数达到最大值的方向,这个方向称为梯度方向.

定义 3 设函数$z=f(x,y)$在点(x_0,y_0)处可偏导,称向量

$$(f_x(x_0,y_0),f_y(x_0,y_0))$$

为函数$z=f(x,y)$在点(x_0,y_0)处的梯度,记作$\mathrm{grad}f(x_0,y_0)$,或$\nabla f(x_0,y_0)$,即

$$\mathrm{grad}f(x_0,y_0)=(f_x(x_0,y_0),f_y(x_0,y_0))\tag{8.29}$$

或

$$\nabla f(x_0,y_0)=(f_x(x_0,y_0),f_y(x_0,y_0))$$

利用梯度的概念,函数$z=f(x,y)$沿方向$\boldsymbol{l}^0$的方向导数可以改写为

$$\frac{\partial f}{\partial l}=|\mathrm{grad}f|\cdot\cos\theta\tag{8.30}$$

其中,θ为梯度$\mathrm{grad}f(x_0,y_0)$与方向$\boldsymbol{l}^0$之间的夹角.

因此,函数$z=f(x,y)$在点$P(x_0,y_0)$处的梯度是这样一个向量:它的方向是方向导数取得最大值的方向,它的模就是方向导数的最大值. 函数$z=f(x,y)$在点$P(x_0,y_0)$处沿梯度方向增长最快.

同理,三元函数$f(x,y,z)$在点(x_0,y_0,z_0)的梯度为

$$\mathrm{grad}f|_{(x_0,y_0,z_0)}=\{f_x(x_0,y_0,z_0),f_y(x_0,y_0,z_0),f_z(x_0,y_0,z_0)\}$$

梯度方向与二元函数的梯度的方向具有类似的性质.

例 8.47 设$f(x,y)=xe^y$.

①求函数$f(x,y)$在点$P(2,0)$处沿从点P到点$Q\left(\frac{1}{2},2\right)$方向的变化率;

②问函数$f(x,y)$在点$P(2,0)$处沿什么方向具有最大的增长率?最大增长率为多少?

解 ①这里方向是$\overrightarrow{PQ}=\left(-\frac{3}{2},2\right)$,与其同方向的单位向量为$\boldsymbol{l}^0=\left\{-\frac{3}{5},\frac{4}{5}\right\}$,又$\mathrm{grad}f=(f_x,f_y)=(e^y,xe^y)$,所以

$$\left.\frac{\partial f}{\partial l}\right|_{(2,0)}=\mathrm{grad}f(2,0)\cdot\boldsymbol{l}^0=\{1,2\}\cdot\left\{-\frac{3}{5},\frac{4}{5}\right\}=1$$

②函数$f(x,y)$在点$P(2,0)$处沿梯度方向$\mathrm{grad}f(2,0)=\{1,2\}$具有最大的增长率,最大增长率为

$$|\mathrm{grad}f(2,0)|=\sqrt{5}$$

例 8.48　函数 $u=\ln(x^2+y^2+z^2)$ 在点 $M(1,2,-2)$ 处的梯度 $\mathrm{grad}u\mid_M$.

解

$$\left.\frac{\partial u}{\partial x}\right|_{(1,2,-2)}=\left.\frac{2x}{x^2+y^2+z^2}\right|_{(1,2,-2)}=\frac{2}{9}$$

$$\left.\frac{\partial u}{\partial x}\right|_{(1,2,-2)}=\left.\frac{2y}{x^2+y^2+z^2}\right|_{(1,2,-2)}=\frac{4}{9}$$

$$\left.\frac{\partial u}{\partial z}\right|_{(1,2,-2)}=\left.\frac{2z}{x^2+y^2+z^2}\right|_{(1,2,-2)}=-\frac{4}{9}$$

所求的梯度为 $\mathrm{grad}u\mid_M=\left\{\frac{2}{9},\frac{4}{9},-\frac{4}{9}\right\}=\frac{2}{9}\{1,2,-2\}$.

8.7.3　二元函数的等值线

(1)等值线的定义

函数 $z=f(x,y)$ 在几何上表示一张空间曲面,它与平面 $z=c$(c 为常数)的交线在 xOy 平面上的投影称为函数 $z=f(x,y)$ 的一个等值线. 即 xOy 面上的曲线

$$f(x,y)=c$$

称为等值线.

(2)梯度方向与等值线的切线方向的关系

$f(x,y)=c$ 是一个二元方程,确定一个隐函数 $y=y(x)$,这条平面曲线 $\begin{cases}x=x\\y=y(x)\end{cases}$ 的切线方向为 $\boldsymbol{v}=\{1,y'(x)\}=\left\{1,-\dfrac{\frac{\partial f}{\partial x}}{\frac{\partial f}{\partial y}}\right\}$,它平行于 $\left\{\frac{\partial f}{\partial y},-\frac{\partial f}{\partial x}\right\}$,该方向也是切线方向.

将 $f(x,y)=c$ 两边分别对 x 求导,得

$$\frac{\partial f}{\partial x}+\frac{\partial f}{\partial y}\cdot y'(x)=0$$

$$\left(\frac{\partial f}{\partial x},\frac{\partial f}{\partial y}\right)\cdot\left(\frac{\partial f}{\partial y},-\frac{\partial f}{\partial x}\right)=0 \tag{8.31}$$

$\left(\frac{\partial f}{\partial y},-\frac{\partial f}{\partial x}\right)$ 为切线方向,$\left\{\frac{\partial f}{\partial x},\frac{\partial f}{\partial y}\right\}$ 为梯度方向,梯度方向垂直于切线方向,且指向等值线增加的一侧.

习题 8.7

A 组

1. 求函数 $f(x,y)=\ln(x^2+y^2)$ 在点 $(1,1)$ 处沿从点 $P(1,2)$ 到点 $Q(2,2+\sqrt{3})$ 方向的方向导数.

2. 求函数 $u=xyz$ 在点 $M_0(3,4,5)$ 处沿锥面 $z=\sqrt{x^2+y^2}$ 的法线方向的方向导数.

3. 求函数 $u=\sqrt{x^2+2y^2+3z^2}$ 在点(1,1,4)处沿曲线 $\begin{cases}x=t\\y=t^2\\z=3t^3+1\end{cases}$ 在该点切线方向的方向导数.

4. 求函数 $z=3x^2y-y^2$ 在点 $P(2,3)$ 沿曲线 $y=x^2-1$ 向 x 增大方向的方向导数,如图8.16所示.

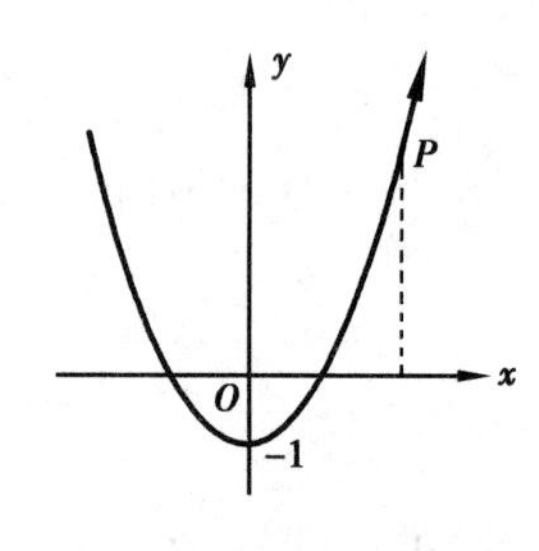

图8.16

5. 求函数 $f(x,y)=\ln(x^2+y^2)$ 在点(1,2)处的梯度.

6. 求函数 $u=xy^2z^3$ 在点(1,1,1)处的梯度.

7. 求函数 $u=2x-3y+z$ 在点(1,1,1)处沿球面 $x^2+y^2+z^2=3$ 外法线方向的方向导数.

8. 求函数 $u=\mathrm{e}^z-z+xy$ 在点(2,1,0)处沿曲面 $\mathrm{e}^z-z+xy=3$ 法线方向的方向导数.

9. 设函数 uv 具有一阶连续偏导数. 证明

(1) $\mathrm{grad}(au+bv)=a\mathrm{grad}u+b\mathrm{grad}v$,其中 a,b 为常数;

(2) $\mathrm{grad}(uv)=v\mathrm{grad}u+u\mathrm{grad}v$;

(3) $\mathrm{grad}\left(\dfrac{u}{v}\right)=\dfrac{v\mathrm{grad}u-u\mathrm{grad}v}{v^2}$;

(4) $\mathrm{grad}(f(u))=f'(u)\mathrm{grad}(u)$,$f$ 是可导函数.

B组

1. 求函数 $u=x^2+y^2+z^2$ 在点 $M_0(-1,0,3)$ 处沿椭球面 $\dfrac{x^2}{2}+\dfrac{y^2}{3}+\dfrac{z^2}{18}=1$ 外法线方向的方向导数.

2. 求函数 $u=x^2+2y^2-z$ 在点 $M_0(1,2,9)$ 处沿过该点等值面法线方向的方向导数.

3. 求 $u=\sqrt{x^2+y^2+z^2}$ 在点 $P_0(1,2,-2)$ 处沿过该点等值面外法线方向的方向导数.

4. 求函数 $u=x+2y+3z$ 在点(1,1,1)处沿曲线 $\begin{cases}x^2+y^2+z^2-3x=0\\2x-3y+5z-4=0\end{cases}$ 切线方向的方向导数.

5. 求函数 $u=x^2-3y^2+z^2$ 在点(1,1,−2)处沿曲线 $\begin{cases}x^2+y^2+z^2=6\\x+y+z=0\end{cases}$ 切线方向的方向导数.

6. 设 $\boldsymbol{n}$ 是曲面 $2x^2+3y^2+z^2=6$ 在点 $P(1,1,1)$ 处的指向外侧的法向量,求函数 $u=\dfrac{\sqrt{6x^2+8y^2}}{z}$ 在点 P 处沿方向 $\boldsymbol{n}$ 的方向导数.

8.8 多元函数的极值

在一元微积分学中,我们曾运用一元函数微分学的工具解决了许多属于一元函数极值和最值的问题. 同样,我们将运用多元函数微分学来研究多元函数的极值和最值问题.

8.8.1 多元函数的极值

(1)多元函数极值的定义

定义1

①极大值:函数 $z=f(x,y)$ 在点 $P_0(x_0,y_0)$ 的某邻域 $U(P_0,\delta)$ 内有定义,如果该去心邻域 $U^0(P_0,\delta)$ 内的点 (x,y) 都满足不等式

$$f(x,y)<f(x_0,y_0)$$

则称函数 $z=f(x,y)$ 在点 (x_0,y_0) 处取得极大值 $f(x_0,y_0)$,(x_0,y_0) 称为极大值点(如函数 $f(x,y)=-\sqrt{x^2+y^2}$ 在点(0,0)取得极大值,(0,0)称为极大值点,如图8.17所示);

②极小值:函数 $z=f(x,y)$ 在点 $P_0(x_0,y_0)$ 的某邻域 $U(P_0,\delta)$ 内有定义,如果该去心邻域 $U^0(P_0,\delta)$ 内的点 (x,y) 都满足不等式

$$f(x,y)>f(x_0,y_0)$$

则称函数 $z=f(x,y)$ 在点 (x_0,y_0) 取得极小值 $f(x_0,y_0)$,(x_0,y_0) 称为极小值点(如函数 $z=3x^2+4y^2$ 在点(0,0)取得极小值,(0,0)是极小值点,如图8.18所示).

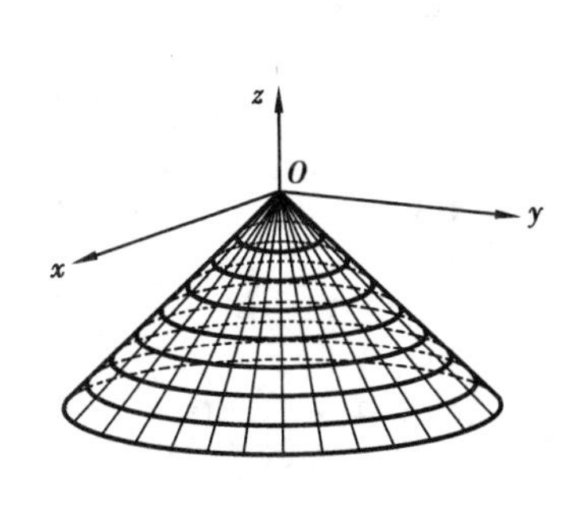

图8.17

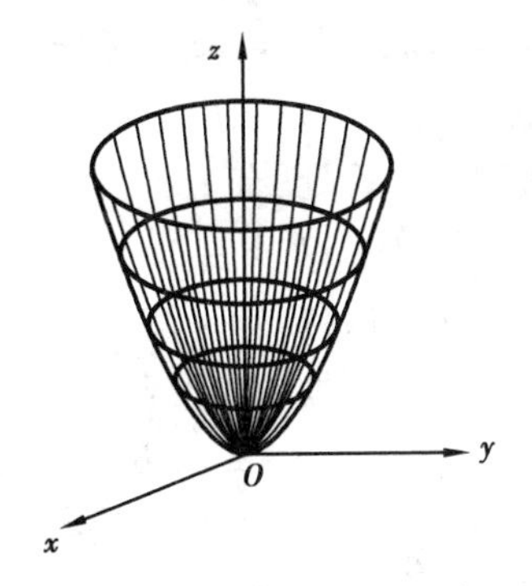

图8.18

极大值与极小值统称为极值,极大值点和极小值点称为极值点.

(2)多元函数极值的必要条件

定理1(极值的必要条件) 若函数 $z=f(x,y)$ 在点 (x_0,y_0) 取得极值,并且 $z=f(x,y)$ 在点 (x_0,y_0) 处可偏导,则

$$f_x(x_0,y_0)=0, f_y(x_0,y_0)=0$$

证 不妨设 $z=f(x,y)$ 在点 $P_0(x_0,y_0)$ 处取得极大值,即去心邻域 $U^0(P_0,\delta)$ 内的点 (x,y) 都满足不等式

$$f(x,y)<f(x_0,y_0)$$

特别地,对任意的点 $(x,y_0)\in U^0(P_0,\delta)$,有

$$f(x,y_0)<f(x_0,y_0)$$

所以,一元函数 $f(x,y_0)$ 在点 $x=x_0$ 处取得极大值. 根据一元函数极值的必要条件有

$$f_x(x_0,y_0)=0$$

同理可证 $f_y(x_0,y_0)=0$. 故 $f_x(x_0,y_0)=0, f_y(x_0,y_0)=0$.

把满足 $f_x(x_0,y_0)=0, f_y(x_0,y_0)=0$ 的点 (x_0,y_0) 称为 $z=f(x,y)$ 的驻点. 定理1表明,可微

函数的极值点一定是驻点. 但驻点未必都是函数的极值点,一般采用下面的定理 2 来判断驻点是否为函数的极值点.

定理 2(极值的充分条件) 设 $z=f(x,y)$ 在点 (x_0,y_0) 的某邻域内具有连续的偏导数,且 $f_x(x_0,y_0)=0$,$f_y(x_0,y_0)=0$. 记 $A=f_{xx}(x_0,y_0)$,$B=f_{xy}(x_0,y_0)$,$C=f_{yy}(x_0,y_0)$,$\Delta=B^2-AC$,那么,

①若 $\Delta<0$,$A<0$,则函数 $z=f(x,y)$ 在点 (x_0,y_0) 处取得极大值;

②若 $\Delta<0$,$A>0$,则函数 $z=f(x,y)$ 在点 (x_0,y_0) 处取得极小值;

③若 $\Delta>0$,则函数 $z=f(x,y)$ 在点 (x_0,y_0) 处不能取得极值;

④若 $\Delta=0$,函数 $z=f(x,y)$ 在点 (x_0,y_0) 点可能取得极值也可能不取得极值.

例 8.49 求函数 $z=x^4+y^4-x^2-y^2-2xy$ 的极值.

解 令 $\begin{cases}z_x=4x^3-2x-2y=0\\ z_y=4y^3-2y-2x=0\end{cases}$,得驻点 $(-1,-1)$,$(0,0)$,$(1,1)$,$z_{xx}=12x^2-2$,$z_{xy}=-2$,$z_{yy}=12y^2-2$.

在驻点 $(-1,-1)$ 处,有

$$A=10,\quad B=-2,\quad C=10,\quad \Delta=B^2-AC=4-100=-96<0,\quad A>0$$

所以有极小值 $z(-1,-1)=-2$.

在驻点 $(1,1)$ 处,有

$$A=10,\quad B=-2,\quad C=10,\quad \Delta=B^2-AC=4-100=-96<0, A>0$$

所以有极小值 $z(1,1)=-2$.

在驻点 $(0,0)$ 处,有

$$A=-2,\quad B=-2,\quad C=-2,\quad \Delta=B^2-AC=4-4=0$$

用定理无法断定,须用其他方法判别.

若取 $y=x$,则函数变为

$$z=2x^4-x^2-x^2-2x^2=2x^2(x^2-2)$$

在 $(0,0)$ 附近,$2x^2(x^2-2)<0=z(0,0)$.

若取 $y=-x$,则函数变为

$$z=2x^4-x^2-x^2+2x^2=2x^4$$

在 $(0,0)$ 附近,$2x^4>0=z(0,0)$,所以对于 $(0,0)$ 点的任意一个邻域,既有比 $z(0,0)$ 大的函数值,又有比 $z(0,0)$ 小的函数值,所以 $(0,0)$ 不是极值点.

8.8.2 拉格朗日条件极值

我们先考虑这样一个问题:要制造一个圆柱形的罐头,在容积一定的情况下,怎样设计罐头的底半径和高,才能最省料?

设罐头的底半径为 r,高为 h,根据题目的条件就是求解罐头的表面积 $S=2\pi r^2+2\pi rh$(目标函数)在 $\pi r^2h=V$ 的条件下(这个条件称为约束条件)达到最小(这种带有条件的极值称为条件极值). 即

$$\begin{cases}\min S=2\pi r^2+2\pi rh\\ s.t\quad \pi r^2h-V=0\end{cases}$$

高等数学上册的解法是:先从约束条件中解出 $h=\dfrac{V}{\pi r^2}$,再把它代入目标函数 $S=2\pi r^2+2\pi rh$ 中得到一个一元函数:

$$S=2\pi r^2+2\pi rh=2\pi r^2+\frac{2V}{r}$$

然后求导找驻点就可以求出罐头的底半径和高以达到最省料的目的. 但如果从约束条件中不能解出一个变量,此时要把条件极值转化为无条件极值是很困难的,这就需要介绍拉格朗日条件极值.

条件极值的一般形式为

$$\begin{cases}\min f(x,y)\\ s.t\quad \varphi(x,y)=0\end{cases}\quad \text{或}\quad \begin{cases}\max f(x,y)\\ s.t\quad \varphi(x,y)=0\end{cases}$$

为了得出以上问题的解法,我们首先设 (x_0,y_0) 是以上问题的解,函数 $f(x,y)$,$\varphi(x,y)$ 在所考虑的区域内均具有一阶连续的偏导数,且 $\varphi'_y(x,y)\neq 0$. 根据隐函数定理约束条件,$\varphi(x,y)=0$ 在 (x_0,y_0) 的某一个邻域内确定了一个隐函数 $y=y(x)$,将它代入 $z=f(x,y)$,得到一元函数

$$z=f(x,y(x))$$

在 $x=x_0$ 点取得极值,从而有 $\left.\dfrac{\mathrm{d}z}{\mathrm{d}x}\right|_{x=x_0}=0$,即

$$\left.\frac{\mathrm{d}z}{\mathrm{d}x}\right|_{x=x_0}=f_x(x_0,y_0)+f_y(x_0,y_0)\left.\frac{\mathrm{d}y}{\mathrm{d}x}\right|_{x=x_0}=0 \tag{8.32}$$

对约束条件 $\varphi(x,y)=0$ 用隐函数求导法,有

$$\left.\frac{\mathrm{d}y}{\mathrm{d}x}\right|_{x=x_0}=-\frac{\varphi_x(x_0,y_0)}{\varphi_y(x_0,y_0)} \tag{8.33}$$

将式(8.33)代入式(8.32),得

$$f_x(x_0,y_0)-f_y(x_0,y_0)\frac{\varphi_x(x_0,y_0)}{\varphi_y(x_0,y_0)}=0 \tag{8.34}$$

令 $\lambda=-\dfrac{f_y(x_0,y_0)}{\varphi_y(x_0,y_0)}$,得

$$f_y(x_0,y_0)+\lambda\varphi_y(x_0,y_0)=0 \tag{8.35}$$

式(8.34)变为

$$f_x(x_0,y_0)+\lambda\varphi_x(x_0,y_0)=0 \tag{8.36}$$

从以上推导可以看出,如果 (x_0,y_0) 是原问题的解,则必须满足式(8.35),式(8.36)和约束条件,即

$$\begin{cases}f_x(x_0,y_0)+\lambda\varphi_x(x_0,y_0)=0\\ f_y(x_0,y_0)+\lambda\varphi_y(x_0,y_0)=0\\ \varphi(x_0,y_0)=0\end{cases}$$

上面三个条件是三个方程,刚好可以求三个未知数 x_0,y_0,λ. 但上面三个条件的左端又恰好是目标函数 $L(x,y,\lambda)=f(x,y)+\lambda\varphi(x,y)$ 的三个偏导数. 因此,求解条件极值的步骤如下:

步骤 1　作拉格朗日目标函数 $L(x,y,\lambda)=f(x,y)+\lambda\varphi(x,y)$,其中,$\lambda$ 称为拉格朗日

乘数.

步骤 2 求出拉格朗日目标函数函数的三个偏导数并令其等于 0,解出驻点.

步骤 3 判断驻点是否极值点,得出结论.

例 8.50 求抛物线 $y^2=4x$ 上距离直线 $x-y+4=0$ 最近的点,并求其最短的距离.

解 抛物线上任意点(x,y)到直线 $x-y+4=0$ 的距离为

$$d=\frac{|x-y+4|}{\sqrt{2}}$$

因此,题目求解问题是一个条件极值问题:$\begin{cases}\min d=\dfrac{|x-y+4|}{\sqrt{2}}\\ s.t\quad y^2-4x=0\end{cases}$.

如果直接采用拉格朗日乘数法得到 $L_1(x,y,\lambda)=\dfrac{|x-y+4|}{\sqrt{2}}+\lambda(y^2-4x)$,它在求偏导时不方便,但 d^2 与 d 具有相同的极值点,只是极值不同,因此把本题求解问题转化为:

$$\begin{cases}\min d^2=\dfrac{(x-y+4)^2}{2}\\ s.t\quad y^2-4x=0\end{cases}$$

为此,构造拉格朗日函数

$$L(x,y,\lambda)=\frac{(x-y+4)^2}{2}+\lambda(y^2-4x)$$

求解方程组

$$\begin{cases}L_x=(x-y+4)-4\lambda=0\\ L_y=-(x-y+4)+2\lambda y=0\\ L_\lambda=y^2-4x=0\end{cases}$$

得驻点(1,2). 由于抛物线到直线的最短距离必定存在,而在区域内只有唯一可能的极值点. 故点(1,2)为抛物线 $y^2=4x$ 到直线 $x-y+4=0$ 最短距离的点,且最短距离为 $d(1,2)=\dfrac{3}{2}\sqrt{2}$.

前面讨论的是二元函数在一个约束条件下的极值,也可以是多个约束条件下极值,有几个约束条件就要引入几个参数,如

$$\begin{cases}\min f(x,y)\\ s.t\begin{cases}\phi(x,y)=0\\ \varphi(x,y)=0\end{cases}\end{cases}\quad 或\quad \begin{cases}\max f(x,y)\\ s.t\begin{cases}\phi(x,y)=0\\ \varphi(x,y)=0\end{cases}\end{cases}$$

此时构造的拉格朗日函数应为 $L(x,y,\lambda,\mu)=f(x,y)+\lambda\phi(x,y)+\mu\varphi(x,y)$,然后求出该函数的四个偏导数,令其等于 0 得到四个方程组成的方程组,解出驻点.

二元函数的拉格朗日乘数法可以推广到三元及三元以上函数,并且有多个约束方程的情形. 如

$$\begin{cases}\min f(x,y,z)\\ s.t\begin{cases}\phi(x,y,z)=0\\ \varphi(x,y,z)=0\end{cases}\end{cases}\quad 或\quad \begin{cases}\max f(x,y,z)\\ s.t\begin{cases}\phi(x,y,z)=0\\ \varphi(x,y,z)=0\end{cases}\end{cases}$$

此时构造辅助函数为

$$L(x,y,z,\lambda,\mu) = f(x,y,z) + \lambda\phi(x,y,z) + \mu\varphi(x,y,z)$$

求其一阶偏导数,并使之为零,解出驻点.

至于如何确定所求得的驻点是否为极值点,在实际问题中往往可根据问题本身的性质来判定.

8.8.3　多元函数的最大值与最小值

多元函数的最大值和最小值可能在区域内的极值点取得,也可能在区域的边界上的最值点取得.区域内的极值是一个多元函数的无条件极值问题,边界上的最值有时转换成一元函数的最值,有时需要根据拉格朗日条件极值求得.因此,求多元函数的最值方法是:把函数$f(x,y)$在区域 D 内的所有可能极值点的函数值和函数 $f(x,y)$ 在区域 D 边界上的最值点的函数值作比较,其中最大者为最大值,最小者为最小值.

例 8.51　求二元函数 $z = 4x^2 + y^2 - 4x + 8y$ 在闭区域 $4x^2 + y^2 \leqslant 25$ 上的最大值和最小值.

解　先求在开区域内的驻点.

因为 $z_x = 8x - 4, z_y = 2y + 8$,令 $z_x = 0, z_y = 0$,即$\begin{cases} 2x - 1 = 0 \\ y + 4 = 0 \end{cases}$.

解得驻点:$x = \dfrac{1}{2}, y = -4$(在域 $4x^2 + y^2 < 25$ 内).

下面求函数在边界上的极值.

在条件 $4x^2 + y^2 = 25$ 下求函数 $z = 4x^2 + y^2 - 4x + 8y = 25 - 4x + 8y$ 的条件极值,由拉格朗日乘数法,令 $L(x,y,\lambda) = 25 - 4x + 8y + \lambda(4x^2 + y^2 - 25)$,则

$$\begin{cases} L_x = 0 \\ L_y = 0 \\ L_\lambda = 0 \end{cases} \Rightarrow \begin{cases} -4 + 8\lambda x = 0 \\ 8 + 2\lambda y = 0 \\ 4x^2 + y^2 = 25 \end{cases}$$

解得

$$\begin{cases} x_1 = -\dfrac{5\sqrt{17}}{34} \\ y_1 = \dfrac{20\sqrt{17}}{17} \end{cases}, \quad \begin{cases} x_2 = \dfrac{5\sqrt{17}}{34} \\ y_2 = -\dfrac{20\sqrt{17}}{17} \end{cases}$$

各驻点的函数值为

$$f\left(\frac{1}{2}, -4\right) = -17$$

$$f\left(\frac{-5}{2\sqrt{17}}, \frac{20}{\sqrt{17}}\right) = 25 + \frac{170}{\sqrt{17}}$$

$$f\left(\frac{5}{2\sqrt{17}}, \frac{-20}{\sqrt{17}}\right) = 25 - \frac{170}{\sqrt{17}}$$

所以,所求的最大值为 $25 + \dfrac{170}{\sqrt{17}}$,最小值为 -17.

习题 8.8

A 组

1. 求函数 $z=6xy-x^3-2y^2+10$ 的极值.

2. 将正数 a 分成三个正数之和,怎样才能使它们的乘积最大?

3. 在椭圆$\frac{x^2}{a^2}+\frac{y^2}{b^2}=1$ 的第一象限部分上求一点,使椭圆在该点的切线、椭圆在第一象限的部分及坐标轴所围成的图形的面积最小,其中 $a>0,b>0$.

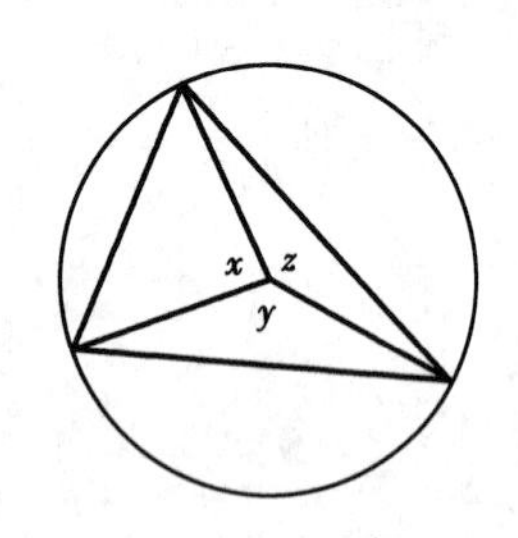

图 8.19

4. 在椭圆 $x^2+9y^2=4$ 的第一象限部分上求一点,使椭圆在该点的切线位于两坐标轴之间的一段长度为最短,并求最短长度.

5. 求半径为 R 的圆的内接三角形中面积最大者.

提示:设内接三角形各边所对的圆心角为 x,y,z,如图 8.19 所示,则

$$x+y+z=2\pi,x\geqslant 0,y\geqslant 0,z\geqslant 0$$

设拉格朗日函数

$$L(x,y,z,\lambda)=\sin x+\sin y+\sin z+\lambda(x+y+z-2\pi)$$

B 组

1. 求下列函数的最值.

(1) $z=2x^2+3y^2,D:x^2+4y^2\leqslant 4$;

(2) $z=xy+\frac{50}{x}+\frac{20}{y}$, $D:1\leqslant x\leqslant 10,1\leqslant y\leqslant 10$.

2. 在椭球面 $x^2+4y^2+16z^2=16$ 的第一卦限部分上求一点,使椭球面在该点处的切平面与三个坐标面所围成四面体的体积为最小.

3. 求过点(2,3,6)的平面,使此平面在三个坐标轴上的截距都是正数,且平面与三个坐标面所围成四面体的体积为最小,并求最小四面体的体积.

4. 在椭球面$\frac{x^2}{a^2}+\frac{y^2}{b^2}+\frac{z^2}{c^2}=1$ 的第一卦限部分上求一点,使椭球面在该点处的切平面、椭球面及三个坐标面在第一卦限部分所围成的立体体积为最小,并求最小体积,其中 $a>0,b>0,c>0$.

5. 求函数 $f(x,y)=2(x^2+y^2)+(x-1)^2+(y-1)^2$ 在由 x 轴、y 轴及直线 $x+y=1$ 所围成的三角形区域(见图 8.20)的最大值与最小值.

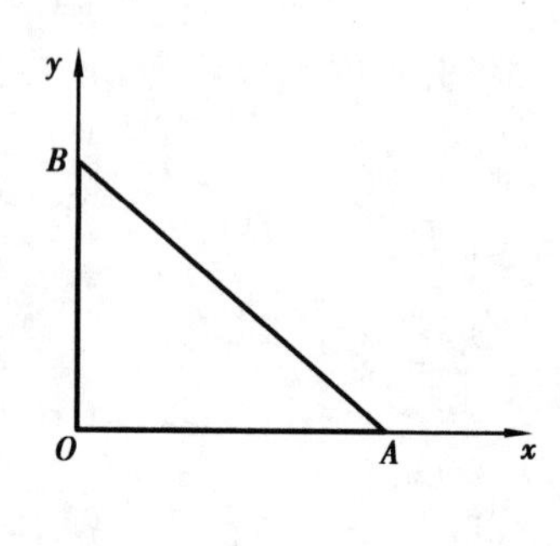

图 8.20

提示:在区域内部是无条件极值.

在边界 OA 上,$y=0,0\leqslant x\leqslant 1$,$f(x,y)$ 成为 $f(x,0)=2x^2+(x-1)^2+1$.

在边界 OB 上,$x=0,0\leqslant y\leqslant 1$,$f(x,y)$ 成为 $f(0,y)=2y^2+(y-1)^2+1$.

在边界 AB 上，$y=1-x, 0\leqslant x\leqslant 1$. $f(x,y)$ 成为 $f(x,y)=3x^2+3(x-1)^2$.

6. 求 $\sum_{k=1}^{n} x_k y_k$ 在方程组 $\sum_{k=1}^{n} x_k^2 = 1$，$\sum_{k=1}^{n} y_k^2 = 1$ 约束下的最大值.

总习题 8

1. 求函数 $z=\sqrt{y}\arcsin\dfrac{\sqrt{2ax-x^2}}{y}+\sqrt{x}\arccos\dfrac{y^2}{2ax}(a>0)$ 的定义域.

2. 计算极限：$\lim\limits_{\substack{x\to 0\\ y\to 0}}\dfrac{\sqrt{x^2y^2+1}-1}{x^2+y^2}$.

3. 设函数 $f(x,y)=\begin{cases}\dfrac{\sqrt{|xy|}}{x^2+y^2}\sin(x^2+y^2), & x^2+y^2\neq 0\\ 0, & x^2+y^2=0\end{cases}$

(1) 问函数 $f(x,y)$ 在点 $(0,0)$ 处是否连续？

(2) 问函数 $f(x,y)$ 在点 $(0,0)$ 处是否可微？

4. 设函数 $z=\varphi(x+y,x-y)\cdot\phi\left(xy,\dfrac{y}{x}\right)$，其中 $\varphi,\phi\in C^{(1)}$ 类函数. 求 $\dfrac{\partial z}{\partial x}$.

5. 设函数 $u=f(x,y,z)\in C^{(1)}$，$y=y(x)$，$z=z(x)$ 分别由方程 $\mathrm{e}^{xy}-y=0$ 和 $\mathrm{e}^{x}-xz=0$ 所确定，求 $\dfrac{\mathrm{d}u}{\mathrm{d}x}$.

6. 求两球面 $x^2+y^2+z^2=25$ 与 $x^2+y^2+(z-8)^2=1$ 的公切面方程，使该公切面在 x 轴和 y 轴的正半轴上的截距相等.

7. 设 x 轴正向到方向 $\boldsymbol{l}$ 的转角为 φ，求函数 $f(x,y)=x^2-xy+y^2$ 在点 $(1,1)$ 处沿方向 $\boldsymbol{l}$ 的方向导数，并分别确定转角 φ，使得方向导数有：(1) 最大值；(2) 最小值；(3) 等于 0.

8. 求函数 $f(x,y)=x^2+y^2$ 在约束条件 $\varphi(x,y)=(x-1)^3-y^3=0$ 下的条件极值.

第 9 章
重积分

类似于定积分所解决的问题,更一般地,有些问题需要用两个或三个变量的函数的积分解决,如物理学中求非均匀平面薄片或空间物体的质量问题. 本章将讨论二元函数和三元函数的积分,即二重积分和三重积分. 实际上,二重积分和三重积分的计算均利用了定积分的计算来解决. 本章的最后,利用二重积分和三重积分计算空间曲面面积、重心、转动惯量和引力等物理量.

9.1 二重积分

9.1.1 二重积分的背景

背景实例 1 曲顶柱体的体积

定义 1 曲顶柱体是以平面区域 D 作为底面,以 D 的边界曲线为准线,母线平行于 z 轴,曲面 $z=f(x,y)$ 为顶的几何体,如图 9.1 所示.

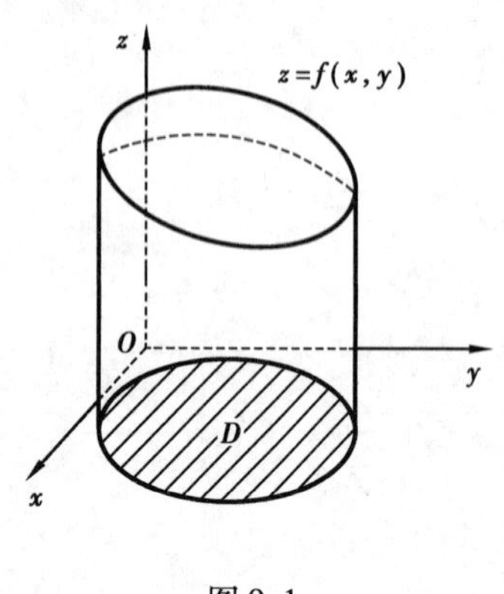

图 9.1

由于平顶柱体的体积等于它的高乘以底面积,而曲顶柱体的高在区域 D 内是变化的,但顶面函数 $f(x,y)$ 在区域 D 内连续变化,它在一个很小的范围内变化很小,可以用一个平顶柱体的体积来近似代替这个小范围的曲顶柱体的体积,因此还是采用分割、近似求和、取极限的方法来求曲顶柱体的体积.

首先将区域 D 划分(如图 9.2 所示)成 n 个小闭区域 $\Delta\sigma_1,\Delta\sigma_2,\cdots,\Delta\sigma_n$,其对应面积值也记为 $\Delta\sigma_1,\Delta\sigma_2,\cdots,\Delta\sigma_n$,$\Delta\sigma_i$ 的直径记为 λ_i(区域的直径为区域中任意两点间的距离最大者),$\lambda=\max\limits_{1\leqslant i\leqslant n}\lambda_i$.

任取一个小闭区域 $\Delta\sigma_i$,以 $\Delta\sigma_i$ 的边界曲线作为准线,作母线平行于 z 轴的柱面,交曲顶柱体而得到一个小曲顶柱体,此小曲顶柱体可近似为一个平顶柱体. 我们在 $\Delta\sigma_i$ 中任取一点

(ξ_i,η_i)，以其函数值 $f(\xi_i,\eta_i)$ 作平顶柱体的高，则小曲顶柱体的体积近似为

$$\Delta V_i \approx f(\xi_i,\eta_i)\Delta\sigma_i \tag{9.1}$$

整个曲顶柱体的体积可近似为

$$V \approx \sum_{i=1}^{n} f(\xi_i,\eta_i)\Delta\sigma_i \tag{9.2}$$

当对 D 的分割越来越细时，式(9.2)的近似程度越高，但不管分割得多么细，式(9.2)毕竟还是曲顶柱体的体积的近似值，不是精确值，要想得到体积的精确值，只有取极限，即

$$V = \lim_{\lambda\to 0}\sum_{i=1}^{n} f(\xi_i,\eta_i)\Delta\sigma_i$$

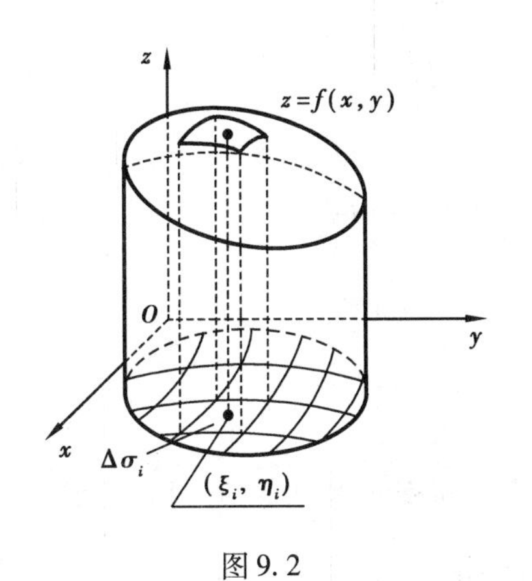

图9.2

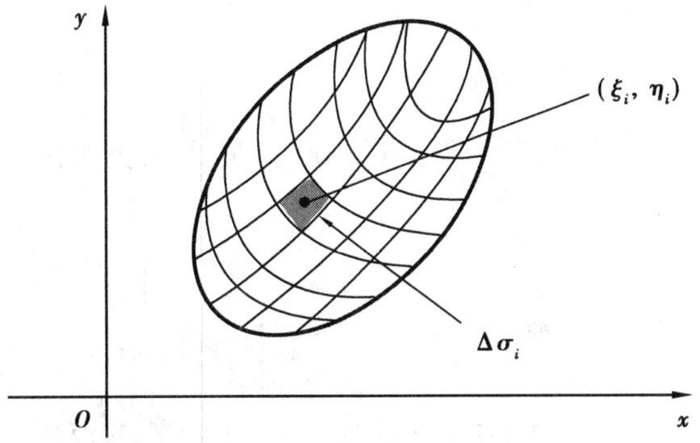

图9.3

背景实例2　非均匀平面薄片的质量

设一个平面薄片区域为 D，其密度函数为连续函数 $\rho(x,y)$，求该平面薄片的质量.

在初等物理中，对均匀密度的平面薄片，其质量为面积乘以密度. 但薄片密度随薄片上点的不同而变化，不能沿用初等物理的解决方法. 我们仍然采用分割、近似求和、取极限的办法来解决.

首先，将 D 划分成 $\Delta\sigma_1,\Delta\sigma_2,\cdots,\Delta\sigma_n$ 共 n 个小平面薄片，如图9.3所示，分别记其面积为 $\Delta\sigma_1,\Delta\sigma_2,\cdots,\Delta\sigma_n$. $\Delta\sigma_i$ 的直径记为 λ_i，$\lambda=\max\limits_{1\leqslant i\leqslant n}\lambda_i$.

其次，任取一小块 $\Delta\sigma_i$，在 $\Delta\sigma_i$ 上任取一点 (ξ_i,η_i). 由于划分很细，密度函数 $\rho(x,y)$ 是一个连续函数，它在 $\Delta\sigma_i$ 上变化很小，可以把 $\Delta\sigma_i$ 近似看成均匀密度为 $\rho(\xi_i,\eta_i)$ 的薄片，于是 $\Delta\sigma_i$ 所对应的小薄片的质量近似值为

$$\Delta m_i \approx \rho(\xi_i,\eta_i)\Delta\sigma_i \quad (1\leqslant i\leqslant n)$$

则平面薄片总质量 M 的近似值为

$$M = \sum_{i=1}^{n}\Delta m_i \approx \sum_{i=1}^{n}\rho(\xi_i,\eta_i)\Delta\sigma_i \tag{9.3}$$

当划分越来越细时，式(9.3)的近似程度越高. 但不管分割得多么细，式(9.3)毕竟还是近似值而不是精确值，要得到质量的精确值，只有取极限. 即 $\lambda\to 0$ 时，有

$$M = \lim_{\lambda\to 0}\sum_{i=1}^{n}\rho(\xi_i,\eta_i)\Delta\sigma_i$$

以上两个实际问题虽然背景不一样，但采用的解决方法是相同的，均采用了分割、近似求和、取极限三个步骤. 把上述两个背景问题抽象出来作为二重积分的定义.

9.1.2 二重积分的定义

(1)二重积分的定义

定义 2 设$f(x,y)$是定义在有界闭区域D上的有界函数. 将闭区域D任意划分成n个小闭区域$\Delta\sigma_1,\Delta\sigma_2,\cdots,\Delta\sigma_n$,并用$\Delta\sigma_i(i=1,2,\cdots,n)$表示第$i$个小闭区域$\Delta\sigma_i$的面积,$\Delta\sigma_i$的直径记为$\lambda_i$(区域的直径为区域中任意两点间的距离最大者),$\lambda=\max\limits_{1\leqslant i\leqslant n}\lambda_i$;在每个$\Delta\sigma_i$内任取一点$M_i(\xi_i,\eta_i)$,作乘积

$$f(\xi_i,\eta_i)\Delta\sigma_i \quad (i=1,2,\cdots,n)$$

并作和式(该和也称为黎曼和)

$$\sum_{i=1}^{n} f(\xi_i,\eta_i)\Delta\sigma_i$$

如果$\lim\limits_{\lambda\to 0}\sum\limits_{i=1}^{n} f(\xi_i,\eta_i)\Delta\sigma_i$存在,则称此极限为函数$f(x,y)$在闭区域$D$上的二重积分. 记作

$$\iint_D f(x,y)\,\mathrm{d}\sigma$$

即有

$$\iint_D f(x,y)\,\mathrm{d}\sigma = \lim_{\lambda\to 0}\sum_{i=1}^{n} f(\xi_i,\eta_i)\Delta\sigma_i$$

其中$f(x,y)$称为被积函数,$f(x,y)\,\mathrm{d}\sigma$称为被积表达式,$\mathrm{d}\sigma$称为面积元素,D称为积分区域.

如果$\lim\limits_{\lambda\to 0}\sum\limits_{i=1}^{n} f(\xi_i,\eta_i)\Delta\sigma_i$不存在,则$f(x,y)$在闭区域$D$上的二重积分不存在.

如果$f(x,y)$在D上连续,那么$\iint\limits_D f(x,y)\,\mathrm{d}\sigma$存在. 有了二重积分的概念后,背景实例1的曲顶柱体的体积可以表示为

$$V=\iint_D f(x,y)\,\mathrm{d}\sigma$$

背景实例2的非均匀平面薄片的质量可表示为

$$M=\iint_D \rho(x,y)\,\mathrm{d}\sigma$$

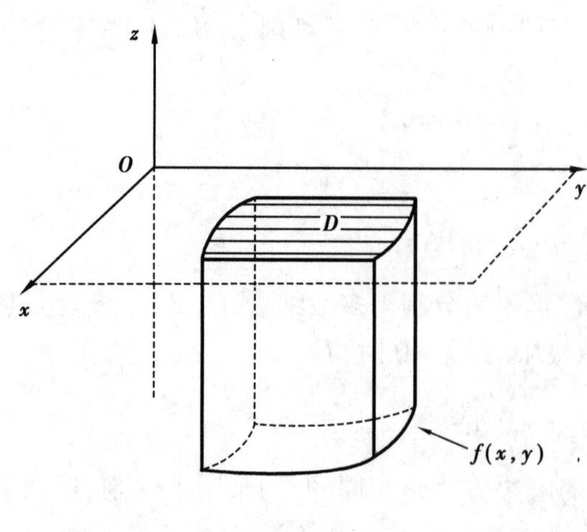

图 9.4

(2)二重积分的几何意义

①$f(x,y)\geqslant 0$,$\iint\limits_D f(x,y)\,\mathrm{d}\sigma$在几何上表示以区域$D$作为底,母线平行于$z$轴,$f(x,y)$为顶的曲顶柱体的体积,如图9.1所示.

②$f(x,y)\leqslant 0$,$\iint\limits_D f(x,y)\,\mathrm{d}\sigma$在几何上表示以区域$D$作为底,母线平行于$z$轴,$f(x,y)$为顶的曲顶柱体体积的负值,如图9.4所示.

③$f(x,y)$在区域D上有些地方为正,有些地方为负,则$\iint\limits_D f(x,y)\,\mathrm{d}\sigma$在几何上表示以区

域 $D(D = D_1 \cup D_2)$ 作为底,母线平行于 z 轴,$f(x,y)$ 为顶的曲顶柱体体积的代数和,如图9.5所示.

其中代数和相当于在 xOy 平面上方的柱体体积赋一个正号,在 xOy 平面下方的柱体体积赋一个负号.

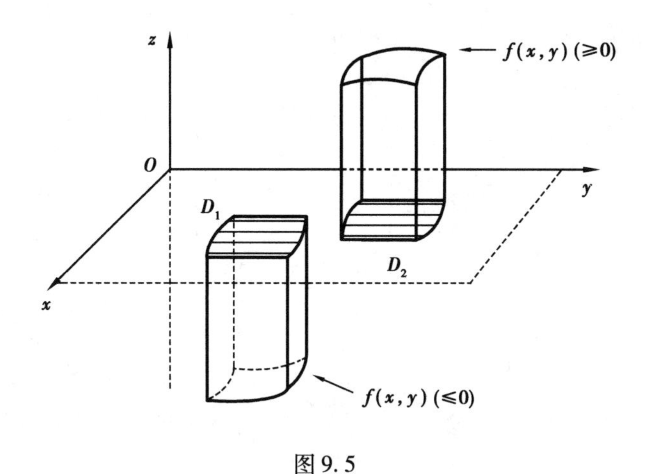

图9.5

9.1.3　二重积分的性质

性质1　$\iint\limits_D \mathrm{d}\sigma = S_D$

二重积分的被积函数为1时,此时二重积分的值等于积分区域的面积. 因为被积函数大于零,根据二重积分的几何意义可知:此时的二重积分表示平顶柱体的体积,它等于其底面积乘以高,高等于1,所以体积的值等于底面积.

性质2　$\iint\limits_D kf(x,y)\,\mathrm{d}\sigma = k\iint\limits_D f(x,y)\,\mathrm{d}\sigma$

证　$\iint\limits_D kf(x,y)\,\mathrm{d}\sigma = \lim\limits_{\lambda\to 0}\sum\limits_{i=1}^{n} kf(\xi_i,\eta_i)\Delta\sigma_i$

$$= k\lim_{\lambda\to 0}\sum_{i=1}^{n} f(\xi_i,\eta_i)\Delta\sigma_i = k\iint\limits_D f(x,y)\,\mathrm{d}\sigma$$

性质3(重积分对被积函数的可加性)　$f(x,y)$,$g(x,y)$在区域 D 上均可积,则

$$\iint\limits_D (f(x,y) \pm g(x,y))\,\mathrm{d}\sigma = \iint\limits_D f(x,y)\,\mathrm{d}\sigma \pm \iint\limits_D g(x,y)\,\mathrm{d}\sigma$$

证　$\iint\limits_D (f(x,y) \pm g(x,y))\,\mathrm{d}\sigma = \lim\limits_{\lambda\to 0}\sum\limits_{i=1}^{n} (f(\xi_i,\eta_i) \pm g(\xi_i,\eta_i))\Delta\sigma_i$

$$= \lim_{\lambda\to 0}\sum_{i=1}^{n} f(\xi_i,\eta_i)\Delta\sigma_i \pm \lim_{\lambda\to 0}\sum_{i=1}^{n} g(\xi_i,\eta_i)\Delta\sigma_i$$

$$= \iint\limits_D f(x,y)\,\mathrm{d}\sigma \pm \iint\limits_D g(x,y)\,\mathrm{d}\sigma$$

性质4(重积分对区域的可加性)　若函数 $f(x,y)$ 在 D 上可积,将 D 分为任何两个部分 D_1 和 D_2,并且 D_1 和 D_2 除公共的交线以外无其他交点,那么 $f(x,y)$ 在 D_1 和 D_2 上皆可积,并且有

$$\iint\limits_{D} f(x,y)\,\mathrm{d}\sigma = \iint\limits_{D_1} f(x,y)\,\mathrm{d}\sigma + \iint\limits_{D_2} f(x,y)\,\mathrm{d}\sigma$$

证 在对区域 D 进行分割的时候,D_1 和 D_2 的公共曲线要作为一条分割线,这样处理便于把 D 上的分割划分成 D_1 和 D_2 上的分割.

$$\begin{aligned}\iint\limits_{D} f(x,y)\,\mathrm{d}\sigma &= \lim_{\lambda\to 0}\sum_{i=1}^{n} f(\xi_i,\eta_i)\Delta\sigma_i \\ &= \lim_{\lambda\to 0}\Big(\sum_{D_1} f(\xi_i,\eta_i)\Delta\sigma_i + \sum_{D_2} f(\xi_i,\eta_i)\Delta\sigma_i\Big) \\ &= \lim_{\lambda\to 0}\sum_{D_1} f(\xi_i,\eta_i)\Delta\sigma_i + \lim_{\lambda\to 0}\sum_{D_2} f(\xi_i,\eta_i)\Delta\sigma_i \\ &= \iint\limits_{D_1} f(x,y)\,\mathrm{d}\sigma + \iint\limits_{D_2} f(x,y)\,\mathrm{d}\sigma\end{aligned}$$

性质 5 若 $f(x,y)\geqslant 0$,则 $\iint\limits_{D} f(x,y)\,\mathrm{d}\sigma \geqslant 0$.

此性质由重积分的几何意义可以得到,因为 $f(x,y)\geqslant 0$,所以 $\iint\limits_{D} f(x,y)\,\mathrm{d}\sigma$ 表示以区域 D 为底,母线平行于 z 轴,$f(x,y)$ 为顶的曲顶柱体的体积,而体积是非负的.

性质 6 若函数 $f(x,y)$,$g(x,y)$ 皆在 D 上可积,且 $f(x,y)\leqslant g(x,y)$,$(x,y)\in D$,则

$$\iint\limits_{D} f(x,y)\,\mathrm{d}\sigma \leqslant \iint\limits_{D} g(x,y)\,\mathrm{d}\sigma$$

证 因为

$$f(x,y)\leqslant g(x,y),\ (x,y)\in D$$

所以

$$g(x,y)-f(x,y)\geqslant 0$$

根据性质 5,有

$$\iint\limits_{D}\big(g(x,y)-f(x,y)\big)\,\mathrm{d}\sigma \geqslant 0$$

所以

$$\iint\limits_{D} g(x,y)\,\mathrm{d}\sigma - \iint\limits_{D} f(x,y)\,\mathrm{d}\sigma \geqslant 0$$

$$\iint\limits_{D} f(x,y)\,\mathrm{d}\sigma \leqslant \iint\limits_{D} g(x,y)\,\mathrm{d}\sigma$$

性质 7 若函数 $f(x,y)$ 在 D 上可积,则 $|f(x,y)|$ 亦在 D 上可积,且有

$$\left|\iint\limits_{D} f(x,y)\,\mathrm{d}\sigma\right| \leqslant \iint\limits_{D} |f(x,y)|\,\mathrm{d}\sigma$$

此性质用重积分的定义解释:不等式左边表示 xOy 平面上方的柱体体积减去 xOy 平面下方的柱体体积,所得的结果取绝对值;不等式右边表示 xOy 平面上方的柱体体积加上 xOy 平面下方的柱体体积. 显然,左边不会大于右边.

性质 8(估值定理) 若函数 $f(x,y)$ 在闭区域 D 上可积,M,m 分别是 $f(x,y)$ 在 D 上的最大值和最小值,S_D 是 D 的面积,则有

$$mS_D \leqslant \iint\limits_{D} f(x,y)\,\mathrm{d}\sigma \leqslant MS_D$$

证 因为

$$m\leqslant f(x,y)\leqslant M$$

所以根据性质 6,有

$$\iint\limits_{D} m\,\mathrm{d}\sigma \leqslant \iint\limits_{D} f(x,y)\,\mathrm{d}\sigma \leqslant \iint\limits_{D} M\,\mathrm{d}\sigma$$

根据性质2,有
$$m\iint\limits_D \mathrm{d}\sigma \leqslant \iint\limits_D f(x,y)\,\mathrm{d}\sigma \leqslant M\iint\limits_D \mathrm{d}\sigma$$

再根据性质1,有
$$mS_D \leqslant \iint\limits_D f(x,y)\,\mathrm{d}\sigma \leqslant MS_D$$

性质9(中值定理)　若函数$f(x,y)$在D上连续,S_D是积分区域D的面积,则在D内至少存在一点(ξ,η),使得

$$\iint\limits_D f(x,y)\,\mathrm{d}\sigma = f(\xi,\eta)\cdot S_D$$

证　因为函数$f(x,y)$在D上连续,所以$f(x,y)$在有界闭区域D上一定有最大值M和最小值m.

根据性质8,有
$$mS_D \leqslant \iint\limits_D f(x,y)\,\mathrm{d}\sigma \leqslant MS_D$$

即
$$m \leqslant \frac{\iint\limits_D f(x,y)\,\mathrm{d}\sigma}{S_D} \leqslant M$$

根据介值定理,至少存在一点$(\xi,\eta)\in D$,使得

$$f(\xi,\eta) = \frac{\iint\limits_D f(x,y)\,\mathrm{d}\sigma}{S_D}$$

所以
$$\iint\limits_D f(x,y)\,\mathrm{d}\sigma = f(\xi,\eta)\cdot S_D$$

例9.1　用估值定理估计二重积分$\iint\limits_D (x^2+4y^2+5)\,\mathrm{d}\sigma$的范围,其中$D$为圆域$x^2+y^2\leqslant 4$.

解　不必计算出二重积分的精确值,只需要先估计出被积函数值的范围,然后根据估值定理便可估计出二重积分值的范围.

$$5 \leqslant x^2+4y^2+5 = f(x,y)$$
$$f(x,y) = x^2+4y^2+5 = x^2+y^2+3y^2+5 \leqslant 3y^2+9 \leqslant 3\times 4+9 = 21$$

均有
$$5 \leqslant f(x,y) \leqslant 21$$

根据估值不等式,有
$$5\times 4\pi \leqslant \iint\limits_D (x^2+4y^2+5)\,\mathrm{d}\sigma \leqslant 21\times 4\pi$$

即
$$20\pi \leqslant \iint\limits_D (x^2+4y^2+5)\,\mathrm{d}\sigma \leqslant 84\pi$$

例9.2　Ω是由曲面$z=2x^2+3y^2$及$z=6-2x^2-y^2$所围的立体,将Ω的体积用二重积分表示出来.

解　曲面$z=2x^2+3y^2$及$z=6-2x^2-y^2$的交线在xOy面的投影曲线为

$$\begin{cases} x^2+y^2 = \dfrac{3}{2} \\ z = 0 \end{cases}$$

所以空间区域Ω在xOy面的投影区域D为:$x^2+y^2\leqslant\dfrac{3}{2}$,其图形如图9.6所示.实际上,此图可

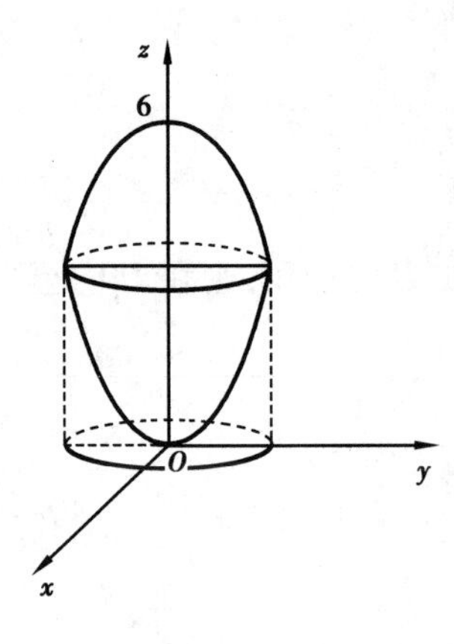

图 9.6

看成以 D 为底，$z=6-2x^2-y^2$ 为顶的曲顶柱体与以 D 为底，$z=2x^2+3y^2$ 为顶的曲顶柱体的体积之差，即

$$V=\iint_D(6-2x^2-y^2)\mathrm{d}\sigma-\iint_D(2x^2+3y^2)\mathrm{d}\sigma$$

$$=\iint_D(6-4x^2-4y^2)\mathrm{d}\sigma$$

9.1.4 二重积分的计算

二重积分的计算虽然可以采用分割、近似求和、取极限的方法来求，但毕竟很复杂，且对于不同的被积函数，在近似求和的时候需要采用不同的运算技巧，因此需要研究较为简单的二重积分的算法. 本书讨论三种计算方法.

(1)直角坐标系中计算二重积分

1)直角坐标系下二重积分的表达形式

对二重积分 $\iint_D f(x,y)\mathrm{d}\sigma$，我们用平行于坐标轴的直线网来分割积分区域 D. 这种划分除了包含边界点的一些小闭区域外，每个小块区域都是矩形. 取出一个微元矩形，它由 $x,x+\mathrm{d}x,y,y+\mathrm{d}y$ 四条直线围成，如图 9.7 所示. 这个微元矩形的面积 $\mathrm{d}\sigma=\mathrm{d}x\mathrm{d}y$，于是二重积分 $\iint_D f(x,y)\mathrm{d}\sigma$ 在直角坐标系下可

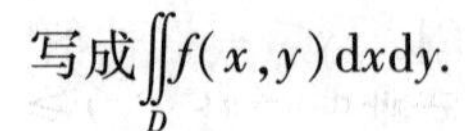

写成 $\iint_D f(x,y)\mathrm{d}x\mathrm{d}y$.

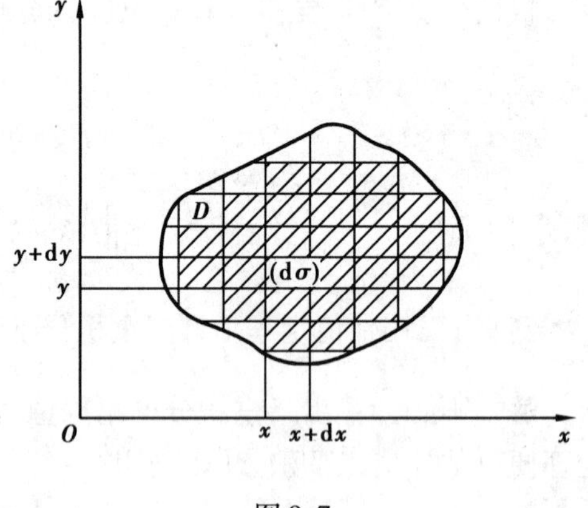

图 9.7

直角坐标系下的二重积分计算方法是把它化成二次积分，然后通过计算两次定积分来求得二重积分的值. 在讲二重积分计算方法以前，我们先介绍 x-型区域和 y-型区域.

2)积分区域的分类

①x-型区域：垂直于 x 轴的直线与区域的边界最多只有两个交点，如图 9.8 所示.

x-型区域 D 可表示成

$$D=\left\{(x,y)\,\middle|\,\begin{array}{l}a\leqslant x\leqslant b\\ y_1(x)\leqslant y\leqslant y_2(x)\end{array}\right\}$$

其中，$y_1(x)$，$y_2(x)$ 均在 $[a,b]$ 上连续.

②y-型区域：垂直于 y 轴的直线与区域的边界最多只有两个交点，如图 9.9 所示.

y-型区域 D 可表示成

$$D=\left\{(x,y)\,\middle|\,\begin{array}{l}c\leqslant y\leqslant d\\ x_1(y)\leqslant x\leqslant x_2(y)\end{array}\right\}$$

其中，$x_1(y)$，$x_2(y)$ 均在 $[c,d]$ 上连续.

注意 有些区域既是 x-型区域，又是 y-型区域，如图 9.10 所示.

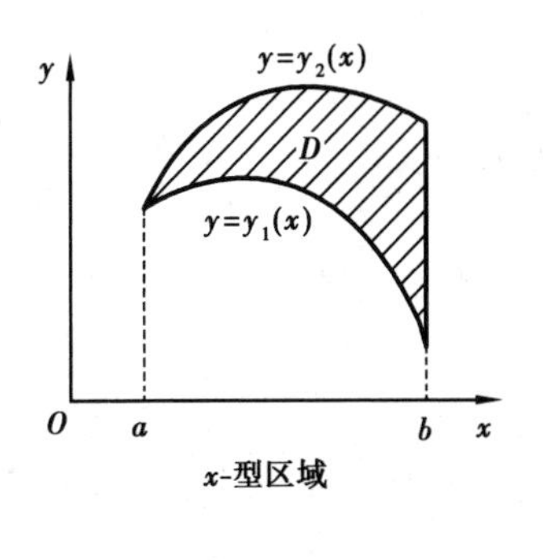

图9.8

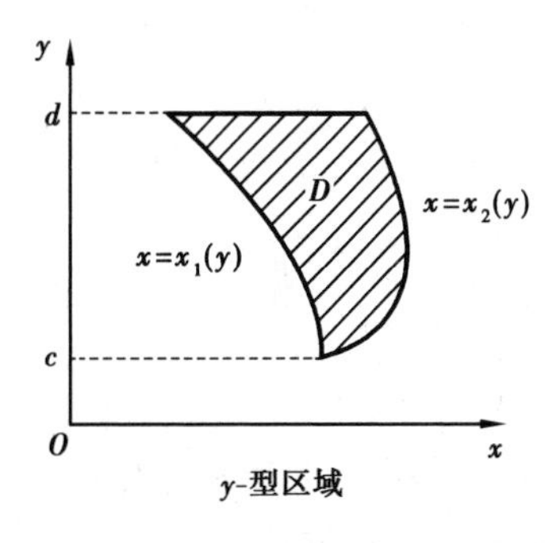

图9.9

有些区域既不是 x-型区域,也不是 y-型区域,如图9.11所示,但可将 D 分割成有限块且互不重叠的小区域,使得每一小块区域为 x-型区域或 y-型区域,再利用重积分对积分区域的可加性求出二重积分.

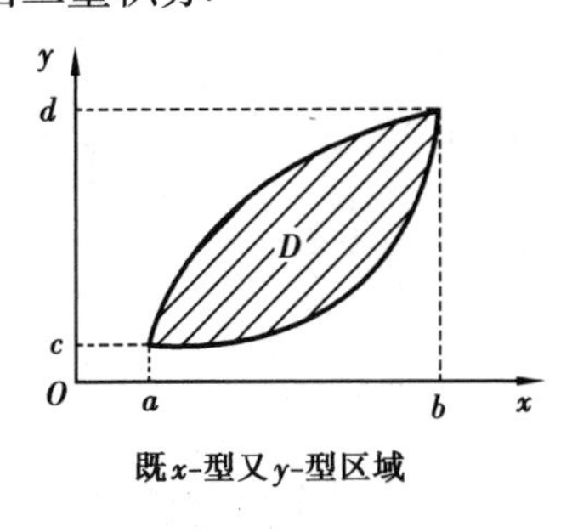

图9.10

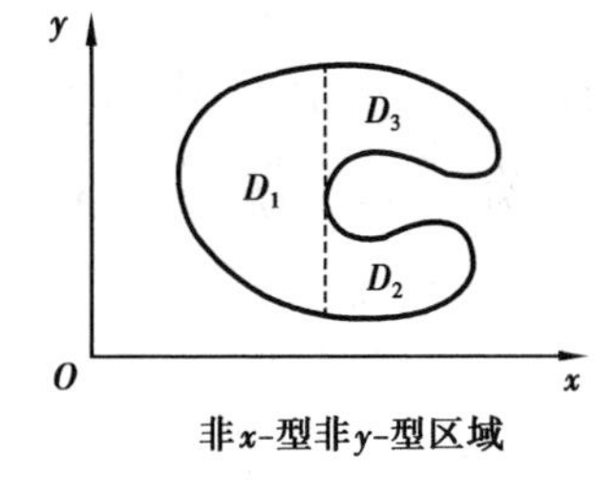

图9.11

3)直角坐标系下二重积分两种不同的积分次序

当 $f(x,y)\geqslant 0$ 时,$\iint\limits_D f(x,y)\mathrm{d}x\mathrm{d}y$ 在几何上表示以 D 为底,$f(x,y)$ 为曲顶的柱体体积.下面利用一元函数定积分理论中已知截面面积求立体体积的方法,以几何的方法证明当 $f(x,y)\geqslant 0$ 时定理的正确性.

假设积分区域是 x-型区域 $D=\left\{(x,y)\left|\begin{array}{l}a\leqslant x\leqslant b\\ y_1(x)\leqslant y\leqslant y_2(x)\end{array}\right.\right\}$,在 $[a,b]$ 内任取一点 x,过该点作垂直于 x 轴的垂直平面,与曲顶柱体相交的截面面积为 $S(x)$,如图9.12所示.将此截面平移至 yOz 坐标平面上得到一个曲边梯形,如图9.13所示.根据一元函数定积分的几何意义,此曲边梯形的面积为

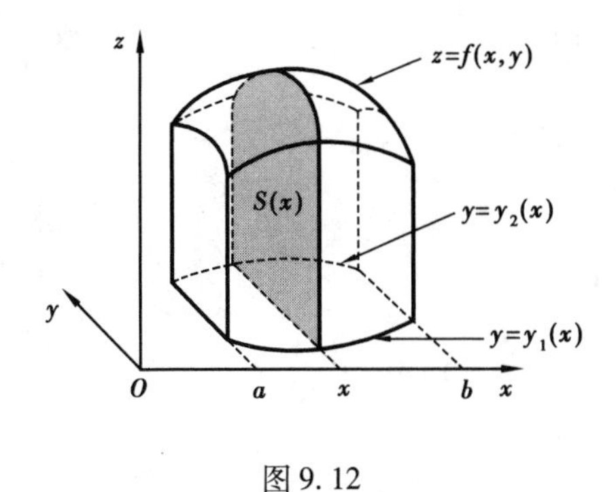

图9.12

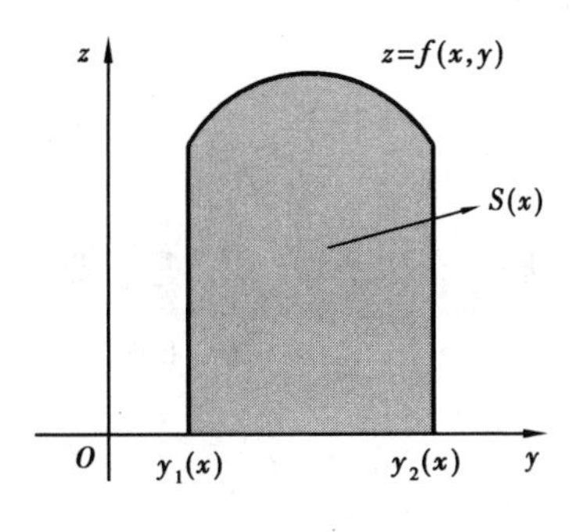

图9.13

$$S(x) = \int_{y_1(x)}^{y_2(x)} f(x,y)\,\mathrm{d}y$$

根据定积分的应用中所讲的已知平行截面面积求立体体积,得

$$\iint_D f(x,y)\,\mathrm{d}x\mathrm{d}y = \int_a^b S(x)\,\mathrm{d}x = \int_a^b \left[\int_{y_1(x)}^{y_2(x)} f(x,y)\,\mathrm{d}y\right]\mathrm{d}x$$

$$= \int_a^b \mathrm{d}x \int_{y_1(x)}^{y_2(x)} f(x,y)\,\mathrm{d}y \tag{9.4}$$

式(9.4)表示把二重积分化成了先对 y 后对 x 的累次积分,从结果来看,我们只需把积分区域表成 x-型区域即可.

类似地,如果积分区域是 y-型区域,即 $D=\left\{(x,y)\middle|\begin{array}{l}c\leqslant y\leqslant d\\x_1(y)\leqslant x\leqslant x_2(y)\end{array}\right\}$,在区间 $[c,d]$ 内任取 y,过该点作 y 轴的垂直平面与曲顶柱体相交所得的截面面积为 $S(y)$,则

$$S(y) = \int_{x_1(y)}^{x_2(y)} f(x,y)\,\mathrm{d}x$$

根据定积分的应用中所讲的已知平行截面面积求立体体积,得

$$\iint_D f(x,y)\,\mathrm{d}x\mathrm{d}y = \int_c^d S(y)\,\mathrm{d}y = \int_c^d \left[\int_{x_1(y)}^{x_2(y)} f(x,y)\,\mathrm{d}x\right]\mathrm{d}y$$

$$= \int_c^d \mathrm{d}y \int_{x_1(y)}^{x_2(y)} f(x,y)\,\mathrm{d}x \tag{9.5}$$

式(9.5)表示把二重积分化成了先对 x 后对 y 的累次积分,从结果来看,我们只需把积分区域表成 y-型区域即可.

式(9.4)和式(9.5)是在 $f(x,y)\geqslant 0$ 时,从曲顶柱体体积角度把二重积分转换成二次积分,对于任意的 $f(x,y)$ 在区域 D 上的二重积分同样都可以转化成二次积分来算,只需要把积分区域表成 x-型区域或 y-型区域就能得到相应的累次积分.

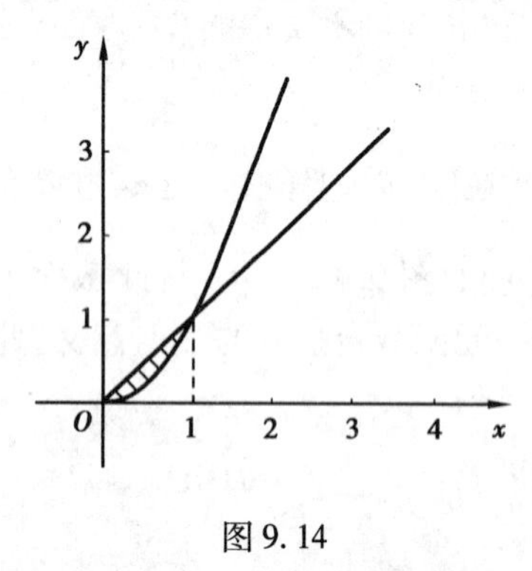

图 9.14

例 9.3 计算二重积分 $\iint_D (2-x-y)\,\mathrm{d}x\mathrm{d}y$,其中积分区域 D 由直线 $y=x$ 和抛物线 $y=x^2$ 所围成,如图 9.14 所示.

解法 1 把区域 D 看作是 x-型区域,则

$$D = \{(x,y) \mid 0 \leqslant x \leqslant 1, x^2 \leqslant y \leqslant x\}$$

于是

$$\iint_D (2-x-y)\,\mathrm{d}x\mathrm{d}y = \int_0^1 \mathrm{d}x \int_{x^2}^{x} (2-x-y)\,\mathrm{d}y$$

$$= \int_0^1 \left[(2-x)y - \frac{y^2}{2}\right]\Bigg|_{x^2}^{x} \mathrm{d}x$$

$$= \frac{1}{2}\int_0^1 (4x - 7x^2 + 2x^3 + x^4)\,\mathrm{d}x = \frac{11}{60}$$

解法 2 把区域 D 看作是 y-型区域,则

$$D = \{(x,y) \mid 0 \leqslant y \leqslant 1, y \leqslant x \leqslant \sqrt{y}\}$$

$$\iint_D (2-x-y)\,\mathrm{d}x\mathrm{d}y = \int_0^1 \mathrm{d}y \int_y^{\sqrt{y}} (2-x-y)\,\mathrm{d}x = \frac{11}{60}$$

例 9.4　交换二重积分 $\int_{\frac{1}{2}}^{1}dx\int_{\frac{1}{x}}^{2}\frac{x^2}{y^2}dy+\int_{1}^{2}dx\int_{x}^{2}\frac{x^2}{y^2}dy$ 的积分次序,并计算其值.

解　根据题目所给出的积分次序,可得到积分区域 D 为

$$D=\left\{(x,y)\left|\frac{1}{2}\leqslant x\leqslant 1,\frac{1}{x}\leqslant y\leqslant 2\right.\right\}\cup\left\{(x,y)\mid 1\leqslant x\leqslant 2,x\leqslant y\leqslant 2\right\}$$

$$=D_1\cup D_2$$

它是把积分区域表成了 x-型区域,要交换它的积分次序,应该把它转换成 y-型区域,为此必须先画出积分区域. D_1 是由 $x=\frac{1}{2},x=1,y=\frac{1}{x},y=2$ 所围成;D_2 是由 $x=1,x=2,y=x,y=2$ 所围成. 把这两个区域连在一起就是由线 $y=2,y=x$ 和双曲线 $xy=1$ 所围成的平面区域 D,如图 9.15 所示. 将 D 视为 y-型区域,D 可以表示成

$$D=\left\{(x,y)\left|1\leqslant y\leqslant 2,\frac{1}{y}\leqslant x\leqslant y\right.\right\}$$

于是

$$\int_{\frac{1}{2}}^{1}dx\int_{\frac{1}{x}}^{2}\frac{x^2}{y^2}dy+\int_{1}^{2}dx\int_{x}^{2}\frac{x^2}{y^2}dy$$

$$=\int_{1}^{2}dy\int_{\frac{1}{y}}^{y}\frac{x^2}{y^2}dx=\int_{1}^{2}\frac{1}{y^2}\cdot\left(\frac{1}{3}x^3\right)\Big|_{\frac{1}{y}}^{y}dy$$

$$=\int_{1}^{2}\left(\frac{y}{3}-\frac{1}{3y^5}\right)dy=\left(\frac{y^2}{6}+\frac{1}{12y^4}\right)\Big|_{1}^{2}=\frac{27}{64}$$

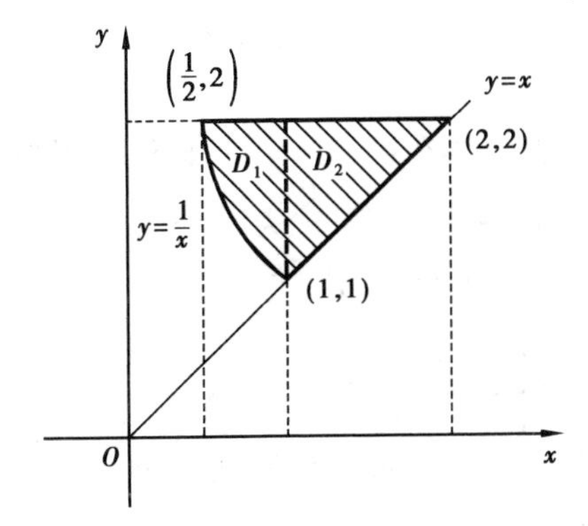

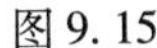
图 9.15

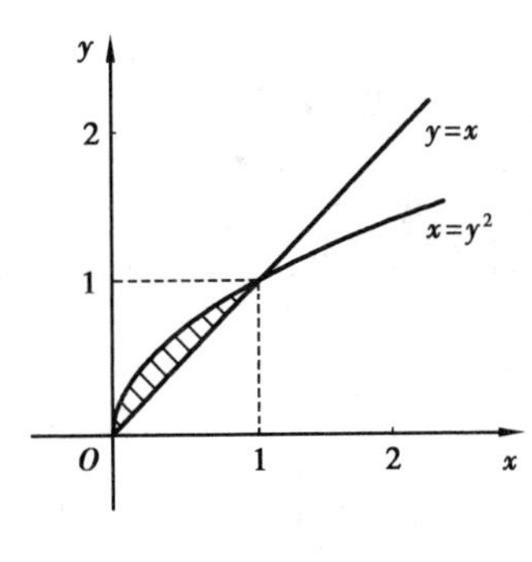

图 9.16

例 9.5　计算二次积分 $\int_{0}^{1}dx\int_{x}^{\sqrt{x}}\frac{\sin y}{y}dy$.

解　由于被积函数$\frac{\sin y}{y}$的原函数不能用初等函数表达出来, 则无法计算以上二次积分中的定积分. 在这种情况下,应该掌握一个原则就是以一种积分次序算不出二重积分时,应考虑交换它的积分次序. 根据二次积分的积分上限和下限作图如图 9.16 所示,视积分区域为 y-型区域,则

$$D=\{(x,y)\mid 0\leqslant y\leqslant 1,y^2\leqslant x\leqslant y\}$$

则

$$\iint_D\frac{\sin y}{y}d\sigma=\int_{0}^{1}dy\int_{y^2}^{y}\frac{\sin y}{y}dx=\int_{0}^{1}\frac{\sin y}{y}(y-y^2)dy$$

$$=\int_0^1 \sin y\mathrm{d}y - \int_0^1 y\sin y\mathrm{d}y = -\cos y\big|_0^1 - (-y\cos y + \sin y)\big|_0^1$$
$$=1-\sin 1$$

4)直角坐标系下二重积分的对称性

①若积分区域D关于x轴对称,被积函数关于y是一个奇函数$f(x,-y)=-f(x,y)$,则

$$\iint_D f(x,y)\mathrm{d}x\mathrm{d}y = 0$$

②若积分区域D关于y轴对称,被积函数关于x是一个奇函数$f(-x,y)=-f(x,y)$,则

$$\iint_D f(x,y)\mathrm{d}x\mathrm{d}y = 0$$

③若积分区域D关于x轴对称,D_1是x轴上方的区域,被积函数关于y是一个偶函数$f(x,-y)=f(x,y)$,则

$$\iint_D f(x,y)\mathrm{d}x\mathrm{d}y = 2\iint_{D_1} f(x,y)\mathrm{d}x\mathrm{d}y$$

④若积分区域D关于y轴对称,D_1是y轴右边的区域,被积函数关于x是一个偶函数$f(-x,y)=f(x,y)$,则

$$\iint_D f(x,y)\mathrm{d}x\mathrm{d}y = 2\iint_{D_1} f(x,y)\mathrm{d}x\mathrm{d}y$$

证明过程需要用奇偶函数在对称区间上积分的特点,由读者自己完成.

例 9.6 求两个底圆半径相等的直交圆柱面$x^2+y^2=R^2$与$x^2+z^2=R^2$所围成的立体的体积.

解 如图 9.17 所示,由于圆柱面的对称性,只需考虑立体在第一卦限的体积,于是所求立体的体积是立体在第一卦限的体积的 8 倍. 立体在第一卦限的体积可视为以$z=\sqrt{R^2-x^2}$为顶的曲顶柱体的体积,其在xOy坐标平面上的投影区域(如图 9.18 所示)为

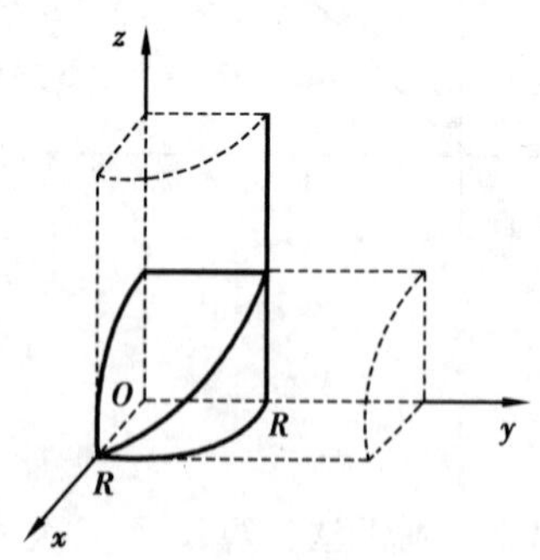

图 9.17

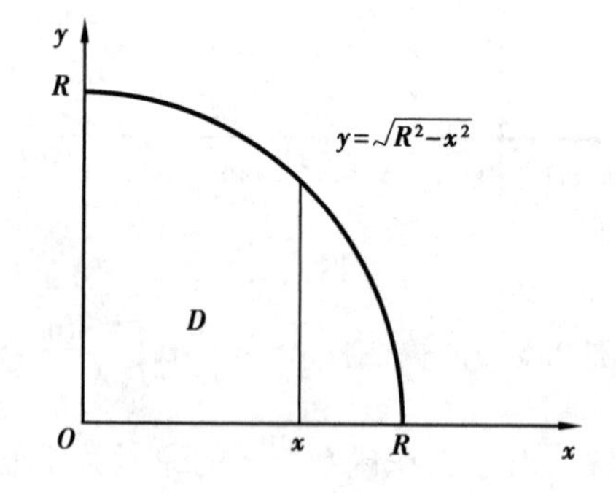

图 9.18

$$D=\{(x,y)\mid 0\leqslant x\leqslant R, 0\leqslant y\leqslant\sqrt{R^2-x^2}\}$$

于是
$$V=8\iint_D \sqrt{R^2-x^2}\mathrm{d}x\mathrm{d}y = 8\int_0^R \mathrm{d}x\int_0^{\sqrt{R^2-x^2}}\sqrt{R^2-x^2}\mathrm{d}y$$
$$=8\int_0^R (R^2-x^2)\mathrm{d}x = \frac{16}{3}R^3$$

(2)极坐标系下计算二重积分

1)极坐标系下计算二重积分的表达形式

当$\iint\limits_D f(x,y)\mathrm{d}\sigma$存在时,由于直角坐标与极坐标的转换关系为

$$\begin{cases}x = \rho\cos\theta\\ y = \rho\sin\theta\end{cases}$$

在极坐标系下分割方法是用ρ=常数,θ=常数,对区域D进行分割. θ=常数,表示从极点出发的一簇射线;ρ=常数,表示以极点为圆心的一簇同心圆. 区域D被划分成n个小闭区域$\Delta\sigma_i\ (i=1,2,\cdots,n)$,如图9.19(a)所示. 现取一个代表区域$\mathrm{d}\sigma$,这个小区域$\mathrm{d}\sigma$近似看成以$\rho\mathrm{d}\theta$为长,$\mathrm{d}\rho$为宽的小矩形,如图9.19(b),故$\mathrm{d}\sigma=\rho\mathrm{d}\theta\mathrm{d}\rho$.

对于直角坐标系下的二重积分$\iint\limits_D f(x,y)\mathrm{d}x\mathrm{d}y$,只需用$x=\rho\cos\theta, y=\rho\sin\theta$及$\mathrm{d}x\mathrm{d}y=\rho\mathrm{d}\rho\mathrm{d}\theta$代入,同时积分区域$D$的边界曲线用极坐标来表示,这样直角坐标系下的二重积分就化为极坐标系下的二重积分了,即

$$\iint\limits_D f(x,y)\mathrm{d}x\mathrm{d}y = \iint\limits_D f(\rho\cos\theta,\rho\sin\theta)\cdot\rho\mathrm{d}\rho\mathrm{d}\theta$$

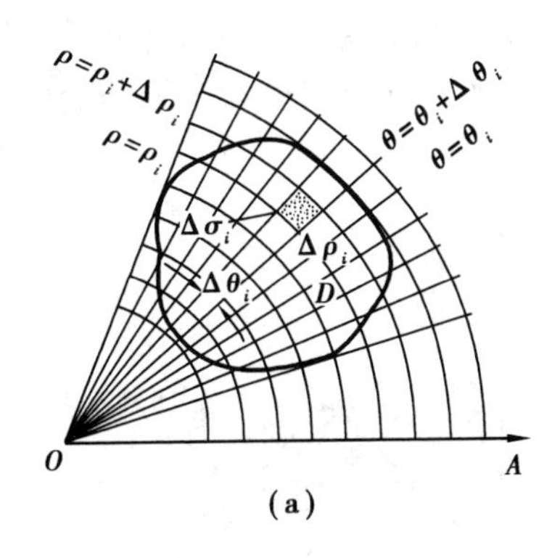

(a)

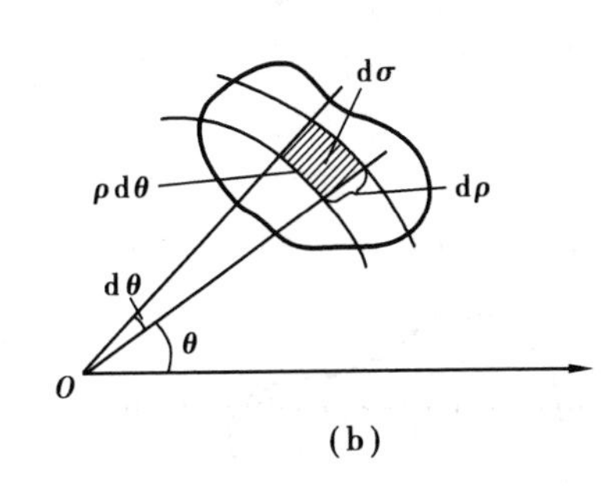

(b)

图9.19

2)极坐标系下二重积分的积分次序

计算极坐标系下的二重积分,仍然要化成二次积分来计算. 本来极坐标系下的二重积分也应该有两种不同的积分次序,区域也划分成θ-型区域和ρ-型区域. θ型区域的特点是从极点引出的射线与区域的边界最多只有两个交点(如图9.20),这种区域可表示为

$$D = \{(\rho,\theta)\mid \alpha\leqslant\theta\leqslant\beta, \rho_1(\theta)\leqslant\rho\leqslant\rho_2(\theta)\}$$

则二重积分化为先对ρ后对θ的二次积分

$$\iint\limits_D f(x,y)\mathrm{d}\sigma = \iint\limits_D f(\rho\cos\theta,\rho\sin\theta)\rho\mathrm{d}\rho\mathrm{d}\theta$$

$$= \int_\alpha^\beta \mathrm{d}\theta\int_{\rho_1(\theta)}^{\rho_2(\theta)} f(\rho\cos\theta,\rho\sin\theta)\rho\mathrm{d}\rho$$

对于形如图9.21的积分区域,可将二重积分化为二次积分

$$\iint\limits_D f(x,y)\mathrm{d}\sigma = \iint\limits_D f(\rho\cos\theta,\rho\sin\theta)\rho\mathrm{d}\rho\mathrm{d}\theta$$

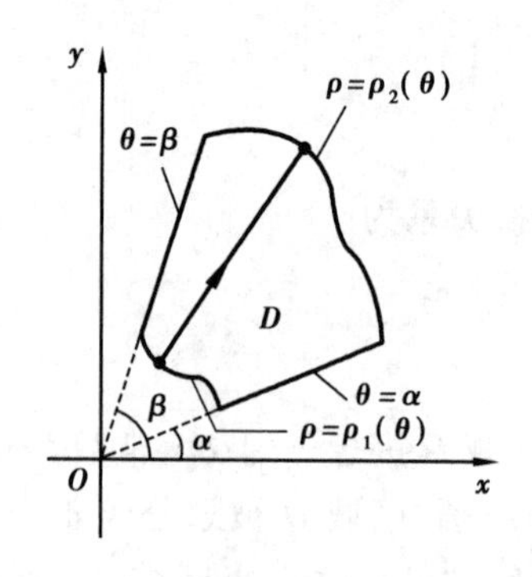

图 9.20

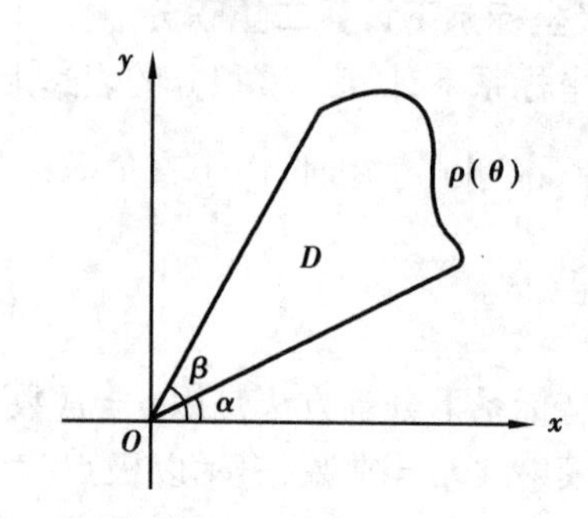

图 9.21

$$=\int_{\alpha}^{\beta}\mathrm{d}\theta\int_{0}^{\rho(\theta)}f(\rho\cos\theta,\rho\sin\theta)\rho\mathrm{d}\rho$$

对于形如图 9.22 的积分区域,可将二重积分化为二次积分

$$\iint_D f(x,y)\,\mathrm{d}\sigma=\iint_D f(\rho\cos\theta,\rho\sin\theta)\rho\mathrm{d}\rho\mathrm{d}\theta$$

$$=\int_0^{2\pi}\mathrm{d}\theta\int_0^{\rho(\theta)}f(\rho\cos\theta,\rho\sin\theta)\rho\mathrm{d}\rho$$

如果从极点引出的射线与区域的边界的交点多于两个,则需要把区域分成若干个区域,把每一个区域表成θ-型区域,再根据二重积分对区域的可加性就可以计算出二重积分的值. 对ρ-型区域得出的先对θ后对ρ的累次积分较复杂,本书不涉及.

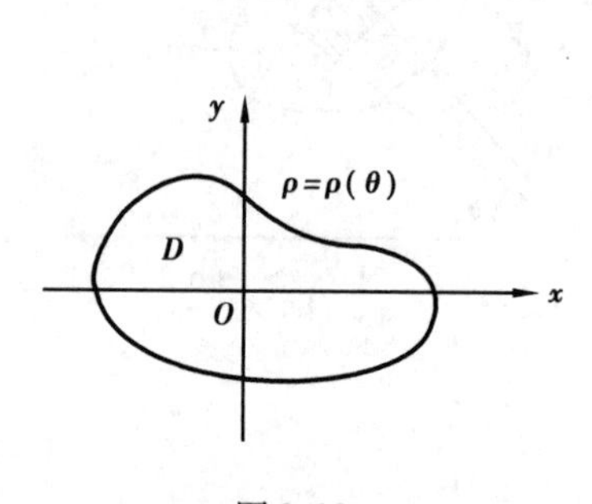

图 9.22

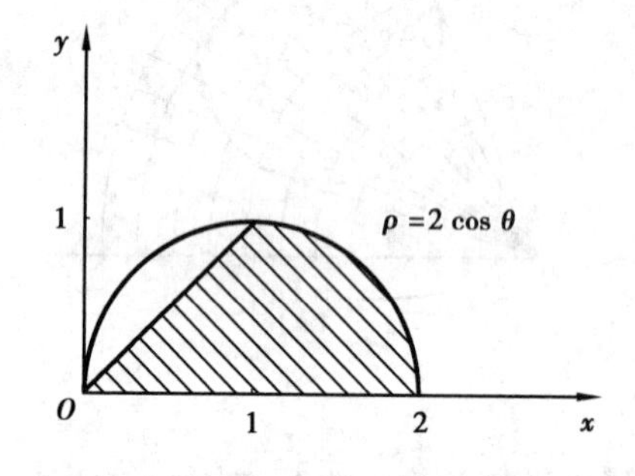

图 9.23

在二重积分的被积函数具有$f(x^2+y^2)$形式,或者积分区域是圆盘或圆环的一部分,采用直角坐标计算二重积分相当困难,一般我们就考虑用极坐标来计算.

例 9.7 把二重积分$\iint\limits_D f(x,y)\,\mathrm{d}x\mathrm{d}y$表示为极坐标形式,其中积分区域$D$为$x^2-2x+y^2=0,y=0,y=x$所围成.

解 积分区域如图 9.23 所示.

$$D=\left\{(\rho,\theta)\,\middle|\,0\leqslant\theta\leqslant\frac{\pi}{4},0\leqslant\rho\leqslant 2\cos\theta\right\}$$

$$\iint_D f(x,y)\,\mathrm{d}x\mathrm{d}y=\int_0^{\frac{\pi}{4}}\mathrm{d}\theta\int_0^{2\cos\theta}f(\rho\cos\theta,\rho\sin\theta)\rho\mathrm{d}\rho$$

例 9.8 计算$\iint\limits_D \mathrm{e}^{-x^2-y^2}\mathrm{d}x\mathrm{d}y$,其中$D$为圆域$x^2+y^2\leqslant a^2,a>0$.

解　在极坐标系下，$D=\{(\rho,\theta)\mid 0\leqslant\theta\leqslant 2\pi,0\leqslant\rho\leqslant a\}$，于是

$$\iint_D e^{-x^2-y^2}dxdy=\int_0^{2\pi}d\theta\int_0^a e^{-\rho^2}\rho d\rho=\int_0^{2\pi}\frac{1}{2}(1-e^{-a^2})d\theta=(1-e^{-a^2})\pi$$

例9.9　利用极坐标下的二重积分求球体的体积.

解　建立坐标系，如图9.24所示，将球体的球心放在原点，于是球面的方程为

$$x^2+y^2+z^2=R^2$$

根据球体的对称性，依然只考虑球体在第一卦限的部分，其在 xOy 坐标平面上的投影区域为

$$D=\left\{(\rho,\theta)\,\middle|\,0\leqslant\theta\leqslant\frac{\pi}{2},0\leqslant\rho\leqslant R\right\}$$

则

$$\begin{aligned}V&=8\iint_D\sqrt{R^2-x^2-y^2}dxdy\\&=8\iint_D\sqrt{R^2-\rho^2}\rho d\rho d\theta=8\int_0^{\frac{\pi}{2}}d\theta\int_0^R\sqrt{R^2-\rho^2}\rho d\rho\\&=8\cdot\left(-\frac{1}{2}\right)\int_0^{\frac{\pi}{2}}d\theta\int_0^R(R^2-\rho^2)^{\frac{1}{2}}d(R^2-\rho^2)\\&=-4\int_0^{\frac{\pi}{2}}\frac{2}{3}(R^2-\rho^2)^{\frac{3}{2}}\Big|_0^R=\frac{8}{3}\int_0^{\frac{\pi}{2}}R^3d\theta=\frac{4}{3}\pi R^3\end{aligned}$$

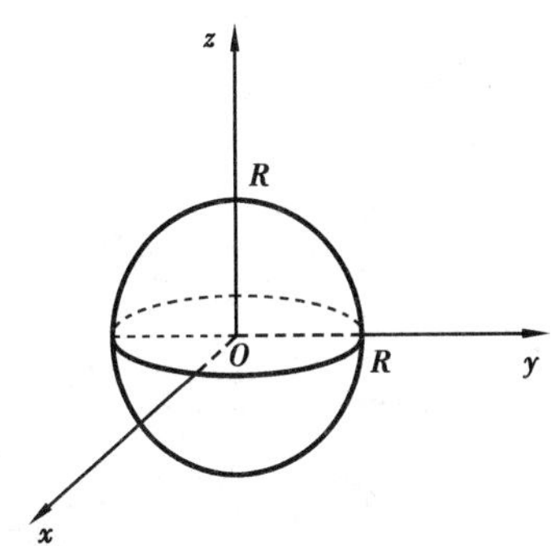

图9.24

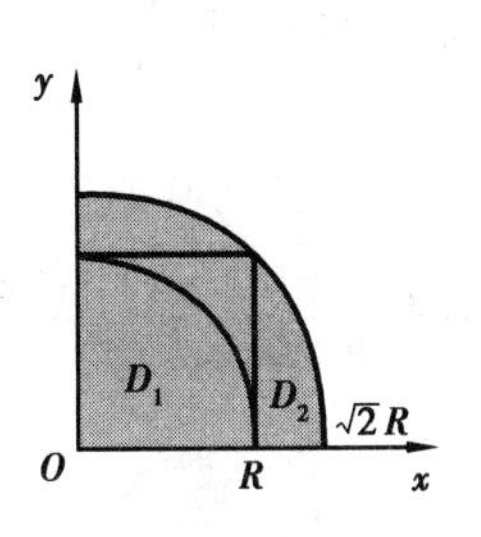

图9.25

例9.10　计算 $\int_0^{+\infty}e^{-x^2}dx$.

解　因为 $\int_0^{+\infty}e^{-x^2}dx=\lim\limits_{R\to+\infty}\int_0^R e^{-x^2}dx$，

$$\left(\int_0^R e^{-x^2}dx\right)^2=\int_0^R e^{-x^2}dx\int_0^R e^{-x^2}dx=\int_0^R e^{-x^2}dx\int_0^R e^{-y^2}dy=\iint_D e^{-(x^2+y^2)dxdy}$$

其中，$D=\{(x,y)\mid 0\leqslant x\leqslant R,0\leqslant y\leqslant R\}$，作出区域 D_1,D_2，如图9.25所示.

$$D_1=\left\{(\theta,\rho)\mid 0\leqslant\theta\leqslant\frac{\pi}{2},0\leqslant\rho\leqslant R\right\}$$

$$D_2=\left\{(\theta,\rho)\mid 0\leqslant\theta\leqslant\frac{\pi}{2},0\leqslant\rho\leqslant\sqrt{2}R\right\}$$

显然，$D_1\subset D\subset D_2$.

而 $e^{-x^2-y^2}>0$,于是根据二重积分的性质,有

$$\iint\limits_{D1} e^{-x^2-y^2}dxdy \leqslant \iint\limits_{D} e^{-x^2-y^2}dxdy \leqslant \iint\limits_{D_2} e^{-x^2-y^2}dxdy$$

$$\iint\limits_{D_1} e^{-x^2-y^2}dxdy = \int_0^{\frac{\pi}{2}}d\theta\int_0^R e^{-\rho^2}\rho d\rho = \frac{\pi}{2}\left(-\frac{1}{2}\right)\int_0^R e^{-\rho^2}d(-\rho^2) = -\frac{\pi}{4}e^{-\rho^2}\Big|_0^R = \frac{\pi}{4}(1-e^{-R^2})$$

$$\iint\limits_{D_2} e^{-x^2-y^2}dxdy = \int_0^{\frac{\pi}{2}}d\theta\int_0^{\sqrt{2}R} e^{-\rho^2}\rho d\rho = \frac{\pi}{2}\left(-\frac{1}{2}\right)\int_0^{\sqrt{2}R} e^{-\rho^2}d(-\rho^2)$$

$$= -\frac{\pi}{4}e^{-\rho^2}\Big|_0^{\sqrt{2}R} = \frac{\pi}{4}(1-e^{-2R^2})$$

于是

$$\frac{\pi}{4}(1-e^{-R^2}) \leqslant \left(\int_0^R e^{-x^2}dx\right)^2 \leqslant \frac{\pi}{4}(1-e^{-2R^2})$$

令 $R\to+\infty$,不等式两边的极限均为$\frac{\pi}{4}$,根据极限的夹逼定理,有

$$\lim_{R\to+\infty}\left(\int_0^R e^{-x^2}dx\right)^2 = \frac{\pi}{4}$$

即

$$\lim_{R\to+\infty}\left(\int_0^R e^{-x^2}dx\right) = \frac{\sqrt{\pi}}{2}$$

故

$$\int_0^{+\infty} e^{-x^2}dx = \frac{\sqrt{\pi}}{2}$$

例9.11　求球体 $x^2+y^2+z^2\leqslant 4a^2$ 被圆柱面 $x^2+y^2=2ax(a>0)$ 所截得的含在圆柱面内的那部分立体的体积 V.

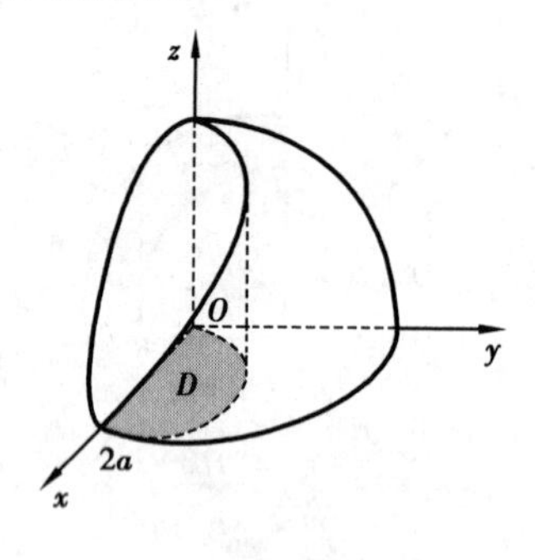

图 9.26

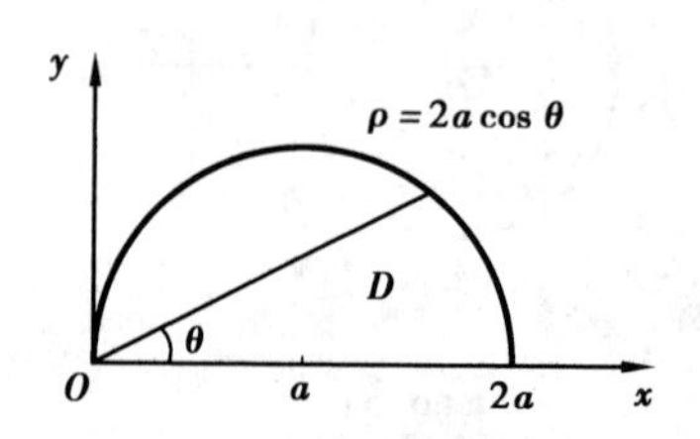

图 9.27

解　如图 9.26 所示,根据球体及圆柱面的对称性,可知所求体积是界于第一卦限及圆柱面内的那部分球体体积的四倍,这部分立体可视为以球面为曲顶的柱体,其在 xOy 坐标平面上的投影区域为 D(如图 9.27 所示).

$$D = \left\{(\rho,\theta)\,\middle|\,0\leqslant\theta\leqslant\frac{\pi}{2},0\leqslant\rho\leqslant 2a\cos\theta\right\}$$

则

$$V = 4\iint\limits_D \sqrt{4a^2-x^2-y^2}\,dxdy = 4\int_0^{\frac{\pi}{2}}d\theta\int_0^{2a\cos\theta}\sqrt{4a^2-\rho^2}\rho d\rho$$

$$= \frac{32}{3}a^3\int_0^{\frac{\pi}{2}}(1-\sin^3\theta)d\theta = \frac{32}{3}a^3\left(\frac{\pi}{2}-\frac{2}{3}\right)$$

例 9.12　在一个形状为旋转抛物面 $z=x^2+y^2$ 的容器内,已经盛有 $18\pi\ \text{cm}^3$ 的溶液,现又倒进 $54\pi\ \text{cm}^3$ 的溶液,问液面比原来的液面升高多少厘米?

解　首先,我们必须确定容器内的容量与液面高度之间的关系.如图 9.28 所示,设液面高度为 h,那么由 $z=x^2+y^2$ 及 $z=h$ 所围的立体体积为

$$V=\iint_D (h-x^2-y^2)\,\mathrm{d}x\mathrm{d}y$$

在极坐标系下,D 可表示成

$$D=\{(\rho,\theta)\mid 0\leqslant\theta\leqslant 2\pi,0\leqslant\rho\leqslant\sqrt{h}\}$$

则

$$V=\int_0^{2\pi}\mathrm{d}\theta\int_0^{\sqrt{h}}(h-\rho^2)\rho\mathrm{d}\rho$$

$$=2\pi\left(\frac{1}{2}h\rho^2-\frac{1}{4}\rho^4\right)\Big|_0^{\sqrt{h}}=\frac{1}{2}\pi h^2$$

分别令 $V_1=18\pi$ 及 $V_2=18\pi+54\pi=72\pi$,得 $h_1=6,h_2=12$.

于是所求液面比原来的液面升高 $h_2-h_1=6$(厘米).

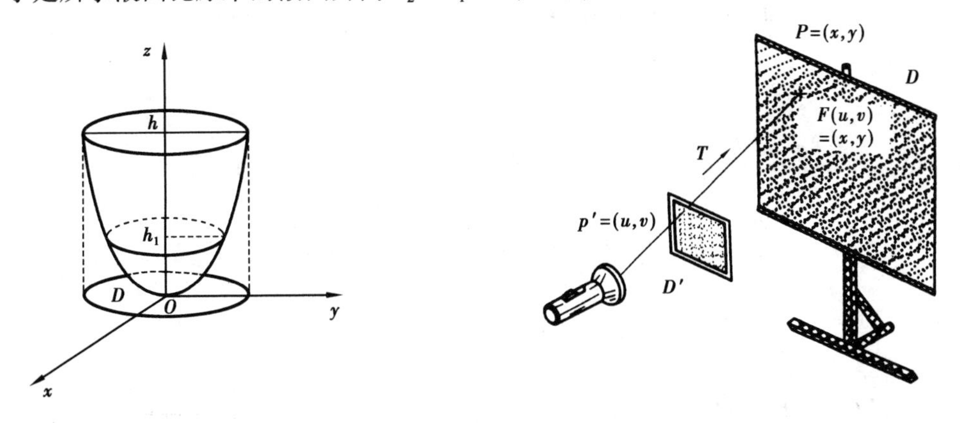

图 9.28　　　　图 9.29

*3)二重积分的换元法

二重积分的换元积分法是通过变量代换把直角坐标系下的二重积分就会转化为其他坐标系下的二重积分.算法表述为下面的定理 1.

定理 1　设 $f(x,y)$ 在 xOy 坐标平面上的闭区域 D 上连续,变换

$$T:x=x(u,v),y=y(u,v)$$

将 uOv 平面上闭区域 D' 变为在 xOy 坐标平面上的闭区域 D(如图 9.29 所示),且满足:

①$x=x(u,v),y=y(u,v)$ 在 D' 上具有一阶连续偏导数;

②在 D' 上雅可比行列式

$$J(u,v)=\frac{\partial(x,y)}{\partial(u,v)}\neq 0;$$

③变换 J 是 D' 与 D 之间的一一对应关系,则有

$$\iint_D f(x,y)\,\mathrm{d}x\mathrm{d}y=\iint_{D'} f(x(u,v),y(u,v))\,|J(u,v)|\,\mathrm{d}u\mathrm{d}v \tag{9.6}$$

式(9.6)称为二重积分的换元公式.

直角坐标系下的二重积分转化为极坐标系下的二重积分公式仅是公式(9.6)的一个特例.

在平面上的一点 M,我们既可以用直角坐标来表示也可用极坐标来表示,且直角坐标与极坐标的转换关系为

$$\begin{cases} x = \rho\cos\theta \\ y = \rho\sin\theta \end{cases}$$

$$\frac{\partial x}{\partial\theta} = -\rho\sin\theta, \frac{\partial x}{\partial\rho} = \cos\theta$$

$$\frac{\partial y}{\partial\theta} = \rho\cos\theta, \frac{\partial x}{\partial\rho} = \sin\theta$$

$$J(\theta,\rho) = \frac{\partial(x,y)}{\partial(\theta,\rho)} = \begin{vmatrix} \frac{\partial x}{\partial\theta} & \frac{\partial x}{\partial\rho} \\ \frac{\partial y}{\partial\theta} & \frac{\partial y}{\partial\rho} \end{vmatrix} = \begin{vmatrix} -\rho\sin\theta & \cos\theta \\ \rho\cos\theta & \sin\theta \end{vmatrix} = -\rho$$

所以

$$\iint\limits_D f(x,y)\mathrm{d}\sigma = \iint\limits_D f(\rho\cos\theta,\rho\sin\theta)\,|J(\theta,\rho)|\,\mathrm{d}\rho\mathrm{d}\theta$$

$$= \iint\limits_D f(\rho\cos\theta,\rho\sin\theta)\rho\mathrm{d}\rho\mathrm{d}\theta$$

例 9.13 计算 $\iint\limits_D \mathrm{e}^{\frac{y-x}{y+x}}\mathrm{d}x\mathrm{d}y$,其中 D 是由直线 $x=0, y=0, x+y=2$ 所围成的闭区域.

解 令 $u=y-x, v=y+x$,解得 $x=\frac{1}{2}(v-u), y=\frac{1}{2}(v+u)$.

于是

$$J = \begin{vmatrix} -\frac{1}{2} & \frac{1}{2} \\ \frac{1}{2} & \frac{1}{2} \end{vmatrix} = -\frac{1}{2}$$

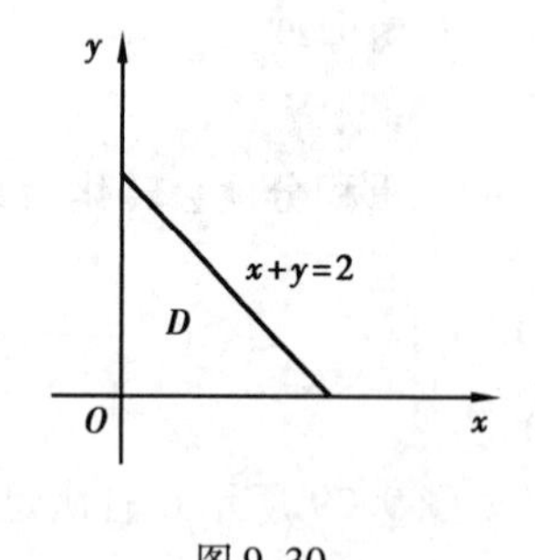

图 9.30

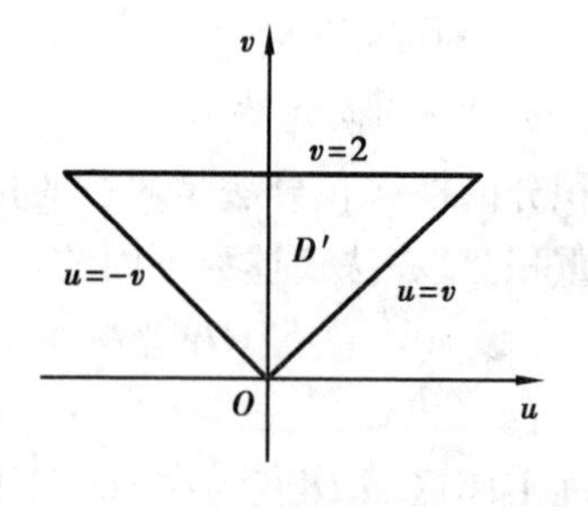

图 9.31

而 $D=\{(x,y)\,|\,x\geqslant0, y\geqslant0, x+y\leqslant2\}$,如图 9.30 所示. 则由变换得区域 D',如图 9.31 所示.

$$D' = \left\{(u,v)\,\middle|\,\frac{1}{2}(v-u)\geqslant 0, \frac{1}{2}(v+u)\geqslant 0, v\leqslant 2\right\}$$

$$= \{(u,v)\mid 2\geqslant v\geqslant 0, v\geqslant u\geqslant -v\}$$

于是

$$\iint\limits_D \mathrm{e}^{\frac{y-x}{y+x}}\mathrm{d}x\mathrm{d}y = \iint\limits_{D'} \mathrm{e}^{\frac{u}{v}}\left|-\frac{1}{2}\right|\mathrm{d}u\mathrm{d}v = \int_0^2\mathrm{d}v\int_{-v}^{v}\frac{1}{2}\mathrm{e}^{\frac{u}{v}}\mathrm{d}u = \mathrm{e}-\frac{1}{\mathrm{e}}$$

例9.14　计算$\iint\limits_D\sqrt{1-\frac{x^2}{a^2}-\frac{y^2}{b^2}}\mathrm{d}x\mathrm{d}y$，其中$D$为椭圆$\frac{x^2}{a^2}+\frac{y^2}{b^2}=1$所围的闭区域$(a>0,b>0)$.

解　作广义极坐标变换

$$T:\begin{cases}x=a\rho\cos\theta\\ y=b\rho\sin\theta\end{cases},\rho\geqslant 0,0\leqslant\theta\leqslant 2\pi$$

则
$$D'=\{(\rho,\theta)\mid 1\geqslant\rho\geqslant 0,0\leqslant\theta\leqslant 2\pi\}$$
$$J=ab\rho$$

从而
$$\iint\limits_D\sqrt{1-\frac{x^2}{a^2}-\frac{y^2}{b^2}}\mathrm{d}x\mathrm{d}y=\iint\limits_{D'}\sqrt{1-\rho^2}\,ab\rho\mathrm{d}\rho\mathrm{d}\theta=\frac{2}{3}\pi ab$$

习题9.1

A组

1. 试用二重积分的几何意义说明

(1) $\iint\limits_D k\mathrm{d}\sigma=kS_D,k\in\mathbf{R}$为常数，$S_D$表示积分区域$D$的面积；

(2) $\iint\limits_D\sqrt{R^2-x^2-y^2}\mathrm{d}\sigma=\frac{2}{3}\pi R^3$，$D$是以原点为中心，半径为$R$的圆.

2. 根据二重积分的性质比较下列积分的大小.

(1) $\iint\limits_D(x+y)^2\mathrm{d}\sigma$与$\iint\limits_D(x+y)^3\mathrm{d}\sigma$

①D是由直线$x=0,y=0,x+y=1$所围成的闭区域；

②D是由圆周$(x-2)^2+(y-1)^2=2$所围成的闭区域.

(2) $\iint\limits_D\ln(x+y)\mathrm{d}\sigma$与$\iint\limits_D[\ln(x+y)]^2\mathrm{d}\sigma$

①D是以点$(1,0),(1,1),(2,0)$为顶点的三角形闭区域；

②$D=[3,5]\times[0,1]$.

3. 利用二重积分的性质，估计下列积分的范围.

(1) $\iint\limits_D\sin^2x\sin^2y\mathrm{d}\sigma$，其中$D=[0,\pi]\times[0,\pi]$；

(2) $\iint\limits_D(x^2+4y^2+9)\mathrm{d}\sigma$，其中$D$为圆形闭区域：$x^2+y^2\leqslant 4$.

4. 计算$\int_0^2\mathrm{d}x\int_x^2\mathrm{e}^{-y^2}\mathrm{d}y$的值.

5. 计算下列二重积分.

(1) $\iint\limits_D(3x+2y)\mathrm{d}\sigma$，$D$是由直线$x=0,y=0$及$x+y=2$所围成的闭区域；

(2) $\iint\limits_D(x^3+3x^2y+y^3)\mathrm{d}\sigma$，$D=[0,1]\times[0,1]$；

(3) $\iint\limits_D xy^2\mathrm{d}\sigma$, D 是由 $x=\sqrt{4-y^2}$ 及 $x=0$ 所围成的闭区域;

(4) $\iint\limits_D \sqrt{x^3+1}\,\mathrm{d}\sigma$, D 是由 $y=0$, $x=1$ 及 $y=x^2$ 所围成的闭区域;

(5) $\iint\limits_D x\cos(x+y)\mathrm{d}\sigma$, D 是以点 $(0,0)$, $(\pi,0)$, (π,π) 为顶点的三角形闭区域;

6. 用极坐标计算下列二重积分.

(1) $\iint\limits_D \mathrm{e}^{x^2+y^2}\mathrm{d}\sigma$, 其中 $D=\{(x,y)\mid a^2\leqslant x^2+y^2\leqslant b^2\}$, $a>0,b>0$;

(2) $\iint\limits_D (x+y)^2\mathrm{d}\sigma$, $D=\{(x,y)\mid (x^2+y^2)^2\leqslant 2a(x^2-y^2)\}$, $a>0$;

(3) $\iint\limits_D \arctan\dfrac{y}{x}\mathrm{d}\sigma$, D 由圆周 $x^2+y^2=4$, $x^2+y^2=1$ 及直线 $y=0$, $y=x$ 所围成的在第一象限内的区域;

(4) $\iint\limits_D \rho^2\mathrm{d}\rho\mathrm{d}\theta$, D 是由 $x^2+y^2=a^2$, $\left(x-\dfrac{a}{2}\right)^2+y^2=\dfrac{a^2}{4}$ 及 y 轴所围成的在第一象限的区域.

7. 交换积分次序,并计算二重积分的值.

(1) $\int_1^2\mathrm{d}x\int_{\sqrt{x}}^{x}\sin\dfrac{\pi x}{2y}\mathrm{d}y+\int_2^4\mathrm{d}x\int_{\sqrt{x}}^{2}\sin\dfrac{\pi x}{2y}\mathrm{d}y$;

(2) $\int_{\frac{1}{4}}^{\frac{1}{2}}\mathrm{d}y\int_{\frac{1}{2}}^{\sqrt{y}}\mathrm{e}^{\frac{y}{x}}\mathrm{d}x+\int_{\frac{1}{2}}^{1}\mathrm{d}y\int_{y}^{\sqrt{y}}\mathrm{e}^{\frac{y}{x}}\mathrm{d}x$.

8. 求下列各组曲面所围成立体的体积.

(1) $z=x^2+y^2$, $x+y=4$, $x=0$, $y=0$, $z=0$;

(2) $z=\sqrt{x^2+y^2}$, $x^2+y^2=2ax\ (a>0)$, $z=0$;

(3) $z=xy$, $z=0$, $x+y=1$.

9. 证明:曲面 $\sqrt{x}+\sqrt{y}+\sqrt{z}=\sqrt{a}\ (a>0)$ 与三个坐标面所围成的立体体积为一定值.

B 组

1. 设 $k=\iint\limits_D (x^2+f(xy))\mathrm{d}\sigma$, 其中 f 是连续的奇函数, D 是由 $y=-x^3$, $x=1$, $y=1$ 所围的平面闭区域,求 k 的值.

2. 设函数 $f(x)$ 在区间 $[0,1]$ 上连续,并设 $\int_0^1 f(x)\mathrm{d}x=A$, 求 $\int_0^1\mathrm{d}x\int_x^1 f(x)f(y)\mathrm{d}y$.

(**提示**:交换积分次序,采用定积分对积分区间的可加性)

3. 求 $\lim\limits_{\rho\to 0}\dfrac{1}{\pi\rho^2}\iint\limits_{x^2+y^2\leqslant\rho^2} f(x,y)\mathrm{d}\sigma$, 其中 $f(x,y)$ 为连续函数.

4. 证明: $\int_a^b\mathrm{d}x\int_a^x f(y)\mathrm{d}y=\int_a^b f(x)(b-x)\mathrm{d}x$.

5. 计算二次积分: $\int_{\frac{1}{4}}^{\frac{1}{2}}\mathrm{d}y\int_{\frac{1}{2}}^{\sqrt{y}}\mathrm{e}^{\frac{y}{x}}\mathrm{d}x+\int_{\frac{1}{2}}^{1}\mathrm{d}y\int_{y}^{\sqrt{y}}\mathrm{e}^{\frac{y}{x}}\mathrm{d}x$.

6. 计算下列二重积分

(1) $\iint\limits_D xy\mathrm{d}\sigma$, D 是由 $x=1,y=1+x^2,x=1,y=1$ 及 $x=y^2$ 所围成的闭区域;

(2) $\iint\limits_D \cos x\sqrt{1+\cos^2 x}\mathrm{d}\sigma$, D 是由 $y=0,y=\sin x$ 及 $x=\dfrac{\pi}{2}$ 所围成的闭区域;

(3) $\iint\limits_D (x+y)^2\mathrm{d}\sigma$, D 是由 $|x|+|y|=1$ 所围成的闭区域;

(4) $\iint\limits_D \dfrac{x}{y}\sqrt{1-\sin^2 y}\mathrm{d}\sigma$, D 是由 $x=\sqrt{y},x=\sqrt{3y},y=\dfrac{\pi}{2},y=2\pi$ 所围成的闭区域.

7. 计算二重积分 $\iint\limits_D \sqrt{|y-x^2|}\mathrm{d}\sigma$, 其中 $D=\{(x,y)\mid 0\leqslant y\leqslant 2,|x|\leqslant 1\}$.

8. 计算二重积分 $\int_{-\infty}^{+\infty}\int_{-\infty}^{+\infty}\mathrm{e}^{-(x^2+y^2)}\min(x,y)\mathrm{d}x\mathrm{d}y$, 已知 $\int_{-\infty}^{+\infty}\mathrm{e}^{-x^2}\mathrm{d}x=\sqrt{\pi}$.

(**提示**:把二重积分的积分区域划分为两个不同的积分区域,根据被积函数和积分区域的特点选择相应的积分次序.)

9. 设 $F(t)=\iint\limits_D f(|x|)\mathrm{d}x\mathrm{d}y$, 其中 $f(x)$ 是在 $[0,+\infty]$ 内的连续函数,积分域: $|y|\leqslant|x|\leqslant t$, 求 $F'(t)$.

(**提示**:用二重积分的对称性可以简化二重积分的计算.)

10. 计算二重积分 $\iint\limits_D \sqrt{x^2+y^2}\mathrm{d}x\mathrm{d}y$, 其中 $D: x^2+y^2+2x+2y\leqslant 0, x^2+y^2+2x-2y\leqslant 0$.

(**提示**:用极坐标,需要用隐函数求导数,根据导数的几何意义寻找极角的变化范围.)

11. $\iint\limits_D \sqrt{\dfrac{1-x^2-y^2}{1+x^2+y^2}}\mathrm{d}\sigma$, 其中 $D: x^2+y^2\leqslant ax(0<a<1)$.

$\left(\textbf{提示}: \int\dfrac{\sqrt{1-r^2}}{\sqrt{1+r^2}}r\mathrm{d}r=\int\dfrac{r-r^3}{\sqrt{1-r^4}}\mathrm{d}r=\dfrac{1}{2}\int\dfrac{2r}{\sqrt{1-(r^2)^2}}\mathrm{d}r+\dfrac{1}{4}\int\dfrac{-4r^3}{\sqrt{1-r^4}}\mathrm{d}r\right)$

12. 铅直置于水中的平面薄板,在 D 上任一点 (x,y) 处的压强为 x,试用二重积分表示该板一侧所受之水的压力.

13. 求下列各组曲线所围成图形的面积.

(1) $xy=a^2, x+y=\dfrac{5}{2}a(a>0)$;

(2) $(x^2+y^2)^2=2a^2(x^2-y^2),(x^2+y^2)=a^2,(x^2+y^2\geqslant a^2,a>0)$;

(3) $\rho=a(1+\sin\varphi)(a\geqslant 0)$.

14. 一金属叶片形如心形线 $\rho=a(1+\cos\varphi)$ 如果它在任一点的密度与原点到该点的距离成正比,求它的全部质量.

9.2　三重积分

基于空间非均匀密度物体的质量问题,三重积分的概念得以抽象出来. 本节将在给出三重积分的定义后,分别讨论三重积分在直角坐标系、柱面坐标系、球面坐标系下的计算方法.

9.2.1 背景实例

设空间物体Ω,其密度函数为$\rho(x,y,z)$,且在Ω上连续,求物体Ω的质量.

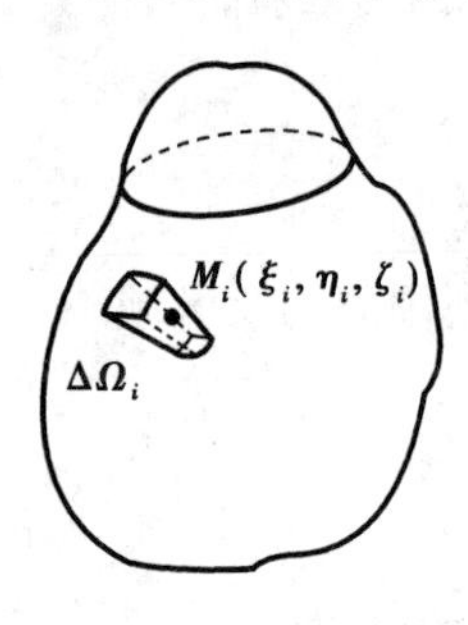

图9.32

解 如图9.32所示,将Ω划分成n块小物体$\Delta\Omega_1,\Delta\Omega_2,\cdots,\Delta\Omega_n$,其体积分别为$\Delta v_1,\Delta v_2,\cdots,\Delta v_n$,并在每一块物体$\Delta\Omega_i$上任取一点$M_i(\xi_i,\eta_i,\zeta_i)$,则$\Delta\Omega_i$的质量近似地等于$\rho(\xi_i,\eta_i,\zeta_i)\Delta v_i(i=1,2,\cdots,n)$,则

$$M\approx\sum_{i=1}^{n}\rho(\xi_i,\eta_i,\zeta_i)\Delta v_i$$

再令λ表示n块小物体$\Delta\Omega_i(i=1,2,\cdots,n)$的直径的最大值,于是物体$\Omega$的总质量为

$$M=\lim_{\lambda\to0}\sum_{i=1}^{n}\rho(\xi_i,\eta_i,\zeta_i)\Delta v_i$$

抽象该问题,得到下面三重积分的概念.

9.2.2 三重积分的概念

定义1 设$f(x,y,z)$是定义在空间有界闭区域Ω上的有界函数,将Ω任意分成n个小闭区域$\Delta\Omega_1,\Delta\Omega_2,\cdots,\Delta\Omega_n$,并用$\Delta v_i$来表示第$i$个小闭区域$\Delta\Omega_i$的体积.在每一个$\Delta\Omega_i$上任取一点$M_i(\xi_i,\eta_i,\zeta_i)$,作乘积$f(\xi_i,\eta_i,\zeta_i)\Delta v_i(i=1,2,\cdots,n)$,并作和式$\sum\limits_{i=1}^{n}f(\xi_i,\eta_i,\zeta_i)\Delta v_i$(该和也称为黎曼和),若当各小闭区域的直径中最大的直径λ趋于零时,无论如何分割Ω和如何选取点$M_i(\xi_i,\eta_i,\zeta_i)$,和式的极限存在,则称此极限为函数$f(x,y,z)$在闭区域$\Omega$上的三重积分,记作$\iiint\limits_{\Omega}f(x,y,z)\mathrm{d}v$.

即
$$\iiint\limits_{\Omega}f(x,y,z)\mathrm{d}v=\lim_{\lambda\to0}\sum_{i=1}^{n}f(\xi_i,\eta_i,\zeta_i)\Delta v_i$$

其中$f(x,y,z)$称为被积函数,$f(x,y,z)\mathrm{d}v$称为被积表达式,$\mathrm{d}v$称为体积元素,Ω称为积分区域.

若$f(x,y,z)$在Ω上连续,那么$\iiint\limits_{\Omega}f(x,y,z)\mathrm{d}v$存在,或者$f(x,y,z)$在$\Omega$上可积.由三重积分的概念,非均匀空间物体的质量可以表示为$\iiint\limits_{\Omega}\rho(x,y,z)\mathrm{d}v$.

9.2.3 三重积分的性质

三重积分与二重积分有着类似的性质,可直接采用三重积分的定义证明,我们在此列出三重积分的性质,证明过程由读者自己完成.

性质1 当$f(x,y,z)\equiv1$时,$\iiint\limits_{\Omega}\mathrm{d}v=V_\Omega$,其中$V_\Omega$为区域$\Omega$的体积.

性质2 若函数$f(x,y,z)$,$g(x,y,z)$在Ω上可积,k_1,k_2是实数,则$k_1f(x,y,z)+k_2g(x,y,z)$在Ω上可积,并且

$$\iiint_{\Omega}(k_1 f(x,y,z)+k_2 g(x,y,z))\mathrm{d}v = k_1\iiint_{\Omega} f(x,y,z)\mathrm{d}v + k_2\iiint_{\Omega} g(x,y,z)\mathrm{d}v$$

性质3(三重积分对区域的可加性)　若函数$f(x,y,z)$在Ω上可积，将Ω分为任何两个部分Ω_1和Ω_2，Ω_1和Ω_2除公共的交面以外没有其他交点，则有

$$\iiint_{\Omega} f(x,y,z)\mathrm{d}v = \iiint_{\Omega_1} f(x,y,z)\mathrm{d}v + \iiint_{\Omega_2} f(x,y,z)\mathrm{d}v$$

性质4　若函数$f(x,y,z)$，$g(x,y,z)$在Ω上可积，且

$$f(x,y,z)\leqslant g(x,y,z),(x,y,z)\in\Omega$$

则

$$\iiint_{\Omega} f(x,y,z)\mathrm{d}v \leqslant \iiint_{\Omega} g(x,y,z)\mathrm{d}v$$

性质5　若函数$f(x,y,z)$在Ω上可积，则$|f(x,y,z)|$亦在Ω上可积，且有

$$\left|\iiint_{\Omega} f(x,y,z)\mathrm{d}v\right| \leqslant \iiint_{\Omega} |f(x,y,z)|\mathrm{d}v$$

性质6(估值定理)　若函数$f(x,y,z)$在Ω上可积，且对任意$(x,y,z)\in\Omega$，有

$$m\leqslant f(x,y,z)\leqslant M$$

则

$$m\cdot V_{\Omega}\leqslant \iiint_{\Omega} f(x,y,z)\mathrm{d}v \leqslant M\cdot V_{\Omega}$$

性质7(中值定理)　若函数$f(x,y,z)$在闭区域Ω上连续，则在Ω内至少存在一点(ξ,η,ζ)，使得

$$\iiint_{\Omega} f(x,y,z)\mathrm{d}v = f(\xi,\eta,\zeta)V_{\Omega}$$

9.2.4　三重积分的计算

三重积分的计算包括三种坐标系下的积分：直角坐标系下的积分、柱坐标系下的积分和球坐标系下的积分. 这三种坐标系下的积分均是把三重积分化为三次积分.

(1)在直角坐标系下计算三重积分

在直角坐标系下，我们是用平行于坐标面的平面网对空间有界闭区域Ω进行分割，分割的结果是除开靠近边界区域的小立体以外都是小长方体. 用坐标x分别取x和$x+\mathrm{d}x$(平行于yOz坐标平面的平面)，坐标y分别取y和$y+\mathrm{d}y$(平行于zOx坐标平面的平面)，坐标z分别取z和$z+\mathrm{d}z$(平行于xOy坐标平面的平面)去截区域Ω得到一个微元立体$\Delta\Omega_i$，如图9.33所示，它是由$x,x+\mathrm{d}x,y,y+\mathrm{d}y,z,z+\mathrm{d}z$这六个平面围成，因此直角坐标系下的体积元素为

$$\mathrm{d}v=\mathrm{d}x\mathrm{d}y\mathrm{d}z$$

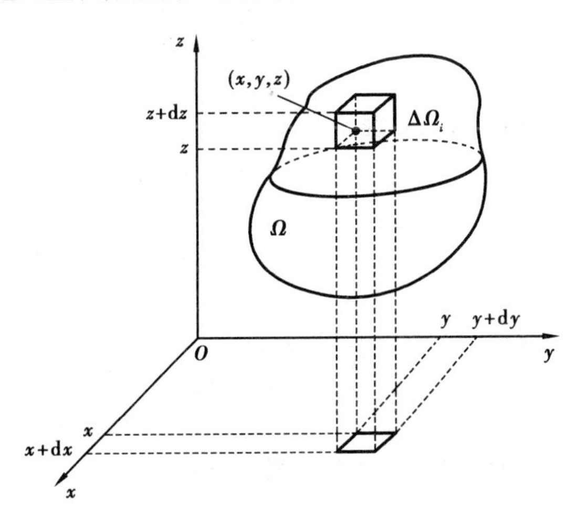

图9.33

由此，在直角坐标系下的三重积分形

式为

$$\iiint\limits_{\Omega} f(x,y,z)\,\mathrm{d}x\mathrm{d}y\mathrm{d}z$$

1)坐标投影法(先积一个单积分再积一个重积分)

任何的空间区域可以分割成下面几大类型的空间区域.

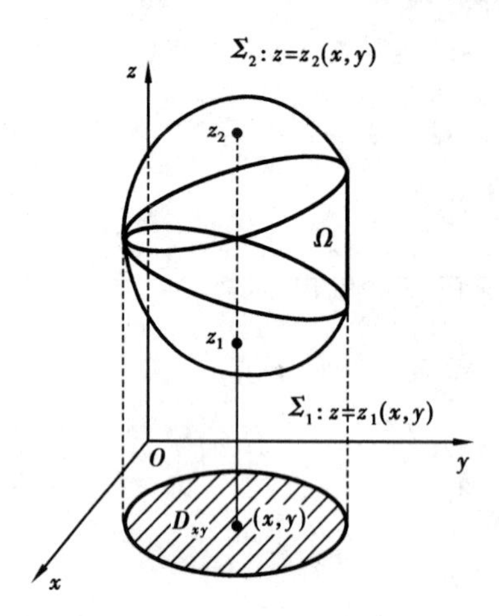

图 9.34

①xy-型空间区域. 平行于 z 轴的直线与该类区域的边界曲面最多只有两个交点. 这种区域可以表示为

$$\Omega=\{(x,y,z)\mid(x,y)\in D_{xy},z_1(x,y)\leqslant z\leqslant z_2(x,y)\}$$

这里的 D_{xy} 是 Ω 在 xOy 坐标平面上的投影区域, $z_1(x,y)$, $z_2(x,y)$ 均在 D_{xy} 上连续,如图 9.34 所示.

②yz-型空间区域. 平行于 x 轴的直线与该类区域的边界曲面最多只有两个交点. 这种区域可以表示为

$$\Omega=\{(x,y,z)\mid(y,z)\in D_{yz},x_1(y,z)\leqslant x\leqslant x_2(y,z)\}$$

这里的 D_{yz} 是 Ω 在 yOz 坐标平面上的投影区域, $x_1(y,z)$, $x_2(y,z)$ 均在 D_{yz} 上连续.

③xz-型空间区域. 平行于 y 轴的直线与该类区域的边界曲面最多只有两个交点. 这种区域可以表示为

$$\Omega=\{(x,y,z)\mid(x,z)\in D_{xz},y_1(x,z)\leqslant y\leqslant y_2(x,z)\}$$

这里的 D_{xz} 是 Ω 在 xOz 坐标平面上的投影区域, $y_1(x,z)$, $y_2(x,z)$ 均在 D_{xz} 上连续.

若三重积分的积分区域为 xy-型空间区域,我们先积一个单积分,将 $f(x,y,z)$ 在区间 $[z_1(x,y),z_2(x,y)]$ 上积分得到一个二元函数

$$F(x,y)=\int_{z_1(x,y)}^{z_2(x,y)} f(x,y,z)\,\mathrm{d}z$$

再将二元函数 $F(x,y)$ 在区域 D_{xy} 上二重积分 $\iint\limits_{D_{xy}} F(x,y)\,\mathrm{d}x\mathrm{d}y$,即

$$\iiint\limits_{\Omega} f(x,y,z)\,\mathrm{d}x\mathrm{d}y\mathrm{d}z=\iint\limits_{D_{xy}}\mathrm{d}x\mathrm{d}y\int_{z_1(x,y)}^{z_2(x,y)} f(x,y,z)\,\mathrm{d}z$$

如果投影区域 D_{xy} 在 xOy 内是一个 x 型区域,则

$$D_{xy}=\{a\leqslant x\leqslant b,\phi(x)\leqslant y\leqslant\varphi(x)\}$$

故三重积分的计算公式为

$$\iiint\limits_{\Omega} f(x,y,z)\,\mathrm{d}x\mathrm{d}y\mathrm{d}z=\int_a^b\mathrm{d}x\int_{\phi(x)}^{\varphi(x)}\mathrm{d}y\int_{z_1(x,y)}^{z_2(x,y)} f(x,y,z)\,\mathrm{d}z \tag{9.7}$$

式(9.7)是将一个三重积分化成了先对 z,后对 y,再对 x 的累次积分.

如果投影区域 D_{xy} 在 xOy 内是一个 y 型区域,则

$$D_{xy}=\{c\leqslant y\leqslant d,\phi(y)\leqslant x\leqslant\varphi(y)\}$$

故三重积分的计算公式为

$$\iiint\limits_{\Omega} f(x,y,z)\,\mathrm{d}x\mathrm{d}y\mathrm{d}z=\int_c^d\mathrm{d}y\int_{\phi(y)}^{\varphi(y)}\mathrm{d}x\int_{z_1(x,y)}^{z_2(x,y)} f(x,y,z)\,\mathrm{d}z \tag{9.8}$$

其实在计算三重积分的时候,我们只需要把空间区域表示出来就行,如果空间区域 Ω 表示为

$$\Omega = \{(x,y,z) \mid a \leqslant x \leqslant b, \phi(x) \leqslant y \leqslant \varphi(x), z_1(x,y) \leqslant z \leqslant z_2(x,y)\}$$

则采用式(9.7)的三次积分顺序积分. 采用这种积分次序,先把空间区域投影在 xOy 平面上,得到投影区域 D_{xy},把这个投影区域在 xOy 面内表成 x-型区域,然后在 D_{xy} 中选取代表点$(x,y,0)$作平行于 z 轴的直线,看它与空间区域的边界交于哪两个曲面,从而确定 z 的变化范围.

如果空间区域 Ω 表为

$$\Omega = \{(x,y,z) \mid c \leqslant y \leqslant d, \phi(y) \leqslant x \leqslant \varphi(y), z_1(x,y) \leqslant z \leqslant z_2(x,y)\}$$

则采用式(9.8)的积分次序.

同理,如果空间区域是 yz-型空间区域,我们就把空间区域投影在 yOz 平面上得到投影区域 D_{yz},把 D_{yz} 在 yOz 表成 y-型区域或表成 z-型区域,再在 D_{yz} 中选取代表点$(0,y,z)$,作平行于 x 轴的直线,确定它与区域的哪两个曲面相交,得到 x 的变化范围,从而得到两种不同次序的三次积分.

如果空间区域 Ω 表为

$$\Omega = \{(x,y,z) \mid a \leqslant y \leqslant b, \phi(y) \leqslant z \leqslant \varphi(y), x_1(y,z) \leqslant x \leqslant x_2(y,z)\}$$

则

$$\iiint_\Omega f(x,y,z)\,\mathrm{d}x\mathrm{d}y\mathrm{d}z = \int_a^b \mathrm{d}y \int_{\phi(y)}^{\varphi(y)} \mathrm{d}z \int_{x_1(y,z)}^{x_2(y,z)} f(x,y,z)\,\mathrm{d}x \tag{9.9}$$

如果空间区域 Ω 表为

$$\Omega = \{(x,y,z) \mid c \leqslant z \leqslant d, \phi(z) \leqslant y \leqslant \varphi(z), x_1(y,z) \leqslant x \leqslant x_2(y,z)\}$$

则

$$\iiint_\Omega f(x,y,z)\,\mathrm{d}x\mathrm{d}y\mathrm{d}z = \int_c^d \mathrm{d}z \int_{\phi(z)}^{\varphi(z)} \mathrm{d}y \int_{x_1(y,z)}^{x_2(y,z)} f(x,y,z)\,\mathrm{d}x \tag{9.10}$$

同理可得出 xz-型空间区域的两种不同次序的三次积分.

例 9.15　计算三重积分 $\iiint_\Omega z\mathrm{d}x\mathrm{d}y\mathrm{d}z$,其中 Ω 由三个坐标平面及平面 $x+2y+z=1$ 围成.

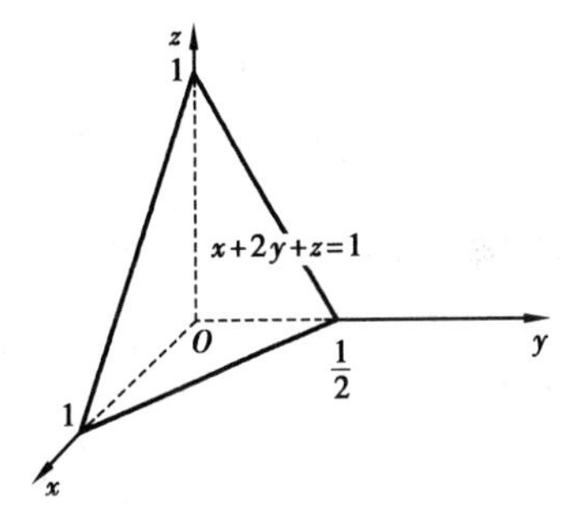

图 9.35

解　如图 9.35 所示,将 Ω 向 xOy 坐标平面投影,即将 Ω 视为 xy-型区域.

$$\Omega = \{(x,y,z) \mid 0 \leqslant z \leqslant 1-x-2y, (x,y) \in D_{xy}\}$$

且

$$D_{xy} = \left\{(x,y) \,\middle|\, 0 \leqslant x \leqslant 1, 0 \leqslant y \leqslant \frac{1-x}{2}\right\}$$

于是

$$\iiint_\Omega z\mathrm{d}x\mathrm{d}y\mathrm{d}z = \iint_{D_{xy}} \mathrm{d}x\mathrm{d}y \int_0^{1-x-2y} z\mathrm{d}z = \int_0^1 \mathrm{d}x \int_0^{\frac{1-x}{2}} \mathrm{d}y \int_0^{1-x-2y} z\mathrm{d}z$$

$$= \int_0^1 \mathrm{d}x \int_0^{\frac{1-x}{2}} \frac{1}{2}(1-x-2y)^2 \mathrm{d}y = -\frac{1}{12}\int_0^1 (1-x-2y)^3 \Big|_0^{\frac{1-x}{2}} \mathrm{d}x$$

$$= \frac{1}{12}\int_0^1 (1-x)^3 \mathrm{d}x = \frac{1}{48}$$

或者把 Ω 作为 yz-型区域,则 Ω 可写为

$$\Omega = \{(x,y,z) \mid 0 \leqslant x \leqslant 1-2y-z, (y,z) \in D_{yz}\}$$

而

$$D_{yz} = \left\{(y,z) \,\middle|\, 0 \leqslant y \leqslant \frac{1}{2}, 0 \leqslant z \leqslant 1-2y\right\}$$

则有 $$\iiint\limits_{\Omega} z\mathrm{d}x\mathrm{d}y\mathrm{d}z = \int_0^{\frac{1}{2}}\mathrm{d}y\int_0^{1-2y}\mathrm{d}z\int_0^{1-2y-z}z\mathrm{d}x = \frac{1}{48}$$

也可将 Ω 视为 zx-型区域,此略.

2)坐标轴投影法(先积一个二重积分再积一个单积分)

空间区域也可以按如下的方式分类:

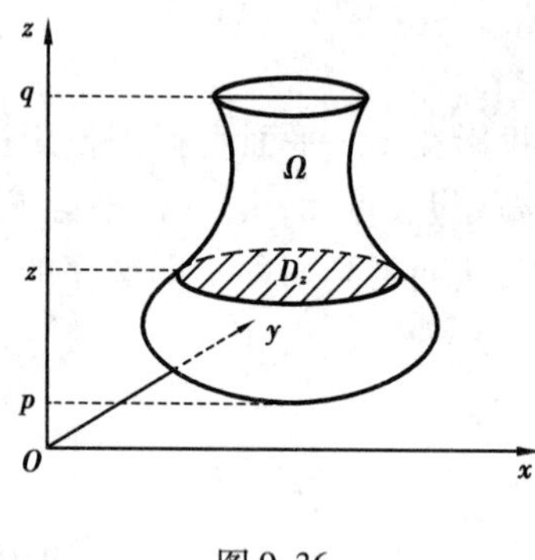

图 9.36

①空间 z-型区域. 若 Ω 能表达成 $\Omega=\{(x,y,z)\mid p\leqslant z\leqslant q,(x,y)\in D_z\}$,其中 $[p,q]$ 为 Ω 在 z 轴上的投影区间,D_z 是 $z=z$ 平面与区域 Ω 所相交的平面区域,如图 9.36 所示.

②空间 x-型区域. 若 Ω 能表达成 $\Omega=\{(x,y,z)\mid a\leqslant x\leqslant b,(y,z)\in D_x\}$,其中 $[a,b]$ 为 Ω 在 x 轴上的投影区间,D_x 是 $x=x$ 平面与区域 Ω 所相交的平面区域.

③空间 y-型区域. 若 Ω 能表达成 $\Omega=\{(x,y,z)\mid c\leqslant y\leqslant d,(x,z)\in D_y\}$,其中 $[c,d]$ 为 Ω 在 y 轴上的投影区间,D_y 是 $y=y$ 平面与区域 Ω 所相交的平面区域.

若 Ω 是一空间有界的 z-型闭区域,$f(x,y,z)$ 在 Ω 上连续,$\Omega=\{(x,y,z)\mid p\leqslant z\leqslant q,(x,y)\in D_z\}$.

则 $$\iiint\limits_{\Omega} f(x,y,z)\mathrm{d}x\mathrm{d}y\mathrm{d}z = \int_p^q\mathrm{d}z\iint\limits_{D_z} f(x,y,z)\mathrm{d}x\mathrm{d}y \tag{9.11}$$

采用式(9.11)的积分方法时,要求用垂直于 z 轴的平面与空间区域相截得出的截面是规则的,容易算出它的面积.

若 Ω 是一空间有界的 x-型闭区域,$f(x,y,z)$ 在 Ω 上连续,

$$\Omega = \{(x,y,z)\mid a\leqslant x\leqslant b,(y,z)\in D_x\}$$

则 $$\iiint\limits_{\Omega} f(x,y,z)\mathrm{d}x\mathrm{d}y\mathrm{d}z = \int_a^b\mathrm{d}x\iint\limits_{D_x} f(x,y,z)\mathrm{d}y\mathrm{d}z \tag{9.12}$$

采用式(9.12)的积分方法时,要求用垂直于 x 轴的平面与空间区域相截得出的截面是规则的,容易算出它的面积.

若 Ω 是一空间有界的 y-型闭区域,$f(x,y,z)$ 在 Ω 上连续,

$$\Omega = \{(x,y,z)\mid c\leqslant y\leqslant d,(x,z)\in D_y\}$$

则 $$\iiint\limits_{\Omega} f(x,y,z)\mathrm{d}x\mathrm{d}y\mathrm{d}z = \int_c^d\mathrm{d}y\iint\limits_{D_y} f(x,y,z)\mathrm{d}z\mathrm{d}x \tag{9.13}$$

采用式(9.13)的积分方法时,要求用垂直于 y 轴的平面与空间区域相截得出的截面是规则的,容易算出它的面积.

例 9.16 计算 $\iiint\limits_{\Omega}\left(\frac{x^2}{a^2}+\frac{y^2}{b^2}+\frac{z^2}{c^2}\right)\mathrm{d}x\mathrm{d}y\mathrm{d}z$,其中 Ω 为椭球体 $\frac{x^2}{a^2}+\frac{y^2}{b^2}+\frac{z^2}{c^2}\leqslant 1$.

解 因为 $$\iiint\limits_{\Omega}\left(\frac{x^2}{a^2}+\frac{y^2}{b^2}+\frac{z^2}{c^2}\right)\mathrm{d}x\mathrm{d}y\mathrm{d}z = \iiint\limits_{\Omega}\frac{x^2}{a^2}\mathrm{d}x\mathrm{d}y\mathrm{d}z + \iiint\limits_{\Omega}\frac{y^2}{b^2}\mathrm{d}x\mathrm{d}y\mathrm{d}z + \iiint\limits_{\Omega}\frac{z^2}{c^2}\mathrm{d}x\mathrm{d}y\mathrm{d}z$$

对三重积分 $\iiint\limits_{\Omega}\frac{z^2}{c^2}\mathrm{d}x\mathrm{d}y\mathrm{d}z$,应视 Ω 为 z-型区域来计算较为简单,把积分区域表为

$$\Omega = \{(x,y,z)\mid -c\leqslant z\leqslant c,(x,y)\in D_z\}$$

而 $$D_z = \left\{(x,y)\left|\frac{x^2}{a^2}+\frac{y^2}{b^2}\leqslant 1-\frac{z^2}{c^2}\right.\right\}$$

于是 $$\iiint_{\Omega}\frac{z^2}{c^2}\mathrm{d}x\mathrm{d}y\mathrm{d}z = \frac{1}{c^2}\int_{-c}^{c}\mathrm{d}z\iint_{D_z}z^2\mathrm{d}x\mathrm{d}y = \frac{1}{c^2}\int_{-c}^{c}z^2\mathrm{d}z\iint_{Dz}\mathrm{d}x\mathrm{d}y$$

$$= \frac{1}{c^2}\int_{-c}^{c}z^2\cdot S_z\mathrm{d}z$$

S_z 为 D_z 的面积,即 S_z 是椭圆$\frac{x^2}{a^2}+\frac{y^2}{b^2}\leqslant 1-\frac{z^2}{c^2}$的面积. 根据椭圆的面积公式,有

$$S_z = \pi\left(a\sqrt{1-\frac{z^2}{c^2}}\right)\left(b\sqrt{1-\frac{z^2}{c^2}}\right) = \pi ab\left(1-\frac{z^2}{c^2}\right)$$

则 $$\iiint_{\Omega}\frac{z^2}{c^2}\mathrm{d}x\mathrm{d}y\mathrm{d}z = \frac{1}{c^2}\int_{-c}^{c}\pi ab\left(1-\frac{z^2}{c^2}\right)z^2\mathrm{d}z = \frac{4}{15}\pi abc$$

对三重积分 $\iiint_{\Omega}\frac{y^2}{b^2}\mathrm{d}x\mathrm{d}y\mathrm{d}z$, 应视 Ω 为 y-型区域来计算较为简单, 把积分区域表为

$$\Omega = \{(x,y,z)\mid -b\leqslant y\leqslant b,(x,z)\in D_y\}$$

而 $$D_y = \left\{(x,y)\left|\frac{x^2}{a^2}+\frac{z^2}{c^2}\leqslant 1-\frac{y^2}{b^2}\right.\right\}$$

S_y 为 D_y 的面积,根据椭圆的面积公式,有

$$S_z = \pi\left(a\sqrt{1-\frac{y^2}{b^2}}\right)\left(c\sqrt{1-\frac{y^2}{b^2}}\right) = \pi ac\left(1-\frac{y^2}{b^2}\right)$$

于是 $$\iiint_{\Omega}\frac{y^2}{b^2}\mathrm{d}x\mathrm{d}y\mathrm{d}z = \frac{1}{b^2}\int_{-b}^{b}\mathrm{d}y\iint_{D_y}y^2\mathrm{d}z\mathrm{d}x = \frac{1}{b^2}\int_{-b}^{b}y^2\mathrm{d}y\iint_{D_y}\mathrm{d}z\mathrm{d}x$$

$$= \frac{1}{b^2}\int_{-b}^{b}y^2\cdot S_y\mathrm{d}y$$

$$= \frac{1}{b^2}\int_{-b}^{b}\pi ac\left(1-\frac{y^2}{b^2}\right)y^2\mathrm{d}y = \frac{4}{15}\pi abc$$

同理可算出 $$\iiint_{\Omega}\frac{x^2}{a^2}\mathrm{d}x\mathrm{d}y\mathrm{d}z = \frac{4}{15}\pi abc$$

所以 $$\iiint_{\Omega}\left(\frac{x^2}{a^2}+\frac{y^2}{b^2}+\frac{z^2}{c^2}\right)\mathrm{d}x\mathrm{d}y\mathrm{d}z = 3\times\frac{4}{15}\pi abc = \frac{4}{5}\pi abc$$

3)三重积分的对称性

①如果三重积分的区域 Ω 关于 xOy 面对称,$f(x,y,-z) = -f(x,y,z)$,则 $\iiint_{\Omega}f(x,y,z)\mathrm{d}v = 0$.

②如果三重积分的区域 Ω 关于 xOz 面对称,$f(x,-y,z) = -f(x,y,z)$,则 $\iiint_{\Omega}f(x,y,z)\mathrm{d}v = 0$.

③如果三重积分的区域 Ω 关于 yOz 面对称,$f(-x,y,z) = -f(x,y,z)$,则 $\iiint_{\Omega}f(x,y,z)\mathrm{d}v = 0$.

④如果三重积分的区域 Ω 关于 xOy 面对称,Ω_1 是 Ω 在 xOy 面上方的区域,$f(x,y,-z) = f(x,y,z)$,则

$$\iiint\limits_{\Omega} f(x,y,z)\,\mathrm{d}v = 2\iiint\limits_{\Omega_1} f(x,y,z)\,\mathrm{d}v$$

⑤如果三重积分的区域Ω关于xOz面对称,Ω_1是Ω在xOz面右边的区域,$f(x,-y,z)=f(x,y,z)$,则

$$\iiint\limits_{\Omega} f(x,y,z)\,\mathrm{d}v = 2\iiint\limits_{\Omega_1} f(x,y,z)\,\mathrm{d}v$$

⑥如果三重积分的区域Ω关于yOz面对称,Ω_1是Ω在yOz面前面的区域,$f(-x,y,z)=f(x,y,z)$,则

$$\iiint\limits_{\Omega} f(x,y,z)\,\mathrm{d}v = 2\iiint\limits_{\Omega_1} f(x,y,z)\,\mathrm{d}v$$

(2)柱面坐标系下计算三重积分

1)柱坐标的概念

空间中的点$M(x,y,z)$除可用直角坐标表示以外,还可以用柱坐标表示.三维空间中的点M在xOy坐标平面上投影点P的极坐标为(ρ,θ),M点可用三个有序数组成的坐标(θ,ρ,z)来表示,这种坐标称为点M的柱面坐标,如图9.37所示.

θ,ρ,z的最大取值范围为:$0\leqslant\theta\leqslant 2\pi$,$0\leqslant\rho<+\infty$,$-\infty<z<+\infty$.

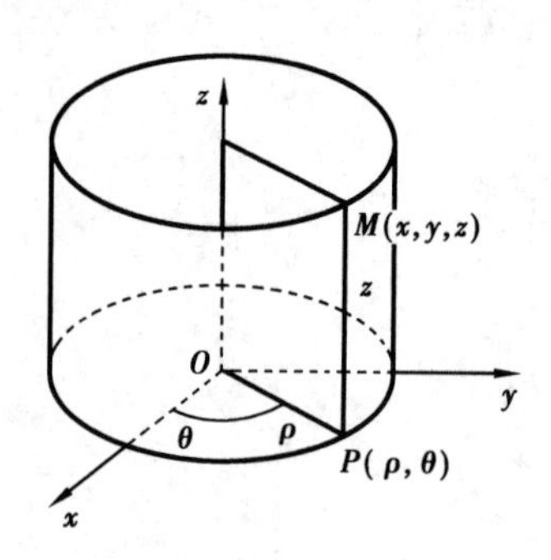

图9.37

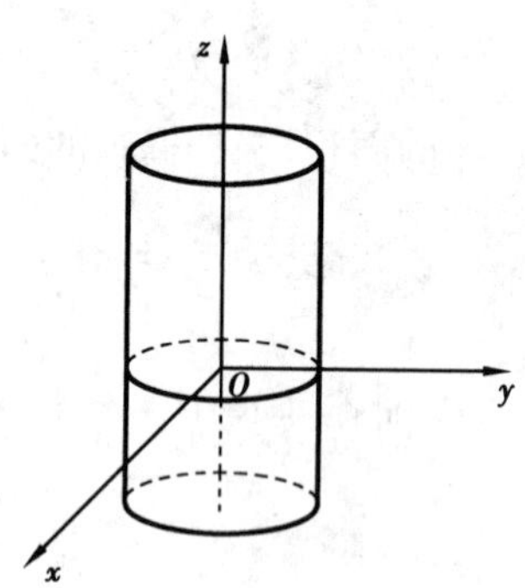

图9.38

点M的柱面坐标与其直角坐标之间的关系为:$x=\rho\cos\theta$,$y=\rho\sin\theta$,$z=z$.

在空间柱面坐标系中,方程$\rho=\rho_0$表示的是以z轴为中心轴的圆柱面,如图9.38所示.方程$\theta=\theta_0$表示的是过z轴的半平面,如图9.39所示.方程$z=z_0$表示的是与xOy坐标平面平行的平面,如图9.40所示.

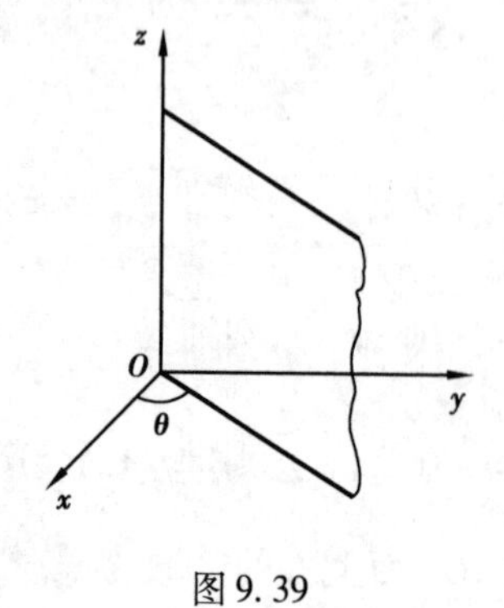

图9.39

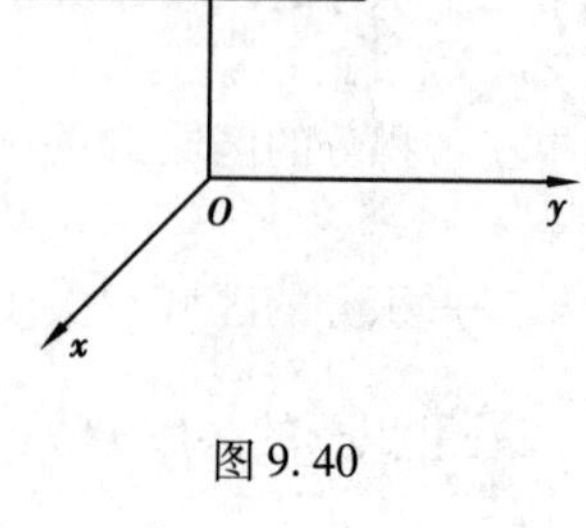

图9.40

注　柱面坐标用于表达圆柱面的方程较为简单,所以当被积函数含有 x^2+y^2 或积分区域边界曲面方程含有 x^2+y^2 时,可以考虑利用柱面坐标系计算三重积分.

2)柱坐标系下三重积分的表达形式

在柱面坐标系中,选用 $\theta=$常数,$\rho=$常数,$z=$常数对空间区域 Ω 进行分割,即用一簇过 z 轴的半平面,以 z 轴为对称轴的圆柱面和垂直于 z 轴的平面去分割空间区域,分割出的小立体可近似地看成长方体. 微元立体 $\mathrm{d}V$ 是用坐标 ρ 分别取 ρ 和 $\rho+\mathrm{d}\rho$,坐标 θ 分别取 θ 和 $\theta+\mathrm{d}\theta$,坐标 z 分别取 z 和 $z+\mathrm{d}z$ 六个曲面去分割区域 Ω 得到,如图9.41所示. 微元立体 $\mathrm{d}V$ 的长、宽、高近似为 $\rho\mathrm{d}\theta,\mathrm{d}\rho,\mathrm{d}z$,于是微元立体的体积 $\mathrm{d}V$ 为

$$\mathrm{d}V=\rho\mathrm{d}\rho\mathrm{d}\theta\mathrm{d}z$$

要将直角坐标系下的三重积分 $\iiint\limits_{\Omega}f(x,y,z)\mathrm{d}x\mathrm{d}y\mathrm{d}z$ 化为在柱面坐标系下的三重积分,只需要将被积函数 $f(x,y,z)$ 表示成 $f(\rho\cos\theta,\rho\sin\theta,z)$,再将体积微元 $\mathrm{d}x\mathrm{d}y\mathrm{d}z$ 用 $\rho\mathrm{d}\rho\mathrm{d}\theta\mathrm{d}z$ 代替便可以了,即

$$\iiint\limits_{\Omega}f(x,y,z)\mathrm{d}x\mathrm{d}y\mathrm{d}z=\iiint\limits_{\Omega}f(\rho\cos\theta,\rho\sin\theta,z)\rho\mathrm{d}\rho\mathrm{d}\theta\mathrm{d}z$$

3)柱坐标系下三重积分的计算

在直角坐标系中的三重积分有六种可能的积分顺序,柱坐标系下三重积分的计算也有六种不同次序的积分,我们在这里仅考虑一种积分顺序:首先对 z 积分,然后对 ρ 积分,最后对 θ 积分. 积分区域 Ω 是一个简单区域,平行于 z 轴的直线与该区域的边界曲面最多有两个交点. 首先把空间区域投影在 xOy 平面上,把投影区域表成极坐标形式

$$\{(\rho,\theta)\,|\,\alpha\leqslant\theta\leqslant\beta,\rho_1(\theta)\leqslant\rho\leqslant\rho_2(\theta)\}$$

再在投影区域中选取代表点 (θ,ρ),过该点作平行于 z 轴的直线与空间区域的边界曲面交于 $z_1(\rho,\theta)$ 和 $z_2(\rho,\theta)$ 两点. 因此空间区域 Ω 可表示为

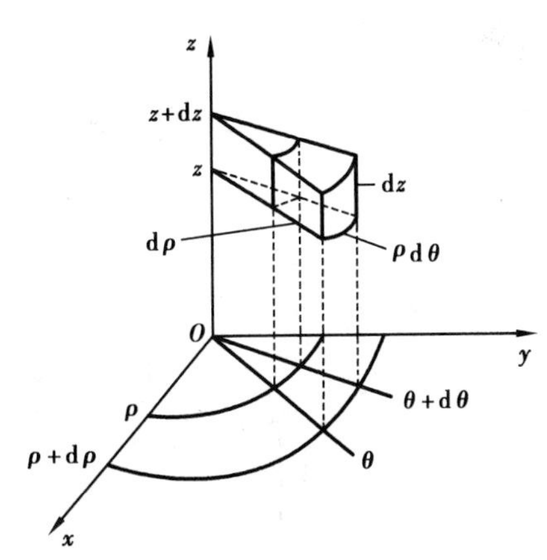

图9.41

$$\Omega=\{(\rho,\theta,z)\,|\,\alpha\leqslant\theta\leqslant\beta,\rho_1(\theta)\leqslant\rho\leqslant\rho_2(\theta),z_1(\rho,\theta)\leqslant z\leqslant z_2(\rho,\theta)\}$$

柱坐标系下的三重积分的计算公式为

$$\iiint\limits_{\Omega}f(x,y,z)\mathrm{d}v=\iiint\limits_{\Omega}f(\rho\cos\theta,\rho\sin\theta,z)\rho\mathrm{d}\rho\mathrm{d}\theta\mathrm{d}z$$

$$=\int_{\alpha}^{\beta}\mathrm{d}\theta\int_{\rho_1(\theta)}^{\rho_2(\theta)}\mathrm{d}\rho\int_{z_1(\rho,\theta)}^{z_2(\rho,\theta)}f(\rho\cos\theta,\rho\sin\theta,z)\rho\mathrm{d}\rho$$

一般地,若三重积分的积分区域非简单区域,可将其分割为若干个简单区域来计算.

例9.17　在柱面坐标系下计算半径为 R 的球体体积.

解　建立坐标系,设球面方程为 $x^2+y^2+z^2=R^2$,则球体体积为

$$V=\iiint\limits_{\Omega}\mathrm{d}v$$

其中 Ω 用柱面坐标表达出来为

$$\Omega=\{(\rho,\theta,z)\mid 0\leqslant\theta\leqslant 2\pi,0\leqslant\rho\leqslant R,-\sqrt{R^2-\rho^2}\leqslant z\leqslant\sqrt{R^2-\rho^2}\}$$

于是
$$V=\int_0^{2\pi}\mathrm{d}\theta\int_0^R\mathrm{d}\rho\int_{-\sqrt{R^2-\rho^2}}^{\sqrt{R^2-\rho^2}}\rho\mathrm{d}z=\int_0^{2\pi}\mathrm{d}\theta\int_0^R 2\rho\sqrt{R^2-\rho^2}\mathrm{d}\rho$$
$$=-\int_0^{2\pi}\mathrm{d}\theta\int_0^R\sqrt{R^2-\rho^2}\mathrm{d}(R^2-\rho^2)=-\int_0^{2\pi}\frac{2}{3}(R^2-\rho^2)^{\frac{3}{2}}\bigg|_0^R\mathrm{d}\theta$$
$$=\frac{2}{3}\int_0^{2\pi}R^3\mathrm{d}\theta=\frac{4\pi}{3}R^3$$

例 9.18 用柱面坐标计算三重积分 $\iiint\limits_{\Omega}z\mathrm{d}v$，$\Omega$ 是球面 $x^2+y^2+z^2=4$ 与旋转抛物面 $x^2+y^2=3z$ 所围部分.

解 如图 9.42 所示，在柱面坐标系下写出球面及旋转抛物面的方程为

$$\rho^2+z^2=4\text{ 及 }\rho^2=3z$$

它们的交线为

$$\begin{cases}z=1\\ \rho=\sqrt{3}\end{cases}$$

于是

$$\Omega=\left\{(\rho,\theta,z)\left|\frac{\rho^2}{3}\leqslant z\leqslant\sqrt{4-\rho^2},(\theta,\rho)\in D_{\rho\theta}\right.\right\}$$

而
$$D_{\rho\theta}=\{(\rho,\theta)\mid 0\leqslant\theta\leqslant 2\pi,0\leqslant\rho\leqslant\sqrt{3}\}$$

则

$$\iiint\limits_{\Omega}z\mathrm{d}v=\int_0^{2\pi}\mathrm{d}\theta\int_0^{\sqrt{3}}\mathrm{d}\rho\int_{\frac{\rho^2}{3}}^{\sqrt{4-\rho^2}}\rho\cdot z\mathrm{d}z=\frac{13}{4}\pi$$

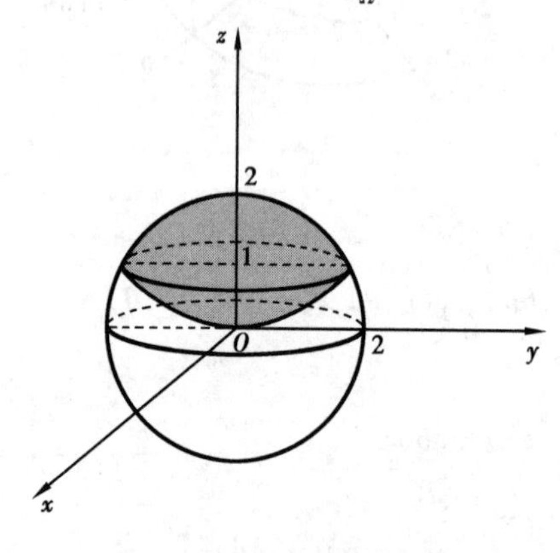

图 9.42

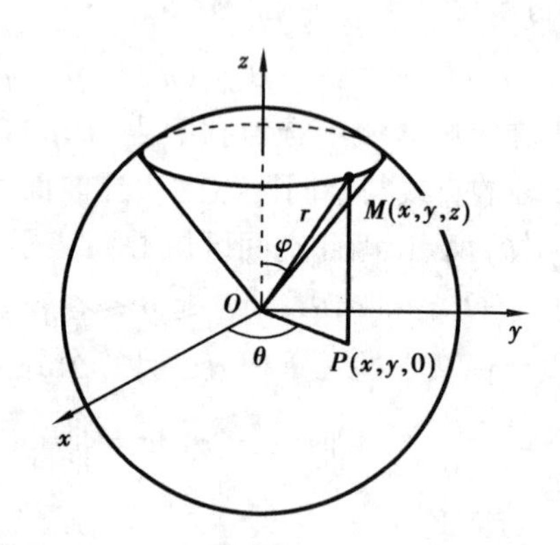

图 9.43

(3) 球坐标系下计算三重积分

1) 球坐标系的概念

设 $M(x,y,z)$ 是空间上的一点，它可以用 r,φ,θ 三个参数来描述，如图 9.43 所示.

r：从原点 O 到 M 的距离.

φ：$\overrightarrow{OM}$ 与 z 轴正向的夹角.

θ：点 (x,y,z) 在 xOy 面的投影点在以 Ox 轴为极轴的极坐标系下的夹角.

(r,φ,θ)称为空间点M的球面坐标，这里r,φ,θ的最大变化范围分别为：$0\leqslant r<+\infty$，$0\leqslant\varphi\leqslant\pi$，$0\leqslant\theta\leqslant 2\pi$.

由图9.43易得，点M的空间直角坐标和球面坐标的关系是

$$x=r\sin\varphi\cos\theta,\ y=r\sin\varphi\sin\theta,\ z=r\cos\varphi$$

在球坐标系下，方程$r=r_0$表示以原点为中心的球面；方程$\varphi=\varphi_0$表示以原点为顶点、以z轴为对称轴的圆锥面；方程$\theta=\theta_0$表示过z轴的半平面，如图9.44、图9.45、图9.46所示.

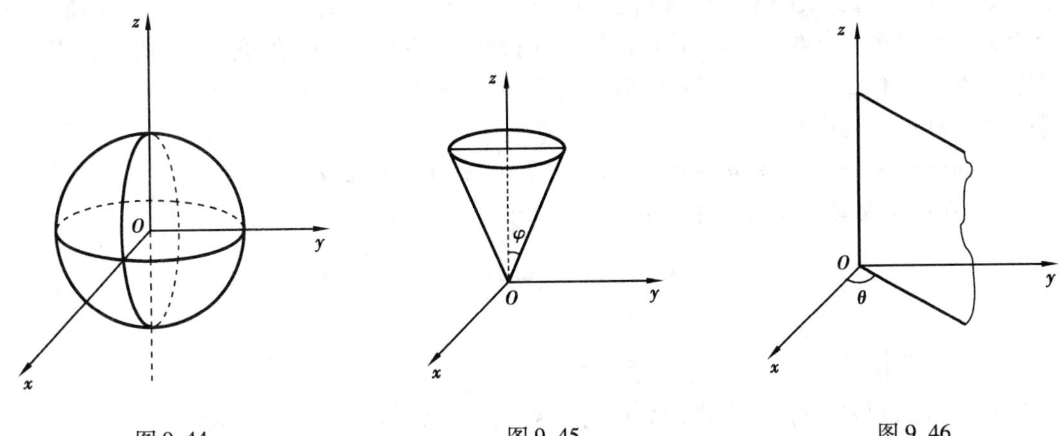

图9.44　　图9.45　　图9.46

下面我们分别用空间直角坐标系、柱面坐标系和球面坐标系描述以下两种曲面的方程，一个曲面是以原点为中心、R为半径的球面，另一个是以α为半顶角、顶点在原点的圆锥面.可以看到，在三种坐标系下的方程形式各有不同，有些方程表达是十分简洁的，见表10.1.

表10.1

	直角坐标系	柱面坐标系	球面坐标系
球面	$x^2+y^2+z^2=R^2$	$\rho^2+z^2=R^2$	$r=R$
锥面	$z=\sqrt{x^2+y^2}$	$z=\rho$	$\varphi=\alpha$

可见，用球面坐标系表达上述球面及圆锥面的方程最简单.若三重积分的积分区域边界曲面有球面或圆锥面，则可能采用球面坐标系计算三重积分更为简单.

2）球坐标系下三重积分的表达形式

在球坐标系下用$\theta=$常数，$\varphi=$常数，$r=$常数对空间区域进行分割，即用一簇过z轴的半平面，以原点为顶点、以z轴为对称轴的圆锥面，以原点为中心的球面对区域进行分割，分割出的小立体近似看成是长方体.微元立体是坐标r取r和$r+\mathrm{d}r$、坐标φ分别取φ和$\varphi+\mathrm{d}\varphi$、坐标$\theta$分别取$\theta$和$\theta+\mathrm{d}\theta$六个曲面所围成的，见图9.47所示.该微元立体的长、宽和高分别为$r\mathrm{d}\varphi$，$r\sin\varphi\mathrm{d}\theta$和$\mathrm{d}r$，则微元立体的体积$\mathrm{d}v$为

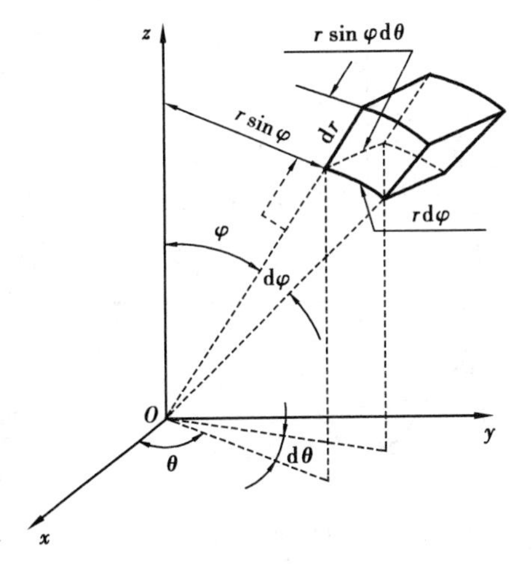

图9.47

$$dv = r^2\sin\varphi drd\varphi d\theta$$

故球坐标系下的三重积分表达形式为

$$\iiint_{\Omega} f(x,y,z)\,dv = \iiint_{\Omega} f(r\sin\varphi\cos\theta, r\sin\varphi\sin\theta, r\cos\varphi)r^2\sin\varphi drd\varphi d\theta$$

3)球坐标系下三重积分的计算

球坐标系下三重积分具有三种不同次序的积分,本书只考虑其中一种次序的积分,先对 r,后对 φ,最后对 θ 的三次积分.这要求空间积分区域 Ω 是一个简单区域,从原点引出的射线与区域的边界最多只有两个交点.这种区域首先投影在 xOy 平面上,先确定 θ 的取值范围,然后固定 θ 作过 z 轴的半平面,确定 φ 的取值范围,再对固定的(θ,φ)确定 r 的变化范围.因此,空间简单区域可以表示为

$$\Omega = \{(r,\varphi,\theta)\mid \theta_1 \leqslant \theta \leqslant \theta_2, \varphi_1(\theta) \leqslant \varphi \leqslant \varphi_2(\theta), r_1(\varphi,\theta) \leqslant r \leqslant r_2(\varphi,\theta)\}$$

于是,在简单区域 Ω 上的三重积分可直接化为三次积分

$$\iiint_{\Omega} f(r\sin\varphi\cos\theta, r\sin\varphi\sin\theta, r\cos\varphi)r^2\sin\varphi drd\varphi d\theta$$

$$= \int_{\theta_1}^{\theta_2} d\theta \int_{\varphi_1(\theta)}^{\varphi_2(\theta)} d\varphi \int_{r_1(\varphi,\theta)}^{r_2(\varphi,\theta)} f(r\sin\varphi\cos\theta, r\sin\varphi\sin\theta, r\cos\varphi)r^2\sin\varphi dr$$

特别地,若 Ω 是包含原点在内的简单闭区域(如图9.48),设其边界曲面为

$$r = r(\varphi,\theta)$$

此时三重积分为

$$\iiint_{\Omega} f(x,y,z)\,dv = \int_0^{2\pi} d\theta \int_0^{\pi} d\varphi \int_0^{r(\varphi,\theta)} f(r\sin\varphi\cos\theta, r\sin\varphi\sin\theta, r\cos\varphi)r^2\sin\varphi dr$$

一般地,若三重积分中被积函数有 $f(x^2+y^2+z^2)$ 的形式,或者其积分区域边界曲面有球面或圆锥面,我们一般采用球坐标来计算可能要方便一些.

例 9.19 利用球面坐标计算半径为 R 的球体的体积.

解 将球心放在原点,则球面方程为:$x^2+y^2+z^2=R^2$.

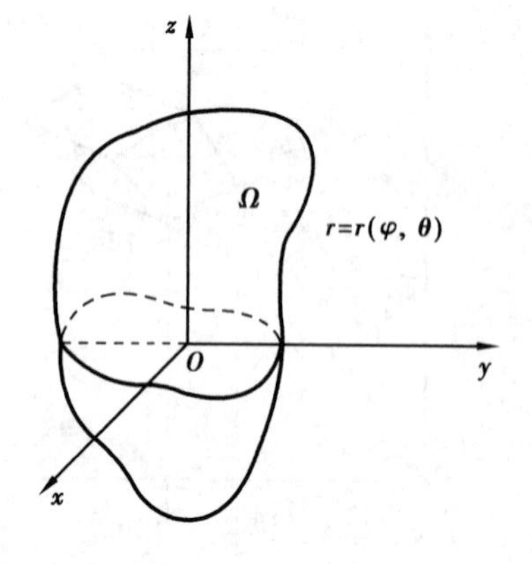

图 9.48

用球面坐标写出球体区域为

$$\Omega = \{(r,\varphi,\theta)\mid 0 \leqslant \theta \leqslant 2\pi, 0 \leqslant \varphi \leqslant \pi, 0 \leqslant r \leqslant R\}$$

于是球体体积

$$V = \iiint_{\Omega} dv = \int_0^{2\pi} d\theta \int_0^{\pi} d\varphi \int_0^R r^2\sin\varphi dr$$

$$= \int_0^{2\pi} d\theta \int_0^{\pi} \sin\varphi \cdot \left(\frac{1}{3}r^3 \Big|_0^R\right) d\varphi$$

$$= \int_0^{2\pi} d\theta \int_0^{\pi} \frac{1}{3}R^3\sin\varphi \cdot d\varphi$$

$$= \frac{1}{3}R^3 \int_0^{2\pi} (-\cos\varphi)\Big|_0^{\pi} d\theta$$

$$= \frac{2}{3}R^3 \int_0^{2\pi} d\theta = \frac{4\pi}{3}R^3$$

例 9.20 计算 $\iiint_{\Omega}(2x+y+z)^2 dv$,其中 $\Omega: x^2+y^2+z^2 \leqslant R^2 (R>0)$.

解　根据三重积分的对称性,有

$$\iiint\limits_{\Omega} xy\mathrm{d}v = \iiint\limits_{\Omega} yz\mathrm{d}v = \iiint\limits_{\Omega} zx\mathrm{d}v = 0$$

$$\begin{aligned}
\text{原式} &= \iiint\limits_{\Omega}(4x^2 + y^2 + z^2 + 4xy + 2yz + 4zx)\mathrm{d}v \\
&= \iiint\limits_{\Omega}(4x^2 + y^2 + z^2)\mathrm{d}v \\
&= \iiint\limits_{\Omega}(x^2 + y^2 + z^2)\mathrm{d}v + \iiint\limits_{\Omega} 3x^2\mathrm{d}v \\
&= 2\iiint\limits_{\Omega}(x^2 + y^2 + z^2)\mathrm{d}v \\
&= 2\int_0^{2\pi}\mathrm{d}\theta\int_0^{\pi}\sin\varphi\mathrm{d}\varphi\int_0^R r^2\cdot r^2\cdot\mathrm{d}r = \frac{8\pi R^5}{5}
\end{aligned}$$

例 9.21　求半径为 R 的球面与半顶角为 α 内接锥面所围成的立体的体积.

解　建立坐标系如图 9.49 所示,则球面的方程为 $r = 2R\cos\varphi$,锥面的方程为 $\varphi = \alpha$.

于是两个曲面所围的空间区域 Ω 可表示为

$\Omega = \{(r,\varphi,\theta) \mid 0 \leqslant \theta \leqslant 2\pi, 0 \leqslant \varphi \leqslant \alpha, 0 \leqslant r \leqslant 2R\cos\varphi\}$

则

$$\begin{aligned}
V &= \iiint\limits_{\Omega}\mathrm{d}v = \int_0^{2\pi}\mathrm{d}\theta\int_0^{\alpha}\mathrm{d}\varphi\int_0^{2R\cos\varphi} r^2\sin\varphi\mathrm{d}r \\
&= 2\pi\int_0^{\alpha}\sin\varphi\mathrm{d}\varphi\int_0^{2R\cos\varphi} r^2\mathrm{d}r \\
&= \frac{16\pi R^3}{3}\int_0^{\alpha}\cos^3\varphi\sin\varphi\mathrm{d}\varphi \\
&= \frac{4\pi R^3}{3}(1 - \cos^4\alpha)
\end{aligned}$$

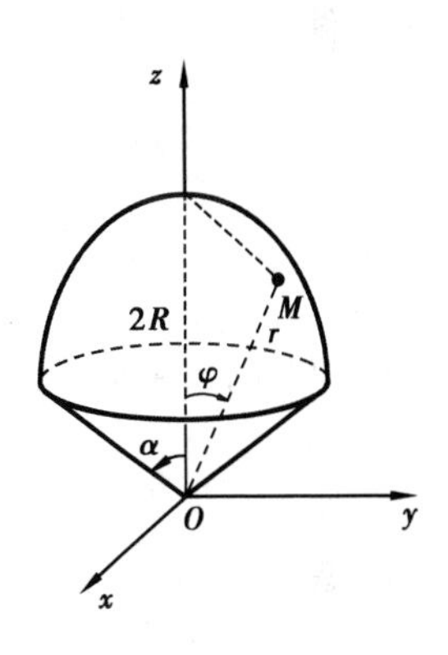

图 9.49

***(4)三重积分的换元法**

三重积分也有和二重积分类似的换元法,下面我们直接给出结论.

设 T 是 $R^3 \to R^3$ 的变换:

$$x = x(u,v,w), y = y(u,v,w), z = z(u,v,w)$$

则变换 T 的雅可比行列式是一个三阶行列式:

$$\frac{\partial(x,y,z)}{\partial(u,v,w)} = \begin{vmatrix} \dfrac{\partial x}{\partial u} & \dfrac{\partial x}{\partial v} & \dfrac{\partial x}{\partial w} \\ \dfrac{\partial y}{\partial u} & \dfrac{\partial y}{\partial v} & \dfrac{\partial y}{\partial w} \\ \dfrac{\partial z}{\partial u} & \dfrac{\partial z}{\partial v} & \dfrac{\partial z}{\partial w} \end{vmatrix}$$

于是,三重积分的变量变换公式为

$$\iiint\limits_{\Omega} f(x,y,z)\mathrm{d}x\mathrm{d}y\mathrm{d}z = \iiint\limits_{\Omega} f(x(u,v,w), y(u,v,w), z(u,v,w))\left|\frac{\partial(x,y,z)}{\partial(u,v,w)}\right|\mathrm{d}u\mathrm{d}v\mathrm{d}w$$

读者根据变量变换公式,很容易得到直角坐标系下的三重积分转化为柱面坐标系下的三重积分的表达式及球面坐标系下的三重积分的表达式.

习题 9.2

A 组

1. 化三重积分$\iiint\limits_{\Omega} f(x,y,z)\,dxdydz$为三次积分,其中积分区域分别是:

(1) 由平面$x+\frac{y}{2}+\frac{z}{3}=1$与各坐标面围成的区域;

(2) 由曲面$z=x^2+y^2$及平面$z=1$所围成的闭区域.

2. 计算三重积分$\iiint\limits_{\Omega} xz\,dxdydz$,$\Omega$是由$z=0,z=y,y=1$及抛物柱面$y=x^2$所围成的闭区域.

3. 计算三重积分$\iiint\limits_{\Omega}(x+z)\,dv$,其中$\Omega$是由曲面$z=\sqrt{x^2+y^2}$与$z=\sqrt{1-x^2-y^2}$所围成的区域.

(**提示**:由Ω关于yOz坐标面对称,直接可知$\iiint\limits_{\Omega} x\,dv=0$.)

4. 用柱坐标计算三重积分$I=\iiint\limits_{\Omega}(x^2+y^2)\,dv$,其中$\Omega$为平面曲线$\begin{cases}y^2=2z\\x=0\end{cases}$绕$z$轴旋转一周形成的曲面与平面$z=8$所围成的区域.

5. 计算$\iiint\limits_{\Omega}(x^2+y^2+z)\,dv$,其中$\Omega$是由曲线$\begin{cases}y^2=2z\\x=0\end{cases}$绕$z$轴旋转一周而成的曲面与平面$z=4$所围成的立体.

6. 计算三重积分$\iiint\limits_{\Omega} z^2\,dxdydz$,$\Omega$是两个球$x^2+y^2+z^2\leqslant R^2$和$x^2+y^2+z^2\leqslant 2Rz$的公共部分.

7. 计算$\iiint\limits_{\Omega}\frac{\sin\sqrt{x^2+y^2+z^2}}{x^2+y^2+z^2}\,dxdydz$,其中$\Omega:x^2+y^2+z^2\leqslant 1,\ x\geqslant 0,y\geqslant 0,z\geqslant 0$.

8. 计算$\iiint\limits_{\Omega}(x^2+y^2)\,dxdydz$,$\Omega$是由$z=\sqrt{a^2-x^2-y^2}$,$z=\sqrt{A^2-x^2-y^2}$,$z=0(a<A)$所围的闭区域.

B 组

1. 计算下列三重积分.

(1) $\iiint\limits_{\Omega} x^3y^2\,dv$,$\Omega$由$z=0,z=xy,y=x,x=a(a>0)$所围成.

(2) $\iiint\limits_{\Omega}\frac{dxdydz}{(1+x+y+z)^3}$,$\Omega$是由$x=0,y=0,z=0,x+y+z=1$所围成的四面体.

(3) $\iiint\limits_{\Omega} y\cos(x+z)\,dxdydz$,$\Omega$为抛物柱面$y=\sqrt{x}$,平面$y=0,z=0$及$x+z=\frac{\pi}{2}$所围的闭

区域.

(4) $\iiint\limits_{\Omega} \dfrac{e^z}{\sqrt{x^2+y^2}}\mathrm{d}x\mathrm{d}y\mathrm{d}z$, Ω 由 $z=\sqrt{x^2+y^2}$, $z=1$, $z=2$ 所围成.

2. 选用适当的坐标系计算下列三重积分.

(1) $\iiint\limits_{\Omega}(x^2+y^2)\mathrm{d}x\mathrm{d}y\mathrm{d}z$, Ω 是由曲面 $x^2+y^2=2z$ 及平面 $z=2$ 所围成的闭区域;

(2) $\iiint\limits_{\Omega}(x^2+y^2+z^2)\mathrm{d}x\mathrm{d}y\mathrm{d}z$, Ω 为球面 $x^2+y^2+(z-1)^2\leqslant 1$;

(3) $\iiint\limits_{\Omega}(x^2+y^2)\mathrm{d}x\mathrm{d}y\mathrm{d}z$, Ω 是由曲面 $4z^2=25(x^2+y^2)$ 及平面 $z=5$ 所围成的闭区域;

(4) $\iiint\limits_{\Omega}z\mathrm{d}x\mathrm{d}y\mathrm{d}z$, Ω 是由 $x^2+y^2+z^2=4$ 与 $z=\dfrac{1}{3}(x^2+y^2)$ 所围成的闭区域;

(5) $\iiint\limits_{\Omega}z\mathrm{d}x\mathrm{d}y\mathrm{d}z$, 其中 Ω: $x^2+y^2+(z-a)^2\leqslant a^2$, $x^2+y^2\leqslant z^2$.

3. 利用柱面坐标计算下列三重积分.

(1) $\int_{-1}^{1}\mathrm{d}x\int_{0}^{\sqrt{1-x^2}}\mathrm{d}y\int_{\sqrt{x^2+y^2}}^{1}z^3\mathrm{d}z$;

(2) $\int_{0}^{1}\mathrm{d}x\int_{0}^{\sqrt{1-x^2}}\mathrm{d}y\int_{0}^{\sqrt{4-(x^2+y^2)}}\mathrm{d}z$.

4. 用球坐标计算下列三重积分.

(1) $\int_{-3}^{3}\mathrm{d}x\int_{-\sqrt{9-x^2}}^{\sqrt{9-x^2}}\mathrm{d}y\int_{0}^{\sqrt{9-x^2-y^2}}\mathrm{d}z$;

(2) $\int_{0}^{3}\mathrm{d}y\int_{0}^{\sqrt{9-y^2}}\mathrm{d}x\int_{\sqrt{x^2+y^2}}^{\sqrt{18-x^2-y^2}}(x^2+y^2+z^2)\mathrm{d}z$.

5. 利用三重积分计算下列由曲面所围成的立体的体积.

(1) $z=6-x^2-y^2$ 及 $z=\sqrt{x^2+y^2}$;

(2) $z=\sqrt{5-x^2-y^2}$ 及 $x^2+y^2=4z$;

(3) $z=xy$, $x+y+z=1$ 及 $z=0$;

(4) $x^2+y^2+z^2=a^2$, $x^2+y^2+z^2=b^2$ 及 $z=\sqrt{x^2+y^2}$ $(b>a>0)$.

9.3　重积分的应用

由非均匀平面薄片和空间物体的质量问题,我们提出了二重积分和三重积分的概念,本节我们主要用重积分求空间曲面的面积、质心、转动惯量、引力等.

9.3.1　曲面的面积

设空间光滑曲面 Σ: $z=z(x,y)$,且在 xOy 坐标平面上的投影区域为 D_{xy},求空间曲面的面积.

将投影区域 D_{xy} 分割成 $\Delta\sigma_1,\Delta\sigma_2,\cdots,\Delta\sigma_n,\lambda_i$ 为 $\Delta\sigma_i$ 的直径,$\lambda=\max\limits_{1\leqslant i\leqslant n}\lambda_i$. 以 $\Delta\sigma_i$ 的边界曲线作为准线,作母线平行于 z 轴的柱面 A_i,截取空间曲面 Σ 的一小块曲面 ΔS_i,相应地把空间曲面 Σ 划分成 n 个小曲面块 $\Delta S_1,\Delta S_2,\cdots,\Delta S_n$. 在 $\Delta\sigma_i$ 内任取一点 (ξ_i,η_i),得到小曲面块 ΔS_i 上任取一点 $M_i(\xi_i,\eta_i,z(\xi_i,\eta_i))$,过点 $\xi_i,\eta_i,z(\xi_i,\eta_i)$ 作空间曲面的切平面,同样被柱面 A_i 截下一小块 ΔS_i^*,如图 9.50 所示.

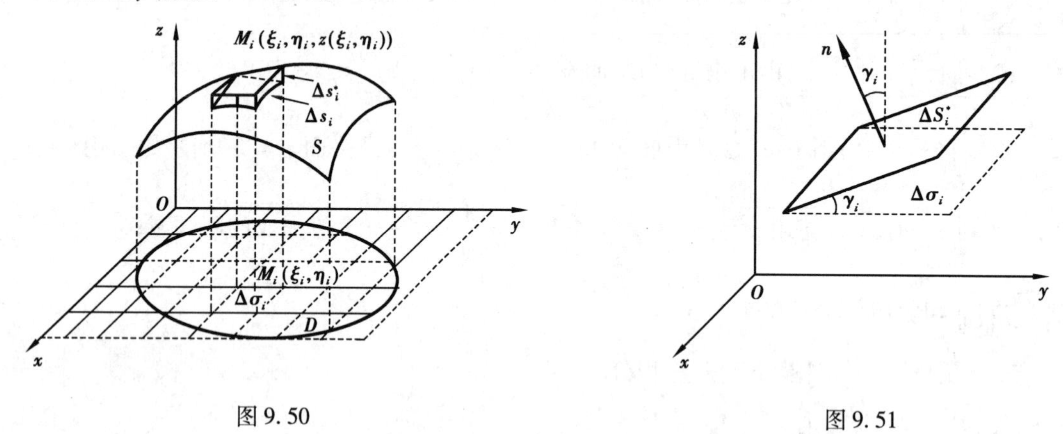

图 9.50　　　　图 9.51

空间曲面 $\Sigma:z=z(x,y)$ 在点 $(\xi_i,\eta_i,z(\xi_i,\eta_i))$ 的切平面的法向量为 $\vec{n}=\pm(z_x',z_y',-1)$,设它的方向角为 α,β,γ,它对 z 轴的方向余弦为

$$\cos\gamma_i=\pm\frac{1}{\sqrt{1+z_x^2(\xi_i,\eta_i)+z_y^2(\xi_i,\eta_i)}}$$

从图 9.51 看出,ΔS_i^* 与 $\Delta\sigma_i$ 的关系为 $\Delta S_i^*\cdot|\cos\gamma_i|=\Delta\sigma_i$,即 ΔS_i^* 在 xOy 坐标平面上的投影为 $\Delta\sigma_i$. 而切平面的法向 $\vec{n}=(z_x',z_y',-1)$ 与 z 轴正向之夹角 γ_i 应等于 ΔS_i^* 与 $\Delta\sigma_i$ 的夹角. 由于切平面法向量有两个方向,而面积应该为正数,所以式中应取 $\cos\gamma_i$ 的绝对值.

由空间解析几何,得

$$|\cos\gamma_i|=\frac{1}{\sqrt{z_x^2(\xi_i,\eta_i)+z_y^2(\xi_i,\eta_i)+1}}$$

于是
$$\Delta S_i^*=\frac{\Delta\sigma_i}{|\cos\gamma_i|}=\sqrt{1+z_x^2(\xi_i,\eta_i)+z_y^2(\xi_i,\eta_i)}\cdot\Delta\sigma_i$$

所以空间曲面的面积 S 为

$$S=\sum_{i=1}^{n}\Delta S_i\approx\sum_{i=1}^{n}\Delta S_i^*=\sum_{i=1}^{n}\sqrt{1+z_x^2(\xi_i,\eta_i)+z_y^2(\xi_i,\eta_i)}\cdot\Delta\sigma_i \tag{9.14}$$

当 $\lambda\to0$ 时,式(9.14)右边的极限就是曲面 Σ 的面积 S,这个极限刚好是一个二重积分.

即
$$\begin{aligned}S&=\lim_{\lambda\to0}\sum_{i=1}^{n}\Delta S_i^*=\lim_{\lambda\to0}\sum_{i=1}^{n}\sqrt{1+z_x^2(\xi_i,\eta_i)+z_y^2(\xi_i,\eta_i)}\cdot\Delta\sigma_i\\&=\iint\limits_{D_{xy}}\sqrt{1+z_x^2(x,y)+z_y^2(x,y)}\cdot\mathrm{d}\sigma\end{aligned}$$

所以
$$S=\iint\limits_{D_{xy}}\sqrt{1+z_x^2(x,y)+z_y^2(x,y)}\cdot\mathrm{d}\sigma$$

上面得出的是求空间光滑曲面 $\Sigma:z=z(x,y)$ 的面积公式,同理我们可以得出以下结论:

如果空间曲面Σ的方程为$y=y(x,z)$,把这个空间曲面投影在xOz平面上得到区域D_{xz},则空间曲面的面积计算公式为

$$S=\iint_{D_{xz}}\sqrt{1+y_x^2(x,z)+y_z^2(x,z)}\cdot\mathrm{d}\sigma$$

如果空间曲面Σ的方程为$x=x(y,z)$,把这个空间曲面投影在yOz平面上得到区域D_{yz},则空间曲面的面积计算公式为

$$S=\iint_{D_{yz}}\sqrt{1+x_y^2(y,z)+x_z^2(y,z)}\cdot\mathrm{d}\sigma$$

例 9.22　求半径为a的球的表面积.

解　设球面方程为$x^2+y^2+z^2=a^2$,取上半球面$z=\sqrt{a^2-x^2-y^2}$,$(x,y)\in D_{xy}$, $D_{xy}=\{(x,y)\mid x^2+y^2\leqslant a^2\}$.

而
$$z_x=\frac{-x}{\sqrt{a^2-x^2-y^2}},\quad z_y=\frac{-y}{\sqrt{a^2-x^2-y^2}}$$

则
$$\sqrt{1+z_x^2+z_y^2}=\frac{a}{\sqrt{a^2-x^2-y^2}}$$

于是根据曲面的面积公式得球面面积

$$S=2\iint_{D_{xy}}\sqrt{1+z_x^2+z_y^2}\mathrm{d}x\mathrm{d}y=2\iint_{D_{xy}}\frac{a}{\sqrt{a^2-x^2-y^2}}\mathrm{d}x\mathrm{d}y$$

由于$\frac{a}{\sqrt{a^2-x^2-y^2}}$在$D_{xy}$上不连续,故不能直接求二重积分$\iint\limits_{D_{xy}}\frac{a}{\sqrt{a^2-x^2-y^2}}\mathrm{d}x\mathrm{d}y$(该二重积分被称作广义二重积分).

可先取区域$D_1=\{(x,y)\mid x^2+y^2\leqslant b^2,0<b<a\}$,得

$$S_1=\iint_{D_1}\frac{a}{\sqrt{a^2-x^2-y^2}}\mathrm{d}x\mathrm{d}y=a\int_0^{2\pi}\mathrm{d}\theta\int_0^b\frac{\rho\mathrm{d}\rho}{\sqrt{a^2-\rho^2}}$$
$$=2\pi a\int_0^b\frac{\rho\mathrm{d}\rho}{\sqrt{a^2-\rho^2}}=2\pi a(a-\sqrt{a^2-b^2})$$

再令$b\to a$,便得到球面面积为

$$S=2\lim_{b\to a}S_1=2\lim_{b\to a}(2\pi a(a-\sqrt{a^2-b^2})=4\pi a^2$$

例 9.23　求球面$x^2+y^2+z^2=a^2$含在柱面$x^2+y^2=ax$ $(a>0)$内部的面积S.

解　考虑球面被截部分在第一卦限的情况,如图9.52所示,则球面方程为

$$z=\sqrt{a^2-x^2-y^2},\ (x,y)\in D_{xy}$$
$$D_{xy}=\left\{(\rho,\theta)\,\middle|\,0\leqslant\theta\leqslant\frac{\pi}{2},0\leqslant\rho\leqslant a\cos\theta\right\}$$

又
$$\frac{\partial z}{\partial x}=-\frac{x}{\sqrt{a^2-x^2-y^2}},\quad\frac{\partial z}{\partial y}=-\frac{y}{\sqrt{a^2-x^2-y^2}}$$

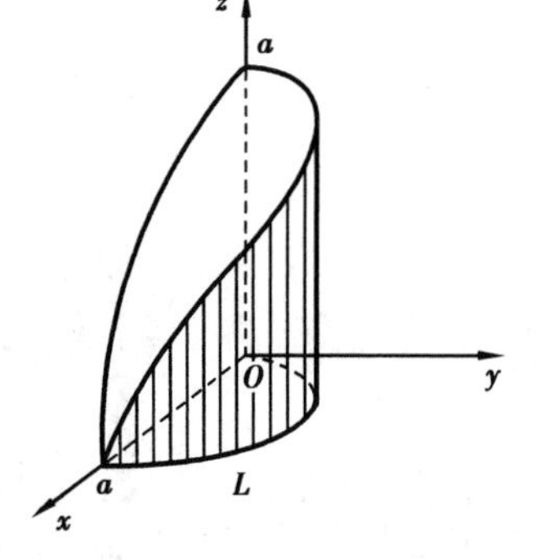

图9.52

则
$$\sqrt{1+z_x^2+z_y^2}=\frac{a}{\sqrt{a^2-x^2-y^2}}$$

由图形的对称性,曲面面积为

$$S=4\iint\limits_{D_{xy}}\frac{a}{\sqrt{a^2-x^2-y^2}}\mathrm{d}x\mathrm{d}y$$
$$=4\int_0^{\frac{\pi}{2}}\mathrm{d}\theta\int_0^{a\cos\theta}\frac{a}{\sqrt{a^2-\rho^2}}\rho\mathrm{d}\rho=4a^2\left(\frac{\pi}{2}-1\right)$$

9.3.2 重心

(1)平面非均匀薄片的重心坐标

设有一薄片,占有 xOy 面上的闭区域 D,在点 (x,y) 处的面密度为 $\rho(x,y)$,且 $\rho(x,y)$ 在 D 上连续,求该薄片的质心坐标 $(\bar{x},\bar{y})$.

根据物理学的知识,n 个质点 $m_i(x_i,y_i)(i=1,2,\cdots,n)$ 组成的质点系的重心坐标为 $(\bar{x},\bar{y})$ 的计算公式为

$$\bar{x}=\frac{\sum\limits_{i=1}^{n}x_im_i}{\sum\limits_{i=1}^{n}m_i},\quad \bar{y}=\frac{\sum\limits_{i=1}^{n}y_im_i}{\sum\limits_{i=1}^{n}m_i}$$

将闭区域 D 分割成 n 个小闭区域 $\Delta\sigma_1,\Delta\sigma_2,\cdots,\Delta\sigma_n$,其对应面积设为 $\Delta\sigma_1,\Delta\sigma_2,\cdots,\Delta\sigma_n$,任取一个小区域 $\Delta\sigma_i$,任取点 $(\xi_i,\eta_i)\in\Delta\sigma_i$,薄片中相应于 $\Delta\sigma_i$ 部分的质量 m_i 可以近似为

$$m_i=\rho(\xi_i,\eta_i)\Delta\sigma_i$$

m_i 可以近似看作集中在点 (ξ_i,η_i) 上,则整个薄片可以近似看作一个离散的质点系,根据离散质点系的重心坐标求法有

$$\bar{x}\approx\frac{\sum\limits_{i=1}^{n}\xi_i\rho(\xi_i,\eta_i)\Delta\sigma_i}{\sum\limits_{i=1}^{n}\rho(\xi_i,\eta_i)\Delta\sigma_i},\quad \bar{y}\approx\frac{\sum\limits_{i=1}^{n}\eta_i\rho(\xi_i,\eta_i)\Delta\sigma_i}{\sum\limits_{i=1}^{n}\rho(\xi_i,\eta_i)\Delta\sigma_i}$$

当分割越来越细时,即当 $\lambda=\max\limits_{1\leqslant i\leqslant n}\{\Delta\sigma_i\text{ 的直径}\}$ 趋近于零时,便得到平面薄片的质心坐标 $(\bar{x},\bar{y})$ 为

$$\bar{x}=\frac{\lim\limits_{\lambda\to0}\sum\limits_{i=1}^{n}\xi_i\rho(\xi_i,\eta_i)\Delta\sigma_i}{\lim\limits_{\lambda\to0}\sum\limits_{i=1}^{n}\rho(\xi_i,\eta_i)\Delta\sigma_i}=\frac{\iint\limits_{D}x\rho(x,y)\mathrm{d}\sigma}{\iint\limits_{D}\rho(x,y)\mathrm{d}\sigma}$$

$$\bar{y}=\frac{\lim\limits_{\lambda\to0}\sum\limits_{i=1}^{n}\eta_i\rho(\xi_i,\eta_i)\Delta\sigma_i}{\lim\limits_{\lambda\to0}\sum\limits_{i=1}^{n}\rho(\xi_i,\eta_i)\Delta\sigma_i}=\frac{\iint\limits_{D}y\rho(x,y)\mathrm{d}\sigma}{\iint\limits_{D}\rho(x,y)\mathrm{d}\sigma}$$

若上式中的 ρ 为常数,此时的重心称为形心,即物体的重心坐标只与物体的形状有关.

例 9.24 求位于两圆 $r=4\sin\theta$ 和 $r=8\sin\theta$ 之间的月牙形均匀薄片的重心.

解 如图 9.53 所示,由于此部分是均匀的,且关于 y 轴对称,于是重心的 x 轴坐标一定为

零,即重心肯定在 y 轴上.重心的 y 坐标为

$$\bar{y}=\frac{\iint\limits_D y\mathrm{d}x\mathrm{d}y}{\iint\limits_D \mathrm{d}x\mathrm{d}y}=\frac{1}{12\pi}\iint\limits_D y\mathrm{d}x\mathrm{d}y$$

$$=\frac{1}{12\pi}\int_0^{\pi}\mathrm{d}\theta\int_{4\sin\theta}^{8\sin\theta}\rho\sin\theta\cdot\rho\mathrm{d}\rho$$

$$=\frac{448}{36\pi}\int_0^{\pi}\sin^4\theta\mathrm{d}\theta=\frac{14}{3}$$

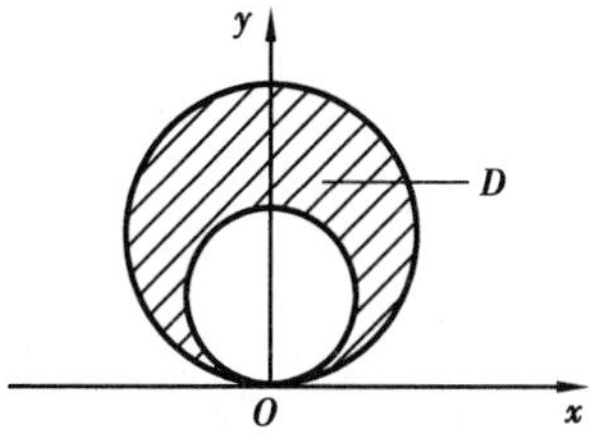

图 9.53

则重心坐标为 $\left(0,\frac{14}{3}\right)$.

(2)非均匀立体的重心坐标

设有一空间立体 Ω,密度函数为 $\rho(x,y,z)$,且 $\rho(x,y,z)$ 在 Ω 上连续,求该立体的重心坐标 $(\bar{x},\bar{y},\bar{z})$.

根据物理学的知识,n 个质点 $m_i(x_i,y_i,z_i)(i=1,2,\cdots,n)$ 组成的质点系的重心坐标为 $(\bar{x},\bar{y},\bar{z})$ 的计算公式为

$$\bar{x}=\frac{\sum\limits_{i=1}^{n}x_i m_i}{\sum\limits_{i=1}^{n}m_i},\quad \bar{y}=\frac{\sum\limits_{i=1}^{n}y_i m_i}{\sum\limits_{i=1}^{n}m_i},\quad \bar{z}=\frac{\sum\limits_{i=1}^{n}z_i m_i}{\sum\limits_{i=1}^{n}m_i}$$

将 Ω 划分成 $\Delta\Omega_1,\Delta\Omega_2,\cdots,\Delta\Omega_n$,设其对应的“体积”为 $\Delta V_1,\Delta V_2,\cdots,\Delta V_n$,在 $\Delta\Omega_i$ 中任取一点 (x_i,y_i,z_i),$\Delta\Omega_i$ 的质量 $M_i=\rho(x_i,y_i,z_i)\Delta V_i$. 该质量可以近似集中在点 (x_i,y_i,z_i) 上,则整个物体可以近似看作一个离散质点系,此质点系的重心坐标近似为

$$\bar{x}\approx\frac{\sum\limits_{i=1}^{n}x_i\rho(x_i,y_i,z_i)\Delta V_i}{\sum\limits_{i=1}^{n}\rho(x_i,y_i,z_i)\Delta V_i}$$

$$\bar{y}\approx\frac{\sum\limits_{i=1}^{n}y_i\rho(x_i,y_i,z_i)\Delta V_i}{\sum\limits_{i=1}^{n}\rho(x_i,y_i,z_i)\Delta V_i}$$

$$\bar{z}\approx\frac{\sum\limits_{i=1}^{n}z_i\rho(x_i,y_i,z_i)\Delta V_i}{\sum\limits_{i=1}^{n}\rho(x_i,y_i,z_i)\Delta V_i}$$

当分割越来越细时,即当 $\lambda=\max\limits_{1\leqslant i\leqslant n}\{\Delta\Omega_i\text{ 的直径}\}$ 趋近于零时,便得到立体的重心坐标 $(\bar{x},\bar{y},\bar{z})$ 的计算公式为

$$\bar{x}=\frac{\lim\limits_{\lambda\to0}\sum\limits_{i=1}^{n}x_i\rho(x_i,y_i,z_i)\Delta V_i}{\lim\limits_{\lambda\to0}\sum\limits_{i=1}^{n}\rho(x_i,y_i,z_i)\Delta V_i}=\frac{\iiint\limits_{\Omega}x\rho(x,y,z)\mathrm{d}v}{\iiint\limits_{\Omega}\rho(x,y,z)\mathrm{d}v}$$

$$\bar{y}=\frac{\lim\limits_{\lambda\to 0}\sum\limits_{i=1}^{n}y_i\rho(x_i,y_i,z_i)\Delta V_i}{\lim\limits_{\lambda\to 0}\sum\limits_{i=1}^{n}\rho(x_i,y_i,z_i)\Delta V_i}=\frac{\iiint\limits_{\Omega}y\rho(x,y,z)\mathrm{d}v}{\iiint\limits_{\Omega}\rho(x,y,z)\mathrm{d}v}$$

$$\bar{z}=\frac{\lim\limits_{\lambda\to 0}\sum\limits_{i=1}^{n}z_i\rho(x_i,y_i,z_i)\Delta V_i}{\lim\limits_{\lambda\to 0}\sum\limits_{i=1}^{n}\rho(x_i,y_i,z_i)\Delta V_i}=\frac{\iiint\limits_{\Omega}z\rho(x,y,z)\mathrm{d}v}{\iiint\limits_{\Omega}\rho(x,y,z)\mathrm{d}v}$$

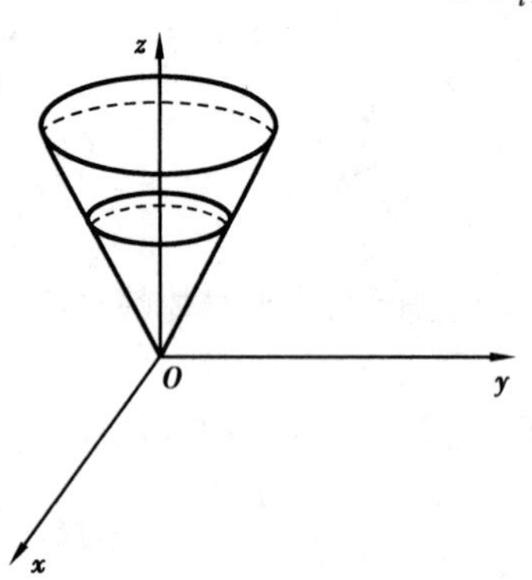

图 9.54

例 9.25 求由球面 $x^2+y^2+z^2=1$,球面 $x^2+y^2+z^2=b^2(1<b)$ 及锥面 $z=\sqrt{x^2+y^2}$ 所围成的均匀物体的重心.

解 如图 9.54 所示,由于对称性,$\bar{x}=\bar{y}=0$.

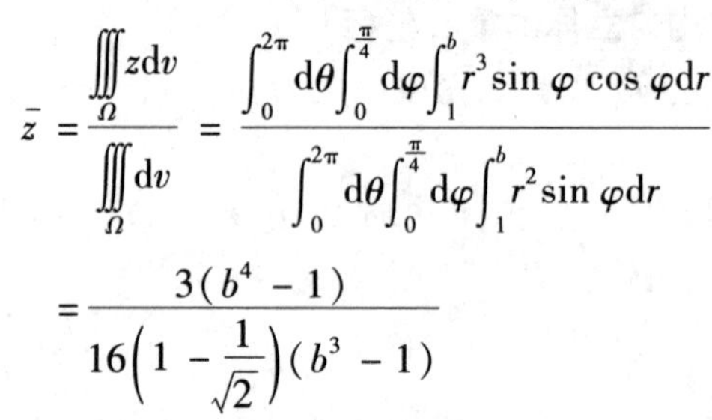

$$\bar{z}=\frac{\iiint\limits_{\Omega}z\mathrm{d}v}{\iiint\limits_{\Omega}\mathrm{d}v}=\frac{\int_0^{2\pi}\mathrm{d}\theta\int_0^{\frac{\pi}{4}}\mathrm{d}\varphi\int_1^b r^3\sin\varphi\cos\varphi\mathrm{d}r}{\int_0^{2\pi}\mathrm{d}\theta\int_0^{\frac{\pi}{4}}\mathrm{d}\varphi\int_1^b r^2\sin\varphi\mathrm{d}r}$$

$$=\frac{3(b^4-1)}{16\left(1-\frac{1}{\sqrt{2}}\right)(b^3-1)}$$

9.3.3 转动惯量

(1)非均匀薄片的转动惯量

设有一薄片,占有 xOy 面上的闭区域 D,在点 (x,y) 处的面密度为 $\rho(x,y)$,且 $\rho(x,y)$ 在 D 上连续,求该薄片对 x 轴、y 轴及坐标原点的转动惯量.

根据物理学的知识,n 个质点 $m_i(x_i,y_i)(i=1,2,\cdots,n)$ 组成的质点系对 x 轴、y 轴及坐标原点的转动惯量 I_x,I_y,I_O 的计算公式如下:

$$I_x=\sum_{i=1}^{n}y_i^2m_i,\quad I_y=\sum_{i=1}^{n}x_i^2m_i,\quad I_O=\sum_{i=1}^{n}(x_i^2+y_i^2)m_i$$

将闭区域 D 分割成 n 个小闭区域 $\Delta\sigma_1,\Delta\sigma_2,\cdots,\Delta\sigma_n$,其对应面积设为 $\Delta\sigma_1,\Delta\sigma_2,\cdots,\Delta\sigma_n$,任取一个小区域 $\Delta\sigma_i$,任取点 $(x_i,y_i)\in\Delta\sigma_i$,薄片中相应于 $\Delta\sigma_i$ 部分的质量 m_i 可以近似为

$$m_i=\rho(x_i,y_i)\Delta\sigma_i$$

m_i 可以近似看作集中在点 (x_i,y_i) 上,则整个薄片可以近似看作一个离散的质点系. 根据离散质点系的转动惯量的求法得到非均匀薄片转动惯量的近似值为

$$I_x\approx\sum_{i=1}^{n}y_i^2\rho(x_i,y_i)\Delta\sigma_i,\quad I_y\approx\sum_{i=1}^{n}x_i^2\rho(x_i,y_i)\Delta\sigma_i,\quad I_O\approx\sum_{i=1}^{n}(x_i^2+y_i^2)\rho(x_i,y_i)\Delta\sigma_i$$

要想得到非均匀薄片转动惯量的精确值,只有将上式取极限得

$$I_x=\iint\limits_{D}y^2\rho(x,y)\mathrm{d}x\mathrm{d}y,I_y=\iint\limits_{D}x^2\rho(x,y)\mathrm{d}x\mathrm{d}y,I_O=\iint\limits_{D}(x^2+y^2)\rho(x,y)\mathrm{d}x\mathrm{d}y$$

例 9.26 求半径为 a 的均匀半圆薄片(面密度为常数 ρ)对于其直径边的转动惯量.

解 建立坐标轴如图 9.55 所示,其直径所在边为 x 轴,则转动惯量为

$$I_x=\iint\limits_{D}\rho y^2\mathrm{d}\sigma=\rho\int_0^{\pi}\sin^2\theta\mathrm{d}\theta\int_0^a r^3\mathrm{d}r=\frac{\pi}{8}\rho a^4$$

(2)非均匀立体的转动惯量

根据物理学的知识，n 个质点 $m_i(x_i,y_i,z_i)(i=1,2,\cdots,n)$ 组成的离散质点系对 x 轴，y 轴，z 轴和坐标原点的转动惯量计算公式为

$$I_x = \sum_{i=1}^{n}(y_i^2+z_i^2)m_i,\quad I_y = \sum_{i=1}^{n}(x_i^2+z_i^2)m_i,$$

$$I_z = \sum_{i=1}^{n}(x_i^2+y_i^2)m_i,\quad I_O = \sum_{i=1}^{n}(x_i^2+y_i^2+z_i^2)m_i$$

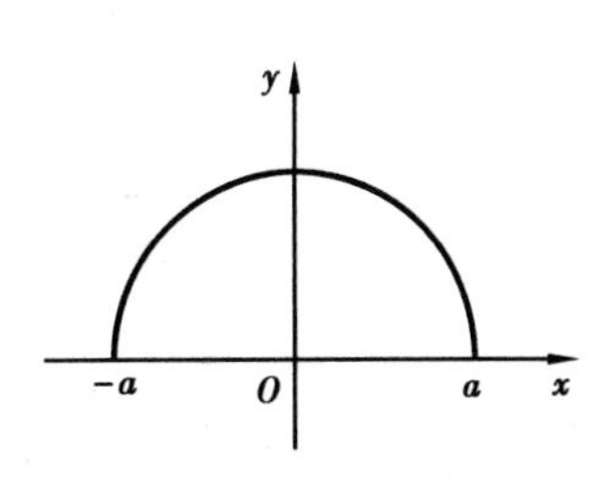

图9.55

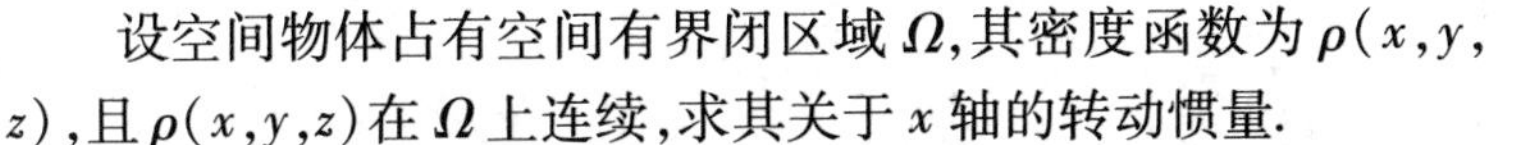

设空间物体占有空间有界闭区域 Ω，其密度函数为 $\rho(x,y,z)$，且 $\rho(x,y,z)$ 在 Ω 上连续，求其关于 x 轴的转动惯量.

分割 Ω 为小闭区域 $\Delta\Omega_1,\Delta\Omega_2,\cdots,\Delta\Omega_n$，其对应体积为 $\Delta v_1,\Delta v_2,\cdots,\Delta v_n$. 任取小闭区域 $\Delta\Omega_i$，任取点 $(x_i,y_i,z_i)\in\Delta\Omega_i$，物体中相应于 $\Delta\Omega_i$ 部分的质量可以近似等于 $\rho(x_i,y_i,z_i)\Delta v_i$，这部分的质量可以近似看作集中在点 (x_i,y_i,z_i) 上，则整个物体可以近似看作一个离散质点系，于是

$$I_x \approx \sum_{i=1}^{n}(y_i^2+z_i^2)\rho(x_i,y_i,z_i)\Delta v_i$$

$$I_y \approx \sum_{i=1}^{n}(x_i^2+z_i^2)\rho(x_i,y_i,z_i)\Delta v_i$$

$$I_z \approx \sum_{i=1}^{n}(x_i^2+y_i^2)\rho(x_i,y_i,z_i)\Delta v_i$$

$$I_O \approx \sum_{i=1}^{n}(x_i^2+y_i^2+z_i^2)\rho(x_i,y_i,z_i)\Delta v_i$$

当分割越来越细，即令 $\lambda=\max\limits_{1\leqslant i\leqslant n}\{\Delta\Omega_i\text{ 的直径}\}$ 趋近于零，便得到物体关于 x 轴的转动惯量：

$$I_x = \lim_{\lambda\to 0}\sum_{i=1}^{n}(y_i^2+z_i^2)\rho(x_i,y_i,z_i)\Delta v_i = \iiint\limits_{\Omega}(y^2+z^2)\rho(x,y,z)\,\mathrm{d}v$$

$$I_y = \lim_{\lambda\to 0}\sum_{i=1}^{n}(x_i^2+z_i^2)\rho(x_i,y_i,z_i)\Delta v_i = \iiint\limits_{\Omega}(x^2+z^2)\rho(x,y,z)\,\mathrm{d}v$$

$$I_z = \lim_{\lambda\to 0}\sum_{i=1}^{n}(x_i^2+y_i^2)\rho(x_i,y_i,z_i)\Delta v_i = \iiint\limits_{\Omega}(x^2+y^2)\rho(x,y,z)\,\mathrm{d}v$$

$$I_O = \lim_{\lambda\to 0}\sum_{i=1}^{n}(x_i^2+y_i^2+z_i^2)\rho(x_i,y_i,z_i)\Delta v_i = \iiint\limits_{\Omega}(x^2+y^2+z^2)\rho(x,y,z)\,\mathrm{d}v$$

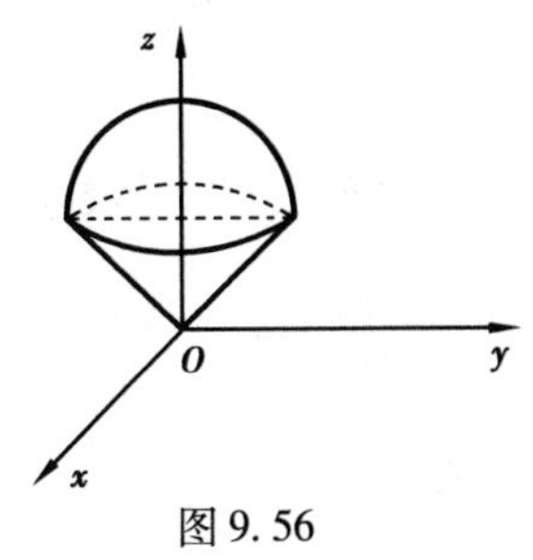

图9.56

例9.27　设物体由一圆锥以及这一圆锥共底的半球拼成，而锥的高等于它的底的半径 a，密度函数 $\rho=1$，求这物体对对称轴的转动惯量.

解　建立坐标轴如图9.56所示，则圆锥的方程为：$z=\sqrt{x^2+y^2}$，半球的方程为：$z=a+\sqrt{a^2-x^2-y^2}$.

对称轴为 z 轴，于是物体对对称轴的转动惯量为

$$I_z = \iiint_\Omega (x^2 + y^2)\,dv = \int_0^{2\pi} d\theta \int_0^{\frac{\pi}{4}} d\varphi \int_0^{2a\cos\varphi} r^2 \sin^2\varphi \cdot r^2 \sin\varphi\,dr$$

$$= \frac{64\pi a^5}{5}\int_0^{\frac{\pi}{4}} \sin^3\varphi \cos^5\varphi\,d\varphi = \frac{3\pi a^5}{5}$$

9.3.4 引力

n 个质点 $m_i(x_i, y_i, z_i)(i=1,2,\cdots,n)$ 组成的质点系对位于系外 (x_0, y_0) 处单位质点的引力 $\boldsymbol{F}$ 为

$$\boldsymbol{F} = \sum_{i=1}^{n} \boldsymbol{F}_i = \left(\sum_{i=1}^{n} \frac{k(x_i - x_0)m_i}{r_i^3}, \sum_{i=1}^{n} \frac{k(y_i - y_0)m_i}{r_i^3} \right)$$

其中 k 为引力常数，$r_i = \sqrt{(x_i - x_0)^2 + (y_i - y_0)^2}$.

不难推出以 $\rho(x,y)$ 为密度函数的非均匀薄片对 (x_0, y_0) 处单位质点的引力 $\boldsymbol{F}$ 为

$$\boldsymbol{F} = \{F_x, F_y\} = \left\{ \iint_D \frac{k(x - x_0)\rho(x,y)}{r^3} dxdy, \iint_D \frac{k(y - y_0)\rho(x,y)}{r^3} dxdy \right\}$$

空间 n 个质点 $m_i(x_i, y_i, z_i)(i=1,2,\cdots,n)$ 组成的质点系对位于系外 (x_0, y_0, z_0) 处单位质点的引力为

$$\boldsymbol{F} = \sum_{i=1}^{n} \boldsymbol{F}_i = \left(\sum_{i=1}^{n} \frac{k(x_i - x_0)m_i}{r_i^3}, \sum_{i=1}^{n} \frac{k(y_i - y_0)m_i}{r_i^3}, \sum_{i=1}^{n} \frac{k(z_i - z_0)m_i}{r_i^3} \right)$$

其中 k 为引力常数，$r_i = \sqrt{(x_i - x_0)^2 + (y_i - y_0)^2 + (z_i - z_0)^2}$.

同理，以 $\rho(x,y,z)$ 为密度函数的空间物体对位于该物体外点 (x_0, y_0, z_0) 处的单位质点的引力为

$$\begin{aligned} \boldsymbol{F} &= (F_x, F_y, F_z) \\ &= \left(\iiint_\Omega \frac{k(x - x_0)\rho(x,y,z)}{r^3} dxdydz, \iiint_\Omega \frac{k(y - y_0)\rho(x,y,z)}{r^3} dxdydz, \right. \\ &\quad \left. \iiint_\Omega \frac{k(z - z_0)\rho(x,y,z)}{r^3} dxdydz \right) \end{aligned}$$

其中 k 为引力常数，$r = \sqrt{(x - x_0)^2 + (y - y_0)^2 + (z - z_0)^2}$.

例 9.28 求由 $x^2 + y^2 + z^2 \leqslant R^2$ 所围成的均匀物体对位于 $P(0,0,a)(a > R)$ 处的单位质点的引力.

解 设物体的密度为 ρ_0，由于球体对称且物体是均匀的，则有 $F_x = F_y = 0$，则引力沿 z 轴的分量为

$$\begin{aligned} F_z &= \iiint_\Omega \frac{k(z - a)\rho_0}{[x^2 + y^2 + (z - a)^2]^{\frac{3}{2}}} dv \\ &= k\rho_0 \int_{-R}^{R} (z - a)\,dz \iint_{x^2+y^2 \leqslant R^2 - z^2} \frac{1}{[x^2 + y^2 + (z - a)^2]^{\frac{3}{2}}} dxdy \\ &= k\rho_0 \int_{-R}^{R} (z - a)\,dz \int_0^{2\pi} d\theta \int_0^{\sqrt{R^2 - z^2}} \frac{\rho\,d\rho}{[\rho^2 + (z - a)^2]^{\frac{3}{2}}} \end{aligned}$$

$$= -k \cdot \frac{4\rho R^3}{3}\rho_0 \cdot \frac{1}{a^2}$$

而球的质量为 $M = \frac{4\rho R^3}{3}\rho_0$，则 $F_z = -k\frac{M}{a^2}$，该结果表明：均匀球体对其外一质点 $P(0,0,a)$ 的引力等于有着和球体质量相同、位置在球心的质点与质点 $P(0,0,a)$ 的引力.

习题9.3

A组

1. 设有一颗地球同步轨道通信卫星，距离地面的高度为 h km，运行的角速度与地球的自转的角速度相同，地球的半径为 R，如图9.57所示. 求通信卫星的覆盖面积.

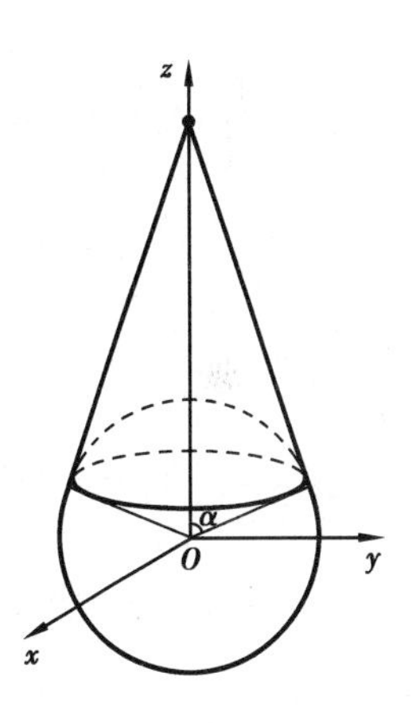

图9.57

2. 求下列曲线所围成的均匀薄片的重心坐标.

(1) D 由 $y=\sqrt{2px}$，$x=x_0$，$y=0$ 所围成；

(2) D 由 $\frac{x^2}{a^2}+\frac{y^2}{b^2}\leqslant 1$，$y\geqslant 0$ 所确定；

3. 求下列由曲面所围成的均匀立体的重心.

(1) $z^2=x^2+y^2$，$z=1$；

(2) $z=\sqrt{3a^2-x^2-y^2}$，$x^2+y^2=2az\ (a>0)$.

4. 设一薄板由 $y=e^x$，$y=0$，$x=0$，$x=2$ 所围成，其面密度 $\mu(x,y)=xy$. 求薄板对两个坐标轴的转动惯量 I_x 和 I_y.

5. 求均匀物体：$x^2+y^2+z^2\leqslant 2$，$x^2+y^2\geqslant z^2$ 对 z 轴的转动惯量.

B组

1. 求底半径为 R，高为 H 的均匀正圆柱体对于底的直径的转动惯量.

2. 求由空间曲面 $z=x^2+y^2$，$x+y=a$，$x=0$，$y=0$，$z=0\ (a>0)$ 所围成的重心坐标.

3. 设半径为 R 的球面 Σ 的球心在定球面 $x^2+y^2+z^2=a^2\ (a>0)$ 上，当 R 取何值时，球面 Σ 在定球面内部的面积最大？

4. 求面密度为 μ 的均匀半圆环形薄片：$\sqrt{R_1^2-y^2}\leqslant x\leqslant\sqrt{R_2^2-y^2}$，$z=0$ 对位于 z 轴上点 $M_0(0,0,a)\ (a>0)$ 处的单位质点的引力 $\boldsymbol{F}$.

总习题9

1. 设 $f(x,y)=\begin{cases}2x\ (0\leqslant x\leqslant 1, 0\leqslant y\leqslant 1)\\ 0\end{cases}$，$F(t)=\iint\limits_{x+y\leqslant t} f(x,y)\,d\sigma$，求 $F(t)$.

2. 计算 $\iint\limits_D x[1+yf(x^2+y^2)]\,d\sigma$，其中 D 是由 $y=x^3$，$y=1$，$x=-1$ 所围成的区域，$f(x^2+$

y^2) 是 D 上的连续函数.

3. 证明$\int_0^a \mathrm{d}y\int_0^y f(x)\mathrm{d}x = \int_0^a (a-x)f(x)\mathrm{d}x$,其中 f 连续.

4. 求抛物面 $z = 1 + x^2 + y^2$ 的一个切平面,使得它与该抛物面及圆柱面$(x-1)^2 + y^2 = 1$ 围成的体积最小. 试写出切平面方程并求出最小体积.

5. 设有一半径为 R,高为 H 的圆柱形容器,盛有$\frac{2}{3}H$ 高的水,放在离心机上高速旋转. 因受离心力的作用,水面呈抛物面形状. 问当水刚要溢出容器时,水面的最低点在何处?

6. 计算下列三重积分

(1)$\iiint\limits_{\Omega}(x^2 + y^2)\mathrm{d}v$,$V$ 是由柱面 $y = \sqrt{x}$ 及平面 $y + z = 1, x = 0, z = 0$ 所围成的区域.

(2)$\iiint\limits_{\Omega} |xyz| \mathrm{d}v$,$\Omega$ 为椭球体$\frac{x^2}{a^2} + \frac{y^2}{b^2} + \frac{z^2}{c^2} \leqslant 1$.

7. 设$f(x)$ 连续,$\Omega = \{(x,y,z) \mid 0 \leqslant z \leqslant h, x^2 + y^2 \leqslant t^2\}$,$F(t) = \iiint\limits_{\Omega}[z^2 + f(x^2 + y^2)]\mathrm{d}v$. 求$\frac{\mathrm{d}F(t)}{\mathrm{d}t}$和$\lim\limits_{t \to 0^+}\frac{F(t)}{t^2}$.

8. 一个体积为 V,外表面积为 S 的雪堆,溶化的速度是$\frac{\mathrm{d}V}{\mathrm{d}t} = -\alpha S$,其中 α 是一个常数. 假设在溶化期间雪堆的形状保持为 $z = h - \frac{x^2 + y^2}{h}$,$z > 0$,其中 $h = h(t)$. 问一个高度为 h_0 的雪堆全部溶化需要多少时间?

第 10 章
曲线积分与曲面积分

解决许多几何、物理以及其他实际问题时，不仅需要用到重积分，而且还需要将积分区域推广到一段曲线弧或一片曲面上，这样推广后的积分称为曲线积分和曲面积分. 本章还将介绍格林公式、高斯公式及斯托克斯公式，这三个公式刻画了不同类型的积分之间的内在联系，并且在微积分、场论及其他学科中有着广泛的应用.

10.1　第一型曲线积分

第一型曲线积分的定义和前面的重积分定义类似，都是按照分割、近似、作和与求极限步骤定义的. 下面首先来看曲线形构件的质量.

10.1.1　实例

(1) 曲线形构件的质量

在生活中我们常常遇到曲线形的构件，为了合理使用材料，在设计曲线形构件时，工程师往往根据构件各部分受力情况的不同来设计构件各部分的疏密程度，所以构件单位长度的质量，即构件的线密度是变量.

设曲线形构件所占位置在空间一条以 A,B 为端点的光滑曲线 Γ 上，它的密度函数为 $\rho(x,y,z)$，求该构件的质量.

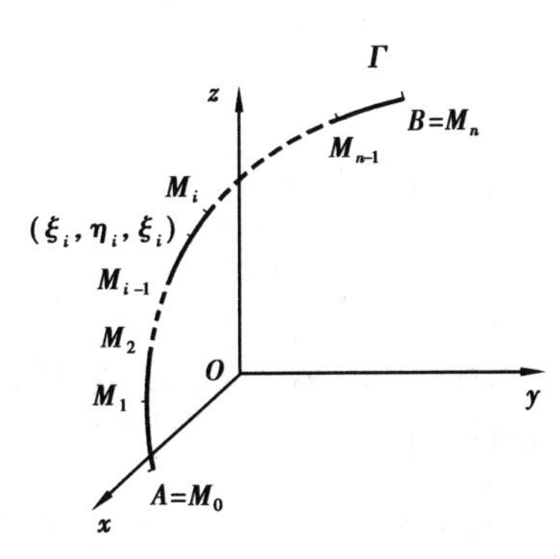

图 10.1

如图 10.1 所示，将 Γ 任意分割成 n 个小弧段 $\widehat{M_{i-1}M_i}$ $(i=1,2,\cdots,n,M_0=A,M_n=B)$，其对应弧长分别记为 Δs_1，$\Delta s_2,\cdots,\Delta s_n$. 取其中一小段构件 $\widehat{M_{i-1}M_i}$，其弧长为 Δs_i，在小弧段 $\widehat{M_{i-1}M_i}$ 上任取一点 (ξ_i,η_i,ζ_i)，则小段构件 $\widehat{M_{i-1}M_i}$ 的质量可近似等于 $\rho(\xi_i,\eta_i,\zeta_i)\Delta s_i$. 整个构件的总质量近似等于

$\sum_{i=1}^{n}\rho(\xi_i,\eta_i,\zeta_i)\Delta s_i$，记 $\lambda=\max\limits_{1\leqslant i\leqslant n}\{\Delta s_i\}$，则构件的总质量为

$$M=\lim_{\lambda\to 0}\sum_{i=1}^{n}\rho(\xi_i,\eta_i,\zeta_i)\Delta s_i$$

(2)空间柱面的表面积

设 $\boldsymbol{\Sigma}$ 是空间柱面的一部分，空间柱面的母线平行于 z 轴，准线为 xOy 面上的曲线 L，$\overset{\frown}{AB}$ 为 L 上的一段，其高度 $h(x,y)$ $((x,y)\in L)$ 是一个变量，如图 10.2 所示. 求该柱面的面积 A.

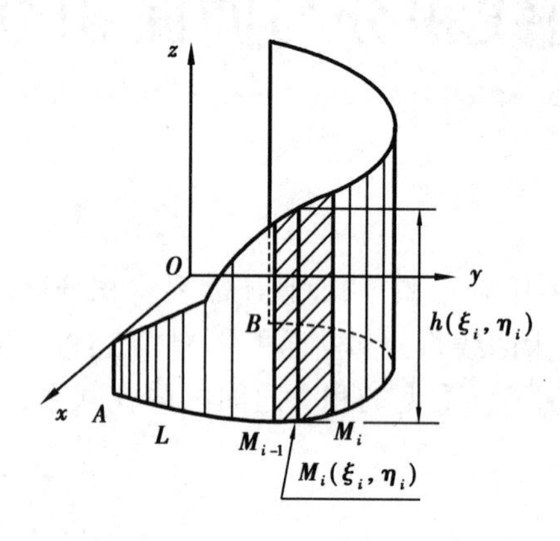

图 10.2

由于高度函数 $h(x,y)$ 是变量(若 $h(x,y)$ 为常量，空间柱面的表面积等于 $\overset{\frown}{AB}$ 的弧长乘以高度 h)，故将 $\overset{\frown}{AB}$ 任意分割成 n 个小弧段 $\overset{\frown}{M_{i-1}M_i}$ $(i=1,2,\cdots,n)$，设 $\overset{\frown}{M_{i-1}M_i}$ 的弧长为 Δs_i. 当分割得非常细时，可近似把以 M_{i-1}，M_i 为端点所对应的小柱面看成一个长方形. 在 $\overset{\frown}{M_{i-1}M_i}$ 中任取一点 (ξ_i,η_i)，以 $h(\xi_i,\eta_i)$ 作为该长方形的长，宽为 Δs_i，于是小柱面面积为

$$\Delta A_i\approx h(\xi_i,\eta_i)\Delta s_i$$

柱面面积为

$$A\approx\sum_{i=1}^{n}h(\xi_i,\eta_i)\Delta s_i$$

记 $\lambda=\max\limits_{1\leqslant i\leqslant n}\{\Delta s_i\}$，则 $\lim\limits_{\lambda\to 0}\sum\limits_{i=1}^{n}h(\xi_i,\eta_i)\Delta s_i$ 正是我们要求的柱面面积 A.

10.1.2 第一型曲线积分的定义及性质

定义 1 设 Γ 是空间上以 A,B 为端点的光滑曲线弧，函数 $f(x,y,z)$ 在 Γ 上有界. 在 Γ 上任意插入一点列 $A=M_0,M_1,M_2,\cdots,M_n=B$，把 Γ 划分成 n 个小弧段. 设第 i 个小弧段的长度为 $\Delta s_i(i=1,2,\cdots,n)$，在第 i 个小弧段上任取的一点 (ξ_i,η_i,ζ_i)，作和式 $\sum\limits_{i=1}^{n}f(\xi_i,\eta_i,\zeta_i)\Delta s_i$，记 $\lambda=\max\limits_{1\leqslant i\leqslant n}\{\Delta s_i\}$，若无论如何分割 Γ 及选取点 (ξ_i,η_i,ζ_i)，极限

$$\lim_{\lambda\to 0}\sum_{i=1}^{n}f(\xi_i,\eta_i,\zeta_i)\Delta s_i$$

存在，则称此极限为函数 $f(x,y,z)$ 在 Γ 上的第一型曲线积分，记为 $\int_\Gamma f(x,y,z)\,\mathrm{d}s$，即

$$\int_\Gamma f(x,y,z)\,\mathrm{d}s=\lim_{\lambda\to 0}\sum_{i=1}^{n}f(\xi_i,\eta_i,\zeta_i)\Delta s_i \tag{10.1}$$

其中，$f(x,y,z)$ 称为被积函数，Γ 称为积分弧段，ds 称为弧长元素. 第一型曲线积分也称为对弧长的曲线积分.

若 Γ 是平面上的曲线段，则函数的第一型曲线积分记为 $\int_\Gamma f(x,y)\,\mathrm{d}s$.

不难看到，对于空间中的一条物质曲线 Γ，若其上每一点 (x,y,z) 的线密度函数是 $\rho(x,y,z)$，则物质曲线 Γ 的质量 M 是第一型曲线积分，即

$$M=\lim_{\lambda\to 0}\sum_{i=1}^{n}\rho(\xi_i,\eta_i,\zeta_i)\Delta s_i=\int_\Gamma \rho(x,y,z)\,\mathrm{d}s \tag{10.2}$$

同理,以 $h(x,y)$ 为高、在 xOy 面的投影曲线为 L 的柱面的面积 A 是第一型曲线积分,即

$$A=\lim_{\lambda\to 0}\sum_{i=1}^{n}h(\xi_i,\eta_i)\Delta s_i=\int_L h(x,y)\,\mathrm{d}s \tag{10.3}$$

如果 Γ 是闭合曲线,我们将函数 $f(x,y,z)$ 在闭曲线 Γ 上的曲线积分记为 $\oint_\Gamma f(x,y,z)\,\mathrm{d}s$.

(1)第一型曲线积分存在的条件

若函数 $f(x,y,z)$ 在空间光滑曲线弧 Γ 上连续,则 $\int_\Gamma f(x,y,z)\,\mathrm{d}s$ 存在.

(2)第一型曲线积分的性质

性质1(线性性)　若函数 $f(x,y,z)$,$g(x,y,z)$ 在光滑曲线弧 Γ 上的第一型曲线积分存在,k_1,k_2 是任意实数,则 $k_1f(x,y,z)+k_2g(x,y,z)$ 在 Γ 上的第一型曲线积分也存在,并且

$$\int_\Gamma (k_1f(x,y,z)+k_2g(x,y,z))\,\mathrm{d}s=k_1\int_\Gamma f(x,y,z)\,\mathrm{d}s+k_2\int_\Gamma g(x,y,z)\,\mathrm{d}s$$

性质2(积分区域可加性)　若分段光滑曲线弧 Γ 分为两段曲线弧 Γ_1,Γ_2,$\int_\Gamma f(x,y,z)\,\mathrm{d}s$ 存在,则 $\int_{\Gamma_1} f(x,y,z)\,\mathrm{d}s$ 和 $\int_{\Gamma_2} f(x,y,z)\,\mathrm{d}s$ 均存在,并且

$$\int_\Gamma f(x,y,z)\,\mathrm{d}s=\int_{\Gamma_1} f(x,y,z)\,\mathrm{d}s+\int_{\Gamma_2} f(x,y,z)\,\mathrm{d}s$$

性质3(积分不等式)　若函数 $f(x,y,z)$,$g(x,y,z)$ 在光滑曲线弧 Γ 上的第一型曲线积分存在,$f(x,y,z)\leqslant g(x,y,z)$,$(x,y,z)\in\Gamma$,则

$$\int_\Gamma f(x,y,z)\,\mathrm{d}s\leqslant\int_\Gamma g(x,y,z)\,\mathrm{d}s$$

特别地,若函数 $f(x,y,z)$ 在光滑曲线弧 Γ 上的第一型曲线积分存在,则 $|f(x,y,z)|$ 亦在光滑曲线弧 Γ 上的第一型曲线积分存在(反之不然),且有

$$\left|\int_\Gamma f(x,y,z)\,\mathrm{d}s\right|\leqslant\int_\Gamma |f(x,y,z)|\,\mathrm{d}s$$

性质4(中值定理)　若函数 $f(x,y,z)$ 在光滑曲线弧 Γ 上连续,s_Γ 是光滑曲线弧 Γ 的长度,则在 Γ 上至少存在一点 (ξ,η,ξ) 使得

$$\int_\Gamma f(x,y,z)\,\mathrm{d}s=f(\xi,\eta,\xi)\cdot s_\Gamma$$

10.1.3　第一型曲线积分的计算

定理1　设函数 $f(x,y,z)$ 在光滑曲线 Γ 上有定义且连续,且 Γ 的参数方程为

$$\Gamma:\begin{cases}x=x(t)\\ y=y(t)\\ z=z(t)\end{cases}\qquad \alpha\leqslant t\leqslant\beta$$

其中,$x(t)$,$y(t)$,$z(t)$ 在 $[\alpha,\beta]$ 上具有连续一阶导数,且不同时为0,则第一型曲线积分 $\int_\Gamma f(x,y,z)\,\mathrm{d}s$ 存在,且

$$\int_{\Gamma} f(x,y,z)\,\mathrm{ds} = \int_{\alpha}^{\beta} f[x(t),y(t),z(t)]\sqrt{x'^2(t)+y'^2(t)+z'^2(t)}\,\mathrm{d}t \tag{10.4}$$

证 在$[\alpha,\beta]$中任意插入分点,$\alpha=t_0<t_1<\cdots<t_n=\beta$,记$\lambda=\max\limits_{1\leqslant i\leqslant n}\{t_i-t_{i-1}\}$. 设$\Delta s_i$为对应于区间$[t_{i-1},t_i]$的弧长,在区间$[t_{i-1},t_i]$上任取一点$\xi_i$,则根据第一型曲线积分的定义,有

$$\int_{\Gamma} f(x,y,z)\,\mathrm{ds} = \lim_{\lambda\to 0}\sum_{i=1}^{n} f[x(\xi_i),y(\xi_i),z(\xi_i)]\Delta s_i$$

由上册第3章弧微分的计算公式及定积分的中值定理,有

$$\Delta s_i = \int_{t_{i-1}}^{t_i}\sqrt{x'^2(t)+y'^2(t)+z'^2(t)}\,\mathrm{d}t = \sqrt{x'^2(\xi_i^*)+y'^2(\xi_i^*)+z'^2(\xi_i^*)}\,\Delta t_i$$

这里$\Delta t_i=t_{i-1}-t_i,\xi_i^*\in[t_{i-1},t_i]$,于是有

$$\int_{\Gamma} f(x,y,z)\,\mathrm{ds} = \lim_{\lambda\to 0}\sum_{i=1}^{n} f[x(\xi_i),y(\xi_i),z(\xi_i)]\sqrt{x'^2(\xi_i^*)+y'^2(\xi_i^*)+z'^2(\xi_i^*)}\,\Delta t_i$$

上式的右边看上去非常像一个黎曼和的极限,但和式并不是黎曼和. 由于$\sqrt{x'^2(t)+y'^2(t)+z'^2(t)}$在闭区间$[\alpha,\beta]$上连续①,我们可把上式中的$\xi_i^*$用$\xi_i$替换,而且替换后与替换前的黎曼和的极限相等. 这样,经替换后的和式便是一个黎曼和,并且替换后的黎曼和$\sum\limits_{i=1}^{n} f[x(\xi_i),y(\xi_i),z(\xi_i)]\sqrt{x'^2(\xi_i)+y'^2(\xi_i)+z'^2(\xi_i)}\,\Delta t_i$的极限就是函数$f[x(t),y(t),z(t)]\sqrt{x'^2(t)+y'^2(t)+z'^2(t)}$在$[\alpha,\beta]$上的定积分,故

$$\int_{\Gamma} f(x,y,z)\,\mathrm{ds} = \int_{\alpha}^{\beta} f[x(t),y(t),z(t)]\sqrt{x'^2(t)+y'^2(t)+z'^2(t)}\,\mathrm{d}t$$

则定理得证.

同理,如果Γ是一条平面光滑曲线,其参数方程为

$$\begin{cases} x = x(t) \\ y = y(t) \end{cases} \quad \alpha\leqslant t\leqslant\beta$$

则可推出公式

$$\int_{\Gamma} f(x,y)\,\mathrm{ds} = \int_{\alpha}^{\beta} f[x(t),y(t)]\sqrt{x'^2(t)+y'^2(t)}\,\mathrm{d}t$$

如果Γ由$y=y(x)$ $(a\leqslant x\leqslant b)$给出,且$y'(x)$在$[a,b]$连续时,则其对应的参数方程为

$$\begin{cases} x = x \\ y = y(x) \end{cases} \quad a\leqslant x\leqslant b$$

故可得

$$\int_{\Gamma} f(x,y)\,\mathrm{ds} = \int_{a}^{b} f[x,y(x)]\sqrt{1+y'^2(x)}\,\mathrm{d}x$$

类似地,若Γ由$x=x(y)(c\leqslant y\leqslant d)$给出,则可得

$$\int_{\Gamma} f(x,y)\,\mathrm{ds} = \int_{c}^{d} f[x(y),y]\sqrt{x'^2(y)+1}\,\mathrm{d}y$$

若平面光滑曲线Γ的极坐标方程为$\rho=\rho(\theta),\alpha\leqslant\theta\leqslant\beta$,则其对应的参数方程为

$$\begin{cases} x = \rho(\theta)\cos\theta \\ y = \rho(\theta)\sin\theta \end{cases} \quad \alpha\leqslant\theta\leqslant\beta$$

---

① 该处需用到函数$\sqrt{x'^2(t)+y'^2(t)+z'^2(t)}$在闭区间$[\alpha,\beta]$上的一致连续性.

故可得

$$\int_{\Gamma} f(x,y)\,\mathrm{d}s = \int_{\alpha}^{\beta} f(\rho(\theta)\cos\theta,\rho(\theta)\sin\theta)\ \sqrt{\rho'^2(\theta)+\rho^2(\theta)}\,\mathrm{d}\theta$$

实际上,从公式看到,计算第一型曲线积分时只要把 $x,y,z,\mathrm{d}s$ 依次换成 $x(t),y(t),z(t)$, $\sqrt{x'^2(t)+y'^2(t)+z'^2(t)}\,\mathrm{d}t$, 然后从 α 到 β 作定积分即可. 但必须注意, 计算第一型曲线积分时, 其化成的定积分的下限 α 一定小于定积分的上限 β,这是因为在推导过程中, 小弧段的弧长 Δs_i 总是正数,从而 Δt_i 必大于零, 于是定积分的下限 α 一定小于定积分的上限 β.

例 10.1　设 L 为椭圆 $\frac{x^2}{4}+\frac{y^2}{3}=1$,其周长为 a,计算 $\oint_L(2xy+3x^2+4y^2)\,\mathrm{d}s$.

解　原式 $=\oint_L 2xy\,\mathrm{d}s+\oint_L(3x^2+4y^2)\,\mathrm{d}s$,由对称性得 $\oint_L 2xy\,\mathrm{d}s=0$.

又由 L 的方程知 L 上的点 (x,y) 满足 $3x^2+4y^2=12$,因此

$$\oint_L(2xy+3x^2+4y^2)\,\mathrm{d}s=\oint_L(3x^2+4y^2)\,\mathrm{d}s=12\oint_L\mathrm{d}s=12a$$

例 10.2　设椭圆柱面 $\frac{x^2}{5}+\frac{y^2}{9}=1$ 被平面 $z=y$ 与 $z=0$ 所截,求位于第一、二卦限内所截下部分的侧面积 A.

解　如图 10.3 所示, 此椭圆柱面的准线是 xOy 平面上的半个椭圆

$$L:\frac{x^2}{5}+\frac{y^2}{9}=1\ (y\geqslant 0)$$

L 的参数方程为: $x=\sqrt{5}\cos t,y=3\sin t\,(0\leqslant t\leqslant \pi)$,而高函数 $h(x,y)=y$,故所求侧面积为

$$A=\int_L y\,\mathrm{d}s=\int_0^{\pi}3\sin t\,\sqrt{5\sin^2 t+9\cos^2 t}\,\mathrm{d}t$$

$$=-3\int_0^{\pi}\sqrt{5+4\cos^2 t}\,\mathrm{d}\cos t=9+\frac{15}{4}\ln 5$$

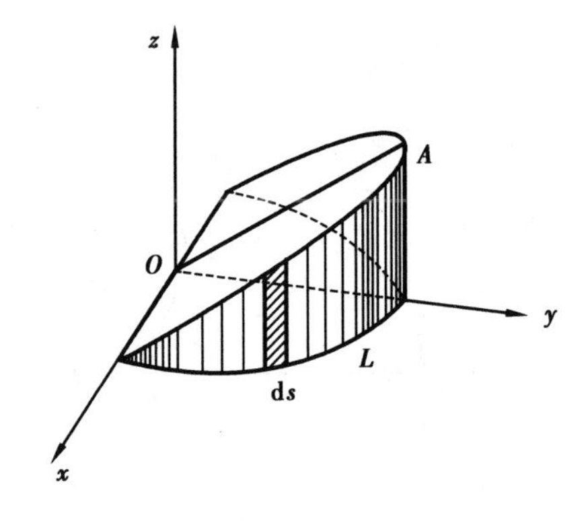

图 10.3

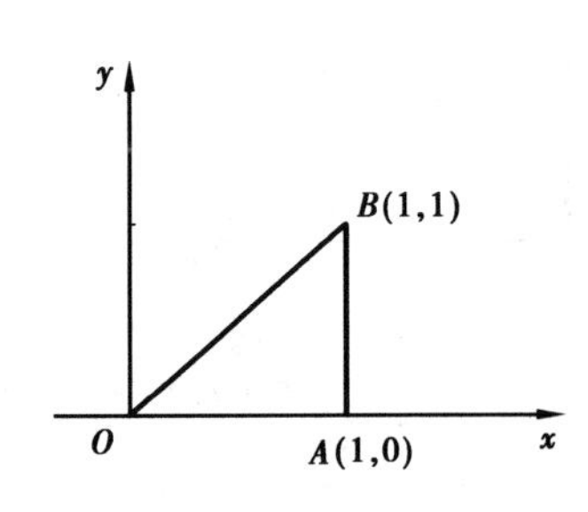

图 10.4

例 10.3　计算 $\oint_L(x+y)\,\mathrm{d}s$, L 为连接三点 $O(0,0),A(1,0),B(1,1)$ 的直线段.

解　如图 10.4 所示,在直线段 $\overline{OA}$ 上, $y=0,0<x<1$,

则
$$\mathrm{d}s=\sqrt{1+y'^2(x)}\,\mathrm{d}x=\mathrm{d}x$$

于是
$$\int_{\overline{OA}}(x+y)\,\mathrm{d}s=\int_0^1 x\,\mathrm{d}x=\frac{1}{2}$$

在直线段$\overline{AB}$上，$x=1$，$0\leqslant y\leqslant 1$，则

$$ds = \sqrt{1 + x'^2(y)}\,dy = dy$$

于是
$$\int_{\overline{AB}}(x + y)\,ds = \int_0^1 (1 + y)\,dy = \frac{3}{2}$$

在直线段$\overline{OB}$上，$y=x$，$0\leqslant x\leqslant 1$，则

$$ds = \sqrt{1 + y'^2(x)}\,dx = \sqrt{1 + 1}\,dx = \sqrt{2}\,dx$$

于是

$$\int_{\overline{OB}}(x + y)\,ds = \int_0^1 (x + x)\sqrt{2}\,dx = \int_0^1 2\sqrt{2}x\,dx = \sqrt{2}$$

故

$$\int_L (x + y)\,ds = \frac{1}{2} + \frac{3}{2} + \sqrt{2} = 2 + \sqrt{2}$$

例 10.4 求$I = \oint_L \sqrt{x^2 + y^2}\,ds$，其中$L$是圆周$x^2 + y^2 = Rx, R \geqslant 0$.

解 如图 10.5 所示，有$L=L_1+L_2$，且

$$L_1: y = \sqrt{Rx - x^2}, \quad L_2: y = -\sqrt{Rx - x^2}$$

而$y' = \pm\dfrac{R-2x}{2\sqrt{Rx-x^2}}$，故由性质 2 可得

$$\begin{aligned} I &= \int_L \sqrt{x^2 + y^2}\,ds = \int_{L_1} \sqrt{x^2 + y^2}\,ds + \int_{L_2} \sqrt{x^2 + y^2}\,ds \\ &= \int_0^R \sqrt{x^2 + (Rx - x^2)}\,\frac{R}{2\sqrt{Rx - x^2}}dx + \int_0^R \sqrt{x^2 + (Rx - x^2)}\,\frac{R}{2\sqrt{Rx - x^2}}dx \\ &= 2\int_0^a \frac{R\sqrt{Rx}}{2\sqrt{Rx - x^2}}dx = 2R^2 \end{aligned}$$

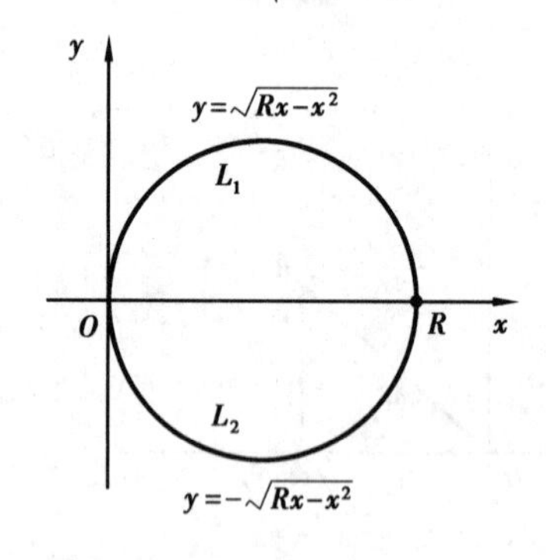

图 10.5

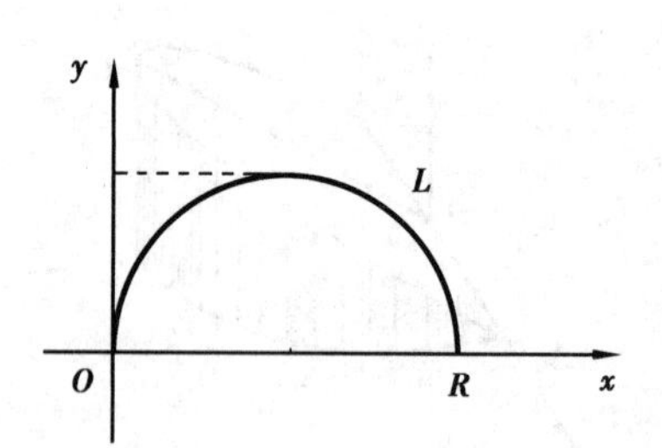

图 10.6

例 10.5 计算$\int_L \sqrt{R^2 - x^2 - y^2}\,ds$，其中$L$为上半圆弧$x^2 + y^2 = Rx, y \geqslant 0$.

解 如图 10.6 所示，采用半圆弧的参数方程

$$\begin{cases} x = R\cos^2\theta \\ y = R\cos\theta\sin\theta \end{cases} \quad \left(0 \leqslant \theta \leqslant \frac{\pi}{2}\right)$$

则
$$\int_L \sqrt{R^2 - x^2 - y^2}\,ds = \int_0^{\frac{\pi}{2}} \sqrt{R^2 \sin^2\theta}\ \sqrt{(-R\sin 2\theta)^2 + (R\cos 2\theta)^2}\,d\theta$$
$$= \int_0^{\frac{\pi}{2}} |R\sin\theta| \sqrt{R^2}\,d\theta = R^2 \int_0^{\frac{\pi}{2}} \sin\theta d\theta = R^2$$

例 10.6　计算 $\int_\Gamma (x^2 + y^2 + z^2)\,ds$，其中 Γ 为螺旋线 $x = \cos t, y = \sin t, z = t$ 上相应于 t 从 0 到 2π 的一段弧.

解　直接从参数方程得
$$ds = \sqrt{(-\sin t)^2 + (\cos t)^2 + 1^2} = \sqrt{2}\,dt$$
于是
$$\int_\Gamma (x^2 + y^2 + z^2)\,ds = \int_0^{2\pi} (1 + t^2)\sqrt{2}\,dt = \frac{2\sqrt{2}}{3}\pi(3 + 4\pi^2)$$

习题 10.1

A 组

1. 计算下列第一型曲线积分.

(1) $\int_L x\,ds$，其中 $L: x = t^3, y = t, 0 \leqslant t \leqslant 1$；

(2) $\oint_L (x + y)\,ds$，L 为以 $(0,0)$，$(1,0)$ 和 $(1,0)$ 为顶点的三角形的边界；

(3) $\oint_L x\,ds$，L 为由直线 $y = x$ 及抛物线 $y = x^2$ 所围成的区域的整个边界；

(4) $\oint_L e^{\sqrt{x^2+y^2}}\,ds$，$L$ 为圆周 $x^2 + y^2 = a^2$，直线 $y = x$ 及 x 轴在第一象限内所围成的扇形区域的整个边界；

(5) $\int_L xyz\,ds$，L 为从 $(0,0,0)$ 到 $(1,2,3)$ 的直线段；

(6) $\int_\Gamma \frac{1}{x^2 + y^2 + z^2}\,ds$，$\Gamma$ 为曲线 $x = e^t\cos t, y = e^t\sin t, z = e^t$ 上相应于 t 从 0 变到 2 的这段弧.

2. 用曲线积分表示柱面 $\varphi(x,y) = 0$ 介于曲面 $z = z_1(x,y)$ 和 $z = z_2(x,y)$ $(z_1(x,y) \leqslant z_2(x,y))$ 之间的部分的面积 A.

B 组

1. 计算下列第一型曲线积分.

(1) $\oint_L (x^2 + y^2)^n\,ds$，$L$ 为圆周 $x^2 + y^2 = a^2 (a > 0)$；

(2) $\int_L |y|\,ds$，L 为双纽线 $(x^2 + y^2)^2 = a^2(x^2 - y^2)$；

(3) $\oint_L x\,ds$，L 为对数螺线 $\rho = ae^{k\theta} (k > 0)$ 在圆 $\rho = a$ 内的部分；

(4)$\oint_L xy\mathrm{d}s$,其中 L 是 $|x|+|y|=a(a>0)$.

2. 利用第一型曲线积分求柱面 $x^2+y^2=ax(a>0)$ 位于球面 $x^2+y^2+z^2=a^2$ 内的那一部分的面积.

3. 设螺旋形弹簧一圈的方程为 $x=a\cos t, y=a\sin t, z=kt(0\leqslant t\leqslant 2\pi)$,它的线密度 $\rho(x,y,z)=x^2+y^2+z^2$, 求

(1)它关于 z 轴的转动惯量 I_z;

(2)它的重心.

4. 求半径为 R,中心角为 2α 的均匀物质圆弧对于其对称轴的转动惯量(设线密度为 ρ).

5. 一根位于 yOz 平面沿半圆 $y^2+z^2=1, z\geqslant 0$ 的弯曲金属弧(如图 10.7 所示),弧上点 (x,y,z) 处的密度为 $\rho(x,y,z)=2-z$, 即该金属弧由下至上其密度逐渐减少,求该弧的质心.

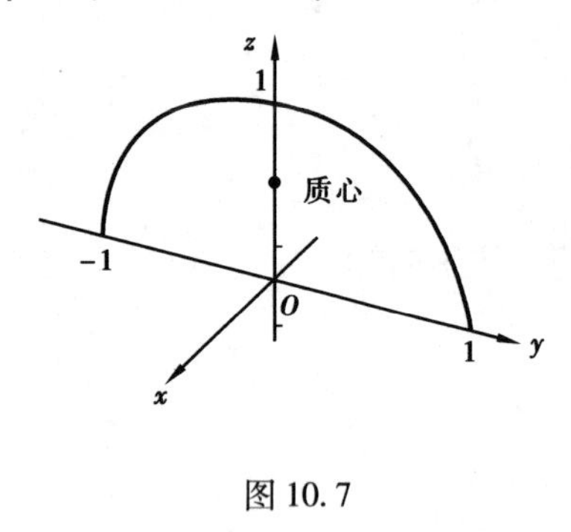

图 10.7

10.2 第二型曲线积分

当涉及向量场中的一些非均匀量的求和时,如计算沿一曲线路径移动一物体克服变阻力所做的功或求一温度场中沿场内一边界曲线热量的流失程度,将用到本节所讨论的第二型曲线积分. 该类积分还可用于计算流体沿着闭曲线的环流量.

10.2.1 实例:变力沿曲线所做的功

我们知道,若质点在常力 $\boldsymbol{F}$(大小与方向都不变)的作用下从点 A 沿直线移动到点 B,如图 10.8 所示,则常力 $\boldsymbol{F}$ 所做的功 W 是 $\boldsymbol{F}$ 与位移 $\overrightarrow{AB}$ 的内积,即

$$W=|\boldsymbol{F}|\cdot|\overrightarrow{AB}|\cos\theta$$

或

$$W=\boldsymbol{F}\cdot\overrightarrow{AB}=\boldsymbol{F}\cdot\boldsymbol{e}_{AB}|\overrightarrow{AB}| \tag{10.5}$$

其中,θ 是力 $\boldsymbol{F}$ 与向量 $\overrightarrow{AB}$ 的夹角,$\boldsymbol{e}_{AB}$ 表示与 $\overrightarrow{AB}$ 同方向的单位向量.

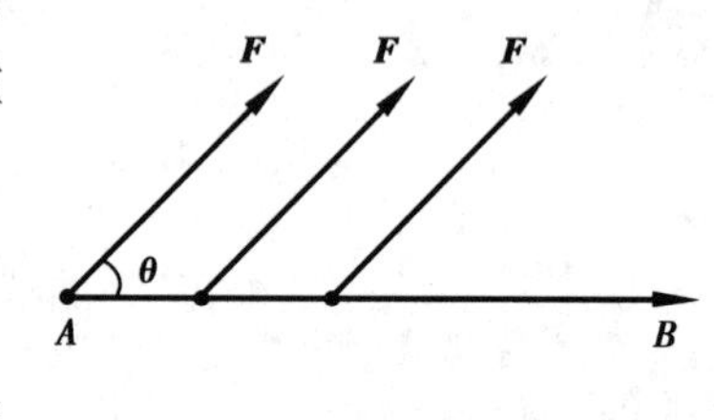

图 10.8

若空间有一单位质点 M 在变力 $\boldsymbol{F}$ 作用下从点 A 沿光滑曲线 Γ 移动到点 B,力场 $\boldsymbol{F}$ 为

$$\boldsymbol{F}(x,y,z)=P(x,y,z)\boldsymbol{i}+Q(x,y,z)\boldsymbol{j}+R(x,y,z)\boldsymbol{k}$$

如图 10.9 所示,如何计算 $\boldsymbol{F}$ 所做的功 W?

首先应对 Γ 作分割,由于曲线的有向性,从 A 至 B 顺序任意插入点列 $A=M_0, M_1,\cdots, M_n=B$,将 Γ 分成 n 个小弧段. 任取其中一个小弧段 $\widehat{M_{i-1}M_i}$ 来分析,设 $\widehat{M_{i-1}M_i}$ 的弧长为 Δs_i. 当分割得很细时,可将 $\widehat{M_{i-1}M_i}$ 近似为长度为 Δs_i 的有向线段,在 $\widehat{M_{i-1}M_i}$ 上任取一点 (ξ_i,η_i,ζ_i),用该点的单位切向量 $\boldsymbol{e}_\tau(\xi_i,\eta_i,\zeta_i)$ 作为该有向线段的方向向量,力场 $\boldsymbol{F}(x,y,z)$ 在 $\widehat{M_{i-1}M_i}$ 弧段所做的功近似视为恒力做功,恒力取为 $\boldsymbol{F}(\xi_i,\eta_i,\zeta_i)$. 即力场 $\boldsymbol{F}(x,y,z)$ 在 $\widehat{M_{i-1}M_i}$ 弧段做功可近似

视为恒力$\boldsymbol{F}(\xi_i,\eta_i,\zeta_i)$沿长为 Δs_i 的、以 $\boldsymbol{e}_\tau(\xi_i,\eta_i,\zeta_i)$为方向的直线段做功，由公式(10.5)，力场 $\boldsymbol{F}(x,y,z)$在$\overset{\frown}{M_{i-1}M_i}$弧段所做的功近似为

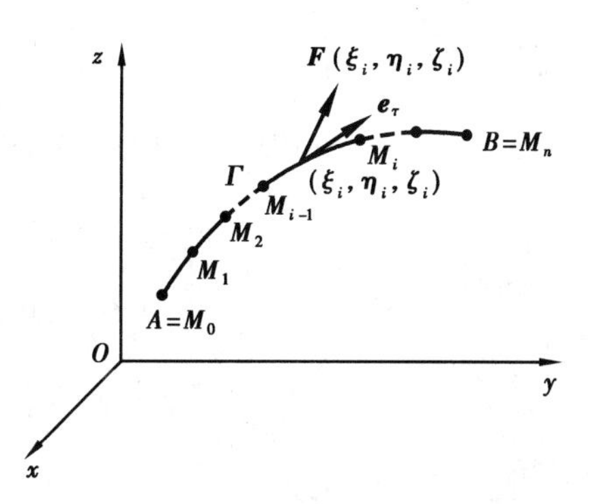

图 10.9

$$\Delta W_i \approx [\boldsymbol{F}(\xi_i,\eta_i,\zeta_i)\cdot \boldsymbol{e}_\tau(\xi_i,\eta_i,\zeta_i)]\Delta s_i$$

则
$$W = \sum_{i=1}^{n}\Delta W_i \approx \sum_{i=1}^{n}[\boldsymbol{F}(\xi_i,\eta_i,\zeta_i)\cdot \boldsymbol{e}_\tau(\xi_i,\eta_i,\zeta_i)]\Delta s_i$$

当分割越来越细时，即当 $\lambda = \max\limits_{1\leqslant i\leqslant n}\{\Delta s_i\}$ 趋于零时，上述和式的极限就是力场 $\boldsymbol{F}(x,y,z)$ 沿曲线弧 Γ 从 A 至 B 所做的功 W，即

$$W = \lim_{\lambda\to 0}\sum_{i=1}^{n}[\boldsymbol{F}(\xi_i,\eta_i,\zeta_i)\cdot \boldsymbol{e}_\tau(\xi_i,\eta_i,\zeta_i)]\Delta s_i$$

根据第一型曲线积分的定义，以上和式的极限就是函数 $\boldsymbol{F}(x,y,z)\cdot \boldsymbol{e}_\tau(x,y,z)$ 在曲线 Γ 上的第一型曲线积分，由此有

$$W = \int_\Gamma \boldsymbol{F}(x,y,z)\cdot \boldsymbol{e}_\tau(x,y,z)\,\mathrm{d}s$$

注意　以上积分的被积函数是由两个向量值函数的点积形成的数量值函数.

10.2.2　第二型曲线积分(也称为向量值函数在有向曲线上的积分)的定义

定义 1　设 Γ 是一条光滑的有向曲线弧，向量值函数

$$\boldsymbol{F}(x,y,z) = P(x,y,z)\boldsymbol{i} + Q(x,y,z)\boldsymbol{j} + R(x,y,z)\boldsymbol{k}$$

在 Γ 上有界[①]，$\boldsymbol{e}_\tau(x,y,z)$是有向弧 Γ 上的点(x,y,z)处的单位切向量，如果$\int_\Gamma \boldsymbol{F}(x,y,z)\cdot \boldsymbol{e}_\tau(x,y,z)\,\mathrm{d}s$ 存在，记$\mathrm{d}\boldsymbol{r} = \boldsymbol{e}_\tau(x,y,z)\,\mathrm{d}s$，则称 $\int_\Gamma \boldsymbol{F}(x,y,z)\cdot \mathrm{d}\boldsymbol{r}$ 为向量值函数 $\boldsymbol{F}(x,y,z)$在有向曲线弧 Γ 上的第二型曲线积分，即

$$\int_\Gamma \boldsymbol{F}(x,y,z)\cdot \mathrm{d}\boldsymbol{r} = \int_\Gamma \boldsymbol{F}(x,y,z)\cdot \boldsymbol{e}_\tau(x,y,z)\,\mathrm{d}s \tag{10.6}$$

该定义蕴含了第一型曲线积分和第二型曲线积分的关系，因为从上式看到，第二型曲线积分本质上是一个第一型曲线积分.

若设定义中的单位切向量

$$\boldsymbol{e}_\tau(x,y,z) = \cos\alpha\boldsymbol{i} + \cos\beta\boldsymbol{j} + \cos\gamma\boldsymbol{k}$$

则有

$$\begin{aligned}\int_\Gamma \boldsymbol{F}(x,y,z)\cdot \mathrm{d}\boldsymbol{r} &= \int_\Gamma \boldsymbol{F}(x,y,z)\cdot \boldsymbol{e}_\tau(x,y,z)\,\mathrm{d}s\\ &= \int_\Gamma (P(x,y,z),Q(x,y,z),R(x,y,z))\cdot(\cos\alpha,\cos\beta,\cos\gamma)\,\mathrm{d}s\end{aligned}$$

---

① $\boldsymbol{F}(x,y,z)$在 Γ 上有界是指 $\boldsymbol{F}(x,y,z)$的三个分量值函数 $P(x,y,z)$，$Q(x,y,z)$. $R(x,y,z)$在 Γ 上分别有界.

$$=\int_{\Gamma}P(x,y,z)\cos\alpha\mathrm{d}s+\int_{\Gamma}Q(x,y,z)\cos\beta\mathrm{d}s+\int_{\Gamma}R(x,y,z)\cos\gamma\mathrm{d}s$$

记 $\mathrm{d}x=\cos\alpha\mathrm{d}s,\mathrm{d}y=\cos\beta\mathrm{d}s,\mathrm{d}z=\cos\gamma\mathrm{d}s$①

于是

$$\int_{\Gamma}P(x,y,z)\mathrm{d}x=\int_{\Gamma}P(x,y,z)\cos\alpha\mathrm{d}s$$

$$\int_{\Gamma}Q(x,y,z)\mathrm{d}y=\int_{\Gamma}Q(x,y,z)\cos\beta\mathrm{d}s$$

$$\int_{\Gamma}R(x,y,z)\mathrm{d}z=\int_{\Gamma}R(x,y,z)\cos\gamma\mathrm{d}s$$

则可把式(10.6)记为

$$\int_{\Gamma}\boldsymbol{F}(x,y,z)\cdot\mathrm{d}\boldsymbol{r}=\int_{\Gamma}P(x,y,z)\mathrm{d}x+Q(x,y,z)\mathrm{d}y+R(x,y,z)\mathrm{d}z\tag{10.7}$$

式(10.7)是向量值函数在有向曲线上的第二型积分的常见表达形式,故第二型曲线积分也称为对坐标的曲线积分.

若 Γ 为闭合曲线,我们记积分 $\int_{\Gamma}\boldsymbol{F}(x,y,z)\cdot\mathrm{d}\boldsymbol{r}$ 为 $\oint_{\Gamma}\boldsymbol{F}(x,y,z)\cdot\mathrm{d}\boldsymbol{r}$.

当 Γ 是空间区域 Ω 中的封闭有向曲线,场论中称第二型曲线积分 $\oint_{\Gamma}\boldsymbol{F}(x,y,z)\cdot\mathrm{d}\boldsymbol{r}$ 为向量场 $\boldsymbol{F}$ 沿有向闭曲线 Γ 的环量(或环流量).

不难看到,空间中的单位质点 M 在外力 $\boldsymbol{F}$ 作用下从点 A 沿光滑曲线 Γ 移动到点 B,力场 $\boldsymbol{F}$ 所作的力 W 是一个第二型曲线积分,即

$$W=\int_{\Gamma}\boldsymbol{F}(x,y,z)\cdot\mathrm{d}\boldsymbol{r}=\int_{\Gamma}\boldsymbol{F}(x,y,z)\cdot\boldsymbol{e}_{\tau}(x,y,z)\mathrm{d}s$$

(1)第二型曲线积分存在的条件

当 $\boldsymbol{F}(x,y,z)$ 在分段光滑的曲线 Γ 上连续时②,积分 $\int_{\Gamma}\boldsymbol{F}(x,y,z)\cdot\mathrm{d}\boldsymbol{r}$ 存在.

(2)第二型曲线积分的性质

性质1(线性性)

$$\int_{\Gamma}(k_1\boldsymbol{F}_1(x,y,z)+k_2\boldsymbol{F}_2(x,y,z))\cdot\mathrm{d}\boldsymbol{r}$$

$$=k_1\int_{\Gamma}\boldsymbol{F}_1(x,y,z)\cdot\mathrm{d}\boldsymbol{r}+k_2\int_{\Gamma}\boldsymbol{F}_2(x,y,z)\cdot\mathrm{d}\boldsymbol{r}$$

性质2(积分曲线弧的可加性) 设有向曲线 Γ 被分成两条有向曲线弧 Γ_1 和 Γ_2,它们的方向与 Γ 的方向一致,则

$$\int_{\Gamma}\boldsymbol{F}(x,y,z)\cdot\mathrm{d}\boldsymbol{r}=\int_{\Gamma_1}\boldsymbol{F}(x,y,z)\cdot\mathrm{d}\boldsymbol{r}+\int_{\Gamma_2}\boldsymbol{F}(x,y,z)\cdot\mathrm{d}\boldsymbol{r}$$

性质3(方向性)

$$\int_{\Gamma^+}\boldsymbol{F}(x,y,z)\cdot\mathrm{d}\boldsymbol{r}=-\int_{\Gamma^-}\boldsymbol{F}(x,y,z)\cdot\mathrm{d}\boldsymbol{r}$$

---

① 实际上,$\cos\alpha\mathrm{d}s$ 可理解为空间弧长元素 $\mathrm{d}s$ 在 x 轴的投影,$\cos\beta\mathrm{d}s$ 可理解为空间弧长元素 $\mathrm{d}s$ 在 y 轴的投影,$\cos\gamma\mathrm{d}s$ 可理解为空间弧长元素 $\mathrm{d}s$ 在 z 轴的投影.

② $\boldsymbol{F}(x,y,z)$ 在分段光滑的曲线 Γ 上连续是指其三个分量函数均在 Γ 上连续.

10.2.3　向量值函数在有向曲线上的积分的计算法

设向量值函数 $\boldsymbol{F}(x,y,z)=P(x,y,z)\boldsymbol{i}+Q(x,y,z)\boldsymbol{j}+R(x,y,z)\boldsymbol{k}$ 在有向曲线 Γ 上有定义且连续,有向曲线弧 Γ 为简单曲线①,它的参数方程为

$$\begin{cases}x=x(t)\\ y=y(t)\\ z=z(t)\end{cases}\quad t:a\to b$$

当参数 t 单调地由 a 变到 b 时,点(x,y,z)从 Γ 的起点沿 Γ 运动到终点,$x(t),y(t),z(t)$ 在以 a 和 b 为端点的闭区间上具有连续一阶导数,且 $x^2(t)+y^2(t)+z^2(t)\neq 0$,则第二型曲线积分存在,并有

$$\int_\Gamma P(x,y,z)\,\mathrm{d}x+Q(x,y,z)\,\mathrm{d}y+R(x,y,z)\,\mathrm{d}z$$
$$=\int_a^b\{P[x(t),y(t),z(t)]x'(t)+Q[x(t),y(t),z(t)]y'(t)+R[x(t),y(t),z(t)]z'(t)\}\,\mathrm{d}t \tag{10.8}$$

如果 Γ 是平面上的光滑曲线,设其参数方程为

$$\begin{cases}x=x(t)\\ y=y(t)\end{cases}\quad t:a\to b$$

则

$$\int_\Gamma P(x,y)\,\mathrm{d}x+Q(x,y)\,\mathrm{d}y$$
$$=\int_a^b\{P[x(t),y(t)]x'(t)+Q[x(t),y(t)]y'(t)\}\,\mathrm{d}t \tag{10.9}$$

证　这里仅就公式(10.9)证明. 设有向曲线弧 Γ 的单位切向量 $\boldsymbol{e}_\tau=(\cos\alpha,\cos\beta)$

而

$$\boldsymbol{e}_\tau=\left(\frac{x'(t)}{\sqrt{x'^2(t)+y'^2(t)}},\frac{y'(t)}{\sqrt{x'^2(t)+y'^2(t)}}\right)$$

于是

$$\cos\alpha=\frac{x'(t)}{\sqrt{x'^2(t)+y'^2(t)}}$$

由

$$\int_\Gamma P(x,y)\,\mathrm{d}x=\int_\Gamma P(x,y)\cos\alpha\,\mathrm{d}s$$

则根据第一型曲线积分的计算法,有

$$\begin{aligned}\int_\Gamma P(x,y)\,\mathrm{d}x&=\int_\Gamma P(x,y)\cos\alpha\,\mathrm{d}s\\&=\int_a^b P[x(t),y(t)]\frac{x'(t)}{\sqrt{x'^2(t)+y'^2(t)}}\sqrt{x'^2(t)+y'^2(t)}\,\mathrm{d}t\\&=\int_a^b P[x(t),y(t)]x'(t)\,\mathrm{d}t\end{aligned}$$

同理可证明

$$\int_\Gamma Q(x,y)\,\mathrm{d}y=\int_a^b Q[x(t),y(t)]y'(t)\,\mathrm{d}t$$

① 简单曲线是指自身不相交(即无重点)的曲线.

其下限 a 为 Γ 始点的参数值,上限 b 为 Γ 终点的参数值. 类似可证公式(10.8)成立.

从公式(10.8)看到,要计算第二型曲线积分,只需要把 $x,y,z,\mathrm{d}x,\mathrm{d}y,\mathrm{d}z$ 依次换为 $x(t)$, $y(t)$, $z(t)$, $x'(t)\mathrm{d}t$, $y'(t)\mathrm{d}t$, $z'(t)\mathrm{d}t$,然后从 Γ 的起点所对应的参数值 a 到 Γ 的终点所对应的参数值 b 作定积分即可. 但需要特别注意的是,该公式中的下限 a 是对应的起点参数值,上限 b 是对应的终点参数值,a 不一定小于 b.

例 10.7 计算沿有向闭路$\overrightarrow{ABCDA}$(如图 10.10 所示)的第二型曲线积分.

$$I=\int_{\overrightarrow{ABCDA}}(x^2-2xy)\mathrm{d}x+(y^2-2xy)\mathrm{d}y$$

解 据积分区域的可加性,有

$$I=\int_{\overrightarrow{AB}}+\int_{\overrightarrow{BC}}+\int_{\overrightarrow{CD}}+\int_{\overrightarrow{DA}}$$

$$\overrightarrow{AB}: x=1, y=y \quad y: -1\to+1$$

则
$$\int_{\overrightarrow{AB}}=0+\int_{-1}^{1}(y^2-2\cdot 1y)\mathrm{d}y=\frac{2}{3}$$

$$\overrightarrow{BC}: x=x, y=1 \quad x: +1\to-1$$

则
$$\int_{\overrightarrow{BC}}=\int_{+1}^{-1}(x^2-2x\cdot 1)\mathrm{d}x+1=-\frac{2}{3}$$

同理可得$\overrightarrow{CD}$与$\overrightarrow{DA}$的积分为

$$\int_{\overrightarrow{CD}}=0+\int_{+1}^{-1}[y^2-2\cdot(-1)\cdot y]\mathrm{d}y=-\frac{2}{3}$$

$$\int_{\overrightarrow{DA}}=\int_{-1}^{+1}[x^2-2x\cdot(-1)]\mathrm{d}x+0=\frac{2}{3}$$

故
$$\text{原式}=\frac{2}{3}+\left(-\frac{2}{3}\right)+\left(-\frac{2}{3}\right)+\frac{2}{3}=0$$

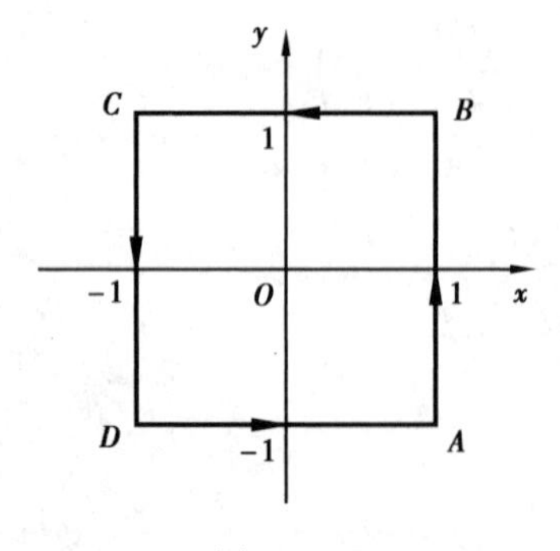

图 10.10

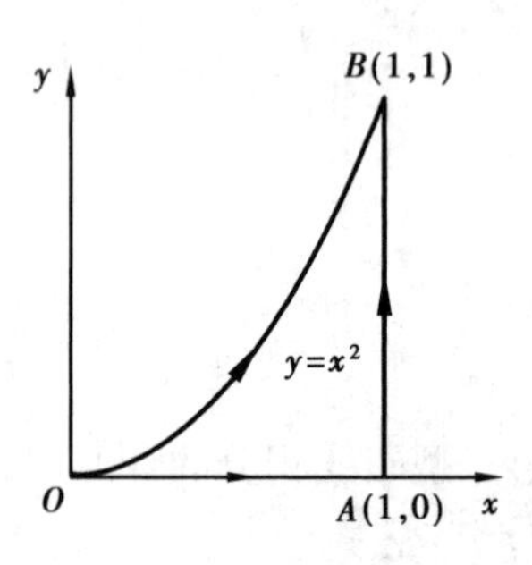

图 10.11

例 10.8 设有一平面力场 $\boldsymbol{F}(x,y)=xy\boldsymbol{i}+x^2\boldsymbol{j}$,求下述情形下力场所做的功.

(1)一质点从 $O(0,0)$ 处沿抛物线 $y=x^2$ 行进到 $B(1,1)$ 处;

(2)一质点从 $O(0,0)$ 处沿直线行进到 $A(1,0)$ 处,然后从 $A(1,0)$ 处再沿直线行进到 $B(1,1)$ 处.

解 (1)如图 10.11 所示,定向弧 $\overset{\frown}{OB}$ 的参数方程为$\begin{cases}x=x\\y=x^2\end{cases}$, x:0→1.

据第二型曲线积分的物理意义,力场所做的功为

$$W=\int_{\overset{\frown}{OB}}xy\mathrm{d}x+x^2\mathrm{d}y=\int_0^1(x\cdot x^2+x^2\cdot 2x)\mathrm{d}x=3\int_0^1x^3\mathrm{d}x=\frac{3}{4}$$

(2)如图10.11所示,折线可分为两部分.

定向直线$\overrightarrow{OA}$为$\begin{cases}x=x\\y=0\end{cases}$, $x:0\to 1$

定向直线$\overrightarrow{AB}$为$\begin{cases}x=1\\y=y\end{cases}$, $y:0\to 1$

力场所做的功为

$$W=\int_{\overrightarrow{OA}}xy\mathrm{d}x+x^2\mathrm{d}y+\int_{\overrightarrow{AB}}xy\mathrm{d}x+x^2\mathrm{d}y$$

$$=\int_{\overrightarrow{OA}}xy\mathrm{d}x+\int_{\overrightarrow{AB}}x^2\mathrm{d}y=\int_0^1x\cdot 0\mathrm{d}x+\int_0^1\mathrm{d}y=1$$

由此可见,力场沿不同路径做功,即使路径起始点相同,其功可能不同.亦即一般地,第二型曲线积分与积分路径有关.

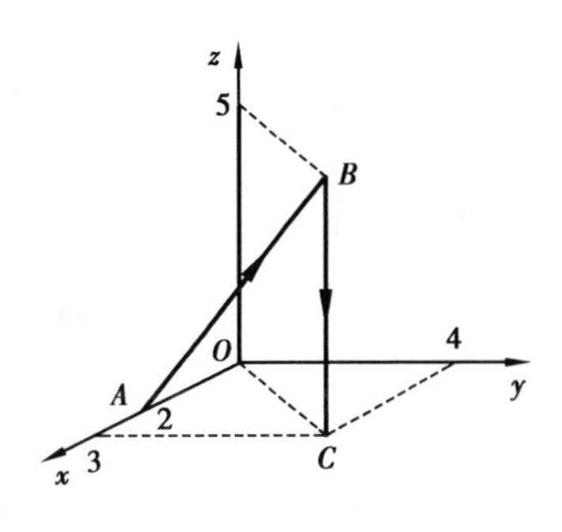

图10.12

例10.9　计算$\int_\Gamma y\mathrm{d}x+z\mathrm{d}y+x\mathrm{d}z$. 其中,$\Gamma$为从点$A(2,0,0)$到点$B(3,4,5)$再到点$C(3,4,0)$的一条定向折线.

解　如图10.12所示,根据空间解析几何易得到有向直线段$\overrightarrow{AB}$的参数方程为

$$\begin{cases}x=2+t\\y=4t\\z=5t\end{cases},\quad t:0\to 1$$

则
$$\int_{\overrightarrow{AB}}y\mathrm{d}x+z\mathrm{d}y+x\mathrm{d}z=\int_0^1[4t+(5t)\cdot 4+(2+t)\cdot 5]\mathrm{d}t$$

$$=\int_0^1(10+29t)\mathrm{d}t=\frac{49}{2}$$

而定向曲线$\overrightarrow{BC}$的参数方程为

$$\begin{cases}x=3\\y=4,\\z=5t\end{cases}\quad t:1\to 0$$

则
$$\int_{\overrightarrow{BC}}y\mathrm{d}x+z\mathrm{d}y+x\mathrm{d}z=\int_1^0[2\cdot 0+5t\cdot 0+3\cdot 5]\mathrm{d}t=\int_1^0 15\mathrm{d}t=-15$$

于是
$$\int_\Gamma y\mathrm{d}x+z\mathrm{d}y+x\mathrm{d}z=\frac{49}{2}-15=\frac{19}{2}$$

例10.10　有质量为m的质点,在重力的作用下,沿铅垂面上的曲线C由点A运动到点B,求重力所做的功,如图10.13所示.

解　设平面曲线C的参数方程是

$$x=x(t),y=y(t),\alpha\leqslant t\leqslant\beta$$

其中$A[x(\alpha),y(\alpha)]$,$B[x(\beta),y(\beta)]$. 已知$\boldsymbol{F}(0,mg)$,于是重力所做的功为

$$\begin{aligned}W &= \int_{C(A,B)} \boldsymbol{F} \cdot \mathrm{d}\boldsymbol{r} = \int_{C(A,B)} (0, mg) \cdot (\mathrm{d}x, \mathrm{d}y) \\ &= \int_{C(A,B)} mg\mathrm{d}y = \int_{\alpha}^{\beta} mgy'(t)\mathrm{d}t \\ &= mg[y(\beta) - y(\alpha)]\end{aligned}$$

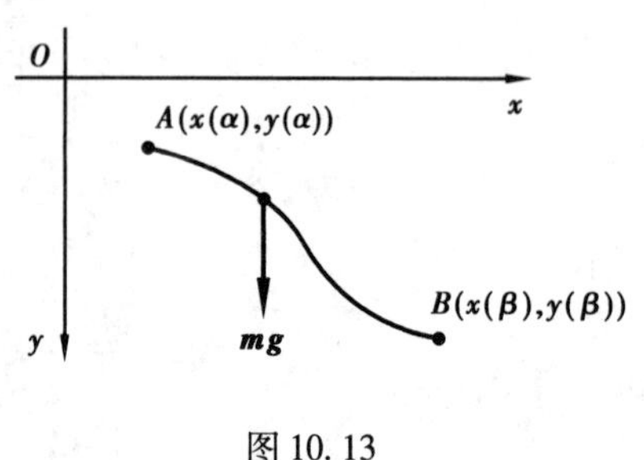

图 10.13

此例说明,质点从点 A 移动到点 B,重力 $\boldsymbol{F}$ 所作的功只与 A 与 B 的位置有关,而与曲线 C 无关. 这是重力场的一个重要物理特性.

例 10.11 把对坐标的曲线积分 $\int_L P(x,y)\mathrm{d}x + Q(x,y)\mathrm{d}y$ 化成对弧长的曲线积分,其中 L 为

(1)在 xOy 面内沿直线从点(0,0)到点(1,1);

(2)沿抛物线 $y=x^2$ 从点(0,0)到点(1,1);

(3)沿上半圆周 $x^2+y^2=2x$ 从点(0,0)到点(1,1).

解 (1)L 的方向余弦 $\cos\alpha=\cos\beta=\cos\frac{\pi}{4}=\frac{\sqrt{2}}{2}$,故

$$\int_L P(x,y)\mathrm{d}x + Q(x,y)\mathrm{d}y = \int_L \frac{P(x,y)+Q(x,y)}{\sqrt{2}}\mathrm{d}s$$

(2)曲线 $y=x^2$ 上点 (x,y) 处的切向量 $\boldsymbol{T}=\{1,2x\}$,故有

$$\cos\alpha = \frac{1}{\sqrt{1+4x^2}}, \quad \cos\beta = \frac{2x}{\sqrt{1+4x^2}}$$

因此有
$$\int_L P(x,y)\mathrm{d}x + Q(x,y)\mathrm{d}y = \int_L \frac{P(x,y)+2xQ(x,y)}{\sqrt{1+4x^2}}\mathrm{d}s$$

(3)上半圆周从(0,0)到点(1,1)部分的方程:$y=\sqrt{2x-x^2}$,其上任一点的切向量为

$$\boldsymbol{T} = \left\{1, \frac{1-x}{\sqrt{2x-x^2}}\right\}$$

从而有
$$\int_L P(x,y)\mathrm{d}x + Q(x,y)\mathrm{d}y = \int_L [\sqrt{2x-x^2}P(x,y) + (1-x)Q(x,y)]\mathrm{d}s$$

习题 10.2

A 组

1. 计算下列第二型曲线积分.

(1)$\int_L xy\mathrm{d}x + (y-x)\mathrm{d}y$,其中 L 分别为:

① 直线 $y=x$;② 抛物线 $y^2=x$;③ 立方抛物线 $y=x^3$,上从点(0,0)到(1,1)的那一段.

(2)$\oint_L y\mathrm{d}x - x\mathrm{d}y$,$L$ 为椭圆$\frac{x^2}{a^2}+\frac{y^2}{b^2}=1$ 的正向.

(3)$\int_L x\mathrm{d}x + y\mathrm{d}y + (x+y-1)\mathrm{d}z$,$L$ 为由点(1,1,1)到点(1,3,4)的直线段.

(4) $\int_\Gamma x^2\mathrm{d}x+z\mathrm{d}y-y\mathrm{d}z$, Γ 为曲线 $x=k\theta, y=a\cos\theta, z=a\sin\theta$ 上从 $\theta=0$ 到 $\theta=\pi$ 的一段弧.

(5) $\oint_\Gamma \mathrm{d}x-\mathrm{d}y+y\mathrm{d}z$, Γ 为定向闭折线 $ABCA$, 这里的 A,B,C 依次为点 $(1,0,0)$, $(0,1,0)$, $(0,0,1)$.

(6) $\int_\Gamma (y^2-z^2)\mathrm{d}x+2yz\mathrm{d}y-x^2\mathrm{d}z$, Γ 为弧段 $x=t, y=t^2, z=t^2 (0\leqslant t\leqslant 1)$ 依 t 增加的方向.

2. 计算 $\int_L \boldsymbol{F}\cdot\mathrm{d}\boldsymbol{r}$, 其中 $\boldsymbol{F}=-y\boldsymbol{i}+x\boldsymbol{j}$.

(1) L 为从 $A(R,0)$ 到 $B(-R,0)$ 的半径为 R 的上半圆;

(2) L 为从 $A(R,0)$ 到 $B(-R,0)$ 的直线段.

3. 设 L 为 xOy 平面内直线 $x=a$ 的一段, 证明: $\int_L P(x,y)\mathrm{d}x=0$.

4. 设 L 为 xOy 平面内 x 轴上从点 $(a,0)$ 到点 $(b,0)$ 的一段直线, 证明: $\int_L P(x,y)\mathrm{d}x=\int_a^b P(x,0)\mathrm{d}x$.

5. 设 L 为曲线 $y=x^2$ 从点 $A(-1,1)$ 到点 $B(1,1)$ 的有向弧段, 将对坐标的曲线积分 $\int_L x^2y\mathrm{d}x-x\mathrm{d}y$ 化成对弧长的曲线积分.

B 组

1. 计算第二型曲线积分 $\oint_L \dfrac{y\mathrm{d}x-x\mathrm{d}y}{x^2+y^2}$, 其中 L 是圆周 $x^2+y^2=1$ 的顺时针方向.

2. 设有平面力场 $\boldsymbol{F}=\left(\dfrac{y}{x^2+y^2}, -\dfrac{x}{x^2+y^2}\right)$, L 为圆周 $\begin{cases}x=a\cos t\\ y=a\sin t\end{cases}$ $(0\leqslant t\leqslant 2\pi)$, 设一质点沿 L 逆时针方向运动一周, 求力场所做的功. 其中, $a>0$.

3. 已知力场 $\boldsymbol{F}=\{y,x\}$, 将单位质点从原点沿直线移到曲线 $\dfrac{x^2}{a^2}+\dfrac{y^2}{b^2}=1$ 在第一象限的部分上, 问终点为何点时, 力场 $\boldsymbol{F}$ 所做的功最大, 并求此最大的功.

4. 设在椭圆 $x=a\cos t, y=b\sin t$ 上, 每一点 M 都有作用力 $\vec{F}$, 其大小等于从 M 到椭圆中心的距离, 而方向指向椭圆中心. 今有一质量为 m 的质点 P 在椭圆上沿正向移动, 求:

(1) P 点经过第一象限中的椭圆弧段时, $\boldsymbol{F}$ 所作的功;

(2) P 点走遍全椭圆时, $\boldsymbol{F}$ 所作的功.

5. 设 z 轴与重力的方向一致, 求质量为 m 的质点从位置 (x_1,y_1,z_1) 沿直线到 (x_2,y_2,z_2) 时重力所做的功.

6. 设光滑闭曲线 L 在光滑曲面 Σ 上, Σ 的方程为 $z=f(x,y)$, 曲线 L 在 xOy 平面上的投影曲线为 l, 函数 $P(x,y,z)$ 在 L 上连续, 证明

$$\oint_L P(x,y,z)\mathrm{d}x=\oint_l P[x,y,f(x,y)]\mathrm{d}x$$

10.3 格林公式

上册的定积分基本公式 $\int_a^b f'(x)\mathrm{d}x = f(b) - f(a)$ 指出,函数 $f'(x)$ 在区间的 $[a,b]$ 的定积分等于被积函数 $f'(x)$ 的原函数 $f(x)$ 在区间端点(或边界上)上的值的差. 本节的格林公式说明,在平面闭区域 D 上的二重积分可以由沿着闭区域 D 的边界曲线的第二型曲线积分来表示. 从这个意义上说,格林公式是定积分基本公式在二维空间的推广.

10.3.1 格林①公式(Green 公式)

设平面封闭区域 D, ∂D 为其边界曲线, ∂D 的正向 ∂D^+ 定义如下:当观察者沿边界曲线 ∂D 行走,区域 D 总在 ∂D 的左边,那么人走的方向就是 ∂D 的正向; ∂D 的负向记为 ∂D^-,如图 10.14 所示.

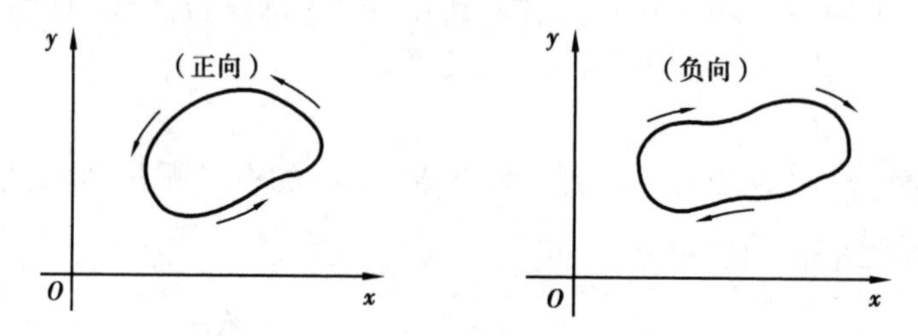

图 10.14

定理 1 设 D 为 xOy 平面上的一有界闭区域,其边界曲线 ∂D 由有限条光滑或分段光滑的曲线围成, $\boldsymbol{F}(x,y) = P(x,y)\boldsymbol{i} + Q(x,y)\boldsymbol{j}$,其中 $P(x,y), Q(x,y) \in C^{(1)}(D)$, 则

$$\iint_D \left(\frac{\partial Q}{\partial x} - \frac{\partial P}{\partial y}\right)\mathrm{d}x\mathrm{d}y = \oint_{\partial D^+} P\mathrm{d}x + Q\mathrm{d}y \tag{10.10}$$

公式(10.10)称为格林公式.

证 由于区域形状不同,定理的证明分两步进行.

①首先设 D 既是 x-区域,又是 y-区域,如图 10.15 所示.

即
$$D = \{(x,y) \mid a \leqslant x \leqslant b, y_1(x) \leqslant y \leqslant y_2(x)\}$$
且
$$D = \{(x,y) \mid c \leqslant y \leqslant d, x_1(y) \leqslant x \leqslant x_2(y)\}$$
于是
$$\begin{aligned}\iint_D \frac{\partial P}{\partial y}\mathrm{d}x\mathrm{d}y &= \int_a^b \mathrm{d}x\int_{y_1(x)}^{y_2(x)} \frac{\partial P}{\partial y}\mathrm{d}y = \int_a^b P(x,y)\Big|_{y_1(x)}^{y_2(x)} \cdot \mathrm{d}x \\ &= \int_a^b [P(x,y_1(x)) - P(x,y_2(x))]\mathrm{d}x \\ &= +\int_{\widehat{ADB}} P(x,y)\mathrm{d}x - \int_{\widehat{ACB}} P(x,y)\mathrm{d}x\end{aligned}$$

---

① 格林生于 1793 年,1841 年在剑桥去世. 他是著名的英国数学家、物理学家. 他发展了电磁理论、能量守恒定律;在偏微分方程中研究出重要的工具——格林函数;以他命名的如格林测度、格林算子、格林方法等,都是数学物理中的经典内容.

$$= -\int_{\widehat{BDA}} P(x,y)\mathrm{d}x - \int_{\widehat{ACB}} P(x,y)\mathrm{d}x$$

$$= -\oint_{\partial D^+} P(x,y)\mathrm{d}x$$

同理,可利用 D 是 y-型区域证明

$$\iint_D \frac{\partial Q}{\partial x}\mathrm{d}x\mathrm{d}y = \oint_{\partial D^+} Q(x,y)\mathrm{d}y$$

于是

$$\iint_D \left(\frac{\partial Q}{\partial x} - \frac{\partial P}{\partial y}\right)\mathrm{d}x\mathrm{d}y = \oint_{\partial D^+} P\mathrm{d}x + Q\mathrm{d}y$$

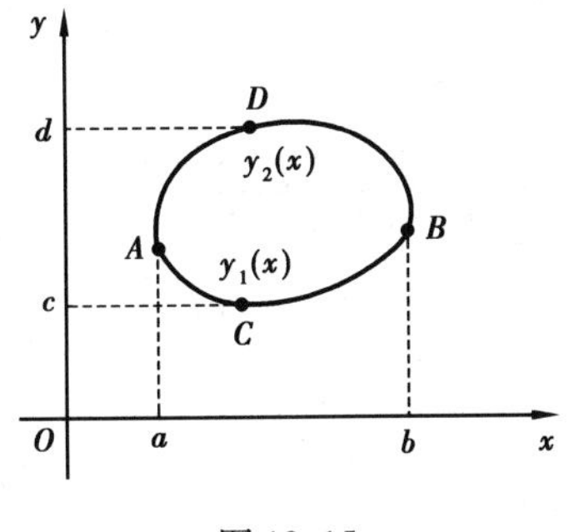

图 10.15

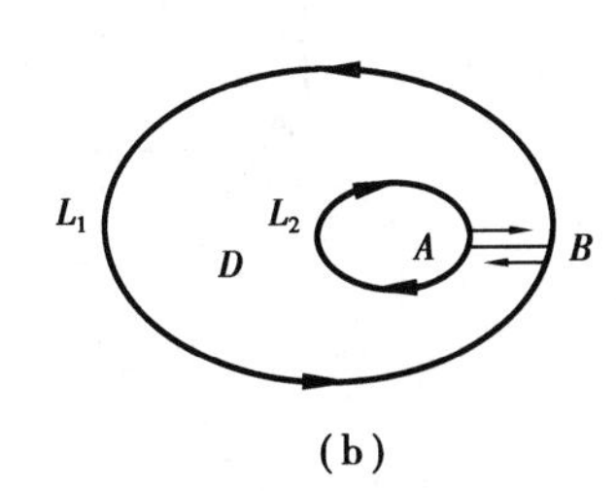

图 10.16

②对于一般的有界闭区域 D,如图 10.16 所示,可以通过几条辅助线将它分成有限个既是 x-型又是 y-型的小区域 $D_1,D_2,\cdots,D_n$,在每个小区域上,格林公式均成立,于是

$$\iint_{D_i} \left(\frac{\partial Q}{\partial x} - \frac{\partial P}{\partial y}\right)\mathrm{d}x\mathrm{d}y = \oint_{\partial D_i^+} P\mathrm{d}x + Q\mathrm{d}y$$

进一步有

$$\sum_{i=1}^{n}\iint_{D_i} \left(\frac{\partial Q}{\partial x} - \frac{\partial P}{\partial y}\right)\mathrm{d}x\mathrm{d}y = \sum_{i=1}^{n}\oint_{\partial D_i^+} P\mathrm{d}x + Q\mathrm{d}y$$

由于∂D_i^+ 的边界是由∂D^+的部分和添加的辅助线组成,则沿∂D_i^+ 的积分的和式是沿∂D^+部分的积分和沿添加辅助线积分之和,在每条辅助线上经过一个来回后积分抵消,于是右边和式就是$\oint_{\partial D^+} P\mathrm{d}x + Q\mathrm{d}y$,而左边就是$\iint_D \left(\frac{\partial Q}{\partial x} - \frac{\partial P}{\partial y}\right)\mathrm{d}x\mathrm{d}y$,则格林公式得证.

特别地,利用格林公式可得到求平面闭区域 D 面积的公式

$$D = \iint_D \mathrm{d}x\mathrm{d}y = \oint_{\partial D^+} x\mathrm{d}y = -\oint_{\partial D^+} y\mathrm{d}x$$

或

$$D = \iint_D \mathrm{d}x\mathrm{d}y = \frac{1}{2}\oint_{\partial D^+} x\mathrm{d}y - y\mathrm{d}x$$

例 10.12　计算二重积分$\iint_D e^{-y^2}\mathrm{d}x\mathrm{d}y$,其中 D 为以 $A(0,0)$,$B(1,1)$,$C(0,1)$三点连成的三角形所围的区域.

解　如图 10.17 所示,由格林公式,此时取 $P=0$,$Q=x\mathrm{e}^{-y^2}$

故

$$\iint_D \mathrm{e}^{-y^2}\mathrm{d}x\mathrm{d}y = \oint_{\partial D^+} x\mathrm{e}^{-y^2}\mathrm{d}y$$

$$= \int_{\overrightarrow{AB}} x e^{-y^2} dy + \int_{\overrightarrow{BC}} x e^{-y^2} dy + \int_{\overrightarrow{CA}} x e^{-y^2} dy$$

$$= \int_0^1 y e^{-y^2} dy = \frac{1}{2} - \frac{1}{2e}$$

此题由于被积函数的特殊性,采用格林公式将二重积分化为第二型曲线积分来计算. 实际上,相对第二型曲线积分,二重积分的计算要简单一些.

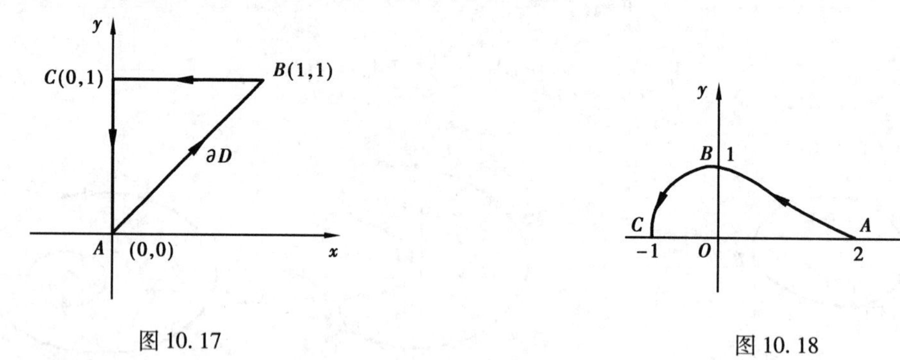

图 10.17

图 10.18

例 10.13 计算 $\int_L (x^2 - 2y)dx + (3x + ye^y)dy$,其中 L 由从 $A(2,0)$ 到 $B(0,1)$ 的直线段 $x + 2y = 2$, 以及从 $B(0,1)$ 到 $C(-1,0)$ 的圆弧 $x = -\sqrt{1-y^2}$ 所构成.

解 如图 10.18 所示,添加一段定向直线$\overrightarrow{CA}$,L 与$\overrightarrow{CA}$构成闭路. 设所围的区域为 D,于是根据格林公式得

$$\int_{L+\overrightarrow{CA}} (x^2 - 2y)dx + (3x + ye^y)dy = \iint_D [3 - (-2)] dxdy$$

$$= 5\iint_D dxdy = 5\left(\frac{1}{2} \cdot 2 \cdot 1 + \frac{1}{4}\pi \cdot 1^2\right)$$

$$= 5\left(1 + \frac{1}{4}\pi\right)$$

则

$$\int_L (x^2 - 2y)dx + (3x + ye^y)dy$$

$$= \int_{L+\overrightarrow{CA}} (x^2 - 2y)dx + (3x + ye^y)dy - \int_{\overrightarrow{CA}} (x^2 - 2y)dx + (3x + ye^y)dy$$

又

$$\int_{\overrightarrow{CA}} (x^2 - 2y)dx + (3x + ye^y)dy = \int_{-1}^2 x^2 dx = 3$$

故有

$$\int_L (x^2 - 2y)dx + (3x + ye^y)dy = 5\left(1 + \frac{\pi}{4}\right) - 3 = 2 + \frac{5\pi}{4}$$

例 10.14 求椭圆 $x = a\cos\theta, y = b\sin\theta$ 所围区域的面积.

解 根据第二型曲线积分求面积的公式,有

$$A = \frac{1}{2}\oint_{\partial D^+} x dy - y dx = \frac{1}{2}\int_0^{2\pi} (ab\cos^2\theta + ab\sin^2\theta) d\theta$$

$$= \frac{1}{2} ab \int_0^{2\pi} d\theta = \pi ab$$

例 10.15 计算第二型曲线积分

$$\oint_L \frac{x\mathrm{d}y - y\mathrm{d}x}{x^2 + y^2}$$

其中,L 为不通过(0,0)点的简单光滑闭曲线.

解　由题知:$P = \dfrac{-y}{x^2 + y^2}, Q = \dfrac{x}{x^2 + y^2}$

则有
$$\frac{\partial Q}{\partial x} = \frac{\partial P}{\partial y} = \frac{y^2 - x^2}{(x^2 + y^2)^2} \qquad (x,y) \neq (0,0)$$

①当 L 不包围 (0,0)点时(如图 10.19(a)所示),这时$\dfrac{\partial Q}{\partial x} = \dfrac{\partial P}{\partial y}$在 L 所围的整个区域 D 内都成立,于是根据格林公式得

$$\oint_L \frac{x\mathrm{d}y - y\mathrm{d}x}{x^2 + y^2} = \iint_D \left(\frac{\partial Q}{\partial x} - \frac{\partial P}{\partial y}\right)\mathrm{d}x\mathrm{d}y = \iint_D 0 \cdot \mathrm{d}x\mathrm{d}y = 0$$

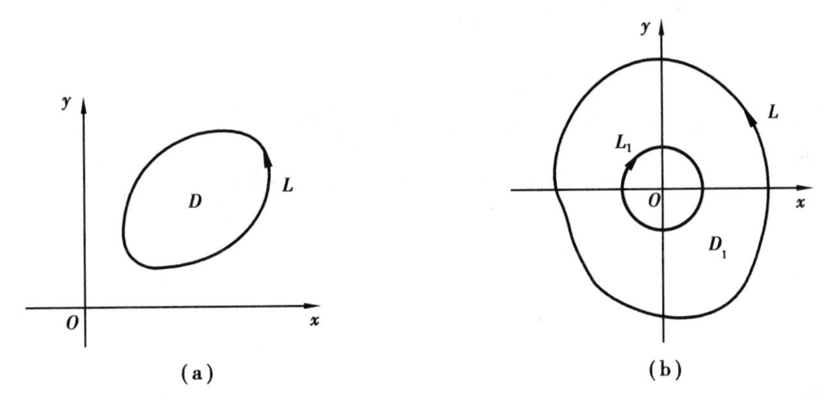

图 10.19

②当 L 包围 (0,0)点时(如图 10.19(b)所示),由于在 L 所围的整个区域 D 内存在一点(0,0),其$\dfrac{\partial Q}{\partial x},\dfrac{\partial P}{\partial y}$不存在,格林公式的条件不满足. 基于此,我们在 L 内作 L_1 包围(0,0)点,即挖去(0,0)点,然后在 L 及 L_1 所围的复连通区域 D_1 上用格林公式,因为(0,0)点被挖去后,在其余点均满足$\dfrac{\partial Q}{\partial x},\dfrac{\partial P}{\partial y}$存在,并且都有$\dfrac{\partial Q}{\partial x} = \dfrac{\partial P}{\partial y}$,则

$$\oint_L \frac{x\mathrm{d}y - y\mathrm{d}x}{x^2 + y^2} + \oint_{L_1} \frac{x\mathrm{d}y - y\mathrm{d}x}{x^2 + y^2} = \iint_{D_1} \left(\frac{\partial Q}{\partial x} - \frac{\partial P}{\partial y}\right)\mathrm{d}x\mathrm{d}y = 0$$

即有
$$\oint_L \frac{x\mathrm{d}y - y\mathrm{d}x}{x^2 + y^2} = -\oint_{L_1} \frac{x\mathrm{d}y - y\mathrm{d}x}{x^2 + y^2}$$

从上式看出,此第二型曲线积分沿围绕原点的任意曲线的同一方向的积分均相等. 可取特殊的曲线 L_1(目的是使计算简洁)来观察被积函数. 取 L_1 为圆周,

$$L_1:\begin{cases} x = \varepsilon\cos\theta \\ y = \varepsilon\sin\theta \end{cases} \quad \theta:2\pi \to 0$$

于是
$$\oint_{L_1} \frac{x\mathrm{d}y - y\mathrm{d}x}{x^2 + y^2} = \int_{2\pi}^{0} \frac{\varepsilon^2\cos^2\theta + \varepsilon^2\sin^2\theta}{\varepsilon^2}\mathrm{d}\theta = -2\pi$$

则
$$\oint_L \frac{x\mathrm{d}y - y\mathrm{d}x}{4x^2 + y^2} = 2\pi$$

10.3.2　平面曲线的第二型曲线积分与路径无关的条件

从例 10.8 看到,自始点(0,0)到终点(1,1),曲线为抛物线 $y=x^2$ 或折线,曲线积分 $\int_L xy\mathrm{d}x+x^2\mathrm{d}y$ 有不同的值,即曲线积分与路径有关. 但是,从例 10.10 中可以看到,不论曲线如何选取,曲线积分 $W=\int_{C(A,B)}\boldsymbol{F}\cdot\mathrm{d}\boldsymbol{r}$ 只与始点和终点有关,而与路径无关. 那么在什么条件下,曲线积分 $\int_L P(x,y)\mathrm{d}x+Q(x,y)\mathrm{d}y$ 与路径无关,只与起点和终点有关呢? 下面的定理回答了这个问题.

定理 2　设 G 是平面上的单连通区域,向量场 $\boldsymbol{F}(x,y)=P(x,y)\boldsymbol{i}+Q(x,y)\boldsymbol{j}$, 其中 $P(x,y),Q(x,y)\in C^{(1)}(G)$. 则下面四个条件等价:

①对 G 内的任意一条分段光滑的闭曲线 L,

$$\oint_L\boldsymbol{F}\cdot\mathrm{d}\boldsymbol{r}=\oint_L P(x,y)\mathrm{d}x+Q(x,y)\mathrm{d}y=0$$

②以 A 为起点、B 为终点的含在 G 内的曲线 L,曲线积分

$$\int_L\boldsymbol{F}\cdot\mathrm{d}\boldsymbol{r}=\int_L P(x,y)\mathrm{d}x+Q(x,y)\mathrm{d}y$$

与路径无关.

③表达式 $P(x,y)\mathrm{d}x+Q(x,y)\mathrm{d}y$ 是某个二元函数的全微分,即存在 $u(x,y)$,使得

$$\mathrm{d}u(x,y)=P(x,y)\mathrm{d}x+Q(x,y)\mathrm{d}y$$

④$\dfrac{\partial Q}{\partial x}=\dfrac{\partial P}{\partial y}$ 在 G 内处处成立.

证　采用条件①⇒②⇒③⇒④⇒①的证明顺序.

条件①⇒条件②. 设 L 是 G 内任意曲线,设曲线上的始点为 A,终点为 B,再任意选择一条曲线 L' 连接 AB,如图 10.20(a)所示,则根据①

$$\int_{L'+L^-}\boldsymbol{F}\cdot\mathrm{d}\boldsymbol{r}=0$$

即

$$\int_{\widehat{ADB}}\boldsymbol{F}\cdot\mathrm{d}\boldsymbol{r}+\int_{\widehat{BCA}}\boldsymbol{F}\cdot\mathrm{d}\boldsymbol{r}=0$$

亦即有

$$\int_{\widehat{ADB}}\boldsymbol{F}\cdot\mathrm{d}\boldsymbol{r}=-\int_{\widehat{BCA}}\boldsymbol{F}\cdot\mathrm{d}\boldsymbol{r}=\int_{\widehat{ACB}}\boldsymbol{F}\cdot\mathrm{d}\boldsymbol{r}$$

由于 L' 的任意性,则 $\int_L\boldsymbol{F}\cdot\mathrm{d}\boldsymbol{r}$ 与路径无关.

条件②⇒条件③. 在 G 内选定一点 $M_0(x_0,y_0)$,$M(x,y)$ 是内任意一点,由于②成立,即积分与路径无关,则积分 $\int_{(x_0,y_0)}^{(x,y)}\boldsymbol{F}\cdot\mathrm{d}\boldsymbol{r}$ 与路径无关,仅与 (x_0,y_0),(x,y) 有关. 在点 (x_0,y_0) 固定的条件下,积分 $\int_{(x_0,y_0)}^{(x,y)}\boldsymbol{F}\cdot\mathrm{d}\boldsymbol{r}$ 仅与 (x,y) 有关,即积分 $\int_{(x_0,y_0)}^{(x,y)}\boldsymbol{F}\cdot\mathrm{d}\boldsymbol{r}$ 是关于 (x,y) 的函数,记为 $u(x,y)$. 下面只需证明 $\dfrac{\partial u}{\partial x}=P(x,y)$,$\dfrac{\partial u}{\partial y}=Q(x,y)$ 便可.

因为

$$u(x+\Delta x,y)=\int_{(x_0,y_0)}^{(x+\Delta x,y)}\boldsymbol{F}\cdot\mathrm{d}\boldsymbol{r}$$

则
$$\Delta_x u = u(x+\Delta x,y) - u(x,y) = \int_{(x_0,y_0)}^{(x+\Delta x,y)} \boldsymbol{F}\cdot \mathrm{d}\boldsymbol{r} - \int_{(x_0,y_0)}^{(x,y)} \boldsymbol{F}\cdot \mathrm{d}\boldsymbol{r}$$

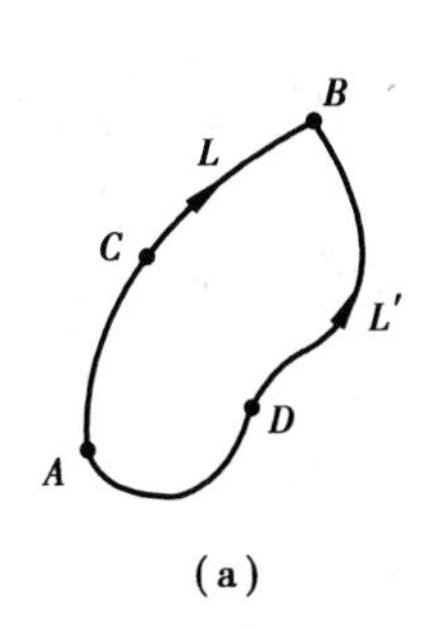

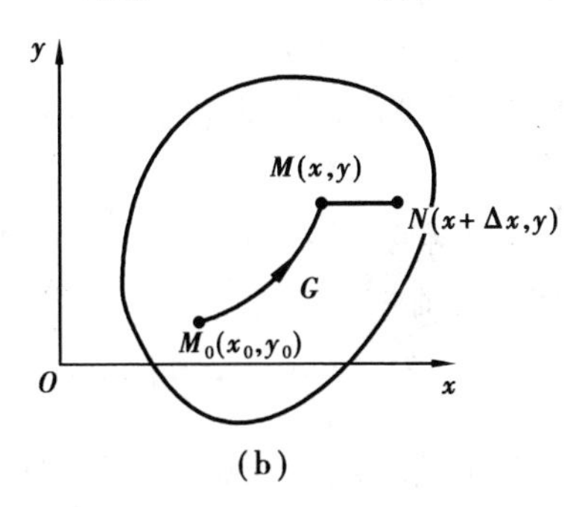

图 10.20

由于积分与路径无关，点(x_0,y_0)到点$(x+\Delta x,y)$的积分可选用先从 M_0 到 M，再沿平行于 x 轴的直线段从 M 到 N 的路径，如图 10.20(b)所示.

于是
$$\int_{(x_0,y_0)}^{(x+\Delta x,y)} \boldsymbol{F}\cdot \mathrm{d}\boldsymbol{r} = \int_{(x_0,y_0)}^{(x,y)} \boldsymbol{F}\cdot \mathrm{d}\boldsymbol{r} + \int_{(x,y)}^{(x+\Delta x,y)} \boldsymbol{F}\cdot \mathrm{d}\boldsymbol{r}$$

所以
$$\Delta_x u = \int_{(x,y)}^{(x+\Delta x,y)} \boldsymbol{F}\cdot \mathrm{d}\boldsymbol{r} = \int_{(x,y)}^{(x+\Delta x,y)} P(x,y)\,\mathrm{d}x + Q(x,y)\,\mathrm{d}y$$
$$= \int_x^{x+\Delta x} P(x,y)\,\mathrm{d}x = P(x+\theta\cdot\Delta x,y)\cdot\Delta x$$

最后一步由积分中值定理所得，其中 $0<\theta<1$，

则
$$\frac{\partial u}{\partial x} = \lim_{\Delta x\to 0}\frac{\Delta_x u}{\Delta x} = \lim_{\Delta x\to 0}\frac{u(x+\Delta x,y)-u(x,y)}{\Delta x}$$
$$= \lim_{\Delta x\to 0}\frac{P(x+\theta\cdot\Delta x,y)\cdot\Delta x}{\Delta x} = \lim_{\Delta x\to 0}P(x+\theta\cdot\Delta x,y) = P(x,y)$$

同理可证
$$\frac{\partial u}{\partial y} = Q(x,y)$$

条件③⇒条件④. 因为 $P(x,y)=\dfrac{\partial u}{\partial x}, Q(x,y)=\dfrac{\partial u}{\partial y}$

则
$$\frac{\partial P}{\partial y} = \frac{\partial^2 u}{\partial x\partial y},\quad \frac{\partial Q}{\partial x} = \frac{\partial^2 u}{\partial y\partial x}$$

又因为$\dfrac{\partial P}{\partial y},\dfrac{\partial Q}{\partial x}$连续，于是有
$$\frac{\partial^2 u}{\partial x\partial y} = \frac{\partial^2 u}{\partial y\partial x}$$

即
$$\frac{\partial Q}{\partial x} = \frac{\partial P}{\partial y}$$

条件④⇒条件①. 根据格林公式
$$\oint_L P\mathrm{d}x + Q\mathrm{d}y = \iint_D\left(\frac{\partial Q}{\partial x} - \frac{\partial P}{\partial y}\right)\mathrm{d}x\mathrm{d}y$$

而由条件④成立，故在 G 内任意一条光滑或分段光滑的闭曲线 L，有
$$\oint_L P\mathrm{d}x + Q\mathrm{d}y = 0$$

于是得证.

当存在一个二元函数 $u(x,y)$,使得 $du(x,y)=P(x,y)dx+Q(x,y)dy$ 成立,称 $u(x,y)$ 为 $P(x,y)dx+Q(x,y)dy$ 的原函数.

于是,当以上四个等价条件其中之一满足时,可以利用原函数 $u(x,y)$ 来计算第二型曲线积分.

定理3 若在单连通区域 G 内函数 $u(x,y)$ 是 $Pdx+Qdy$ 的原函数,而 $A(x_1,y_1)$ 与 $B(x_2,y_2)$ 是 G 内任意两点,则

$$\int_{L_{AB}} Pdx+Qdy=u(M)\big|_A^B=u(B)-u(A)$$

证 在 G 内任取连接点 A 到点 B 的光滑曲线 C:

$$x=\varphi(t),\quad y=\psi(t),\quad \alpha\leqslant t\leqslant\beta$$

且
$$(x_1,y_1)=(\varphi(\alpha),\psi(\alpha)),(x_2,y_2)=(\varphi(\beta),\psi(\beta))$$

则曲线积分

$$\begin{aligned}&\int_{C(A,B)} Pdx+Qdy\\ =&\int_\alpha^\beta\{P[\varphi(t),\psi(t)]\varphi'(t)+Q[\varphi(t),\psi(t)]\psi'(t)\}dt\end{aligned}$$

已知 $u(x,y)$ 是 $Pdx+Qdy$ 的原函数,有 $P=\dfrac{\partial u}{\partial x},Q=\dfrac{\partial u}{\partial y}$,于是有

$$\begin{aligned}&\int_{C(A,B)} Pdx+Qdy\\ =&\int_\alpha^\beta\left\{\frac{\partial u}{\partial x}\varphi'(t)+\frac{\partial u}{\partial y}\psi'(t)\right\}dt\\ =&\int_\alpha^\beta\frac{d}{dt}u[\varphi(t),\psi(t)]dt=u[\varphi(t),\psi(t)]\big|_\alpha^\beta\\ =&u(x_2,y_2)-u(x_1,y_1)=u(x,y)\big|_{(x_1,y_1)}^{(x_2,y_2)}\\ =&u(M)\big|_A^B=u(B)-u(A)\end{aligned}$$

这个结果形式与一元函数的牛顿-莱布尼兹公式十分相像,但是需要注意的是,该式成立的前提是需要定理2中的四个等价条件之一成立.

如果已知 $P(x,y)dx+Q(x,y)dy$ 存在原函数,那么怎样求原函数 $u(x,y)$ 呢?设在某个单连通区域内,$u(x,y)$ 是 $P(x,y)dx+Q(x,y)dy$ 的原函数,从四个等价条件的证明中,很容易得到原函数的计算公式,即

$$u(x,y)=\int_{(x_0,y_0)}^{(x,y)} P(x,y)dx+Q(x,y)dy$$

其中,(x_0,y_0) 为在单连通区域中取定的一点.由于积分与路径无关,求 $u(x,y)$ 可以采用特殊路径,例如采用折线路径计算第二型曲线积分就比较简单.下面给出分别采用两条折线积分,如图10.21所示,得到的原函数 $u(x,y)$ 的结果为

$$\begin{aligned}u(x,y)&=\int_{x_0}^x P(x,y_0)dx+\int_{y_0}^y Q(x,y)dy\\ &=\int_{y_0}^y Q(x_0,y)dy+\int_{x_0}^x P(x,y)dx\end{aligned}$$

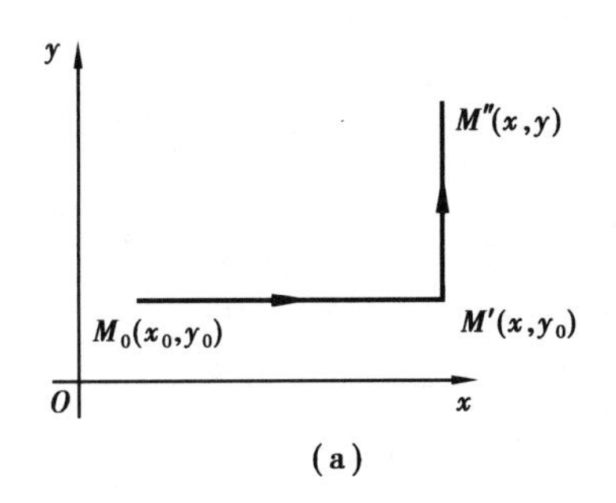

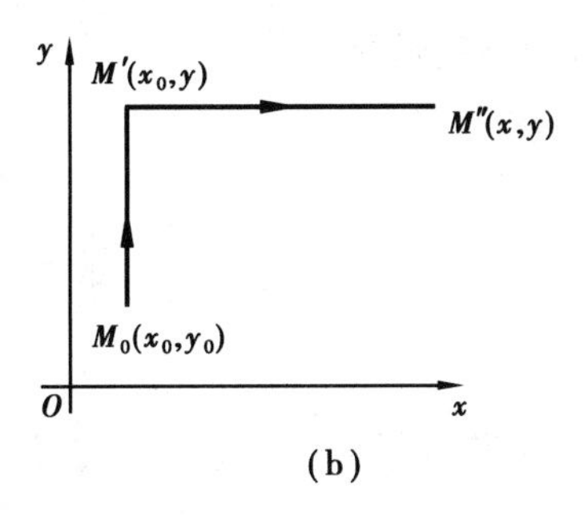

图 10.21

例 10.16 计算第二型曲线积分 $\int_L (2xy+3x\sin x)\mathrm{d}x+(x^2-y\mathrm{e}^y)\mathrm{d}y$，其中 L 为摆线 $\begin{cases}x=t-\sin t\\ y=1-\cos t\end{cases}$ 从点 $O(0,0)$ 到点 $B(\pi,2)$ 的部分.

解 本例若通过 L 的参数方程直接计算积分之值,是非常困难的. 而我们注意到，$\dfrac{\partial Q}{\partial x}=2x=\dfrac{\partial P}{\partial y}$ 在整个平面区域上成立,则曲线积分与路径无关,亦即可采用特殊路径来计算此曲线积分. 采用折线来计算积分,即从 $O(0,0)$ 到 $C(\pi,0)$,再从 $C(\pi,0)$ 到 $B(\pi,2)$,如图 10.22 所示.

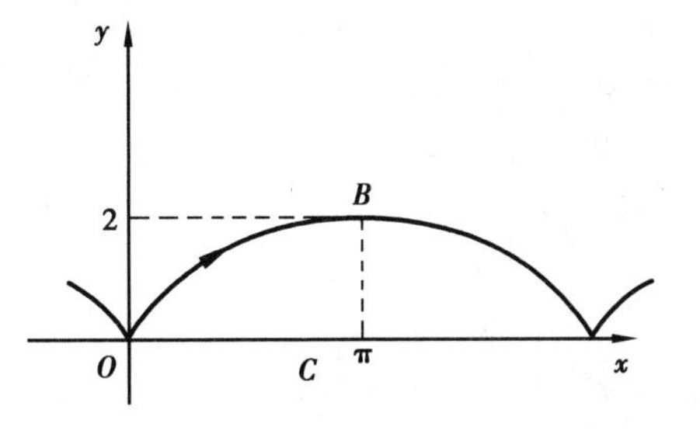

图 10.22

$$\begin{aligned}&\int_L (2xy+3x\sin x)\mathrm{d}x+(x^2-y\mathrm{e}^y)\mathrm{d}y\\&=\int_{\overrightarrow{OC}}(2xy+3x\sin x)\mathrm{d}x+(x^2-y\mathrm{e}^y)\mathrm{d}y+\int_{\overrightarrow{CB}}(2xy+3x\sin x)\mathrm{d}x+(x^2-y\mathrm{e}^y)\mathrm{d}y\\&=\int_0^{\pi}3x\sin x\mathrm{d}x+\int_0^2(\pi^2-y\mathrm{e}^y)\mathrm{d}y\\&=2\pi^2+3\pi-\mathrm{e}^2-1\end{aligned}$$

例 10.17 求 $u(x,y)$,使 $\mathrm{d}u=(x+y+1)\mathrm{d}x+(x-y^2+3)\mathrm{d}y$.

解 因为 $\dfrac{\partial Q}{\partial x}=1=\dfrac{\partial P}{\partial y}$ $(x,y)\in R^2$,

则存在原函数 $u(x,y)$,取 $(x_0,y_0)=(0,0)$,于是原函数的全体为

$$\begin{aligned}u(x,y)&=\int_{(0,0)}^{(x,y)}(x+y+1)\mathrm{d}x+(x-y^2+3)\mathrm{d}y\\&=\int_0^x(x+1)\mathrm{d}x+\int_0^y(x-y^2+3)\mathrm{d}y+C\\&=\frac{x^2}{2}+x+xy-\frac{1}{3}y^3+3y+C\end{aligned}$$

也可用另一种方法来求原函数:

由于 $\dfrac{\partial u}{\partial x}=x+y+1$,两端对 x 积分,得

$$u(x,y)=\frac{x^2}{2}+xy+x+\varphi(y)$$

其中 $\varphi(y)$ 为待定函数.

再对 y 求导
$$\frac{\partial u}{\partial y}=x+\varphi'(y)$$

又由于
$$\frac{\partial u}{\partial y}=Q(x,y)=x-y^2+3$$

则
$$\varphi'(y)=-y^2+3$$

两边对 y 积分得
$$\varphi'(y)=-\frac{y^3}{3}+3y+C$$

所以
$$u(x,y)=\frac{x^2}{2}+x+xy-\frac{1}{3}y^3+3y+C$$

例 10.18 计算第二型曲线积分 $\int_L (x^2-y)\mathrm{d}x-(x+\sin^2 y)\mathrm{d}y$, 其中 L 是在圆周 $y=\sqrt{(2x-x^2)}$ 上由点(0,0)到点(1,1)的一段弧.

解 由于 $P(x,y)=x^2-y, Q(x,y)=-(x+\sin^2 y)$ 在整个 xOy 面内具有一阶连续偏导数,且

$$\frac{\partial Q}{\partial x}=-1=\frac{\partial P}{\partial y}$$

故所给积分与路径无关.

$$\begin{aligned}\text{由于}(x^2-y)\mathrm{d}x-(x+\sin^2 y)\mathrm{d}y&=x^2\mathrm{d}x-(y\mathrm{d}x+x\mathrm{d}y)-\sin^2 y\mathrm{d}y\\&=\mathrm{d}\frac{x^3}{3}-\mathrm{d}(xy)-\mathrm{d}\left(\int\sin^2 y\mathrm{d}y\right)\\&=\mathrm{d}\left(\frac{x^3}{3}-xy-\left(\frac{y}{2}-\frac{1}{4}\sin 2y\right)\right)\end{aligned}$$

故有
$$\begin{aligned}&\int_L (x^2-y)\mathrm{d}x-(x+\sin^2 y)\mathrm{d}y\\&=\int_{(0,0)}^{(1,1)}\mathrm{d}\left(\frac{x^3}{3}-xy-\left(\frac{y}{2}-\frac{1}{4}\sin 2y\right)\right)\\&=\left(\frac{x^3}{3}-xy-\left(\frac{y}{2}-\frac{1}{4}\sin 2y\right)\right)\Bigg|_{(0,0)}^{(1,1)}=\frac{1}{4}\sin 2-\frac{7}{6}\end{aligned}$$

习题 10.3

A 组

1. 利用格林公式,计算下列定向曲线积分.

(1) $\oint_{L^+}(1-x^2)y\mathrm{d}x+x(1+y^2)\mathrm{d}y$, L 为圆周 $x^2+y^2=R^2$;

(2) $\oint_{L^+}(x+y)^2\mathrm{d}x-(x^2+y^2)\mathrm{d}y$, L 是顶点为 $A(1,1)$, $B(3,2)$, $C(2,5)$ 的三角形边界;

(3) $\int_L \mathrm{e}^x[\cos y\mathrm{d}x+(y-\sin y)\mathrm{d}y]$, L 为曲线 $y=\sin x$ 从(0,0)到(π,0)的一段;

(4) $\int_L (2xy^3 - y^2\cos x)\mathrm{d}x + (1 - 2y\sin x + 3x^2y^2)\mathrm{d}y$，$L$ 为抛物线 $2x = \pi y^2$ 上由 $(0,0)$ 到 $\left(\frac{\pi}{2},1\right)$ 的一段弧.

2. 利用第二型曲线积分，求下列曲线所围成的图形的面积.

(1) 椭圆 $9x^2 + 16y^2 = 144$；

(2) 星形线 $x = a\cos^3 t, y = \sin^3 t, 0 \leqslant t \leqslant 2\pi$；

(3) 心形线 $r = a(1 - \cos\theta), 0 \leqslant \theta \leqslant 2\pi$.

3. 验证下列 $P(x,y)\mathrm{d}x + Q(x,y)\mathrm{d}y$ 在整个 xOy 平面内是某一函数 $u(x,y)$ 的全微分，并求这样的 $u(x,y)$：

(1) $(x + 2y)\mathrm{d}x + (2x + y)\mathrm{d}y$；

(2) $2xy\mathrm{d}x + x^2\mathrm{d}y$；

(3) $(1 + 4x^3y^3)\mathrm{d}x + 3x^4y^2\mathrm{d}y$.

4. 验证下列曲线积分与路径无关，并求出相应的积分值.

(1) $\int_{(1,-1)}^{(1,1)} (x - y)\mathrm{d}x + (y - x)\mathrm{d}y$；

(2) $\int_{(1,0)}^{(6,8)} \frac{x\mathrm{d}x + y\mathrm{d}y}{\sqrt{x^2 + y^2}}$，沿不通过原点的路径；

(3) $\int_{(0,0)}^{(1,1)} \frac{2x(1 - \mathrm{e}^y)}{(1 + x^2)^2}\mathrm{d}x + \frac{\mathrm{e}^y}{(1 + x^2)}\mathrm{d}y$.

B 组

1. 利用格林公式，计算下列定向曲线积分.

(1) $\int_L (x^2 - y)\mathrm{d}x - (x + \sin^2 y)\mathrm{d}y$，$L$ 是在圆周 $y = \sqrt{2x - x^2}$ 上由点 $(0,0)$ 到点 $(1,1)$ 的一段弧；

(2) 求 $\int_C (1 + x\mathrm{e}^{2y})\mathrm{d}x + (x^2\mathrm{e}^{2y} - y)\mathrm{d}y$，其中 C 是 $(x - 2)^2 + y^2 = 4$ 的上半圆周，顺时针方向为正；

(3) 计算第二型曲线积分

$$\oint_L \frac{x\mathrm{d}y - y\mathrm{d}x}{4x^2 + y^2}$$

其中，L 为不通过 $(0,0)$ 点的简单光滑闭曲线.

2. 把格林公式写成以下两种形式：

$$\iint_D \left(\frac{\partial P}{\partial x} + \frac{\partial Q}{\partial y}\right)\mathrm{d}\sigma = \oint_{\partial D^+} P\mathrm{d}y - Q\mathrm{d}x$$

$$\iint_D \left(\frac{\partial P}{\partial x} + \frac{\partial Q}{\partial y}\right)\mathrm{d}\sigma = \oint_{\partial D^+} [P\cos(\boldsymbol{x},\boldsymbol{n}) + Q\sin(\boldsymbol{x},\boldsymbol{n})]\mathrm{d}s$$

其中，$(\boldsymbol{x},\boldsymbol{n})$ 为正 x 轴到 ∂D 的外法线向量 $\boldsymbol{n}$ 的转角.

3. 证明：若 L 为平面上分段光滑的简单闭曲线，$\boldsymbol{l}$ 为任意方向，则

$$\oint_L \cos(\boldsymbol{l},\boldsymbol{n})\mathrm{d}s = 0$$

式中,$\boldsymbol{n}$ 为 L 的法向量,方向朝外.

4. 求第二型曲线积分 $\oint_{\partial D^+}[x\cos(\boldsymbol{x},\boldsymbol{n})+y\sin(\boldsymbol{x},\boldsymbol{n})]\mathrm{d}s$ 的值,其中 $(\boldsymbol{x},\boldsymbol{n})$ 为简单闭曲线 L 的向外法线与 x 轴正向的夹角.

10.4 第一型曲面积分

通过讨论非均匀密度的空间曲面壳质量这一物理问题,本节引入第一型曲面积分的概念并研究了相关性质.

10.4.1 实例

质量分布在可求面积的曲面壳上,曲面壳占有空间曲面 Σ,其密度函数为 $\rho(x,y,z)$,求曲面壳的质量.

将曲面 Σ 划分为 n 个小曲面块 $\Delta\Sigma_1,\Delta\Sigma_2,\cdots,\Delta\Sigma_n$,并记相应的面积为 $\Delta S_1,\Delta S_2,\cdots,\Delta S_n$. 令 $\lambda=\max\limits_{1\leqslant i\leqslant n}\{\Delta\Sigma_i$ 的直径$\}$,任取一小曲面壳,在其占有的小曲面 ΔS_i 上任取一点 (ξ_i,η_i,ζ_i),于是,曲面壳的总质量为

$$M=\lim_{\lambda\to 0}\sum_{i=1}^{n}\rho(\xi_i,\eta_i,\zeta_i)\Delta S_i$$

抽象该问题,便得到第一型曲面积分的定义.

10.4.2 第一型曲面积分的定义

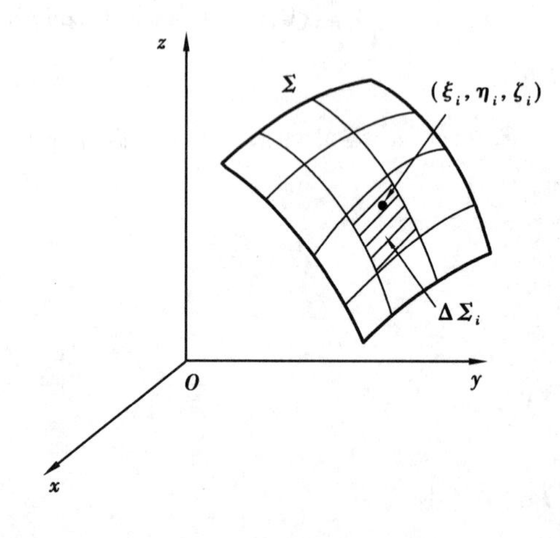

图 10.23

定义 1(第一型曲面积分) 设 Σ 是一片光滑的空间曲面,如图 10.23 所示,函数 $f(x,y,z)$ 在 Σ 上有定义. 将 Σ 划分成有限个小曲面块 $\Delta\Sigma_1,\Delta\Sigma_2,\cdots,\Delta\Sigma_n$,记第 i 个小曲面块 $\Delta\Sigma_i$ 的面积为 $\Delta S_i(i=1,2,\cdots,n)$,又在 $\Delta\Sigma_i$ 上任取一点 (ξ_i,η_i,ζ_i),作和 $\sum\limits_{i=1}^{n}f(\xi_i,\eta_i,\zeta_i)\Delta S_i$. 若当各小块曲面直径的最大值 λ 趋于零时,和式极限存在,则称此极限为函数 $f(x,y,z)$ 在曲面 Σ 上的第一型曲面积分. 记为 $\iint\limits_{\Sigma}f(x,y,z)\mathrm{d}S$,即

$$\iint\limits_{\Sigma}f(x,y,z)\mathrm{d}S=\lim_{\lambda\to 0}\sum_{i=1}^{n}f(\xi_i,\eta_i,\zeta_i)\Delta S_i$$

$f(x,y,z)$ 仍被称作被积函数,Σ 称作积分曲面,$\mathrm{d}S$ 称作曲面面积元素.

若 Σ 为空间封闭曲面,可将 $\iint\limits_{\Sigma}f(x,y,z)\mathrm{d}S$ 记为 $\oint\!\!\!\!\iint\limits_{\Sigma}f(x,y,z)\mathrm{d}S$.

根据定义,面密度为 $\rho(x,y,z)$ 的空间曲面壳 Σ 的质量 M,可以表示为 $\rho(x,y,z)$ 在 Σ 上对

面积的第一型曲面积分

$$M = \lim_{\lambda \to 0} \sum_{i=1}^{n} \rho(\xi_i, \eta_i, \zeta_i) \Delta S_i = \iint_{\Sigma} \rho(x,y,z) \mathrm{d}S$$

若 $f(x,y,z) \equiv 1$, $\iint_{\Sigma} f(x,y,z) \mathrm{d}S = \iint_{\Sigma} \mathrm{d}S = S$, S 为曲面 Σ 的面积.

对于分片光滑的空间曲面 Σ,规定函数在 Σ 上的曲面积分等于函数在 Σ 的各光滑片上的曲面积分之和. 例如,设 Σ 可分为两片光滑曲面 Σ_1, Σ_2,则

$$\iint_{\Sigma} f(x,y,z) \mathrm{d}S = \iint_{\Sigma_1} f(x,y,z) \mathrm{d}S + \iint_{\Sigma_2} f(x,y,z) \mathrm{d}S$$

第一型曲面积分存在的条件:若函数在光滑的空间曲面 Σ 上连续,则第一型曲面积分 $\iint_{\Sigma} f(x,y,z) \mathrm{d}S$ 存在.

根据第一型曲面积分的定义,它具有和第一型曲线积分完全类似的性质,请读者自行写出. 实际上,在学习完一元函数的定积分、二元函数的二重积分、三元函数的三重积分、第一型曲线积分和第一型曲面积分后,读者可以发现它们的物理背景都是质量问题,这决定了这几种积分有完全类似的性质.

10.4.3　第一型曲面积分的计算

下面利用上一章重积分的应用中讲到的空间曲面的面积公式,推导第一型曲面积分 $\iint_{\Sigma} f(x,y,z) \mathrm{d}S$ 的计算公式.

设空间光滑曲面 $\Sigma: z = z(x,y)$, Σ 在 xOy 面上的投影区域为 D_{xy},函数 $z = z(x,y)$ 在 D_{xy} 上具有连续的偏导数,被积函数 $f(x,y,z)$ 在 Σ 上连续. 如图 10.24 所示,曲面 Σ 被任意划分成 n 个小曲面块 $\Delta\Sigma_1, \Delta\Sigma_2, \cdots, \Delta\Sigma_n$,设 $\Delta\Sigma_i$ 的面积为 ΔS_i, $\Delta\Sigma_i$ 在 D_{xy} 上对应的投影区域为 $\Delta\sigma_i$,在 $\Delta\Sigma_i$ 上任取一点 (ξ_i, η_i, ζ_i),根据第一型曲面积分的定义

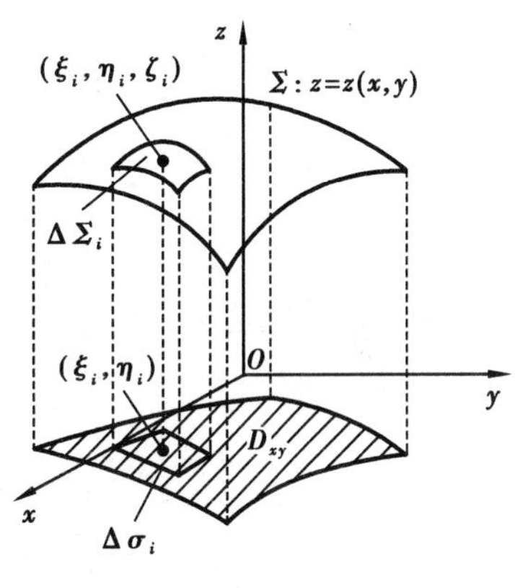

图 10.24

$$\iint_{\Sigma} f(x,y,z) \mathrm{d}S = \lim_{\lambda \to 0} \sum_{i=1}^{n} f(\xi_i, \eta_i, \zeta_i) \Delta S_i$$

又由曲面面积公式及二重积分的中值定理,有

$$\begin{aligned} \Delta S_i &= \iint_{\Delta\sigma_i} \sqrt{1 + z_x^2(x,y) + z_y^2(x,y)} \, \mathrm{d}\sigma \\ &= \sqrt{1 + z_x^2(\xi_i^*, \eta_i^*) + z_y^2(\xi_i^*, \eta_i^*)} \cdot \Delta\sigma_i \end{aligned}$$

其中, $(\xi_i^*, \eta_i^*) \in \Delta\sigma_i$,故有

$$\iint_{\Sigma} f(x,y,z) \mathrm{d}S = \lim_{\lambda \to 0} \sum_{i=1}^{n} f(\xi_i, \eta_i, \zeta_i) \Delta S_i$$

$$=\lim_{\lambda\to 0}\sum_{i=1}^{n} f[\xi_i,\eta_i,z(\xi_i,\eta_i)]\cdot \sqrt{1+z_x^2(\xi_i^*,\eta_i^*)+z_y^2(\xi_i^*,\eta_i^*)}\,\Delta\sigma_i$$

由于函数 $f[x,y,z(x,y)]$ 及 $\sqrt{1+z_x^2(x,y)+z_y^2(x,y)}$ 在闭区域 D 上均连续,故可用 (ξ_i^*,η_i^*) 替换 (ξ_i,η_i)①, 则

$$\lim_{\lambda\to 0}\sum_{i=1}^{n} f(\xi_i,\eta_i,z(\xi_i,\eta_i))\Delta S_i$$

$$=\lim_{\lambda\to 0}\sum_{i=1}^{n} f[\xi_i^*,\eta_i^*,z(\xi_i^*,\eta_i^*)]\sqrt{1+z_x^2(\xi_i^*,\eta_i^*)+z_y^2(\xi_i^*,\eta_i^*)}\,\Delta\sigma_i$$

等式右端实际上是函数 $f[x,y,z(x,y)]\sqrt{1+z_x^2(x,y)+z_y^2(x,y)}$ 在平面区域 D 上的二重积分,即

$$\iint_{\Sigma} f(x,y,z)\,\mathrm{d}S=\iint_{D} f[x,y,z(x,y)]\sqrt{1+z_x^2(x,y)+z_y^2(x,y)}\,\mathrm{d}x\mathrm{d}y$$

若曲面方程为 $x=x(y,z)$,则将曲面向 yOz 坐标面投影,投影区域为 D_{yz},则

$$\iint_{\Sigma} f(x,y,z)\,\mathrm{d}S=\iint_{D_{yz}} f[x(y,z),y,z]\sqrt{1+x_y^2(y,z)+x_z^2(y,z)}\,\mathrm{d}y\mathrm{d}z$$

同理,若曲面方程为 $y=y(z,x)$,则将曲面向 zOx 坐标面投影,投影区域为 D_{zx},则

$$\iint_{\Sigma} f(x,y,z)\,\mathrm{d}S=\iint_{D_{zx}} f[x,y(z,x),z]\sqrt{1+y_z^2(z,x)+y_x^2(z,x)}\,\mathrm{d}z\mathrm{d}x$$

当 Σ 是 xOy 面内的一个闭区域时,此时 Σ 的方程为 $z=0$,Σ 在 xOy 面内的投影区域即为 Σ 自身,且 $\mathrm{d}S=\sqrt{1+{z_x}^2+{z_y}^2}\,\mathrm{d}x\mathrm{d}y=\mathrm{d}x\mathrm{d}y$,因此

$$\iint_{\Sigma} f(x,y,z)\,\mathrm{d}S=\iint_{\Sigma} f(x,y,0)\,\mathrm{d}x\mathrm{d}y$$

同理可得 Σ 在其他坐标面的情形.

*如果积分曲面 Σ 由参数方程

$$\begin{cases}x=x(u,v)\\ y=y(u,v),(u,v)\in D\\ z=z(u,v)\end{cases}$$

给出,则

$$\iint_{\Sigma} f(x,y,z)\,\mathrm{d}S$$

$$=\iint_{D} f(x(u,v),y(u,v),z(u,v))\sqrt{\left[\frac{\partial(x,y)}{\partial(u,v)}\right]^2+\left[\frac{\partial(y,z)}{\partial(u,v)}\right]^2+\left[\frac{\partial(z,x)}{\partial(u,v)}\right]^2}\,\mathrm{d}u\mathrm{d}v$$

例 10.19 计算 $\iint_{\Sigma}(x+y+z)\,\mathrm{d}S$,$S$ 是球面 $x^2+y^2+z^2=a^2,z\geqslant 0$.

解 因为 $z=\sqrt{a^2-x^2-y^2}$

所以 $$\frac{\partial z}{\partial x}=\frac{-x}{\sqrt{a^2-x^2-y^2}},\frac{\partial z}{\partial y}=\frac{-y}{\sqrt{a^2-x^2-y^2}}$$

---

① 该处需用到函数 $\sqrt{1+z_x^2(x,y)+z_y^2(x,y)}$ 在闭区域 D 上的一致连续性.

从而有
$$\iint_{\Sigma}(x+y+z)\mathrm{d}S$$
$$=\iint_{D_{xy}}(x+y+\sqrt{a^2-x^2-y^2})\sqrt{\frac{(a^2-x^2-y^2)+x^2+y^2}{a^2-x^2-y^2}}\mathrm{d}\sigma$$
$$=\iint_{D_{xy}}(x+y+\sqrt{a^2-x^2-y^2})\frac{a}{\sqrt{a^2-x^2-y^2}}\mathrm{d}\sigma$$

其中，D_{xy}是 xOy 平面上以原点为中心，半径为 a 的圆. 因此化为极坐标来计算，即有
$$\iint_{\Sigma}(x+y+z)\mathrm{d}S$$
$$=\int_0^a\left[\int_0^{2\pi}(r\cos\theta+r\sin\theta+\sqrt{a^2-r^2})\frac{a}{\sqrt{a^2-r^2}}\mathrm{d}\theta\right]r\mathrm{d}r$$
$$=\int_0^a 2\pi ar\mathrm{d}r=\pi a^3$$

例 10.20　计算 $\oint\!\!\!\oint_{\Sigma}z\mathrm{d}S$，其中 Σ 是由圆柱面 $x^2+y^2=1$，平面 $z=0$ 和 $z=1+x$ 所围立体的表面.

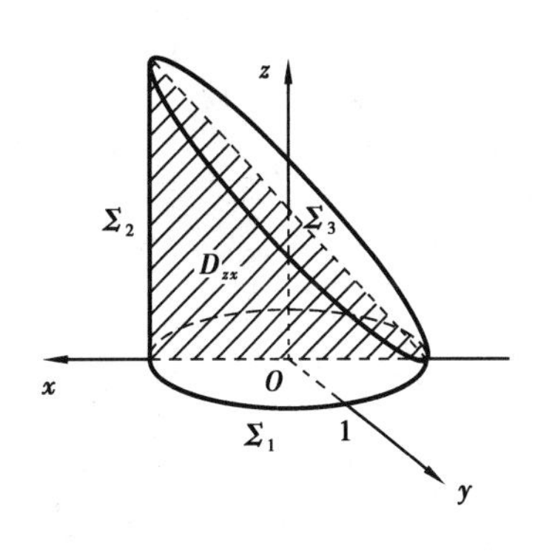

图 10.25

解　如图 10.25 所示，Σ 是由三块曲面 $\Sigma_1,\Sigma_2,\Sigma_3$ 所组成，分别计算 $\iint_{\Sigma_1}z\mathrm{d}S$，$\iint_{\Sigma_2}z\mathrm{d}S$，$\iint_{\Sigma_3}z\mathrm{d}S$.

由于 Σ_1 的方程为 $z(x,y)=0$，则
$$\sqrt{1+z_x^2+z_y^2}=1$$

代入得
$$\iint_{\Sigma_1}z\mathrm{d}S=\iint_{\Sigma_1}0\cdot\mathrm{d}S=0$$

下面求 $\iint_{\Sigma_2}z\mathrm{d}S$，$\Sigma_2$ 是柱面的表面，可以分为前、后两部分，其方程分别为：$y=\sqrt{1-x^2}$，$y=-\sqrt{1-x^2}$，它们在 zOx 面上的投影区域均为
$$D_{zx}:0\leqslant z\leqslant 1+x,\ -1\leqslant x\leqslant 1$$

且它们都有
$$\sqrt{1+y_x^2+y_z^2}=\frac{1}{\sqrt{1-x^2}}$$

于是
$$\iint_{\Sigma_2}z\mathrm{d}S=\iint_{\Sigma_{2前}}z\mathrm{d}S+\iint_{\Sigma_{2后}}z\mathrm{d}S=2\iint_{D_{zx}}z\cdot\frac{1}{\sqrt{1-x^2}}\mathrm{d}z\mathrm{d}x$$
$$=2\int_{-1}^1\mathrm{d}x\int_1^{1+x}\frac{z}{\sqrt{1-x^2}}\mathrm{d}z=\int_{-1}^1\frac{1+x^2}{\sqrt{1-x^2}}\mathrm{d}x=\frac{3\pi}{2}$$

最后求 $\iint_{\Sigma_3}z\mathrm{d}S$. 由于 Σ_3 的方程为：$z=1+x$，它在 xOy 面上的投影区域为
$$D_{xy}=\{(x,y)\mid x^2+y^2\leqslant 1\}，且\sqrt{1+z_x^2+z_y^2}=\sqrt{1+1}=\sqrt{2}$$

于是
$$\iint_{\Sigma_3}z\mathrm{d}S=\iint_D(1+x)\sqrt{2}\mathrm{d}x\mathrm{d}y=\int_0^{2\pi}\mathrm{d}\theta\int_0^1(1+r\cos\theta)\sqrt{2}\cdot r\mathrm{d}r$$

$$= \sqrt{2}\int_0^{2\pi}\left(\frac{1}{2} + \frac{1}{3}\cos\theta\right)d\theta = \sqrt{2}\pi$$

这样 $$\oint\!\!\!\!\oint_{\Sigma} z dS = \iint_{\Sigma_1} z dS + \iint_{\Sigma_2} z dS + \iint_{\Sigma_3} z dS = 0 + \frac{3\pi}{2} + \sqrt{2}\pi = \left(\sqrt{2} + \frac{3}{2}\right)\pi$$

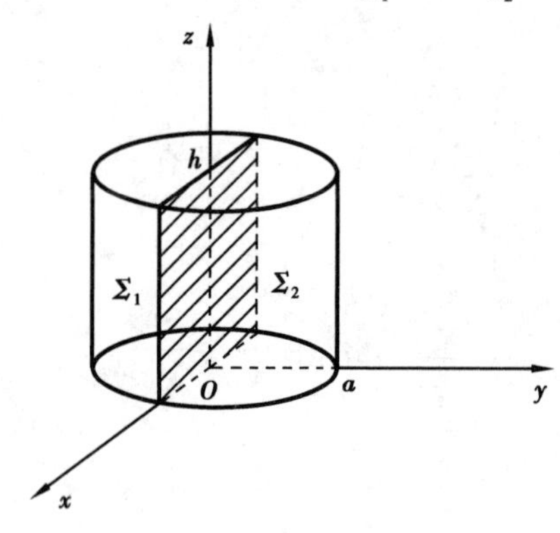

图 10.26

例 10.21 计算 $\iint_{\Sigma} x^2 dS$,Σ 为圆柱面 $x^2 + y^2 = a^2$ 介于 $z = 0$ 与 $z = h$ 之间的部分.

解 如图 10.26 所示,向 zOx 面作投影,设左、右两个半圆柱面为 Σ_1,Σ_2. 由于 Σ_1,Σ_2 是对称的,被积函数在 Σ_1,Σ_2 上也对称,故积分等于 Σ_1 上的积分的两倍. $\Sigma_1: y = \sqrt{a^2 - x^2}$,在 zOx 面上的投影区域为 D_{xy}: $-a \leqslant x \leqslant a, 0 \leqslant z \leqslant h$.

且有 $$\frac{\partial y}{\partial x} = \frac{-x}{\sqrt{a^2 - x^2}}, \quad \frac{\partial y}{\partial z} = 0$$

故有
$$\begin{aligned}
\iint_{\Sigma} x^2 dS &= 2\iint_{\Sigma_1} x^2 dS \\
&= 2\iint_{D_{zx}} x^2 \sqrt{1 + \left(\frac{-x}{\sqrt{a^2 - x^2}}\right)^2 + 0^2}\, dz dx \\
&= 2\int_0^h dz \int_{-a}^{a} \frac{a}{\sqrt{a^2 - x^2}} x^2 dx \\
&= 4ah\int_0^a \frac{x^2}{\sqrt{a^2 - x^2}} dx \\
&= 4ah\int_0^{\frac{\pi}{2}} a^2 \sin^2 t dt = \pi a^3 h
\end{aligned}$$

习题 10.4

A 组

1. 计算第一型曲面积分 $\iint_{\Sigma} f(x,y,z) dS$,$\Sigma$ 为抛物面 $z = 2 - (x^2 + y^2)$ 在 xOy 面上方的部分,$f(x,y,z)$ 分别如下:

(1) $f(x,y,z) = 1$;

(2) $f(x,y,z) = x^2 + y^2$;

(3) $f(x,y,z) = 3z$.

2. 计算下列第一型曲面积分.

(1) $\iint_{\Sigma} x^2 y dS$,其中 Σ 为圆锥面 $z = \sqrt{x^2 + y^2}$ 位于平面 $z = 1$ 和 $z = 2$ 之间的部分;

(2) $\iint\limits_{\Sigma} x^2 y \mathrm{d}S$,其中 Σ 为圆柱面 $x^2+z^2=1$ 在平面 $y=0,y=1$ 之间并在 xOy 面上方的部分;

(3) $\iint\limits_{\Sigma}(x+y+z)\mathrm{d}S$,其中 Σ 为平面 $x+y=1$ 在第一卦限且位于 $z=0$ 和 $z=1$ 之间的部分;

(4) $\iint\limits_{\Sigma}(x+y+z)\mathrm{d}S$,其中 Σ 为立方体 $0\leqslant x\leqslant 1, 0\leqslant y\leqslant 1, 0\leqslant z\leqslant 1$ 的整个边界.

3. 计算 $\iint\limits_{\Sigma}(x^2+y^2)\mathrm{d}S$,$\Sigma$ 为

(1) 锥面 $z=\sqrt{x^2+y^2}$ 及平面 $z=1$ 所围的区域的整个边界曲面;

(2) 抛物面 $z=3(x^2+y^2)$ 被平面 $z=3$ 所截得的部分.

4. 计算半球面壳 $x^2+y^2+z^2=a^2, z\geqslant 0$ 的质量,其密度函数为 $\rho(x,y,z)=x^2+y^2+z$.

B组

1. 计算下列第一型曲面积分.

(1) $\iint\limits_{\Sigma}\left(2x+\frac{4}{3}y+z\right)\mathrm{d}S$,$\Sigma$ 为平面 $\frac{x}{2}+\frac{y}{3}+\frac{z}{4}=1(x>0,y>0,z>0)$;

(2) $\iint\limits_{\Sigma}(x+y+z)\mathrm{d}S$,$\Sigma$ 为球面 $x^2+y^2+z^2=a^2$ 上 $z\geqslant h$ 的部分 $(0<h<a)$;

(3) $\iint\limits_{\Sigma}\frac{\mathrm{d}S}{r^2}$,$\Sigma$ 为圆柱面 $x^2+y^2=R^2$ 介于平面 $z=0$ 及 $z=H$ 之间的部分,其中 r 为 Σ 上的点到原点的距离;

(4) $\iint\limits_{\Sigma}(xy+yz+zx)\mathrm{d}S$,$\Sigma$ 为锥面 $z=\sqrt{x^2+y^2}$ 被柱面 $x^2+y^2=2ax$ 所截的部分.

2. 求抛物面壳 $z=\frac{x^2+y^2}{2}(0\leqslant z\leqslant 1)$ 的质量,此壳的面密度 $\rho(x,y,z)=z$.

3. 求密度为常数 μ 的均匀半球壳 $z=\sqrt{a^2-x^2-y^2}$ 对于 z 轴的转动惯量.

4. (1) 求曲面 $z=\sqrt{x^2+y^2}$ 包含在圆柱面 $x^2+y^2=2x$ 内那一部分的面积.

(2) 求平面 $x+y=1$ 上被坐标面与曲面 $z=xy$ 截下的在第一卦限部分的面积.

5. 求地球上由子午线 $\theta=30°,\theta=60°$ 和纬线 $\varphi=45°,\varphi=60°$ 所围成的那部分的面积(把地球近似看成是半径 $R=6.4\times 10^6$ m 的球).

6. 求星形线 $x^{\frac{2}{3}}+y^{\frac{2}{3}}=a^{\frac{2}{3}}$ 绕 y 轴旋转构成的旋转面面积.

7. 求一均匀球壳(密度为 ρ) 对不在该球壳上的一质点 M(质量为1) 的引力.

10.5 第二型曲面积分

由穿过有向曲面的流量这一物理背景,本节给出了第二型曲面积分的定义,并研究了第二型曲面积分的计算方法.

10.5.1 基本概念

如图 10.27 所示,在光滑曲面 Σ 上任取一点 M_0,过点 M_0 的法线有两个方向,选定一个方向为正向. 当点 M_0 在曲面 Σ 上连续变动(不越过曲面的边界)时,法线也连续变动. 当动点 M 从点 M_0 出发沿着曲面 Σ 上任意一条闭曲线又回到点 M_0 时,如果法线的正向与出发时的法线正向相同,称曲面 Σ 是双侧的,否则称曲面 Σ 是单侧的.

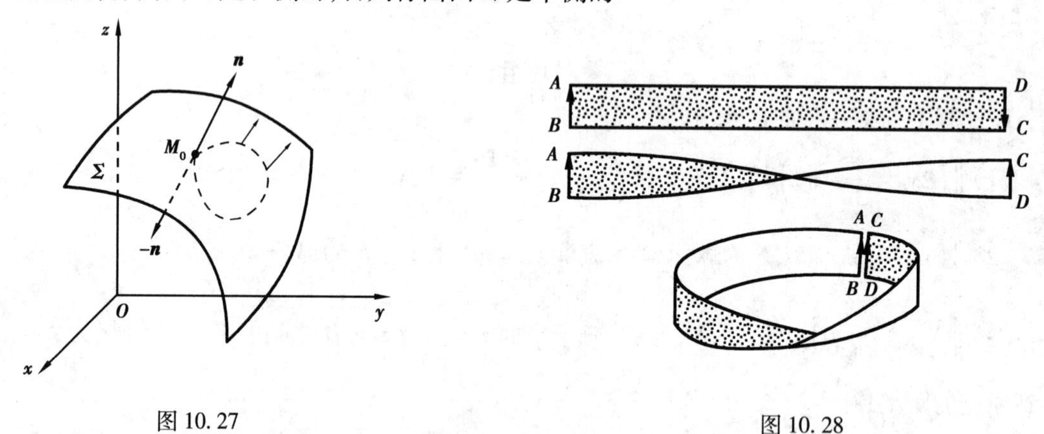

图 10.27　　　　图 10.28

实际上,我们常常碰到的曲面是双侧曲面,但单侧曲面也存在,最有名的单侧曲面是拓扑学中的莫比乌斯带,如图 10.28 所示. 它的产生是将长方形纸条 $ABCD$ 先扭转一次,然后使 B 与 D,及 A 与 C 粘合起来构成的一个非闭的环带. 若想象一只蚂蚁从环带上一侧的某一点出发,蚂蚁可以不用跨越环带的边界而到达环带的另一侧,然后再回到起点;或者用一种颜色涂这个环带,不用越过边界,可以涂满环带的两侧. 显然这是双侧曲面不可能出现的现象.

下面我们只讨论双侧曲面,一旦选择了双侧曲面 Σ 上某点的法向量的指向,此双侧曲面 Σ 的方向就确定了(此时称双侧曲面为有向曲面),记该有向曲面为 Σ^+. 若选择了与之相反的法向量,记此有向曲面为 Σ^-. 因为有向曲面有正向与负向,所以同一块曲面由于方向不同,在坐标面上投影的面积就带有不同的符号.

设空间光滑有向曲面 Σ 的方程为:$z=z(x,y)$,其法向量为

$$\boldsymbol{n} = \pm\left(z_x(x,y), z_y(x,y), -1\right)$$

若 Σ 取上侧①,意味着法向量 $\boldsymbol{n}$ 与 z 轴的正向的夹角为锐角,则与侧一致的法向量是 $\boldsymbol{n}=(-z_x(x,y), -z_y(x,y), 1)$;若 Σ 取下侧,意味着法向量 $\boldsymbol{n}$ 与 z 轴的正向的夹角为钝角,则与侧

① 在通常直角坐标系中,取 z 轴向上,y 轴向右,x 轴向前,若曲面侧的定向与 z 轴正向成锐角,则称曲面取上侧;若曲面侧的定向与 z 轴正向成钝角,则称曲面取下侧;同样,曲面定向右、左侧,前、后侧的说法,主要是以曲面所定方向与坐标轴正向的夹角而定.

一致的法向量是 $\boldsymbol{n}=(z_x(x,y),z_y(x,y),-1)$. 如图10.29所示.

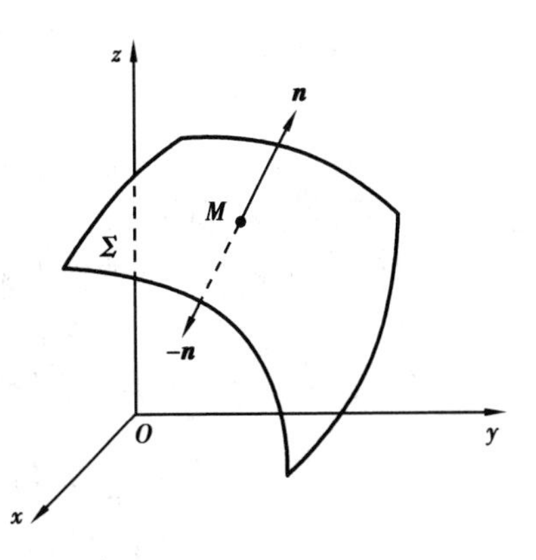

图10.29

类似地,可以写出当空间光滑曲面 Σ 的方程为 $y=y(z,x)$ 取右侧或左侧为正侧时,以及 Σ 的方程为 $x=x(y,z)$ 时取前侧或后侧时,它们侧所对应的法向量.

* 如果空间曲面 Σ 由参数方程 $\begin{cases}x=x(u,v)\\y=y(u,v)\\z=z(u,v)\end{cases},(u,v)\in D$

给出,则 Σ 的一侧的法向量为 $\left(\dfrac{\partial(y,z)}{\partial(u,v)},\dfrac{\partial(z,x)}{\partial(u,v)},\dfrac{\partial(x,y)}{\partial(u,v)}\right)$,

而另一侧的法向量为 $-\left(\dfrac{\partial(y,z)}{\partial(u,v)},\dfrac{\partial(z,x)}{\partial(u,v)},\dfrac{\partial(x,y)}{\partial(u,v)}\right)$.

10.5.2 实例:流体流向曲面一侧的流量[①]

设稳定流动(与时间无关)的不可压缩流体[②]的流速场为

$$\boldsymbol{v}(x,y,z)=P(x,y,z)\boldsymbol{i}+Q(x,y,z)\boldsymbol{j}+R(x,y,z)\boldsymbol{k}$$

Σ 是流速场中一片光滑的有向曲面,称单位时间内通过 Σ 并流向 Σ 指定一侧的流体的体积为流量,记为 Φ.

①设 Σ 为一平面区域,其面积为 A,流过平面区域 Σ 的流体流速设为常量,又设平面的单位法向量为 $\boldsymbol{e}_n$,那么,在单位时间内通过 Σ 流向指定侧的流体组成了一个斜柱体,如图10.30所示. 此斜柱体的底面积为 A,高为 $|\boldsymbol{v}|\cos\theta=\boldsymbol{v}\cdot\boldsymbol{e}_n$($\theta$ 为 $\boldsymbol{e}_n$ 与 $\boldsymbol{v}$ 的夹角),故流过 Σ 指定一侧的流量 $\Phi=A\boldsymbol{v}\cdot\boldsymbol{e}_n$.

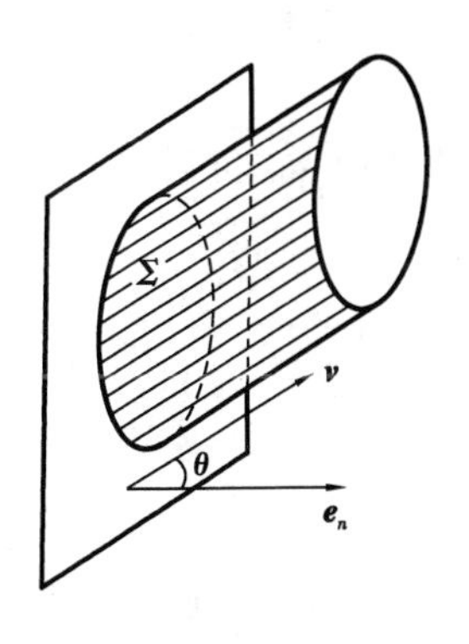

图10.30

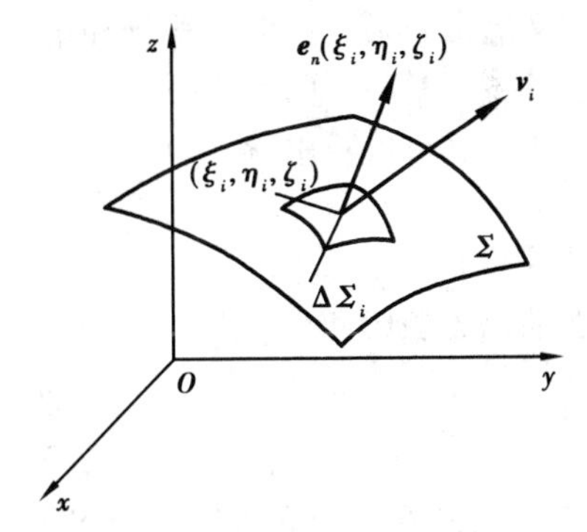

图10.31

②设 Σ 为一片曲面,而且 Σ 上各处的流速不尽相同,即流速 $\boldsymbol{v}$ 是点 (x,y,z) 的函数,$\boldsymbol{v}=\boldsymbol{v}(x,y,z)$. 显然,此种情形不能用前种情形的方法来处理,下面用微元法来解决这一问题.

如图10.31所示,将光滑有界曲面 Σ 任意划分成 n 块小曲面 $\Delta\Sigma_i(i=1,2,\cdots,n)$,设 $\Delta\Sigma_i$ 的面积为 $\Delta S_i(i=1,2,\cdots,n)$,令 $\lambda=\max\limits_{1\leqslant i\leqslant n}\{\Delta\Sigma_i \text{ 的直径}\}$,取任意小曲面 $\Delta\Sigma_i$. 当 λ 很小时,可以

① 也称流量为通量.

② 是指流速不因时间 t 的变化而变化,即流体的密度是不变的,在这里设密度为1.

近似视流速场$\boldsymbol{v}(x,y,z)$在$\Delta\Sigma_i$上是恒定的,即可以在$\Delta\Sigma_i$上任取一点(ξ_i,η_i,ζ_i),用$\boldsymbol{v}(\xi_i,\eta_i,\zeta_i)$近似代替$\Delta\Sigma_i$上的其他点处的流速,并且用此点处的切平面来近似代替$\Delta\Sigma_i$. 总结以上的分析,流速场$\boldsymbol{v}(x,y,z)$穿过$\Delta\Sigma_i$的流量可近似视为恒常流速场$\boldsymbol{v}(\xi_i,\eta_i,\zeta_i)$穿过以$\boldsymbol{e}_n(\xi_i,\eta_i,\zeta_i)$为法向量的$\Delta\Sigma_i$(其面积为$\Delta S_i$)的流量,其中$\boldsymbol{e}_n(\xi_i,\eta_i,\zeta_i)$是$\Sigma$在$(\xi_i,\eta_i,\zeta_i)$处切平面的法向量. 这样,局部的$\Delta\Sigma_i$上的情形就转化为前种情形①了,即

$$\Delta\Phi_i \approx [\boldsymbol{v}(\xi_i,\eta_i,\zeta_i)\cdot\boldsymbol{e}_n(\xi_i,\eta_i,\zeta_i)]\Delta S_i$$

于是,Σ流向指定一侧的流量为

$$\Phi = \sum_{i=1}^{n}\Delta\Phi_i \approx \sum_{i=1}^{n}[\boldsymbol{v}(\xi_i,\eta_i,\zeta_i)\cdot\boldsymbol{e}_n(\xi_i,\eta_i,\zeta_i)]\Delta S_i$$

当λ趋于零时,上述和式的极限即为流量Φ.

$$\Phi = \lim_{\lambda\to 0}\sum_{i=1}^{n}[\boldsymbol{v}(\xi_i,\eta_i,\zeta_i)\cdot\boldsymbol{e}_n(\xi_i,\eta_i,\zeta_i)]\Delta S_i$$

10.5.3 第二型曲面积分(也称为向量值函数在有向曲面上的积分)的定义及性质

(1)第二型曲面积分的定义

定义1 设Σ是一片无重点的光滑有向曲面,向量值函数$\boldsymbol{F}(x,y,z)=P(x,y,z)\boldsymbol{i}+Q(x,y,z)\boldsymbol{j}+R(x,y,z)\boldsymbol{k}$在$\Sigma$上有定义,$\boldsymbol{e}_n(x,y,z)$是有向曲面$\Sigma$上点$(x,y,z)$处的单位法向量. 如果积分$\iint\limits_{\Sigma}\boldsymbol{F}(x,y,z)\cdot\boldsymbol{e}_n(x,y,z)\mathrm{d}S$存在,记$\mathrm{d}\boldsymbol{S}=\boldsymbol{e}_n(x,y,z)\mathrm{d}S$,则称积分$\iint\limits_{\Sigma}\boldsymbol{F}(x,y,z)\cdot\mathrm{d}\boldsymbol{S}$为向量值函数$\boldsymbol{F}(x,y,z)$在有向曲面$\Sigma$上的第二型曲面积分,即

$$\iint\limits_{\Sigma}\boldsymbol{F}(x,y,z)\cdot\mathrm{d}\boldsymbol{S} = \iint\limits_{\Sigma}\boldsymbol{F}(x,y,z)\cdot\boldsymbol{e}_n(x,y,z)\mathrm{d}S \tag{10.11}$$

该定义蕴含了第一型曲面积分和第二型曲面积分的关系,因为从上式看到,第二型曲面积分本质上是一个第一型曲面积分.

由上述定义可以看出,流体流向指定一侧的流量是一个第二型曲面积分

$$\Phi = \iint\limits_{\Sigma}\boldsymbol{v}(x,y,z)\cdot\boldsymbol{e}_n(x,y,z)\mathrm{d}S$$

若Σ曲面是封闭曲面,则第二型曲面积分也可记为

$$\oint\!\!\!\!\oint\limits_{\Sigma}\boldsymbol{F}(x,y,z)\cdot\mathrm{d}\boldsymbol{S}$$

当$\boldsymbol{F}(x,y,z)$在分片光滑的曲面Σ上连续时,积分$\iint\limits_{\Sigma}\boldsymbol{F}(x,y,z)\cdot\mathrm{d}\boldsymbol{S}$存在.

(2)第二型曲面积分的性质

1)线性性质

若$\boldsymbol{F}_1(x,y,z)$和$\boldsymbol{F}_2(x,y,z)$在有向曲面Σ上的第二型曲面积分存在,则

$$k_1\boldsymbol{F}_1(x,y,z)+k_2\boldsymbol{F}_2(x,y,z)$$

在有向曲面Σ上的第二型曲面积分存在,且有

$$\iint\limits_{\Sigma}(k_1\boldsymbol{F}_1(x,y,z)+k_2\boldsymbol{F}_2(x,y,z))\cdot\mathrm{d}\boldsymbol{S} = k_1\iint\limits_{\Sigma}\boldsymbol{F}_1(x,y,z)\cdot\mathrm{d}\boldsymbol{S}+k_2\iint\limits_{\Sigma}\boldsymbol{F}_2(x,y,z)\cdot\mathrm{d}\boldsymbol{S}$$

2) 积分区域的可加性

若 $\boldsymbol{F}(x,y,z)$ 在有向曲面 $\boldsymbol{\Sigma}$ 上的第二型曲面积分存在，$\boldsymbol{\Sigma}$ 分片光滑，且可分为 n 个光滑曲面 $\Delta\boldsymbol{\Sigma}_i$，即

则
$$\iint_{\Sigma}\boldsymbol{F}(x,y,z)\cdot \mathrm{d}\boldsymbol{S}=\sum_{i=1}^{n}\iint_{\Sigma_i}\boldsymbol{F}(x,y,z)\cdot \mathrm{d}\boldsymbol{S}$$

3) 方向性

$$\iint_{\Sigma}\boldsymbol{F}(x,y,z)\cdot \mathrm{d}\boldsymbol{S}=-\iint_{\Sigma^-}\boldsymbol{F}(x,y,z)\cdot \mathrm{d}\boldsymbol{S}$$

下面将定义中的 $\boldsymbol{F}(x,y,z)$ 和单位法向量 $\boldsymbol{e}_n(x,y,z)$ 具体表达成分量形式后，推导第二型曲面积分的另一种表达式.

设 $\boldsymbol{e}_n(x,y,z)=(\cos\alpha,\cos\beta,\cos\gamma)$，$\boldsymbol{e}_n$ 的方向即为 $\boldsymbol{\Sigma}$ 侧的方向，则

$$\iint_{\Sigma}\boldsymbol{F}(x,y,z)\cdot \mathrm{d}\boldsymbol{S}=\iint_{\Sigma}[P(x,y,z)\cos\alpha+Q(x,y,z)\cos\beta+R(x,y,z)\cos\gamma]\mathrm{d}S$$

若记
$$\cos\alpha\mathrm{d}S=\mathrm{d}y\mathrm{d}z$$ [1]
$$\cos\beta\mathrm{d}S=\mathrm{d}z\mathrm{d}x$$
$$\cos\gamma\mathrm{d}S=\mathrm{d}x\mathrm{d}y$$

则
$$\iint_{\Sigma}P(x,y,z)\cos\alpha\mathrm{d}S=\iint_{\Sigma}P(x,y,z)\mathrm{d}y\mathrm{d}z$$
$$\iint_{\Sigma}Q(x,y,z)\cos\beta\mathrm{d}S=\iint_{\Sigma}Q(x,y,z)\mathrm{d}z\mathrm{d}x$$
$$\iint_{\Sigma}R(x,y,z)\cos\gamma\mathrm{d}S=\iint_{\Sigma}R(x,y,z)\mathrm{d}x\mathrm{d}y$$

于是
$$\iint_{\Sigma}\boldsymbol{F}(x,y,z)\cdot \mathrm{d}\boldsymbol{S}=\iint_{\Sigma}P(x,y,z)\mathrm{d}y\mathrm{d}z+\iint_{\Sigma}Q(x,y,z)\mathrm{d}z\mathrm{d}x+\iint_{\Sigma}R(x,y,z)\mathrm{d}x\mathrm{d}y$$

上式右端可简写为 $\iint_{\Sigma}P(x,y,z)\mathrm{d}y\mathrm{d}z+Q(x,y,z)\mathrm{d}z\mathrm{d}x+R(x,y,z)\mathrm{d}x\mathrm{d}y$

于是，第二型曲面积分的常见形式为

$$\iint_{\Sigma}P(x,y,z)\mathrm{d}y\mathrm{d}z+Q(x,y,z)\mathrm{d}z\mathrm{d}x+R(x,y,z)\mathrm{d}x\mathrm{d}y$$

由此表达式，第二型曲面积分也称为对坐标的曲面积分.

由第二型曲面积分的定义和上面的推导，易得

$$\begin{aligned}&\iint_{\Sigma}P(x,y,z)\mathrm{d}y\mathrm{d}z+Q(x,y,z)\mathrm{d}z\mathrm{d}x+R(x,y,z)\mathrm{d}x\mathrm{d}y\\=&\iint_{\Sigma}[P(x,y,z)\cos\alpha+Q(x,y,z)\cos\beta+R(x,y,z)\cos\gamma]\mathrm{d}S\end{aligned}$$

若 $\boldsymbol{\Sigma}$ 曲面是封闭曲面，则第二型曲面积分可记为

---

[1] 实际上，$\cos\alpha\mathrm{d}S$ 可理解为有向曲面元素 $\mathrm{d}\boldsymbol{S}$ 在 yOz 平面的投影，$\cos\beta\mathrm{d}S$ 可理解为有向曲面元素 $\mathrm{d}\boldsymbol{S}$ 在 zOx 平面的投影，$\cos\gamma\mathrm{d}S$ 可理解为有向曲面元素 $\mathrm{d}\boldsymbol{S}$ 在 xOy 平面的投影.

$$\oiint\limits_{\Sigma} P(x,y,z)\mathrm{d}y\mathrm{d}z + Q(x,y,z)\mathrm{d}z\mathrm{d}x + R(x,y,z)\mathrm{d}x\mathrm{d}y$$

10.5.4 第二型曲面积分的计算法

(1)分面投影法

由第二型曲面积分的定义及性质,可以分别计算 $\iint\limits_{\Sigma} P(x,y,z)\mathrm{d}y\mathrm{d}z$, $\iint\limits_{\Sigma} Q(x,y,z)\mathrm{d}z\mathrm{d}x$, $\iint\limits_{\Sigma} R(x,y,z)\mathrm{d}x\mathrm{d}y$. 然后再求和,下面以计算 $\iint\limits_{\Sigma} R(x,y,z)\mathrm{d}x\mathrm{d}y$ 为例,推导出分面投影计算第二型曲面积分的公式.

设曲面 Σ 的方程为 $z=z(x,y)$, $(x,y)\in D_{xy}$, D_{xy} 是曲面 Σ 在 xOy 面的投影区域, $\boldsymbol{e}_n(x,y,z)=(\cos\alpha,\cos\beta,\cos\gamma)$ 是曲面 Σ 的单位法向量. 由曲面 Σ 的方程 $z=z(x,y)$,可得曲面 Σ 在 (x,y,z) 处的单位法向量 $\boldsymbol{e}_n$ 为

$$\boldsymbol{e}_n=\pm\left(\frac{-z_x(x,y)}{\sqrt{z_x^2(x,y)+z_y^2(x,y)+1}},\frac{-z_y(x,y)}{\sqrt{z_x^2(x,y)+z_y^2(x,y)+1}},\frac{1}{\sqrt{z_x^2(x,y)+z_y^2(x,y)+1}}\right)$$

其中,符号确定的方式为:当 Σ 取上侧时, $\boldsymbol{e}_n$ 取正号;当 Σ 取下侧时, $\boldsymbol{e}_n$ 取负号.

则有

$$\cos\gamma=\pm\frac{1}{\sqrt{z_x^2(x,y)+z_y^2(x,y)+1}}$$

采用向 xOy 坐标平面投影的方式求第一型曲面积分 $\iint\limits_{\Sigma} R(x,y,z)\cos\gamma\mathrm{d}S$, 有

$$\begin{aligned}\iint\limits_{\Sigma} R(x,y,z)\mathrm{d}x\mathrm{d}y&=\iint\limits_{\Sigma} R(x,y,z)\cos\gamma\mathrm{d}S\\&=\pm\iint\limits_{D_{xy}} R(x,y,z(x,y))\frac{1}{\sqrt{z_x^2(x,y)+z_y^2(x,y)+1}}\\&\quad\sqrt{z_x^2(x,y)+z_y^2(x,y)+1}\,\mathrm{d}x\mathrm{d}y\\&=\pm\iint\limits_{D_{xy}} R(x,y,z(x,y))\mathrm{d}x\mathrm{d}y\end{aligned}$$

则

$$\iint\limits_{\Sigma} R(x,y,z)\mathrm{d}x\mathrm{d}y=\pm\iint\limits_{D_{xy}} R(x,y,z(x,y))\mathrm{d}x\mathrm{d}y$$

其中,符号确定方式是:当 Σ 取上侧时,上式取正号;当 Σ 取下侧时,上式取负号.

类似于以上的推导过程,计算 $\iint\limits_{\Sigma} Q(x,y,z)\mathrm{d}z\mathrm{d}x$ 可将曲面 Σ 向坐标面 zOx 投影, Σ 的方程为 $y=y(z,x)$,则有 $\iint\limits_{\Sigma} Q(x,y,z)\mathrm{d}z\mathrm{d}x=\pm\iint\limits_{D_{zx}} Q(x,y(z,x),z)\mathrm{d}z\mathrm{d}x$. 其中,符号确定的方式为:当曲面 Σ 取右侧(即 Σ 的侧与 y 轴正向的夹角成锐角)为正时,此式取"+";当曲面 Σ 取左侧(即 Σ 的侧与 y 轴正向的夹角成钝角)为正时,此式取"-".

同理,要计算 $\iint\limits_{\Sigma} P(x,y,z)\mathrm{d}y\mathrm{d}z$,可将积分曲面 Σ 向 yOz 坐标平面投影, Σ 方程为 $x=x(y,z)$,

于是$\iint\limits_{\Sigma}P(x,y,z)\mathrm{d}y\mathrm{d}z=\pm\iint\limits_{D_{yz}}P(x(y,z),y,z)\mathrm{d}y\mathrm{d}z$. 其中,当曲面 Σ 取前侧(即与 x 轴正向的夹角成锐角)为正侧时,此式取"+";当曲面 Σ 取后侧(即与 x 轴正向的夹角成钝角)为正侧时,此式取"-".

(2)合一投影法

如果曲面 Σ 的方程为 $z=z(x,y)$, $(x,y)\in D_{xy}$, D_{xy}是曲面 Σ 在 xOy 面的投影区域,那么

$$\begin{aligned}&\iint\limits_{\Sigma}P(x,y,z)\mathrm{d}y\mathrm{d}z+Q(x,y,z)\mathrm{d}z\mathrm{d}x+R(x,y,z)\mathrm{d}x\mathrm{d}y\\&=\pm\iint\limits_{D_{xy}}\{P[(x,y,z(x,y)]\cdot[-z_x(x,y)]+Q[x,y,z(x,y)]\cdot\\&[-z_y(x,y)]+R[x,y,z(x,y)]\}\mathrm{d}x\mathrm{d}y\end{aligned}\tag{10.12}$$

当曲面 Σ 取上侧时,上式符号取正;当曲面 Σ 取下侧时,上式符号取负.

下面来推导公式(10.12). 设 $\boldsymbol{e}_n(x,y,z)=(\cos\alpha,\cos\beta,\cos\gamma)$是有向曲面 Σ 的单位法向量. 另一方面,由曲面 Σ 的方程 $z=z(x,y)$可得到曲面 Σ 在(x,y,z)处的单位法向量 $\boldsymbol{e}_n$ 为

$$\boldsymbol{e}_n=\pm\left\{\frac{-z_x(x,y)}{\sqrt{z_x^2(x,y)+z_y^2(x,y)+1}},\frac{-z_y(x,y)}{\sqrt{z_x^2(x,y)+z_y^2(x,y)+1}},\frac{1}{\sqrt{z_x^2(x,y)+z_y^2(x,y)+1}}\right\}$$

其中,当 Σ 取上侧时,为正;当 Σ 取下侧时,为负.

则

$$\cos\alpha=\pm\frac{-z_x(x,y)}{\sqrt{z_x^2(x,y)+z_y^2(x,y)+1}}$$

$$\cos\beta=\pm\frac{-z_y(x,y)}{\sqrt{z_x^2(x,y)+z_y^2(x,y)+1}}$$

$$\cos\gamma=\pm\frac{1}{\sqrt{z_x^2(x,y)+z_y^2(x,y)+1}}$$

$$\begin{aligned}&\iint\limits_{\Sigma}P(x,y,z)\mathrm{d}y\mathrm{d}z\\&=\iint\limits_{\Sigma}P(x,y,z)\cos\alpha\mathrm{d}S\\&=\iint\limits_{D_{xy}}P[x,y,z(x,y)][\pm\frac{-z_x(x,y)}{\sqrt{z_x^2(x,y)+z_y^2(x,y)+1}}]\cdot\sqrt{z_x^2(x,y)+z_y^2(x,y)+1}\,\mathrm{d}x\mathrm{d}y\\&=\pm\iint\limits_{D_{xy}}P[(x,y,z(x,y)]\cdot[-z_x(x,y)]\mathrm{d}x\mathrm{d}y\end{aligned}\tag{10.13}$$

同理可推导

$$\iint\limits_{\Sigma}Q(x,y,z)\mathrm{d}z\mathrm{d}x=\pm\iint\limits_{D_{xy}}Q[x,y,z(x,y)]\cdot[-z_y(x,y)]\mathrm{d}x\mathrm{d}y\tag{10.14}$$

$$\iint\limits_{\Sigma}R(x,y,z)\mathrm{d}x\mathrm{d}y=\pm\iint\limits_{D_{xy}}R[x,y,z(x,y)]\mathrm{d}x\mathrm{d}y\tag{10.15}$$

将式(10.13)、式(10.14)、式(10.15)相加便得到式(10.12).

对比分面投影法,合一投影法就是在计算第二型曲面积分$\iint\limits_{\Sigma}P(x,y,z)\mathrm{d}y\mathrm{d}z+Q(x,y,$

$z)\mathrm{d}z\mathrm{d}x+R(x,y,z)\mathrm{d}x\mathrm{d}y$ 时,只向一个坐标平面投影,式(10.12)是选择向 xOy 坐标面投影的结果.读者还可以选择向 yOz 坐标平面、zOx 坐标平面投影,得到第二型曲面积分采用合一投影法的另外两个结果.

另外,式(10.12)中的被积函数可表示成两个向量值函数的点积,即

$$\pm\{P[x,y,z(x,y)]\cdot[-z_x(x,y)]+Q[x,y,z(x,y)]\cdot[-z_y(x,y)]+R[x,y,z(x,y)]\}$$
$$=\pm(P[x,y,z(x,y)],Q[x,y,z(x,y)],R[x,y,z(x,y)])\cdot(-z_x(x,y),-z_y(x,y),1)$$
$$=\pm\boldsymbol{F}[x,y,z(x,y)]\cdot\boldsymbol{n}[x,y,z(x,y)]$$

则式(10.12)可写为

$$\iint_{\Sigma}\boldsymbol{F}(x,y,z)\cdot\mathrm{d}\boldsymbol{S}=\iint_{\Sigma}P(x,y,z)\mathrm{d}y\mathrm{d}z+Q(x,y,z)\mathrm{d}z\mathrm{d}x+R(x,y,z)\mathrm{d}x\mathrm{d}y$$
$$=\pm\iint_{D_{xy}}\boldsymbol{F}[x,y,z(x,y)]\cdot\boldsymbol{n}[x,y,z(x,y)]\mathrm{d}x\mathrm{d}y$$

其中,$\boldsymbol{n}$ 是有向曲面 Σ 的法向量.符号确定的方式为:当曲面 Σ 取上侧时,符号取正;当曲面 Σ 取下侧时,符号取负.

* 如果积分曲面 Σ 由参数方程 $\begin{cases}x=x(u,v)\\y=y(u,v)\\z=z(u,v)\end{cases}$,$(u,v)\in D$ 给出,

则

$$\iint_{\Sigma}\vec{F}(x,y,z)\cdot\mathrm{d}\boldsymbol{S}=\pm\iint_{D}\Big\{P[x(u,v),y(u,v),z(u,v)]\frac{\partial(y,z)}{\partial(u,v)}+Q[x(u,v),y(u,v),z(u,v)]\frac{\partial(z,x)}{\partial(u,v)}+R[x(u,v),y(u,v),z(u,v)]\frac{\partial(x,y)}{\partial(u,v)}\Big\}\mathrm{d}u\mathrm{d}v$$

其中符号的选取由 Σ 的定侧确定.

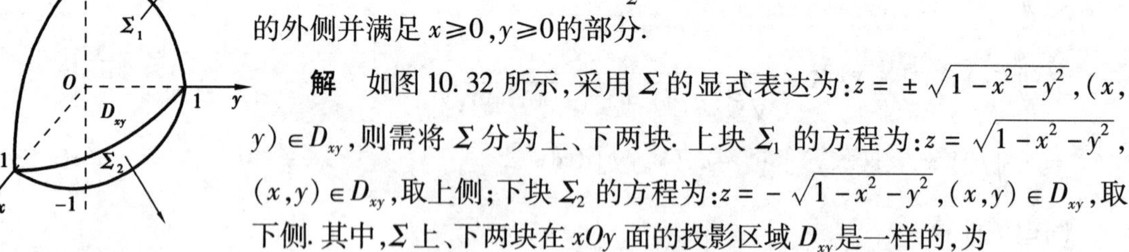

图 10.32

例 10.22 计算曲面积分 $\iint_{\Sigma}xyz\mathrm{d}x\mathrm{d}y$,其中,$\Sigma$ 是球面 $x^2+y^2+z^2=1$ 的外侧并满足 $x\geqslant0,y\geqslant0$ 的部分.

解 如图 10.32 所示,采用 Σ 的显式表达为:$z=\pm\sqrt{1-x^2-y^2}$,$(x,y)\in D_{xy}$,则需将 Σ 分为上、下两块.上块 Σ_1 的方程为:$z=\sqrt{1-x^2-y^2}$,$(x,y)\in D_{xy}$,取上侧;下块 Σ_2 的方程为:$z=-\sqrt{1-x^2-y^2}$,$(x,y)\in D_{xy}$,取下侧.其中,Σ 上、下两块在 xOy 面的投影区域 D_{xy} 是一样的,为

$$D_{xy}=\{(x,y)\,|\,x^2+y^2\leqslant1,x\geqslant0,y\geqslant0\}$$

于是

$$\iint_{\Sigma}xyz\mathrm{d}x\mathrm{d}y=\iint_{\Sigma_1}xyz\mathrm{d}x\mathrm{d}y+\iint_{\Sigma_2}xyz\mathrm{d}x\mathrm{d}y$$
$$=\iint_{D_{xy}}xy\sqrt{1-x^2-y^2}\mathrm{d}x\mathrm{d}y+\iint_{D_{xy}}xy(-\sqrt{1-x^2-y^2})(-1)\mathrm{d}x\mathrm{d}y$$

$$= 2\iint\limits_{D_{xy}} xy\sqrt{1-x^2-y^2}\,\mathrm{d}x\mathrm{d}y = 2\int_0^{\frac{\pi}{2}}\mathrm{d}\theta\int_0^1(\rho\cos\theta)(\rho\sin\theta)\sqrt{1-\rho^2}\cdot\rho\mathrm{d}\rho$$

$$= \int_0^{\frac{\pi}{2}}\sin 2\theta\int_0^1\rho^3\cdot\sqrt{1-\rho^2}\,\mathrm{d}\rho = \frac{2}{15}$$

$$= \frac{4}{15}\times\frac{1}{2} = \frac{2}{15}$$

* 另外,还可以用球面的参数方程计算以上积分.

球面的参数方程为

$$\begin{cases} x = \sin\varphi\cos\theta \\ y = \sin\varphi\sin\theta \\ z = \cos\varphi \end{cases},0 \leqslant \varphi \leqslant \frac{\pi}{2},0 \leqslant \theta \leqslant \frac{\pi}{2}$$

球面的前侧法向量为 $\boldsymbol{n} = \left(\frac{\partial(y,z)}{\partial(\varphi,\theta)},\frac{\partial(z,x)}{\partial(\varphi,\theta)},\frac{\partial(x,y)}{\partial(\varphi,\theta)}\right)$

则

$$\iint\limits_{\Sigma} xyz\mathrm{d}x\mathrm{d}y = \iint\limits_{D}\sin^2\varphi\cos\varphi\cos\theta\sin\theta\frac{\partial(x,y)}{\partial(\varphi,\theta)}\mathrm{d}\varphi\mathrm{d}\theta$$

$$= \iint\limits_{D}\sin^2\varphi\cos^2\varphi\cos\theta\sin\theta\mathrm{d}\varphi\mathrm{d}\theta$$

$$= \int_0^{\pi}\sin^3\varphi\cos^2\varphi\mathrm{d}\varphi\int_0^{\frac{\pi}{2}}\cos\theta\sin\theta\mathrm{d}\theta$$

$$= \frac{4}{15}\times\frac{1}{2} = \frac{2}{15}$$

例 10.23　计算曲面积分

$$\iint\limits_{\Sigma} x^2\mathrm{d}y\mathrm{d}z + y^2\mathrm{d}z\mathrm{d}x + z^2\mathrm{d}x\mathrm{d}y$$

其中, Σ 是长方体 Ω 整个表面的外侧, $\Omega = \{(x,y,z)\mid 0\leqslant x\leqslant a,0\leqslant y\leqslant b,0\leqslant z\leqslant c\}$.

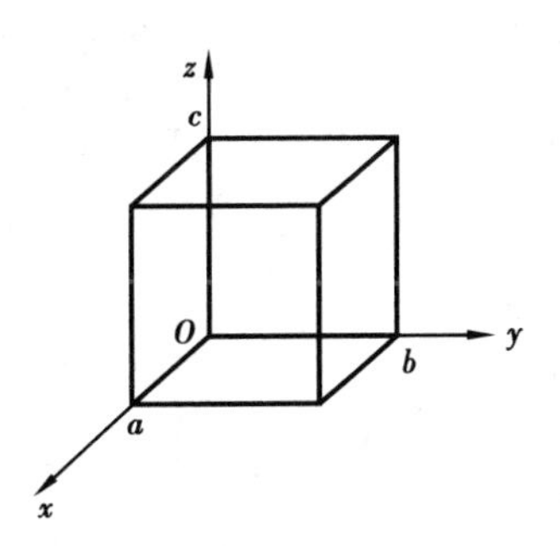

图 10.33

解　如图 10.33 所示,把有向曲面 Σ 分为 6 个部分.

$\Sigma_1: z = c(0 \leqslant x \leqslant a,0 \leqslant y \leqslant b)$,取上侧;

$\Sigma_2: z = 0(0 \leqslant x \leqslant a,0 \leqslant y \leqslant b)$,取下侧;

$\Sigma_3: x = a(0 \leqslant y \leqslant b,0 \leqslant z \leqslant c)$,取前侧;

$\Sigma_4: x = 0(0 \leqslant y \leqslant b,0 \leqslant z \leqslant c)$,取后侧;

$\Sigma_5: y = b(0 \leqslant x \leqslant a,0 \leqslant z \leqslant c)$,取右侧;

$\Sigma_6: y = 0(0 \leqslant x \leqslant a,0 \leqslant z \leqslant c)$,取左侧.

除 Σ_3,Σ_4 外,其余四片曲面在 yOz 面上的投影为零,因此

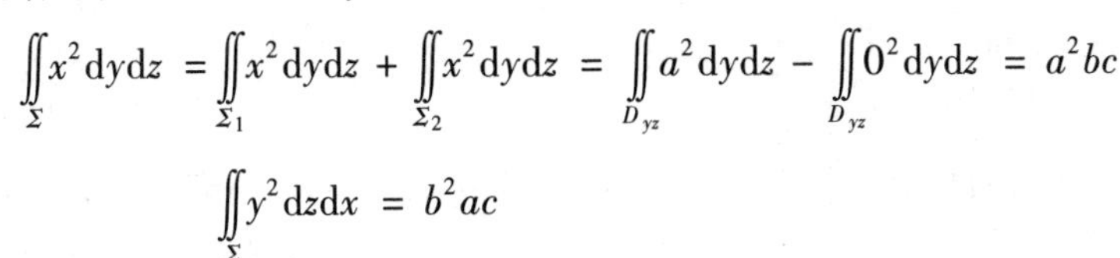

$$\iint\limits_{\Sigma} x^2\mathrm{d}y\mathrm{d}z = \iint\limits_{\Sigma_1} x^2\mathrm{d}y\mathrm{d}z + \iint\limits_{\Sigma_2} x^2\mathrm{d}y\mathrm{d}z = \iint\limits_{D_{yz}} a^2\mathrm{d}y\mathrm{d}z - \iint\limits_{D_{yz}} 0^2\mathrm{d}y\mathrm{d}z = a^2bc$$

类似可得

$$\iint\limits_{\Sigma} y^2\mathrm{d}z\mathrm{d}x = b^2ac$$

$$\iint\limits_{\Sigma} z^2 \mathrm{d}x\mathrm{d}y = c^2 ab$$

故
$$\iint\limits_{\Sigma} x^2 \mathrm{d}y\mathrm{d}z + y^2 \mathrm{d}z\mathrm{d}x + z^2 \mathrm{d}x\mathrm{d}y = abc(a+b+c)$$

例 10.24 求向量场 $\boldsymbol{F}(x,y,z)=(z^2+x,0,-z)$ 穿过曲面 Σ 指定一侧的流量. 其中,Σ 为旋转抛物面 $z=\dfrac{1}{2}(x^2+y^2)$ 介于平面 $z=0$ 及 $z=2$ 之间的部分的下侧.

解 由第二型曲面积分的物理意义,流量为

$$\Phi = \iint\limits_{\Sigma} (z^2+x)\mathrm{d}y\mathrm{d}z - z\mathrm{d}x\mathrm{d}y$$

如图 10.34 所示,Σ 在 xOy 坐标平面上的投影区域为 $D_{xy}=\{(x,y)\mid x^2+y^2\leqslant 4\}$,$\Sigma$ 的下侧的法向量为

$$\boldsymbol{n}=(z_x,z_y,-1)=(x,y,-1)$$

则
$$\begin{aligned}\Phi &= \iint\limits_{\Sigma} (z^2+x)\mathrm{d}y\mathrm{d}z - z\mathrm{d}x\mathrm{d}y \\ &= \iint\limits_{D_{xy}} \left\{\left[\frac{1}{4}(x^2+y^2)^2+x\right]x - \frac{1}{2}(x^2+y^2)(-1)\right\}\mathrm{d}x\mathrm{d}y \\ &= \iint\limits_{D_{xy}} \left[\frac{1}{4}x(x^2+y^2)^2 + x^2 + \frac{1}{2}(x^2+y^2)\right]\mathrm{d}x\mathrm{d}y\end{aligned}$$

而
$$\iint\limits_{D_{xy}} \frac{1}{4}x(x^2+y^2)^2\mathrm{d}x\mathrm{d}y = \int_{-2}^{2}\mathrm{d}y\int_{-\sqrt{4-x^2}}^{\sqrt{4-x^2}} \frac{1}{4}x(x^2+y^2)^2\mathrm{d}x = 0$$

上式的二次积分 $\int_{-\sqrt{4-x^2}}^{\sqrt{4-x^2}} \frac{1}{4}x(x^2+y^2)^2\mathrm{d}x$ 中的被积函数是关于 x 的奇函数,该积分的积分区间是对称区间,所以积分为零.

则
$$\Phi = \iint\limits_{D_{xy}} \left[x^2+\frac{1}{2}(x^2+y^2)\right]\mathrm{d}x\mathrm{d}y = \int_0^{2\pi}\mathrm{d}\theta\int_0^2\left(\rho^2\cos^2\theta+\frac{1}{2}\rho^2\right)\rho\mathrm{d}\rho = 8\pi$$

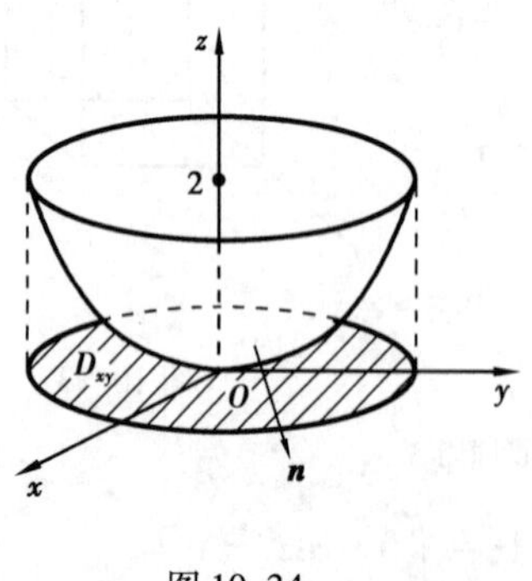

图 10.34

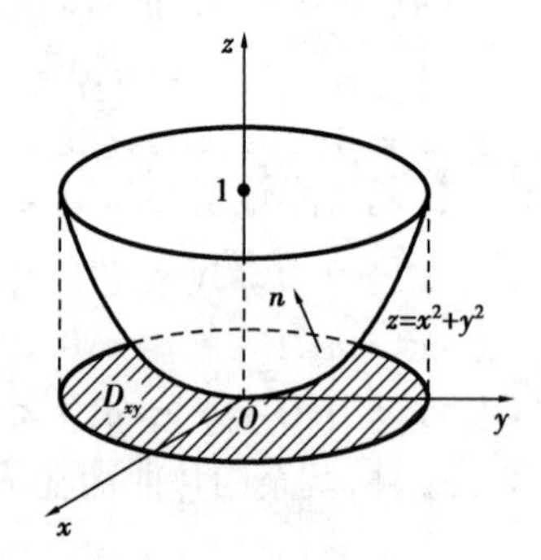

图 10.35

例 10.25 计算曲面积分:$\iint\limits_{\Sigma}(2x+z)\mathrm{d}y\mathrm{d}z+z\mathrm{d}x\mathrm{d}y$,其中,$\Sigma$ 为有向曲面 $z=x^2+y^2(0\leqslant z\leqslant 1)$ 的上侧.

解 如图 10.35 所示,采用合一投影法,化为对坐标 x,y 的曲面积分. 记

$$= \sqrt{2}\int_0^{2\pi}\left(\frac{1}{2}+\frac{1}{3}\cos\theta\right)d\theta = \sqrt{2}\pi$$

这样 $$\oiint\limits_{\Sigma} z dS = \iint\limits_{\Sigma_1} z dS + \iint\limits_{\Sigma_2} z dS + \iint\limits_{\Sigma_3} z dS = 0 + \frac{3\pi}{2} + \sqrt{2}\pi = \left(\sqrt{2}+\frac{3}{2}\right)\pi$$

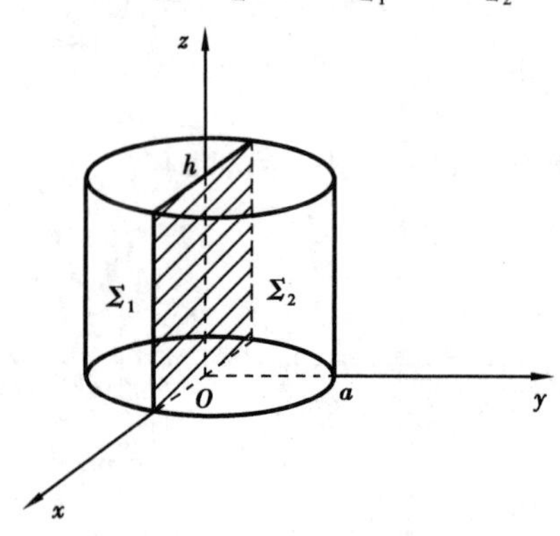

图 10.26

例 10.21 计算 $\iint\limits_{\Sigma} x^2 dS$, Σ 为圆柱面 $x^2+y^2=a^2$ 介于 $z=0$ 与 $z=h$ 之间的部分.

解 如图 10.26 所示，向 zOx 面作投影,设左、右两个半圆柱面为 Σ_1,Σ_2. 由于 Σ_1,Σ_2 是对称的,被积函数在 Σ_1,Σ_2 上也对称,故积分等于 Σ_1 上的积分的两倍. $\Sigma_1: y=\sqrt{a^2-x^2}$,在 zOx 面上的投影区域为 D_{xy}: $-a \leqslant x \leqslant a, 0 \leqslant z \leqslant h$.

且有 $$\frac{\partial y}{\partial x}=\frac{-x}{\sqrt{a^2-x^2}},\quad \frac{\partial y}{\partial z}=0$$

故有
$$\begin{aligned}\iint\limits_{\Sigma} x^2 dS &= 2\iint\limits_{\Sigma_1} x^2 dS \\ &= 2\iint\limits_{D_{zx}} x^2\sqrt{1+\left(\frac{-x}{\sqrt{a^2-x^2}}\right)^2+0^2}\,dz dx \\ &= 2\int_0^h dz\int_{-a}^{a}\frac{a}{\sqrt{a^2-x^2}}x^2 dx \\ &= 4ah\int_0^a \frac{x^2}{\sqrt{a^2-x^2}}dx \\ &= 4ah\int_0^{\frac{\pi}{2}} a^2\sin^2 t dt = \pi a^3 h\end{aligned}$$

习题 10.4

A 组

1. 计算第一型曲面积分 $\iint\limits_{\Sigma} f(x,y,z)dS$, Σ 为抛物面 $z=2-(x^2+y^2)$ 在 xOy 面上方的部分, $f(x,y,z)$ 分别如下:

(1) $f(x,y,z)=1$;

(2) $f(x,y,z)=x^2+y^2$;

(3) $f(x,y,z)=3z$.

2. 计算下列第一型曲面积分.

(1) $\iint\limits_{\Sigma} x^2 y dS$,其中 Σ 为圆锥面 $z=\sqrt{x^2+y^2}$ 位于平面 $z=1$ 和 $z=2$ 之间的部分;

一致的法向量是 $\boldsymbol{n}=(z_x(x,y),z_y(x,y),-1)$. 如图 10.29 所示.

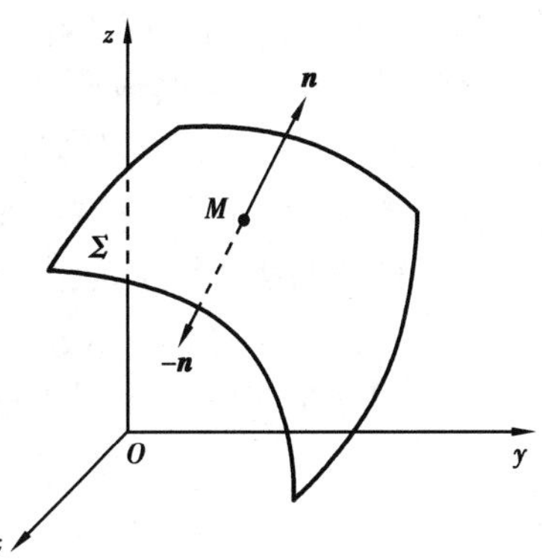

图 10.29

类似地,可以写出当空间光滑曲面 Σ 的方程为 $y=y(z,x)$ 取右侧或左侧为正侧时,以及 Σ 的方程为 $x=x(y,z)$ 时取前侧或后侧时,它们侧所对应的法向量.

* 如果空间曲面 Σ 由参数方程 $\begin{cases}x=x(u,v)\\y=y(u,v)\\z=z(u,v)\end{cases}$,$(u,v)\in D$ 给出,则 Σ 的一侧的法向量为 $\left(\dfrac{\partial(y,z)}{\partial(u,v)},\dfrac{\partial(z,x)}{\partial(u,v)},\dfrac{\partial(x,y)}{\partial(u,v)}\right)$,而另一侧的法向量为 $-\left(\dfrac{\partial(y,z)}{\partial(u,v)},\dfrac{\partial(z,x)}{\partial(u,v)},\dfrac{\partial(x,y)}{\partial(u,v)}\right)$.

10.5.2　实例:流体流向曲面一侧的流量[①]

设稳定流动(与时间无关)的不可压缩流体[②]的流速场为

$$\boldsymbol{v}(x,y,z)=P(x,y,z)\boldsymbol{i}+Q(x,y,z)\boldsymbol{j}+R(x,y,z)\boldsymbol{k}$$

Σ 是流速场中一片光滑的有向曲面,称单位时间内通过 Σ 并流向 Σ 指定一侧的流体的体积为流量,记为 $\boldsymbol{\Phi}$.

①设 Σ 为一平面区域,其面积为 A,流过平面区域 Σ 的流体流速设为常量,又设平面的单位法向量为 $\boldsymbol{e}_n$,那么,在单位时间内通过 Σ 流向指定侧的流体组成了一个斜柱体,如图 10.30 所示. 此斜柱体的底面积为 A,高为 $|\boldsymbol{v}|\cos\theta=\boldsymbol{v}\cdot\boldsymbol{e}_n$($\theta$ 为 $\boldsymbol{e}_n$ 与 $\boldsymbol{v}$ 的夹角),故流过 Σ 指定一侧的流量 $\boldsymbol{\Phi}=A\boldsymbol{v}\cdot\boldsymbol{e}_n$.

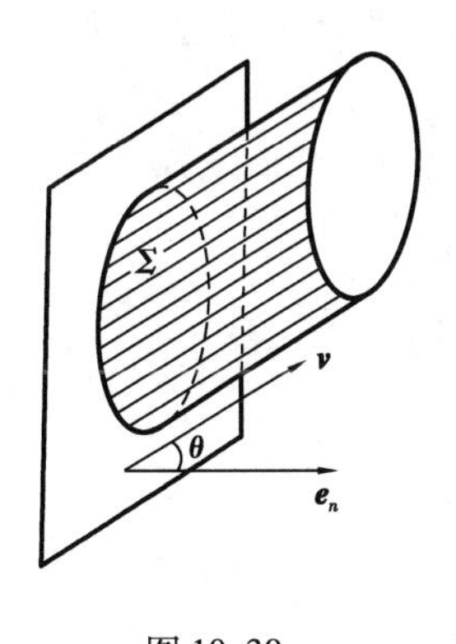

图 10.30

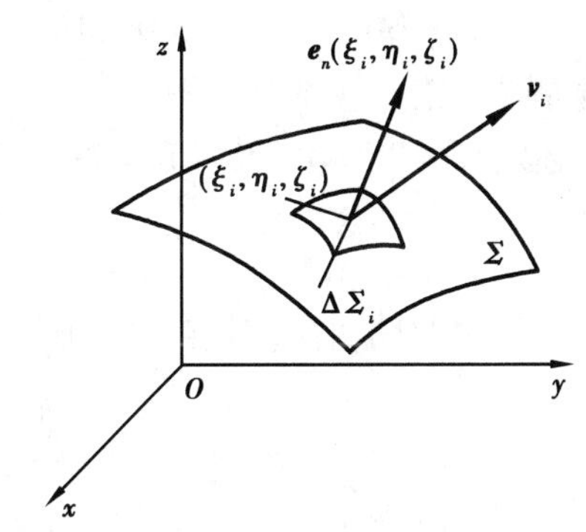

图 10.31

②设 Σ 为一片曲面,而且 Σ 上各处的流速不尽相同,即流速 $\boldsymbol{v}$ 是点 (x,y,z) 的函数,$\boldsymbol{v}=\boldsymbol{v}(x,y,z)$. 显然,此种情形不能用前种情形的方法来处理,下面用微元法来解决这一问题.

如图 10.31 所示,将光滑有界曲面 Σ 任意划分成 n 块小曲面 $\Delta\Sigma_i(i=1,2,\cdots,n)$,设 $\Delta\Sigma_i$ 的面积为 $\Delta S_i(i=1,2,\cdots,n)$,令 $\lambda=\max\limits_{1\leqslant i\leqslant n}\{\Delta\Sigma_i\text{ 的直径}\}$,取任意小曲面 $\Delta\Sigma_i$. 当 λ 很小时,可以

① 也称流量为通量.

② 是指流速不因时间 t 的变化而变化,即流体的密度是不变的,在这里设密度为 1.

$z)\mathrm{d}z\mathrm{d}x+R(x,y,z)\mathrm{d}x\mathrm{d}y$ 时，只向一个坐标平面投影，式(10.12)是选择向 xOy 坐标面投影的结果. 读者还可以选择向 yOz 坐标平面、zOx 坐标平面投影，得到第二型曲面积分采用合一投影法的另外两个结果.

另外，式(10.12)中的被积函数可表示成两个向量值函数的点积，即

$$\begin{aligned}&\pm\{P[x,y,z(x,y)]\cdot[-z_x(x,y)]+Q[x,y,z(x,y)]\cdot[-z_y(x,y)]+R[x,y,z(x,y)]\}\\&=\pm(P[x,y,z(x,y)],Q[x,y,z(x,y)],R[x,y,z(x,y)])\cdot(-z_x(x,y),-z_y(x,y),1)\\&=\pm\boldsymbol{F}[x,y,z(x,y)]\cdot\boldsymbol{n}[x,y,z(x,y)]\end{aligned}$$

则式(10.12)可写为

$$\begin{aligned}\iint_{\Sigma}\boldsymbol{F}(x,y,z)\cdot\mathrm{d}\boldsymbol{S}&=\iint_{\Sigma}P(x,y,z)\mathrm{d}y\mathrm{d}z+Q(x,y,z)\mathrm{d}z\mathrm{d}x+R(x,y,z)\mathrm{d}x\mathrm{d}y\\&=\pm\iint_{D_{xy}}\boldsymbol{F}[x,y,z(x,y)]\cdot\boldsymbol{n}[x,y,z(x,y)]\mathrm{d}x\mathrm{d}y\end{aligned}$$

其中，$\boldsymbol{n}$ 是有向曲面 Σ 的法向量. 符号确定的方式为：当曲面 Σ 取上侧时，符号取正；当曲面 Σ 取下侧时，符号取负.

* 如果积分曲面 Σ 由参数方程 $\begin{cases}x=x(u,v)\\y=y(u,v)\\z=z(u,v)\end{cases},(u,v)\in D$ 给出，

则

$$\begin{aligned}\iint_{\Sigma}\vec{F}(x,y,z)\cdot\mathrm{d}\boldsymbol{S}=\pm\iint_{D}\{&P[x(u,v),y(u,v),z(u,v)]\frac{\partial(y,z)}{\partial(u,v)}+\\&Q[x(u,v),y(u,v),z(u,v)]\frac{\partial(z,x)}{\partial(u,v)}+\\&R[x(u,v),y(u,v),z(u,v)]\frac{\partial(x,y)}{\partial(u,v)}\}\mathrm{d}u\mathrm{d}v\end{aligned}$$

其中符号的选取由 Σ 的定侧确定.

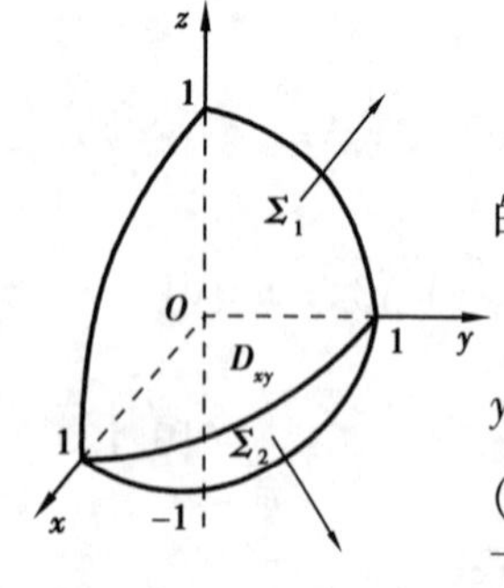

图 10.32

例 10.22 计算曲面积分 $\iint_{\Sigma}xyz\mathrm{d}x\mathrm{d}y$，其中，$\Sigma$ 是球面 $x^2+y^2+z^2=1$ 的外侧并满足 $x\geqslant0,y\geqslant0$ 的部分.

解 如图 10.32 所示，采用 Σ 的显式表达为：$z=\pm\sqrt{1-x^2-y^2}$，$(x,y)\in D_{xy}$，则需将 Σ 分为上、下两块. 上块 Σ_1 的方程为：$z=\sqrt{1-x^2-y^2}$，$(x,y)\in D_{xy}$，取上侧；下块 Σ_2 的方程为：$z=-\sqrt{1-x^2-y^2}$，$(x,y)\in D_{xy}$，取下侧. 其中，Σ 上、下两块在 xOy 面的投影区域 D_{xy} 是一样的，为

$$D_{xy}=\{(x,y)\mid x^2+y^2\leqslant1,x\geqslant0,y\geqslant0\}$$

于是

$$\begin{aligned}\iint_{\Sigma}xyz\mathrm{d}x\mathrm{d}y&=\iint_{\Sigma_1}xyz\mathrm{d}x\mathrm{d}y+\iint_{\Sigma_2}xyz\mathrm{d}x\mathrm{d}y\\&=\iint_{D_{xy}}xy\sqrt{1-x^2-y^2}\mathrm{d}x\mathrm{d}y+\iint_{D_{xy}}xy(-\sqrt{1-x^2-y^2})(-1)\mathrm{d}x\mathrm{d}y\end{aligned}$$

该积分为 Σ 所张的立体角.

8. 设 Σ_1 为双纽线的一支绕对称轴旋转所得的曲面，在球面坐标下 Σ_1 的方程为 $\rho^2 = a^2\cos 2\varphi\left(a>0, 0\leqslant\varphi\leqslant\frac{\pi}{4}\right)$，又设 Σ_2 是一半球面，其方程为 $z=\sqrt{a^2-x^2-y^2}$. 现假设在坐标原点处有一点光源，在点光源作用下，Σ_1 上任意一块图形 S_1 在 Σ_2 上的投影图形记为 S_2. 证明：S_1 与 S_2 的面积相等.

第 11 章

无穷级数

无穷级数是高等数学的一个重要组成部分,它是表示函数、研究函数的性质以及进行数值计算的一种强有力的数学工具,它包括数项级数和函数项级数.本章首先介绍数项级数及其某些基本概念,然后讨论函数项级数,着重讨论幂级数和傅立叶级数.

11.1 数项级数

11.1.1 数项级数的基本概念

设 $u_1, u_2, \cdots, u_n, \cdots$ 是一个无穷数列,将它的各项依次用加号连接起来的表达式 $u_1 + u_2 + \cdots + u_n + \cdots$ 称为数项级数,或称为无穷级数(简称级数).记为

$$\sum_{n=1}^{\infty} u_n \tag{11.1}$$

其中,$u_i(i=1,2,\cdots)$ 称为级数的第 i 项,u_n 称为级数的通项.级数式(11.1)的前 n 项和称为级数的部分和,记为 s_n. 当 n 依次取 1,2,3,…时,它们构成一个新的数列为

$$s_1 = u_1, s_2 = u_1 + u_2, \cdots, s_n = u_1 + u_2 + \cdots + u_n, \cdots$$

称 $\{s_n\}$ 为无穷级数(11.1)的部分和数列.

对于无穷级数(11.1),是否也有一个数像有限数的和一样,可以作为无穷级数(11.1)的"和".这就需要根据部分和数列的极限是否存在来定义无穷级数的收敛和发散的概念.

定义 1 设 $\sum_{n=1}^{\infty} u_n$ 的部分和数列为 $\{s_n\}$,若 $\lim_{n\to\infty} s_n = s$,则称级数 $\sum_{n=1}^{\infty} u_n$ 收敛,且把极限值 s 称为级数 $\sum_{n=1}^{\infty} u_n$ 的和,记作 $s = \sum_{n=1}^{\infty} u_n$;若部分和数列 $\{s_n\}$ 极限不存在,则称级数 $\sum_{n=1}^{\infty} u_n$ 发散.

例 11.1 讨论几何级数 $\sum_{n=0}^{\infty} ar^n (a \neq 0)$ 的敛散性.

解 ①当 $r=1$ 时,$\lim_{n\to\infty} s_n = \lim_{n\to\infty} na = \infty$, $\sum_{n=0}^{\infty} ar^n (a \neq 0)$ 发散.

②当 $r=-1$ 时，$s_{2k+1}=a(k=0,1,\cdots)$，$s_{2k}=0(k=1,2,\cdots)$.

因为 $\lim\limits_{k\to\infty}s_{2k}\neq\lim\limits_{k\to\infty}s_{2k+1}$，所以 $\lim\limits_{n\to\infty}s_n$ 不存在，故 $\sum\limits_{n=0}^{\infty}ar^n(a\neq0)$ 发散.

③当 $|r|\neq1$ 时，因为 $s_n=a+ar+ar^2+\cdots+ar^{n-1}=a\dfrac{1-r^n}{1-r}(r\neq1)$，所以 $\lim\limits_{n\to\infty}s_n=a\lim\limits_{n\to\infty}\dfrac{1-r^n}{1-r}$.

a. 当 $|r|<1$ 时，则 $\lim\limits_{n\to\infty}s_n=a\lim\limits_{n\to\infty}\dfrac{1-r^n}{1-r}=\dfrac{a}{1-r}$，$\sum\limits_{n=0}^{\infty}ar^n(a\neq0)$ 收敛.

b. 当 $|r|>1$ 时，由于 $\lim\limits_{n\to\infty}|r|^n=\infty$，所以 $\lim\limits_{n\to\infty}s_n$ 不存在，$\sum\limits_{n=0}^{\infty}ar^n(a\neq0)$ 发散.

综上所述：当 $|r|<1$ 时，部分和数列收敛于 $\dfrac{a}{1-r}$，几何级数收敛，且 $\sum\limits_{n=0}^{\infty}ar^n=\dfrac{a}{1-r}$. 当 $|r|\geqslant1$ 时，部分和数列的极限不存在，几何级数是发散的.

例 11.2 讨论级数 $\sum\limits_{n=1}^{\infty}\dfrac{1}{n(n+1)}$ 的敛散性.

解
$$s_n=\sum_{k=1}^{n}\frac{1}{k(k+1)}=\frac{1}{1\cdot2}+\frac{1}{2\cdot3}+\cdots+\frac{1}{n\cdot(n+1)}$$
$$=\left(1-\frac{1}{2}\right)+\left(\frac{1}{2}-\frac{1}{3}\right)+\cdots+\left(\frac{1}{n}-\frac{1}{n+1}\right)=1-\frac{1}{n+1}$$

由于
$$\lim_{n\to\infty}s_n=\lim_{n\to\infty}\left(1-\frac{1}{n+1}\right)=1$$
故原级数收敛，且其和为 1.

11.1.2 无穷级数的基本性质

性质 1（级数收敛的必要条件） 若 $\sum\limits_{n=1}^{\infty}u_n$ 收敛，则有 $\lim\limits_{n\to\infty}u_n=0$.

证 因为 $s_n=\sum\limits_{k=1}^{n}u_k=(u_1+u_2+\cdots+u_{n-1})+u_n=s_{n-1}+u_n$

所以
$$u_n=s_n-s_{n-1}$$

又因 $\sum\limits_{n=1}^{\infty}u_n$ 收敛，所以 $\lim\limits_{n\to\infty}s_n=\lim\limits_{n\to\infty}s_{n-1}=s$.

故
$$\lim_{n\to\infty}u_n=\lim_{n\to\infty}s_n-\lim_{n\to\infty}s_{n-1}=s-s=0$$

注意 级数的通项 u_n 趋近于 $0(n\to\infty)$ 仅是级数收敛的必要条件，而不是充分条件. 因此，通项 u_n 不趋近于 $0(n\to\infty)$ 时，$\sum\limits_{n=1}^{\infty}u_n$ 一定是发散的；通项 u_n 趋近于 $0(n\to\infty)$ 时，$\sum\limits_{n=1}^{\infty}u_n$ 不一定是收敛的.

例 11.3 判断 $\sum\limits_{n=1}^{\infty}\left(\dfrac{1}{n}\right)^{\frac{1}{n}}$ 的敛散性.

解 因为
$$\lim_{x\to+\infty}\left(\frac{1}{x}\right)^{\frac{1}{x}}=\lim_{x\to+\infty}e^{\frac{\ln\left(\frac{1}{x}\right)}{x}}=e^{-\lim\limits_{x\to+\infty}\frac{\ln x}{x}}=1\neq0$$

所以
$$\lim_{n\to\infty}u_n=\lim_{n\to\infty}\left(\frac{1}{n}\right)^{\frac{1}{n}}=\lim_{x\to+\infty}\left(\frac{1}{x}\right)^{\frac{1}{x}}=\lim_{x\to+\infty}e^{\frac{\ln\left(\frac{1}{x}\right)}{x}}=e^{-\lim\limits_{x\to+\infty}\frac{\ln x}{x}}=1\neq0$$

根据级数收敛的必要条件可知：$\sum\limits_{n=1}^{\infty}\left(\frac{1}{n}\right)^{\frac{1}{n}}$ 发散.

例 11.4 判断级数 $\sum\limits_{n=1}^{\infty}\frac{1}{n}$ 的敛散性.

解 如果级数 $\sum\limits_{n=1}^{\infty}\frac{1}{n}$ 收敛，则 $\lim\limits_{n\to\infty}s_n=\lim\limits_{n\to\infty}s_{2n}=s$，$\lim\limits_{n\to\infty}(s_{2n}-s_n)=0$.

但
$$s_{2n}-s_n=\underbrace{\frac{1}{n+1}+\frac{1}{n+2}+\cdots+\frac{1}{n+n}}_{n\text{项}}>\underbrace{\frac{1}{2n}+\frac{1}{2n}+\cdots\frac{1}{2n}}_{n\text{项}}=\frac{1}{2}$$

由此知：$\lim\limits_{n\to\infty}(s_{2n}-s_n)\neq 0$，所以 $\sum\limits_{n=1}^{\infty}\frac{1}{n}$ 发散.

性质 2 $\sum\limits_{n=1}^{\infty}u_n$ 收敛于 s，c 为任意常数，则 $\sum\limits_{n=1}^{\infty}cu_n$ 也收敛，且有 $\sum\limits_{n=1}^{\infty}cu_n=c\sum\limits_{n=1}^{\infty}u_n=cs$.

证 设 $\sum\limits_{n=1}^{\infty}u_n$ 和 $\sum\limits_{n=1}^{\infty}cu_n$ 的部分和分别记为 s_n 和 σ_n，则有

$$\sigma_n=\sum_{k=1}^{n}cu_k=c\sum_{k=1}^{n}u_k=cs_n$$

因为 $\sum\limits_{n=1}^{\infty}u_n$ 收敛，所以 $\lim\limits_{n\to\infty}s_n$ 存在，不妨设 $\lim\limits_{n\to\infty}s_n=s$，

所以
$$\lim_{n\to\infty}\sigma_n=\lim_{n\to\infty}cs_n=c\lim_{n\to\infty}s_n=cs$$

故 $\sum\limits_{n=1}^{\infty}cu_n$ 收敛，且 $\sum\limits_{n=1}^{\infty}cu_n=c\sum\limits_{n=1}^{\infty}u_n$.

推论 $\sum\limits_{n=1}^{\infty}u_n$ 和 $\sum\limits_{n=1}^{\infty}cu_n(c\neq 0)$ 具有相同的敛散性.

性质 3 若级数 $\sum\limits_{n=1}^{\infty}u_n$ 与 $\sum\limits_{n=1}^{\infty}v_n$ 都收敛，且其和分别为 s 和 σ，则级数 $\sum\limits_{n=1}^{\infty}(u_n\pm v_n)$ 也收敛，且其和为 $s\pm\sigma$，即 $\sum\limits_{n=1}^{\infty}(u_n\pm v_n)=\sum\limits_{n=1}^{\infty}u_n\pm\sum\limits_{n=1}^{\infty}v_n$.

证 设 $\sum\limits_{n=1}^{\infty}u_n$，$\sum\limits_{n=1}^{\infty}v_n$，$\sum\limits_{n=1}^{\infty}(u_n\pm v_n)$ 的部分和分别为 $s_n^{(1)}$，$s_n^{(2)}$ 和 $s_n^{(3)}$.

因为 $\lim\limits_{n\to\infty}s_n^{(1)}=s$，$\lim\limits_{n\to\infty}s_n^{(2)}=\sigma$，$s_n^{(3)}=\sum\limits_{k=1}^{n}(u_k\pm v_k)=\sum\limits_{k=1}^{n}u_k\pm\sum\limits_{k=1}^{n}v_k=s_n^{(1)}\pm s_n^{(2)}$

所以
$$\lim_{n\to\infty}s_n^{(3)}=\lim_{n\to\infty}(s_n^{(1)}\pm s_n^{(2)})=\lim_{n\to\infty}s_n^{(1)}\pm\lim_{n\to\infty}s_n^{(2)}=s\pm\sigma$$

故
$$\sum_{n=1}^{\infty}(u_n\pm v_n)=\sum_{n=1}^{\infty}u_n\pm\sum_{n=1}^{\infty}v_n$$

性质 4 $\sum\limits_{n=1}^{\infty}u_n$ 与 $\sum\limits_{n=N+1}^{\infty}u_n$ 具有相同的敛散性，其中 N 为某正整数.

证 设 s_n，s_k^* 分别为 $\sum\limits_{n=1}^{\infty}u_n$ 和 $\sum\limits_{n=N+1}^{\infty}u_n$ 的部分和，则

$$s_k^*=\sum_{i=N+1}^{N+k}u_i=u_{N+1}+u_{N+2}+\cdots+u_{N+k}$$

$$=(u_1+u_2+\cdots+u_N+u_{N+1}+u_{N+2}+\cdots+u_{N+k})-(u_1+u_2+\cdots+u_N)$$
$$=s_{N+k}-s_N$$

从而
$$\lim_{k\to\infty}s_k^*=\lim_{k\to\infty}s_{N+k}-s_N$$
所以$\lim\limits_{k\to\infty}s_k^*$与$\lim\limits_{k\to\infty}s_{N+k}$这两个极限同时存在或同时不存在.

故$\sum\limits_{n=1}^{\infty}u_n$与$\sum\limits_{n=N+k}^{\infty}u_n$的敛散性相同.

此性质表明:去掉、增加或改变级数的有限项并不改变级数的敛散性;在级数收敛的情况下,级数的和可能要改变.

性质5　收敛级数的项中任意加括号后所成的级数仍收敛于原级数和.

证　设$\sum\limits_{n=1}^{\infty}u_n=s$,其部分和为$s_n$. 如果按照某一规律加括号后所成的级数为

$$\sum_{m=1}^{\infty}v_m=(u_1+u_2+\cdots+u_{i_1})+(u_{i_1+1}+u_{i_1+2}+\cdots+u_{i_2})+\cdots+$$
$$(u_{i_m+1}+u_{i_m+2}+\cdots+u_{i_{m+1}})+\cdots$$
$$v_m=u_{i_{m-1}+1}+u_{i_{m-1}+2}+\cdots+u_{i_m}(i_0=0,m=1,2\cdots)$$

由于级数$\sum\limits_{m=1}^{\infty}v_m$的部分和$s_m^*=\sum\limits_{k=1}^{m}v_k=s_{i_m}$,所以$\lim\limits_{m\to\infty}s_m^*=\lim\limits_{m\to\infty}s_{i_m}=s$.

故
$$\sum_{m=1}^{\infty}u_m=\sum_{n=1}^{\infty}v_n$$

推论　若$\sum\limits_{k=1}^{\infty}u_k$加括号后所成的级数发散,则原级数发散.

注意　一个级数加括号后所得的级数收敛不能推出原级数收敛,如级数$(1-1)+(1-1)+\cdots+(1-1)+\cdots$收敛,但原级数$1-1+1-1+\cdots+1-1+\cdots$发散.

习题11.1

A组

1. 判断下列级数的敛散性. 若收敛,求级数的和.

(1)$\frac{1}{1\cdot 6}+\frac{1}{6\cdot 11}+\frac{1}{11\cdot 16}+\cdots+\frac{1}{(5n-4)(5n+1)}+\cdots$;

(2)$\left(\frac{1}{2}+\frac{1}{3}\right)+\left(\frac{1}{2^2}+\frac{1}{3^2}\right)+\cdots\left(\frac{1}{2^n}+\frac{1}{3^n}\right)+\cdots$;

(3)$\sum\limits_{n=1}^{\infty}\frac{n}{2^n}$.

2. 已知级数的部分和$s_n=\frac{n+1}{n}$,写出这个级数.

3. 证明:若数列$\{a_n\}$收敛于a,则级数$\sum\limits_{n=1}^{\infty}(a_n-a_{n+1})=a_1-a$.

B 组

1. 判断下列级数的敛散性. 若收敛,求级数的和.

(1) $\sum\limits_{n=1}^{\infty}\dfrac{1}{n(n+1)(n+2)}$;

(2) $\sum\limits_{n=1}^{\infty}(\sqrt{n+2}-2\sqrt{n+1}+\sqrt{n})$;

(3) $\sum\limits_{n=1}^{\infty}\sin\dfrac{n\pi}{6}$.

2. 若数列$\{a_n\}$有$\lim\limits_{n\to\infty}a_n=\infty$,证明:

(1)级数 $\sum\limits_{n=1}^{\infty}(a_{n+1}-a_n)$ 发散;

(2)当 $a_n\neq 0$ 时, 级数$\sum\limits_{n=1}^{\infty}\left(\dfrac{1}{a_n}-\dfrac{1}{a_{n+1}}\right)=\dfrac{1}{a_1}$.

3. 求下列级数的和.

(1) $\sum\limits_{n=1}^{\infty}\dfrac{1}{(\alpha+n-1)(\alpha+n)}$;

(2) $\sum\limits_{n=1}^{\infty}(-1)^{n+1}\dfrac{2n+1}{n(n+1)}$;

(3) $\sum\limits_{n=1}^{\infty}\dfrac{2n+1}{(n^2+1)[(n+1)^2+1]}$.

4. 如果一个球从距离地面 s_0 高度下落,重力加速度为 g,每次弹回的高度为前一次高度的一半,空气的阻力忽略不计,求球弹跳过程所耗费的总时间 T.

11.2 正项级数

若数项级数各项的符号都相同,称它为同号级数;若都是由正实数组成的级数,则称该级数为正项级数. 对于同号级数则只需研究正项级数,因为如果级数的各项都是负数,则它乘以(-1)后就得到一个正项级数,它们具有相同的敛散性. 正项级数敛散性的判别法较多,现将常用的几种判别法介绍于下:

定理 1 正项级数 $\sum\limits_{n=1}^{\infty}u_n$ 收敛的充要条件是它的部分和数列$\{s_n\}$有上界.

证 ①必要性:因为 $\sum\limits_{n=1}^{\infty}u_n$ 收敛$(u_n\geqslant 0)$, 所以$\lim\limits_{n\to\infty}s_n$ 存在,根据有极限的数列必有界知,存在 $M>0$,使得对任意的 n,都有 $s_n\leqslant M$. 即部分和数列有上界.

②充分性:因 $s_{n+1}=s_n+a_n$, $a_n\geqslant 0$,所以 $s_n\leqslant s_{n+1}$, $\{s_n\}$ 单调递增. 又因$\{s_n\}$有上界,根据单调递增有上界的数列必有极限知, $\lim\limits_{n\to\infty}s_n$ 存在.

故 $\sum\limits_{n=1}^{\infty}a_n$ 收敛.

定理 2(积分判别法) 若单调递减的函数 $f(x)$ 在$[1,+\infty)$上非负,则 $\sum\limits_{n=1}^{\infty}f(n)$ 与广义积

分$\int_1^{+\infty} f(x)\,dx$具有相同的敛散性.

证　因为$f(x)$是在$[1,+\infty)$上递减的函数,所以对任意$j>1$有$f(j)\geqslant f(j+1)$,从而有

$$\begin{aligned}\int_1^m f(x)\,dx &= \int_1^2 f(x)\,dx+\int_2^3 f(x)\,dx+\cdots+\int_{n-1}^n f(x)\,dx+\cdots+\int_{m-1}^m f(x)\,dx\\ &\geqslant \int_1^2 f(2)\,dx+\int_2^3 f(3)\,dx+\cdots+\int_{n-1}^n f(n)\,dx+\cdots+\int_{m-1}^m f(m)\,dx\\ &= f(2)+f(3)+\cdots+f(n)+\cdots+f(m)\\ &= \sum_{n=2}^m f(n)\end{aligned}$$

$$\begin{aligned}\int_1^m f(x)\,dx &= \int_1^2 f(x)\,dx+\int_2^3 f(x)\,dx+\cdots+\int_{n-1}^n f(x)\,dx+\cdots+\int_{m-1}^m f(x)\,dx\\ &\leqslant \int_1^2 f(1)\,dx+\int_2^3 f(2)\,dx+\cdots+\int_{n-1}^n f(n-1)\,dx+\cdots+\int_{m-1}^m f(m-1)\,dx\\ &= f(1)+f(2)+\cdots+f(n-1)+\cdots+f(m-1)\\ &= \sum_{n=1}^{m-1} f(n)\end{aligned}$$

$\sum\limits_{n=1}^{m-1} f(n)$, $\sum\limits_{n=2}^{m} f(n)$ 在几何上分别表示为图11.1和图11.2所示的阴影部分面积, $\int_1^m f(x)\,dx$表示由$y=f(x)$, $x=1$, $x=m$及x轴所围成的曲边梯形的面积,从而有

$$\sum_{n=2}^m f(n) \leqslant \int_1^m f(x)\,dx \leqslant \sum_{n=1}^{m-1} f(n) \tag{11.2}$$

设s_n为$\sum\limits_{n=1}^{\infty} f(n)$前$n$项的和.

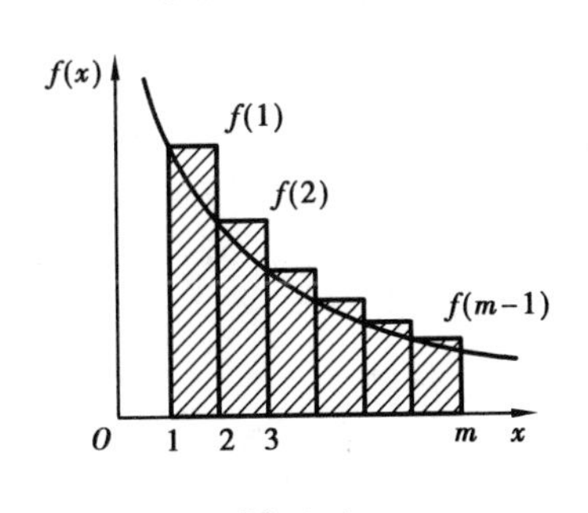

图11.1

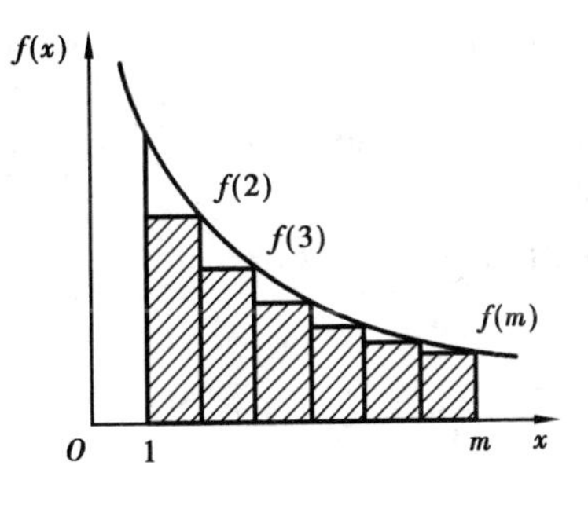

图11.2

一方面,若$\int_1^{+\infty} f(x)\,dx$收敛,则由式(11.2)左端不等式可得

$$s_m = \sum_{n=1}^m f(n) = f(1)+\sum_{n=2}^m f(n) \leqslant f(1)+\int_1^m f(x)\,dx \leqslant f(1)+\int_1^{+\infty} f(x)\,dx$$

所以正项级数$\sum\limits_{n=1}^{\infty} f(n)$的部分和有上界,又$f(n)>0$,故$\sum\limits_{n=1}^{\infty} f(n)$收敛.

另一方面,若正项级数$\sum\limits_{n=1}^{\infty} f(n)$收敛,则由式(11.2)右端不等式得

$$s_m - f(1) \leqslant \int_1^m f(x)\,\mathrm{d}x \leqslant s_{m-1}$$

因为 $\sum\limits_{n=1}^{\infty} f(n)$ 收敛，所以$\lim\limits_{n\to\infty} s_{m-1}$存在,从而 $F(m) = \int_1^m f(x)\,\mathrm{d}x$ 有上界.

又因

$$F(m+1) = \int_1^{m+1} f(x)\,\mathrm{d}x \geqslant \int_1^m f(x)\,\mathrm{d}x = F(m)$$

所以 $F(m) \leqslant F(m+1)$. 故 $F(m)$是单调递增有上界,从而$\lim\limits_{n\to\infty} F(m)$存在,即$\int_1^{+\infty} f(x)\,\mathrm{d}x$ 收敛.

综合以上两个方面可知: $\sum\limits_{n=1}^{\infty} f(n)$ 与$\int_1^{+\infty} f(x)\,\mathrm{d}x$ 的收敛性相同.

同理可证明 $\sum\limits_{n=1}^{\infty} f(n)$ 与$\int_1^{+\infty} f(x)\,\mathrm{d}x$ 的发散性相同.

例 11.5 判别 $\sum\limits_{n=1}^{\infty} \dfrac{1}{n^p}$ 的敛散性.

解 因为$f(x) = \dfrac{1}{x^p}$在$[1, +\infty)$上单调递减非负,所以 $\sum\limits_{n=1}^{\infty} \dfrac{1}{n^p}$ 与$\int_1^{+\infty} \dfrac{1}{x^p}\mathrm{d}x$ 有相同的敛散性.

当$p \neq 1$ 时,

$$\int_1^{+\infty} \frac{1}{x^p}\mathrm{d}x = \lim_{A\to+\infty}\int_1^A x^{-p}\mathrm{d}x = \lim_{A\to+\infty} \frac{1}{-p+1}x^{1-p}\Bigg|_1^A = \frac{1}{1-p}\lim_{A\to+\infty}(A^{1-p}-1)$$

$$= \begin{cases} \dfrac{1}{p-1} & p > 1 \\ +\infty & p < 1 \end{cases}$$

当$p = 1$ 时,

$$\int_1^{+\infty} \frac{1}{x^p}\mathrm{d}x = \int_1^{+\infty} \frac{1}{x} = \lim_{A\to+\infty}\int_1^A \frac{1}{x}\mathrm{d}x = \lim_{A\to\infty}\ln x\Bigg|_1^A = \lim_{A\to\infty}(\ln A - 0) = +\infty$$

综上所述: $\sum\limits_{n=1}^{\infty} \dfrac{1}{n^p}$ 在$p > 1$ 时收敛;在$p \leqslant 1$ 时发散.

注意 级数 $\sum\limits_{n=1}^{\infty} \dfrac{1}{n^p}$ 称为p级数. 当$p = 1$ 时, $\sum\limits_{n=1}^{\infty} \dfrac{1}{n}$ 称为调和级数.

定理 3(比较判别法) 设 $\sum\limits_{n=1}^{\infty} u_n$ 和 $\sum\limits_{n=1}^{\infty} v_n$ 是两个正项级数,且存在一个正整数 N,对一切 $n > N$都有 $u_n \leqslant v_n$,则

①若 $\sum\limits_{n=1}^{\infty} v_n$ 收敛,则$\sum\limits_{n=1}^{\infty} u_n$ 收敛.

②若 $\sum\limits_{n=1}^{\infty} u_n$ 发散,则$\sum\limits_{n=1}^{\infty} v_n$ 发散.

证 因为增加、减少、改变级数的有限项并不影响原级数的敛散性. 设 $s_m^{(1)}, s_m^{(2)}$ 分别表示 $\sum\limits_{n=N+1}^{\infty} u_n$ 和 $\sum\limits_{n=N+1}^{\infty} v_n$ 的部分和,由定理的条件知: 当$n > N$ 有 $u_n \leqslant v_n$,

从而有
$$s_m^{(1)} = \sum_{n=N+1}^{N+m} u_n \leqslant \sum_{n=N+1}^{N+m} v_n = s_m^{(2)} \tag{11.3}$$

①因为 $\sum_{n=1}^{\infty} v_n$ 收敛,所以 $\sum_{n=N+1}^{\infty} v_n$ 收敛, 从而 $\lim_{n\to+\infty} s_m^{(2)}$ 存在,由式(11.3)可得
$$s_m^{(1)} \leqslant \lim_{n\to\infty} s_m^{(2)}$$
所以 $\sum_{n=N+1}^{\infty} u_n$ 的部分和数列有界.

再由定理1知: $\sum_{n=N+1}^{\infty} u_n$ 收敛,从而 $\sum_{n=1}^{\infty} u_n$ 收敛.

②因为 $\sum_{n=1}^{\infty} u_n$ 发散,所以 $\sum_{n=N+1}^{\infty} u_n$ 发散, 根据定理1可知 $s_m^{(1)}$ 无界,再结合式(11.3)可知 $s_m^{(2)}$ 也无界,所以 $\sum_{n=N+1}^{\infty} v_n$ 发散, 从而 $\sum_{n=1}^{\infty} v_n$ 发散.

例11.6　设 $\sum_{n=1}^{\infty} a_n$ 与 $\sum_{n=1}^{\infty} b_n$ 收敛,且 $a_n \leqslant c_n \leqslant b_n$,证明 $\sum_{n=1}^{\infty} c_n$ 收敛.

a_n　c_n　b_n

图11.3

证　因为
$$a_n \leqslant c_n \leqslant b_n$$
所以
$$0 \leqslant c_n - a_n \leqslant b_n - a_n \text{(如图11.3所示)}$$

又因为 $\sum_{n=1}^{\infty} a_n$, $\sum_{n=1}^{\infty} b_n$ 收敛,所以 $\sum_{n=1}^{\infty} (b_n - a_n)$ 收敛.

根据正项级数比较判别法得: $\sum_{n=1}^{\infty} (c_n - a_n)$ 收敛.

又因为
$$c_n = a_n + (c_n - a_n)$$
所以
$$\sum_{n=1}^{\infty} c_n = \sum_{n=1}^{\infty} a_n + \sum_{n=1}^{\infty} (c_n - a_n)$$
故 $\sum_{n=1}^{\infty} c_n$ 收敛.

例11.7　讨论 $\sum_{n=1}^{\infty} \left(1 - \cos\frac{1}{n}\right)$ 的敛散性.

解　因为 $0 \leqslant \left(1 - \cos\frac{1}{n}\right) = 2\sin^2\frac{1}{2n} \leqslant \frac{1}{2n^2}$

即
$$0 \leqslant \left(1 - \cos\frac{1}{n}\right) \leqslant \frac{1}{2n^2}$$

由 p 级数的敛散性可知 $\sum_{n=1}^{\infty} \frac{1}{2n^2}$ 收敛, 根据正项级数比较判别法得: $\sum_{n=1}^{\infty} \left(1 - \cos\frac{1}{n}\right)$ 收敛.

在实际应用中,比较判别法的下述极限形式常常更为方便.

推论(极限判别法)　设 $\sum_{n=1}^{\infty} u_n$ 与 $\sum_{n=1}^{\infty} v_n$ 是两个正项级数,若 $\lim_{n\to\infty}\frac{u_n}{v_n} = l$,则有

①当 $0<l<+\infty$ 时, $\sum\limits_{n=1}^{\infty} u_n$ 与 $\sum\limits_{n=1}^{\infty} v_n$ 同时收敛或同时发散;

②当 $l=0$ 且 $\sum\limits_{n=1}^{\infty} v_n$ 收敛时, $\sum\limits_{n=1}^{\infty} u_n$ 收敛;

③当 $l=+\infty$ 且 $\sum\limits_{n=1}^{\infty} v_n$ 发散时, $\sum\limits_{n=1}^{\infty} u_n$ 发散.

证 ①因为

$$\lim_{n\to\infty}\frac{u_n}{v_v}=l \qquad (0<l<+\infty)$$

所以根据极限定义取 $\varepsilon=\frac{l}{2}>0$,存在一个正整数 N,当 $n>N$ 时有

$$\frac{l}{2}v_n < u_n < \frac{3l}{2}v_n \tag{11.4}$$

由定理 3 和式(11.4)可推得 $\sum\limits_{n=1}^{\infty} u_n$ 与 $\sum\limits_{n=1}^{\infty} v_n$ 同时收敛或同时发散.

②若 $l=0$,则 $\lim\limits_{n\to\infty}\frac{u_n}{v_n}=0$,对于任给的正数 $\varepsilon>0$,存在一个正整数 N_2,当 $n>N_2$ 时,有

$$0\leqslant u_n < \varepsilon v_n$$

而 $\sum\limits_{n=1}^{\infty} v_n$ 收敛,根据正项级数比较判别法得 $\sum\limits_{n=1}^{\infty} u_n$ 也收敛.

③若 $l=+\infty$,则 $\lim\limits_{n\to\infty}\frac{u_n}{v_n}=+\infty$,对任意正数 M,存在正整数 N_3, 当 $n>N_3$ 时,有

$$\frac{u_n}{v_n} > M \text{ 或 } Mv_n < u_n$$

因 $\sum\limits_{n=1}^{\infty} v_n$ 发散,根据正项级数比较判别法得: $\sum\limits_{n=1}^{\infty} u_n$ 发散.

例 11.8 判断下列级数的敛散性.

(1) $\sum\limits_{n=1}^{\infty} \frac{n}{3n^2+1}$;　　　(2) $\sum\limits_{n=1}^{\infty} \sin\frac{1}{n^\alpha}(0<\alpha<+\infty)$.

解 (1)因为 $u_n=\frac{n}{3n^2+1}=\frac{1}{n}\cdot\frac{1}{\left(3+\frac{1}{n^2}\right)}$

所以

$$\lim_{n\to\infty}\frac{u_n}{\frac{1}{n}}=\lim_{n\to\infty}\frac{1}{3+\frac{1}{n^2}}=\frac{1}{3}$$

由于 $\sum\limits_{n=1}^{\infty}\frac{1}{n}$ 发散,所以 $\sum\limits_{n=1}^{\infty}\frac{n}{3n^2+1}$ 发散.

(2)因为 $\lim\limits_{n\to\infty}\frac{\sin\frac{1}{n^\alpha}}{\frac{1}{n^\alpha}}=1(0<\alpha<+\infty)$,所以根据极限判别法有:

①当 $\alpha>1$ 时,因 $\sum\limits_{n=1}^{\infty}\frac{1}{n^\alpha}$ 收敛,所以 $\sum\limits_{n=1}^{\infty}\sin\frac{1}{n^\alpha}$ 收敛.

②当 $0<\alpha\leqslant 1$ 时,因 $\sum\limits_{n=1}^{\infty}\frac{1}{n^{\alpha}}$ 发散,所以 $\sum\limits_{n=1}^{\infty}\sin\frac{1}{n^{\alpha}}$ 发散.

定理4　比值判别法(达朗贝尔判别法)　设 $\sum\limits_{n=1}^{\infty}u_n$ 为正项级数,且 $\lim\limits_{n\to\infty}\frac{u_{n+1}}{u_n}=\rho$,则

(1)$\rho<1$ 时, $\sum\limits_{n=1}^{\infty}u_n$ 收敛.

(2)$\rho>1$ 时或 $\rho=+\infty$ 时, $\sum\limits_{n=1}^{\infty}u_n$ 发散.

(3)$\rho=1$ 时, $\sum\limits_{n=1}^{\infty}u_n$ 可能收敛可能发散.

证明　(1)因为 $\lim\limits_{n\to\infty}\frac{u_{n+1}}{u_n}=\rho$,$\rho<1$ 时,可选取 $\varepsilon_0>0$,使得 $\rho+\varepsilon_0=r<1$,则存在正整数 N_0,当 $n>N_0$ 时有 $u_{n+1}<ru_n$,即

$$
\begin{gathered}
u_{N_0+1}<ru_{N_0}\\
u_{N_0+2}<ru_{N_0+1}<r^2u_{N_0}\\
\vdots\\
u_{N_0+m}<r^mu_{N_0}
\end{gathered}
$$

因为 $\sum\limits_{m=1}^{\infty}r^mu_{N_0}$ 收敛,根据正项级数比较判别法得 $\sum\limits_{m=1}^{\infty}u_{N_0+m}$ 收敛,即 $\sum\limits_{n=N_0+1}^{\infty}u_n$ 收敛.

故 $\rho<1$ 时, $\sum\limits_{n=1}^{\infty}u_n$ 收敛.

(2)当 $1<\rho<+\infty$ 时,因为 $\lim\limits_{n\to\infty}\frac{u_{n+1}}{u_n}=\rho$,所以可选取 $0<\varepsilon_1<1$,使得 $\rho-\varepsilon_1=r>1$,存在正整数 N_1,当 $n>N_1$ 时有 $ru_n<u_{n+1}$,即

$$
\begin{gathered}
ru_{N_1}<u_{N_1+1}\\
r^2u_{N_1}<ru_{N_1+1}<u_{N_1+2}\\
\vdots
\end{gathered}
$$

一般地
$$
r^mu_{N_1}<u_{N_1+m}
$$

由于 $\sum\limits_{m=1}^{\infty}r^mu_{N_1}$ 发散,所以 $\sum\limits_{m=1}^{\infty}u_{N_1+m}$ 发散,从而 $\sum\limits_{n=N_1+1}^{\infty}u_n$ 发散. 故当 $1<\rho<+\infty$ 时, $\sum\limits_{n=1}^{\infty}u_n$ 发散.

当 $\rho=+\infty$ 时,由 $\lim\limits_{n\to\infty}\frac{u_{n+1}}{u_n}=+\infty$ 知:存在正整数 N_3,当 $n>N_3$ 时,有 $\frac{u_{n+1}}{u_n}>1$,从而 $u_{n+1}>u_n$,所以 $\lim\limits_{n\to\infty}u_n\neq 0$. 故 $\sum\limits_{n=1}^{\infty}u_n$ 发散.

(3)当 $\rho=1$ 时,级数可能收敛,也可能发散. 如 p 级数 $\sum\limits_{n=1}^{\infty}\frac{1}{n^p}$,不论 p 为何值时,均有

$$
\lim_{n\to\infty}\frac{u_{n+1}}{u_n}=\lim_{n\to\infty}\frac{n^p}{(n+1)^p}=1
$$

但 $p>1$ 时,级数 $\sum\limits_{n=1}^{\infty}\frac{1}{n^p}$ 收敛;$p\leqslant 1$ 时,级数 $\sum\limits_{n=1}^{\infty}\frac{1}{n^p}$ 发散.

例 11.9 判断下列级数的敛散性.

(1) $\sum\limits_{n=1}^{\infty}n^2\mathrm{e}^{-n}$　　(2) $\sum\limits_{n=1}^{\infty}\frac{2^n}{n^2}$　　(3) $\sum\limits_{n=1}^{\infty}nx^{n-1}(x>0)$.

解 (1)因为 $\rho=\lim\limits_{n\to\infty}\frac{u_{n+1}}{u_n}=\lim\limits_{n\to\infty}\frac{(n+1)^2\mathrm{e}^{-(n+1)}}{n^2\mathrm{e}^{-n}}=\lim\limits_{n\to\infty}\left(\frac{n+1}{n}\right)^2\frac{1}{\mathrm{e}}=\frac{1}{\mathrm{e}}<1$

所以根据比值判别法可知: $\sum\limits_{n=1}^{\infty}n^2\mathrm{e}^{-n}$ 收敛.

(2)因为

$$\rho=\lim_{n\to\infty}\frac{u_{n+1}}{u_n}=\lim_{n\to\infty}\frac{2^{n+1}}{(n+1)^2}\cdot\frac{n^2}{2^n}=2\lim_{n\to\infty}\left(\frac{n}{n+1}\right)^2=2>1$$

所以 $\sum\limits_{n=1}^{\infty}\frac{2^n}{n^2}$ 发散(此题也可根据$\lim\limits_{n\to\infty}u_n\neq 0$ 得出原级数发散).

(3)因为$\rho=\lim\limits_{n\to\infty}\frac{u_{n+1}}{u_n}=\lim\limits_{n\to\infty}\frac{(n+1)x^n}{nx^{n-1}}=x$,根据比值判别法可知:当 $0<x<1(\rho<1)$时,$\sum\limits_{n=1}^{\infty}nx^{n-1}$ 收敛;当 $x>1(\rho>1)$时, $\sum\limits_{n=1}^{\infty}nx^{n-1}$ 发散;当 $x=1$ 时, $\sum\limits_{n=1}^{\infty}nx^{n-1}=\sum\limits_{n=1}^{\infty}n$, 此级数发散.

定理 5 根值判别法(柯西判别法) 设 $\sum\limits_{n=1}^{\infty}u_n$ 为正项级数,且$\lim\limits_{n\to\infty}\sqrt[n]{u_n}=\rho$,则

(1)$\rho<1$ 时,级数 $\sum\limits_{n=1}^{\infty}u_n$ 收敛.

(2)$\rho>1$ 或$\rho=+\infty$ 时,级数 $\sum\limits_{n=1}^{\infty}u_n$ 发散.

(3)$\rho=1$ 时,级数 $\sum\limits_{n=1}^{\infty}u_n$ 可能收敛也可能发散.

此判别法的证明与比值判别法的证明类似. 比值判别法和根值判别法的优点在于无须像比较判别法那样需要从所给的级数之外找一个知其敛散性的级数与之比较,而由级数本身就能判定其敛散性.

例 11.10 判断下列级数的敛散性.

(1) $\sum\limits_{n=1}^{\infty}\frac{(\ln n)^{2n}}{n^n}$;　　(2) $\sum\limits_{n=1}^{\infty}\frac{3+(-1)^n}{2^n}$.

解 (1)因为

$$\lim_{x\to+\infty}\frac{(\ln x)^2}{x}\overset{\left(\frac{\infty}{\infty}\right)}{=\!=}0$$

所以

$$\rho=\lim_{n\to\infty}\sqrt[n]{u_n}=\lim_{n\to\infty}\frac{(\ln n)^2}{n}=\lim_{x\to+\infty}\frac{(\ln x)^2}{x}\overset{\left(\frac{\infty}{\infty}\right)}{=\!=}0<1$$

故 $\sum\limits_{n=1}^{\infty}\frac{(\ln n)^{2n}}{n^n}$ 收敛.

(2)因为$\frac{\sqrt[n]{2}}{2}\leqslant\sqrt[n]{u_n}=\sqrt[n]{\frac{3+(-1)^n}{2^n}}\leqslant\frac{\sqrt[n]{4}}{2}$,且$\lim\limits_{n\to\infty}\frac{\sqrt[n]{2}}{2}=\lim\limits_{n\to\infty}\frac{\sqrt[n]{4}}{2}=\frac{1}{2}$.
所以根据夹逼准则有

$$\rho=\lim_{n\to\infty}\sqrt[n]{u_n}=\lim_{n\to\infty}\sqrt[n]{\frac{3+(-1)^n}{2^n}}=\frac{1}{2}<1$$

故 $\sum_{n=1}^{\infty}\frac{3+(-1)^n}{2^n}$ 收敛.

注　此题用比值判别法失效.

因为

$$\frac{u_{n+1}}{u_n}=\frac{3+(-1)^{n+1}}{2^{n+1}}\cdot\frac{2^n}{3+(-1)^n}=\begin{cases}1,\text{当 }n\text{ 为奇数}\\ \frac{1}{4},\text{当 }n\text{ 为偶数}\end{cases}$$

所以 $\lim_{n\to\infty}\frac{u_{n+1}}{u_n}$ 不存在.

由此例可看出用比值判别法不能确定级数的敛散性时，根值判别法有时能判定级数的敛散性.

比值判别法和根值判别法是基于把所要判断的级数与某一几何级数相比较的想法而得到的，只有对那些级数的项收敛于0的速度比某一几何级数的项收敛速度快的级数，这两种方法才能鉴定出它的收敛性. 如果以通项收敛于0的速度较慢的 p 级数作为比较标准，得到拉贝判别法.

* **定理6　拉贝判别法**　设 $\sum_{n=1}^{\infty}u_n$ 为正项级数，且极限 $\lim_{n\to\infty}n\left(1-\frac{u_{n+1}}{u_n}\right)=r$ 存在，则

(1) $r>1$ 时，$\sum_{n=1}^{\infty}u_n$ 收敛.

(2) $r<1$ 时，$\sum_{n=1}^{\infty}u_n$ 发散.

(3) $r=1$ 时，$\sum_{n=1}^{\infty}u_n$ 的敛散性无法判断.

例11.11　判断级数 $\sum_{n=1}^{\infty}\left(\frac{1\cdot 2\cdots(2n-1)}{2\cdot 4\cdots(2n)}\right)^3$ 的敛散性.

解　因为 $r=\lim_{n\to\infty}n\left(1-\frac{u_{n+1}}{u_n}\right)=\lim_{n\to\infty}n\left[1-\left(\frac{2n+1}{2n+2}\right)^3\right]=\lim_{n\to\infty}\frac{n(12n^2+18n+7)}{(2n+2)^3}=\frac{3}{2}>1$

根据拉贝判别法得 $\sum_{n=1}^{\infty}u_n$ 收敛.

习题11.2

A组

1. 判别下列级数的敛散性.

(1) $\sum_{n=1}^{\infty}\frac{1}{n^2+a^2}$　　(2) $\sum_{n=1}^{\infty}2^n\sin\frac{\pi}{3^n}$

(3) $\sum_{n=1}^{\infty}\frac{1}{\sqrt{1+n^2}}$　　(4) $\sum_{n=1}^{\infty}\left(1-\cos\frac{x}{n}\right)\ (x>0)$

(5) $\sum_{n=1}^{\infty}\frac{1}{n\sqrt[n]{n}}$

2. 用比值判别法或根值判别法判别下列级数的敛散性.

(1) $\sum_{n=1}^{\infty} \frac{1 \cdot 3 \cdots (2n-1)}{n!}$ (2) $\sum_{n=1}^{\infty} \left(\frac{n}{2n+1}\right)^n$

3. 设级数 $\sum_{n=1}^{\infty} a_n^2$ 收敛，证明级数 $\sum_{n=1}^{\infty} \frac{a_n}{n}(a_n > 0)$ 收敛.

4. 设正项级数 $\sum_{n=1}^{\infty} a_n$ 收敛,证明级数 $\sum_{n=1}^{\infty} a_n^2$ 收敛. 反之是否成立?

5. 设 $a_n \geqslant 0$,且数列 $\{na_n\}$ 有界,证明级数 $\sum_{n=1}^{\infty} a_n^2$ 收敛.

6. 设级数 $\sum_{n=1}^{\infty} a_n^2$ 和 $\sum_{n=1}^{\infty} b_n^2$ 收敛，证明级数 $\sum_{n=1}^{\infty} (a_n + b_n)^2$ 收敛.

B 组

1. 判别下列级数的敛散性.

(1) $\sum_{n=2}^{\infty} \frac{1}{(\ln n)^n}$ (2) $\sum_{n=1}^{\infty} e^{-an}(a > 0)$

(3) $\sum_{n=1}^{\infty} (a^{\frac{1}{n}} + a^{-\frac{1}{n}} - 2)(a > 0)$

2. 用比值判别法或根值判别法判别下列级数的敛散性.

(1) $\sum_{n=1}^{\infty} \frac{(n+1)!}{10^n}$ (2) $\sum_{n=1}^{\infty} \frac{n!}{n^n}$

(3) $\sum_{n=1}^{\infty} \frac{n^2}{2^n}$ (4) $\sum_{n=1}^{\infty} \left(\frac{b}{a_n}\right)^n (a_n \to a(n \to \infty); a_n, a, b > 0)$

(5) $\sum_{n=1}^{\infty} \frac{x^n}{(1+x)(1+x^2)\cdots(1+x^n)} (x \geqslant 0)$

3. 设正项级数 $\sum_{n=1}^{\infty} u_n$ 收敛，证明级数 $\sum_{n=1}^{\infty} \sqrt{u_n u_{n+1}}$ 收敛.

4. 利用级数证明下列极限:

(1) $\lim_{n \to \infty} \frac{n^n}{(n!)^2} = 0$ (2) $\lim_{n \to \infty} \frac{(2n)!}{a^{n!}} = 0$

(**提示**:构造一个收敛的正项级数,通项必趋于0)

5. 设级数 $\sum_{n=1}^{\infty} a_n^2$ 收敛，证明级数 $\sum_{n=1}^{\infty} \frac{(-1)^n a_n}{\sqrt{n^2+1}}(a_n > 0)$ 收敛.

6. 判断下列级数的敛散性.

(1) $\sum_{n=1}^{\infty} \frac{3^n n!}{n^n}$ (2) $\sum_{n=1}^{\infty} \frac{\sqrt{n}}{2n^2+n+2}$

(3) $\sum_{n=1}^{\infty} \frac{1}{\ln n}$ (4) $\sum_{n=1}^{\infty} (\sqrt[n]{a} - 1), (a \geqslant 1)$

(5) $\sum_{n=1}^{\infty} \frac{1 \cdot 3 \cdots (2n-1)}{2 \cdot 4 \cdots 2n} \frac{1}{2n+1}$(**提示**:拉贝判别法)

(6) $\sum_{n=1}^{\infty} \frac{\ln n}{n^2}$　(**提示**:可选择$\sum_{n=1}^{\infty} \frac{1}{n^{\frac{3}{2}}}$与之比较).

11.3　一般项级数

上节我们讨论了正项级数的敛散性,一般级数的敛散性问题要比正项级数复杂,本节我们只讨论特殊类型级数的敛散性问题.

11.3.1　交错级数

定义1　若级数的各项符号正负相间,即$\sum_{n=1}^{\infty}(-1)^{n+1}u_n(u_n>0)$,则称此级数为交错级数.如$\sum_{n=1}^{\infty}\frac{(-1)^n}{n}=-1+\frac{1}{2}-\frac{1}{3}+\frac{1}{4}-\cdots$是交错级数,但连续几项正,连续几项负所构成的级数就不是交错级数,如$1-\frac{1}{2}-\frac{1}{3}+\frac{1}{4}-\frac{1}{5}-\frac{1}{6}-\cdots$.

交错级数的收敛性一般采用莱布尼茨判别法.

定理1(莱布尼茨判别法)　若交错级数$\sum_{n=1}^{\infty}(-1)^{n+1}u_n$满足条件:

(1) $u_n \geqslant u_{n+1}(n=1,2,\cdots)$;

(2) $\lim\limits_{n\to\infty}u_n=0$.

则$\sum_{n=1}^{\infty}(-1)^{n+1}u_n$收敛,且其和$s\leqslant u_1$,其余项$r_n$的绝对值$|r_n|\leqslant u_{n+1}$.

证　设交错级数的前n项的部分和数列为$\{s_n\}$.

一方面,当n为偶数$2m$时,有

$$\begin{aligned}s_{2m}&=u_1-u_2+u_3-u_4+\cdots+u_{2m-1}-u_{2m}\\&=(u_1-u_2)+(u_3-u_4)+\cdots+(u_{2m-1}-u_{2m})\end{aligned}$$

因为u_n单调递减,所以$u_i>u_{i+1},u_i-u_{i+1}>0$.

从而$s_{2m}>0$且$\{s_{2m}\}$单调递增;

又因为

$$\begin{aligned}S_{2m}&=u_1-u_2+u_3-u_4+\cdots+u_{2m-1}-u_{2m}\\&=u_1-(u_2-u_3)-(u_4-u_5)-\cdots-(u_{2m-2}-u_{2m-1})-u_{2m}\leqslant u_1\end{aligned}$$

所以$\{s_{2m}\}$是单调递增且有上界,从而$\lim\limits_{m\to\infty}s_{2m}$存在.不妨设其极限为$S$,即

$$\lim_{m\to\infty}s_{2m}=s$$

另方面,当n为奇数$2m+1$时,$s_{2m+1}=s_{2m}+u_{2m+1}$.

又因为$\lim\limits_{n\to\infty}u_n=0$,所以有

$$\lim_{m\to\infty}s_{2m+1}=\lim_{m\to\infty}(s_{2m}+u_{2m+1})=\lim_{m\to\infty}s_{2m}+\lim_{m\to\infty}u_{2m+1}=s$$

结合上述两方面有

$$\lim_{m\to\infty} s_{2m} = \lim_{m\to\infty} s_{2m+1} = s$$

故$\lim\limits_{n\to\infty} s_n = s$. 因此 $\sum\limits_{n=1}^{\infty}(-1)^{n+1}u_n$ 收敛.

此证明过程表明:收敛的交错级数 $\sum\limits_{n=1}^{\infty}(-1)^{n+1}u_n$ 的和不大于该级数的第一项,即有 $0 < s \leqslant u_1$,其余项 $r_n = \pm(u_{n+1} - u_{n+2} + u_{n+3} - \cdots)$,因而有余项估计式为 $|r_n| \leqslant u_{n+1}$.

注意 对满足定理1条件的交错级数,如果用 s_n 作为 s 的近似值,则产生的误差不会超过余项中第一项的绝对值 u_{n+1}. 在近似计算中,常用此法来估计误差.

例 11.11 判断下列级数的敛散性.

(1) $\sum\limits_{n=1}^{\infty}\dfrac{(-1)^n}{n^{\frac{1}{2}}}$;　　(2) $\sum\limits_{n=1}^{\infty}\dfrac{(-1)^n\ln n}{n}$;　　(3) $\sum\limits_{n=1}^{\infty}\dfrac{n(-1)^n}{n+1}$.

解 (1)因为它是交错级数,且满足$\lim\limits_{n\to\infty} n^{-\frac{1}{2}} = 0$ 和$(n+1)^{-\frac{1}{2}} < n^{-\frac{1}{2}}$两个条件,所以根据莱布尼茨判别法知 $\sum\limits_{n=1}^{\infty}\dfrac{(-1)^n}{n^{\frac{1}{2}}}$ 收敛.

(2)设$f(x) = \dfrac{\ln x}{x}$,则$f'(x) = \dfrac{1-\ln x}{x^2} < 0\ (x > \mathrm{e})$,$f(x)$在 $x > \mathrm{e}$ 时单调递减,所以$\dfrac{\ln(n+1)}{n+1} < \dfrac{\ln n}{n}(n > 3)$, 即 $u_n = \dfrac{\ln n}{n}$单调递减;

又因为 $\lim\limits_{x\to+\infty}\dfrac{\ln x}{x} = 0$,所以$\lim\limits_{n\to\infty}\dfrac{\ln n}{n} = \lim\limits_{x\to+\infty}\dfrac{\ln x}{x} = 0$.

根据莱布尼茨判别法得知 $\sum\limits_{n=1}^{\infty}\dfrac{(-1)^n\ln n}{n}$ 收敛.

(3)它虽然是交错级数,但$\lim\limits_{n\to\infty} u_n = \lim\limits_{n\to\infty}\dfrac{n}{n+1} = 1 \neq 0$,所以 $\sum\limits_{n=1}^{\infty}\dfrac{n(-1)^n}{n+1}$ 是发散的.

例 11.12 确定 N 的值,使得部分和 s_N 作 $\sum\limits_{n=1}^{\infty}\dfrac{(-1)^n}{n}$ 的近似值,其误差不超过 0.05.

解 $s = \sum\limits_{n=1}^{\infty}\dfrac{(-1)^n}{n} = -1 + \dfrac{1}{2} - \dfrac{1}{3} + \dfrac{1}{4} - \dfrac{1}{5} + \cdots$,

依题意,$|s - s_N| < u_{N+1} = \dfrac{1}{N+1} \leqslant 0.05$,解得 $N \geqslant 19$.

11.3.2 级数的绝对收敛与条件收敛

定义 2 若级数 $\sum\limits_{n=1}^{\infty}u_n$ 各项取绝对值所组成的级数 $\sum\limits_{n=1}^{\infty}|u_n|$收敛,则称 $\sum\limits_{n=1}^{\infty}u_n$ 为绝对收敛;若$\sum\limits_{n=1}^{\infty}|u_n|$发散,$\sum\limits_{n=1}^{\infty}u_n$ 收敛,则称$\sum\limits_{n=1}^{\infty}u_n$ 为条件收敛.

定理 2 若$\sum\limits_{n=1}^{\infty}|u_n|$ 收敛,则$\sum\limits_{n=1}^{\infty}u_n$ 收敛.

证 因为$0 \leqslant |u_n| + u_n \leqslant 2|u_n|$,又因为 $\sum\limits_{n=1}^{\infty}|u_n|$收敛,所以根据正项级数的比较判别法可

知：$\sum\limits_{n=1}^{\infty}(|u_n|+u_n)$ 收敛.

又因为 $u_n=(|u_n|+u_n)-|u_n|$，所以

$$\sum_{n-1}^{\infty}u_n=\sum_{n=1}^{\infty}(|u_n|+u_n)-\sum_{n=1}^{\infty}|u_n|$$

由收敛级数的差仍然收敛得出：$\sum\limits_{n=1}^{\infty}u_n$ 收敛.

定理2表明绝对收敛的级数其本身也收敛.

例11.13　判断下列级数的敛散性. 若收敛，判断其是绝对收敛还是条件收敛.

(1) $\sum\limits_{n=1}^{\infty}(-1)^n\sin\dfrac{x}{n}(x>0)$；　　(2) $\sum\limits_{n=1}^{\infty}\sin\left(\sqrt{n}+\dfrac{1}{\sqrt{n}}\right)^2\pi$.

解　(1)因为 $x>0$，所以 $\exists N=\left[\dfrac{2x}{\pi}\right]+1$，当 $n>N$ 时，有

$$0<\frac{x}{n}<\frac{\pi}{2}$$

从而

$$|u_n|=\left|(-1)^n\sin\frac{x}{n}\right|=\sin\frac{x}{n}(n>N)$$

所以

$$\sum_{n=N+1}^{\infty}|u_n|=\sum_{n=N+1}^{\infty}\sin\frac{x}{n}$$

又因 $\lim\limits_{n\to\infty}\dfrac{\sin\frac{x}{n}}{\frac{x}{n}}=1$，而 $\sum\limits_{n=N+1}^{\infty}\dfrac{x}{n}$ 发散，所以 $\sum\limits_{n=N+1}^{\infty}\sin\dfrac{x}{n}$ 发散，即原级数不是绝对收敛.

另一方面，原级数是交错级数，且满足定理1的条件，即

$$\lim_{n\to\infty}\sin\frac{x}{n}=0,\sin\frac{x}{n}>\sin\frac{x}{n+1}\left(n>\frac{2x}{\pi}\right)$$

故 $\sum\limits_{n=N+1}^{\infty}(-1)^n\sin\dfrac{x}{n}$ 是收敛的交错级数且为条件收敛.

(2)因为 $\sum\limits_{n=3}^{\infty}\sin\left(\sqrt{n}+\dfrac{1}{\sqrt{n}}\right)^2\pi=\sum\limits_{n=3}^{\infty}(-1)^n\sin\dfrac{\pi}{n}$

所以

$$\sum_{n=3}^{\infty}\left|\sin\left(\sqrt{n}+\frac{1}{\sqrt{n}}\right)^2\pi\right|=\sum_{n=3}^{\infty}\sin\frac{\pi}{n}$$

根据正项级数比较判别法的极限形式知 $\sum\limits_{n=3}^{\infty}\sin\dfrac{\pi}{n}$ 发散，即 $\sum\limits_{n=1}^{\infty}\left|\sin\left(\sqrt{n}+\dfrac{1}{\sqrt{n}}\right)^2\pi\right|$ 发散.

但 $\sin\dfrac{\pi}{n}$ 单减$(n>3)$ 且 $\lim\limits_{n\to\infty}\sin\dfrac{\pi}{n}=0$，由莱布尼茨判别法知：$\sum\limits_{n=1}^{\infty}(-1)^n\sin\dfrac{\pi}{n}$ 收敛. 即 $\sum\limits_{n=1}^{\infty}\sin\left(\sqrt{n}+\dfrac{1}{\sqrt{n}}\right)^2\pi$ 收敛，故原级数为条件收敛.

*11.3.3　绝对收敛级数的性质

收敛级数可分为绝对收敛级数与条件收敛级数两大类，下面将讨论绝对收敛级数的两个

重要性质,而条件收敛级数却不具备这种特性,因此,在收敛级数中区分绝对收敛与条件收敛是必要的.

(1)级数的重排

自然数集到它自身的一个一一对应:$n\to l(n)$称为自然数列的一个重排. 相应数列$\{u_n\}$按映射:$u_n\to u_{l(n)}$所得到的数列$\{u_{l(n)}\}$称为原数列$\{u_n\}$的一个重排. 由此,$\sum\limits_{n=1}^{\infty}u_{l(n)}$是$\sum\limits_{n=1}^{\infty}u_n$的一个重排. 为叙述方便,记$v_n = u_l(n)$,则$\sum\limits_{n=1}^{\infty}u_{l(n)} = \sum\limits_{n=1}^{\infty}v_n$.

定理 3　设级数$\sum\limits_{n=1}^{\infty}u_n$绝对收敛,且其和为$s$,则任意重排后所得到的级数$\sum\limits_{n=1}^{\infty}v_n$也绝对收敛并有相同的和数.

证　先假设级数$\sum\limits_{n=1}^{\infty}u_n$是正项级数,用$s_n$表示它的前$n$项的部分和,以$\sigma_m = v_1+v_2+\cdots+v_m$表示级数$\sum\limits_{n=1}^{\infty}v_n$的前$m$项的部分和.

因$\sum\limits_{n=1}^{\infty}v_n$是$\sum\limits_{n=1}^{\infty}u_n$的一个重排,所以每一$v_k(1\leqslant k\leqslant m)$都是$\sum\limits_{n=1}^{\infty}u_n$的一项$u_{ik}(1\leqslant k\leqslant m)$. 记$n=\max(i_1,i_2,\cdots,i_m)$,则对任何$m$,都存在$n$,使得$\sigma_m\leqslant s_n$.

由于$\sum\limits_{n=1}^{\infty}u_n = s$,所以$\sigma_m\leqslant s$,因此$\sum\limits_{n=1}^{\infty}v_n$收敛. 若记$\sum\limits_{n=1}^{\infty}v_n$的和为$\sigma$,则有

$$\sigma\leqslant s \tag{11.5}$$

同理,$\sum\limits_{n=1}^{\infty}u_n$又可看作是$\sum\limits_{n=1}^{\infty}v_n$的重排,又可得

$$s\leqslant\sigma \tag{11.6}$$

由式(11.5)和式(11.6)得

$$\sigma = s$$

若$\sum\limits_{n=1}^{\infty}u_n$为一般项级数且绝对收敛,由上面所推得的结果可知$\sum\limits_{n=1}^{\infty}|v_n|$也收敛,即$\sum\limits_{n=1}^{\infty}v_n$绝对收敛.

现证明$\sum\limits_{n=1}^{\infty}v_n = s$. 令$p_n=\dfrac{|u_n|+u_n}{2}$,$q_n=\dfrac{|u_n|-u_n}{2}$.

当$u_n\geqslant 0$时,$p_n=u_n\geqslant 0$,$q_n=0$;当$u_n\leqslant 0$时,$p_n=0$,$q_n=|u_n|=-u_n\geqslant 0$. 所以$0\leqslant p_n\leqslant|u_n|$,$0\leqslant q_n\leqslant|u_n|$且有$p_n+q_n=|u_n|$,$p_n-q_n=u_n$.

由于$\sum\limits_{n=1}^{\infty}u_n$,$\sum\limits_{n=1}^{\infty}p_n$,$\sum\limits_{n=1}^{\infty}q_n$绝对收敛,因此有

$$s = \sum_{n=1}^{\infty}u_n = \sum_{n=1}^{\infty}(p_n-q_n) = \sum_{n=1}^{\infty}p_n - \sum_{n=1}^{\infty}q_n$$

对于$\sum\limits_{n=1}^{\infty}u_n$重排后所得到的级数$\sum\limits_{n=1}^{\infty}v_n$可看为两个正项级数之差,不妨记为

$$\sum_{n=1}^{\infty}v_n = \sum_{n=1}^{\infty}p_n^* - \sum_{n=1}^{\infty}q_n^*,\left(\sum_{n=1}^{\infty}p_n^*\text{ 与 }\sum_{n=1}^{\infty}q_n^*\text{ 分别是 }\sum_{n=1}^{\infty}p_n\text{ 与 }\sum_{n=1}^{\infty}q_n\text{ 的重排}\right)$$

前面已证明收敛的正项级数重排后它的和不变,从而得

$$\sum_{n=1}^{\infty} v_n = \sum_{n=1}^{\infty} p_n^* - \sum_{n=1}^{\infty} q_n^* = \sum_{n=1}^{\infty} p_n - \sum_{n=1}^{\infty} q_n = S$$

对于条件收敛级数,这个定理的结论就不一定能成立,如交错级数 $\sum\limits_{n-1}^{\infty}(-1)^{n+1}\dfrac{1}{n}$ 是条件收敛级数,记其和为 A,即

$$A = 1 - \frac{1}{2} + \frac{1}{3} - \frac{1}{4} + \frac{1}{5} - \frac{1}{6} + \cdots$$

两边同时乘 $\frac{1}{2}$,得 $$\frac{A}{2} = \frac{1}{2} - \frac{1}{4} + \frac{1}{6} - \frac{1}{8} + \frac{1}{10} - \frac{1}{12} + \cdots$$

将上述两个级数相加得

$$\frac{3}{2}A = 1 + \frac{1}{3} - \frac{1}{2} + \frac{1}{5} + \frac{1}{7} - \frac{1}{4} + \cdots$$

此级数刚好是 $\sum\limits_{n-1}^{\infty}\dfrac{(-1)^{n+1}}{n}$ 的重排,由此可见条件收敛级数重排后并不一定收敛于原级数的和,甚至还可以证明条件收敛级数适当重排后可得到发散级数或收敛于任何事先给定的数.

(2)级数的乘积

设有收敛级数

$$\sum_{n-1}^{\infty} u_n = u_1 + u_2 + \cdots + u_n + \cdots = A$$

$$\sum_{n-1}^{\infty} v_n = v_1 + v_2 + \cdots + v_n + \cdots = B$$

将级数 $\sum\limits_{n=1}^{\infty} u_n$ 与 $\sum\limits_{n-1}^{\infty} v_n$ 的每一项的所有可能的乘积列成表 11.1.

表 11.1

u_1v_1	u_1v_2	u_1v_3	$\cdots$	u_1v_n	$\cdots$
u_2v_1	u_2v_2	u_2v_3	$\cdots$	u_2v_n	$\cdots$
u_3v_1	u_3v_2	u_3v_3	$\cdots$	u_3v_n	$\cdots$
$\cdots\cdots$					
u_nv_1	u_nv_2	u_nv_3	$\cdots$	u_nv_n	$\cdots$
$\cdots\cdots$					

这些乘积 u_iv_j 可以按各种方法排成一个级数,如按正方形顺序(表 11.2)相加,得

$$\sum_{n=1}^{\infty} w_n = u_1v_1 + (u_1v_2 + u_2v_2 + u_2v_1) + (u_1v_3 + u_2v_3 + u_3v_3 + u_3v_2 + u_3v_1) + \cdots$$

$$w_n = \left(\sum_{i=1}^{n} u_iv_n + \sum_{i=1}^{n} u_nv_i\right)$$

如按对角线的顺序(表 11.3)依次相加,得

$$\sum_{n=2}^{\infty} w_n = u_1v_1 + (u_1v_2 + u_2v_1) + (u_1v_3 + u_2v_2 + u_3v_1) + \cdots$$

$$w_n = u_1v_n + u_2v_{n-1} + \cdots + u_nv_1 = \sum_{i+j=n} u_iv_j$$

表 11.2

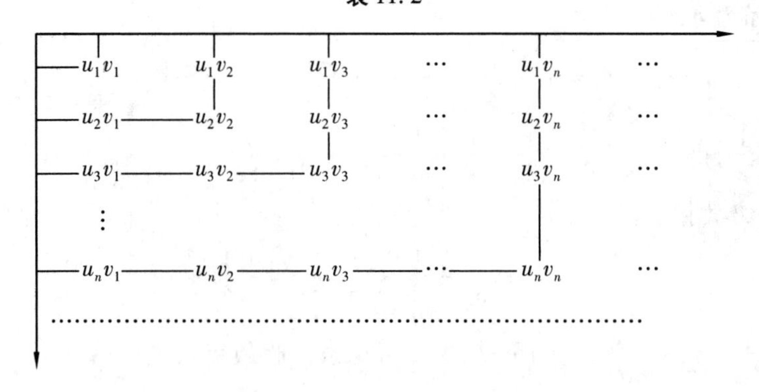

表 11.3

$i+j=2$ $i+j=3$ $i+j=4$ $i+j=n+1$

u_1v_1 u_1v_2 u_1v_3 … u_1v_n …

u_2v_1 u_2v_2 u_2v_{n-1} …

u_3v_1 … u_3v_{n-2} …

u_nv_1 …

定理 4(柯西定理) 若级数 $\sum_{n=1}^{\infty} u_n$, $\sum_{n=1}^{\infty} v_n$ 都绝对收敛,且 $\sum_{n=1}^{\infty} u_n = A$, $\sum_{n=1}^{\infty} v_n = B$,则对表 11.3 中所有 u_iv_j 按任意顺序排列所得到的级数 $\sum_{n=1}^{\infty} w_n$ 也绝对收敛,且其和等于 AB.

证 以 s_n 表示级数 $\sum_{n=1}^{\infty} |w_n|$ 的部分和,即

$$s_n = |w_1| + |w_2| + \cdots |w_n|$$

其中,记 $m = \max(i_1, j_1, i_2, j_2, \cdots, i_n, j_n)$, $|A_m| = |u_1| + |u_2| + \cdots + |u_n|$, $|B_m| = |v_1| + |v_2| + \cdots |v_n|$,

则必有

$$s_n \leqslant |A_m||B_m| \tag{11.7}$$

由于 $\sum_{n=1}^{\infty} |u_n|$, $\sum_{n=1}^{\infty} |v_n|$ 收敛,因此其部分和数列 $\{|A_m|\}$, $\{|B_m|\}$ 都有界,于是由式 (11.7) 知 s_n 有界,所以 $\sum_{n-1}^{\infty} |w_n|$ 收敛.

由于绝对收敛级数具有可重排的性质,级数的和与排列的次序无关,为方便求和,采用正方形顺序取通项:

$$w_n = u_1v_n + u_2v_n + \cdots + u_nv_n + u_nv_{n-1} + \cdots u_nv_1$$

设 p_n 为 $\sum\limits_{n=1}^{\infty} w_n$ 的前 n 项的部份和，$\sum\limits_{n=1}^{\infty} u_n$，$\sum\limits_{n=1}^{\infty} v_n$ 的部分和为 A_n, B_n.

于是有
$$p_n = A_nB_n$$
因此
$$\lim_{n\to\infty} p_n = \lim_{n\to\infty} A_nB_n = \lim_{n\to\infty} A_n \cdot \lim_{n\to\infty} B_n = AB$$
即
$$\sum_{n=1}^{\infty} w_n = AB$$
定理得到证明.

习题 11.3

A 组

判断下列级数哪些是绝对收敛，哪些是条件收敛.

(1) $\sum\limits_{n=1}^{\infty} \dfrac{\sin nx}{n!}$　　(2) $\sum\limits_{n=1}^{\infty} (-1)^n \sin\dfrac{2}{n}$

(3) $\sum\limits_{n=1}^{\infty} \dfrac{(-1)^n}{n^{p+\frac{1}{n}}}$　$0 < p < 1$　　(4) $\sum\limits_{n=1}^{\infty} (-1)^n \left(\dfrac{2n+100}{3n+1}\right)^n$

(5) $\sum\limits_{n=1}^{\infty} \dfrac{(-1)^n \ln(n+1)}{n+1}$

B 组

判断下列级数的敛散性.

(1) $\sum\limits_{n=1}^{\infty} \left(\dfrac{(-1)^n}{\sqrt{n}} + \dfrac{1}{n}\right)$　　(2) $\sum\limits_{n=1}^{\infty} (-1)^n \dfrac{n}{n+1}$

(3) $\sum\limits_{n=2}^{\infty} \dfrac{(-1)^n}{\sqrt{n} + (-1)^n}$　　(4) $\sum\limits_{n=1}^{\infty} \dfrac{\ln(n+2)}{\left(a+\frac{1}{n}\right)^n} (a > 0)$

11.4 幂级数

幂级数是函数项级数的一种重要情形，我们首先介绍函数项级数的几个基本概念.

11.4.1 函数项级数的一些基本概念

设 $\{u_n(x)\}$ 是定义在区间 I 上的一个函数列，则由这函数列所构成的表达式

$$\sum_{n=1}^{\infty} u_n(x) = u_1(x) + u_2(x) + \cdots + u_n(x) + \cdots \tag{11.8}$$

称为定义在区间 I 上的函数项级数，称 $s_n(x) = \sum\limits_{k=1}^{n} u_k(x)$ 为函数项级数 $\sum\limits_{k=1}^{\infty} u_k(x)$ 的前 n 项部

分和函数.

对于每一个确定的$x_0 \in I$,将x_0代入函数项级数得到的数项级数$\sum\limits_{n=1}^{\infty} u_n(x_0)$有可能收敛也可能发散.如果$\sum\limits_{n=1}^{\infty} u_n(x_0)$收敛,则称$x_0$为级数(11.8)的收敛点,函数项级数(11.8)的所有收敛点组成的集合称为级数(11.8)的收敛域.

如果$\sum\limits_{n=1}^{\infty} u_n(x_0)$发散,$x_0$称为级数(11.8)的发散点,函数项级数(11.8)的所有发散点组成的集合称为级数(11.8)的发散域.

设级数(11.8)的收敛域为D,则在D上任意一点x,函数项级数成为一收敛的数项级数,因而有一确定的和s与之对应.因此在收敛域上,函数项级数的和是x的函数$s(x)$,称$s(x)$为级数(11.8)的和函数,并记为$s(x) = \sum\limits_{n=1}^{\infty} u_n(x),(x \in D)$.

显然有$s(x) = \lim\limits_{n\to\infty} s_n(x),(x \in D)$,称$r_n(x) = s(x) - s_n(x)$为函数项级数的余项,于是$\lim\limits_{n\to\infty} r_n(x) = 0,(x \in D)$.

由此,函数项级数的收敛性问题完全归结为讨论它的部分和函数列$\{s_n(x)\}$的收敛性.函数项级数中最简单、最重要的一种级数是幂级数,下面我们专门研究幂级数.

11.4.2 幂级数的基本概念

定义1 形如

$$\sum_{n=0}^{\infty} a_n(x - x_0)^n = a_0 + a_1(x - x_0) + a_2(x - x_0)^2 + \cdots + a_n(x - x_0)^n + \cdots \tag{11.9}$$

的函数项级数称为幂级数.

若令$x_0 = 0$,则幂级数(11.9)变为

$$\sum_{n=0}^{\infty} a_n x^n = a_0 + a_1 x + a_2 x^2 + \cdots + a_n x^n + \cdots \tag{11.10}$$

因为把幂级数(11.10)中的x用$x - x_0$替换便可得到幂级数(11.9),幂级数(11.9)的敛散性问题可转化为幂级数(11.10)的敛散性问题.显然,任意一个幂级数(11.10)在$x = 0$点是收敛的,除此之外,它还在哪些点收敛?为回答这个问题,首先引入如下定理.

定理1(阿贝尔引理)

(1)若$\sum\limits_{n=0}^{\infty} a_n x^n$在$x_0(\neq 0)$收敛,则对满足$|x| < |x_0|$的任何$x$,$\sum\limits_{n=0}^{\infty} a_n x^n$绝对收敛.

(2)若$\sum\limits_{n=0}^{\infty} a_n x^n$在$x_0$发散,则对满足$|x| > |x_0|$的任何$x$,幂级数$\sum\limits_{n=0}^{\infty} a_n x^n$发散.

证 (1)因为$\sum\limits_{n=0}^{\infty} a_n x_0^n$收敛,所以$\lim\limits_{n\to\infty} a_n x_0^n = 0$,从而存在$M > 0$,使得

$$|a_n x_0^n| \leqslant M,(n = 0,1,2,\cdots)$$

由于$|x| < |x_0|$,记$r = \left|\dfrac{x}{x_0}\right| < 1$,则有

$$|a_nx^n| = \left|a_nx_0^n \cdot \frac{x^n}{x_0^n}\right| = |a_nx_0^n| \cdot \left|\frac{x}{x_0}\right|^n < Mr^n$$

因为几何级数 $\sum_{n=0}^{\infty} Mr^n$ 收敛,根据比较判别法得幂级数 $\sum_{n=0}^{\infty} a_nx^n$ 在 $|x| < |x_0|$ 时绝对收敛.

(2)用反证法:若存在某一个点 x_1,且满足不等式 $|x_1| > |x_0|$,级数 $\sum_{n=0}^{\infty} a_nx_1^n$ 收敛,则由定理第一部分知: $\sum_{n=0}^{\infty} a_nx^n$ 应在 $x = x_0$ 处绝对收敛,这与假设矛盾. 故 $\sum_{n=0}^{\infty} a_nx^n$ 对一切满足不等式 $|x| > |x_0|$ 的 x 都发散.

阿贝尔引理表明:如果幂级数(11.10)在一不为0的点处收敛,则它在对称于原点的一个区间内都收敛;它在一点发散,则在对称于原点的区间之外都发散,如图11.4所示. 因此,幂级数(11.10)的收敛域是以原点为中心的区间,若以 $2R$ 表示区间的长度,则称 R 为幂级数(11.10)的收敛半径,即从原点到收敛点与发散点的分界点的距离. 称 $(-R,R)$ 的称为幂级数(11.10)的收敛区间.

图11.4

当 $R=0$ 时,幂级数 $\sum_{n=0}^{\infty} a_nx^n$ 仅在 $x=0$ 处收敛.

当 $R=+\infty$ 时,幂级数 $\sum_{n=0}^{\infty} a_nx^n$ 在 $(-\infty, +\infty)$ 上收敛.

当 $0<R<+\infty$ 时,幂级数 $\sum_{n=0}^{\infty} a_nx^n$ 在 $(-R,R)$ 内收敛,对一切满足不等式 $|x|>R$ 的 x,幂级数 $\sum_{n=0}^{\infty} a_nx^n$ 发散,对 $x=\pm R$ 时,幂级数 $\sum_{n=0}^{\infty} a_nx^n$ 可能收敛,也可能发散.

下面的定理可以帮助我们求得幂级数 $\sum_{n=0}^{\infty} a_nx^n$ 的收敛半径.

定理2　对于幂级数 $\sum_{n=0}^{\infty} a_nx^n$, 如果 $\lim\limits_{n\to\infty}\left|\frac{a_{n+1}}{a_n}\right| = \rho$(或 $\lim\limits_{n\to\infty}\sqrt[n]{|a_n|} = \rho$),则幂级数 $\sum_{n=0}^{\infty} a_nx^n$ 的收敛半径 R 为:

(1) $0<\rho<+\infty$ 时, $R=\frac{1}{\rho}$;

(2) $\rho=0$ 时, $R=+\infty$;

(3) $\rho=+\infty$ 时, $R=0$.

证　幂级数各项取绝对值所成的正项级数为

$$\sum_{n=0}^{\infty} |a_nx^n| = |a_0| + |a_1x| + \cdots + |a_nx^n| + \cdots$$

设 $u_n = |a_nx^n|$,由正项级数比值判别法得

$$\lim_{n\to\infty}\frac{u_{n+1}}{u_n} = \lim_{n\to\infty}\frac{|a_{n+1}x^{n+1}|}{|a_nx^n|} = \lim_{n\to\infty}\left|\frac{a_{n+1}}{a_n}\right||x| = \rho|x|$$

(1)$0<\rho<+\infty$.

当$\rho|x|<1$时,即$|x|<\dfrac{1}{\rho}$, $\sum\limits_{n=0}^{\infty}|a_nx^n|$收敛,从而$\sum\limits_{n=0}^{\infty}a_nx^n$收敛;

当$\rho|x|>1$时,即$|x|>\dfrac{1}{\rho}$, $\sum\limits_{n=0}^{\infty}|a_nx^n|$发散,且$\lim\limits_{n\to\infty}|a_nx^n|\neq 0$,即$\lim\limits_{n\to\infty}a_nx^n\neq 0$. 所以$\dfrac{1}{\rho}$是收敛与发散的一个分界点,它到原点的距离为$\dfrac{1}{\rho}$,故$R=\dfrac{1}{\rho}$.

(2)$\rho=0$时,对任意x都有$\rho|x|=0<1$,在整个数轴上的点x, $\sum\limits_{n=0}^{\infty}a_nx^n$均为绝对收敛,故$R=+\infty$.

(3)$\rho=+\infty$时,则除$x=0$外的任何x皆有$\rho|x|>1$,所以$\sum\limits_{n=0}^{\infty}|a_nx^n|$发散,且通项在$n\to\infty$时不趋于0. 因而$\sum\limits_{n=0}^{\infty}a_nx^n$发散, $\sum\limits_{n=0}^{\infty}a_nx^n$只在$x=0$处收敛. 故$R=0$.

例 11.14 求下列级数的收敛半径、收敛区间、收敛域.

(1) $\sum\limits_{n=1}^{\infty}\dfrac{x^n}{n^2}$　　　　(2) $\sum\limits_{n=1}^{\infty}\dfrac{x^n}{n}$

(3) $\sum\limits_{n=1}^{\infty}n!x^n$　　　　(4) $\sum\limits_{n=0}^{\infty}\dfrac{x^n}{n!}$

解 (1)因为$\rho=\lim\limits_{n\to\infty}\left|\dfrac{a_{n+1}}{a_n}\right|=\lim\limits_{n\to\infty}\dfrac{n^2}{(n+1)^2}=1$,所以$R=\dfrac{1}{\rho}$,从而收敛区间为$(-1,1)$.

当$x=1$时, $\sum\limits_{n=1}^{\infty}\dfrac{x^n}{n^2}=\sum\limits_{n=1}^{\infty}\dfrac{1}{n^2}$收敛;

当$x=-1$时, $\sum\limits_{n=1}^{\infty}\dfrac{(-1)^n}{n^2}$绝对收敛;

所以$\sum\limits_{n=1}^{\infty}\dfrac{x^n}{n^2}$的收敛域为$[-1,1]$.

(2)因为$\rho=\lim\limits_{n\to\infty}\left|\dfrac{a_{n+1}}{a_n}\right|=\lim\limits_{n\to\infty}\dfrac{n}{n+1}=1$,所以收敛半径$R=\dfrac{1}{\rho}=1$,故收敛区间为$(-1,1)$.

当$x=1$时, $\sum\limits_{n=1}^{\infty}\dfrac{x^n}{n}=\sum\limits_{n=1}^{\infty}\dfrac{1}{n}$发散;

当$x=-1$时, $\sum\limits_{n=1}^{\infty}\dfrac{x^n}{n}=\sum\limits_{n=1}^{\infty}\dfrac{(-1)^n}{n}$收敛;

故$\sum\limits_{n=1}^{\infty}\dfrac{x^n}{n}$的收敛域为$[-1,1)$.

(3)因为

$$\rho=\lim_{n\to\infty}\left|\frac{a_{n+1}}{a_n}\right|=\lim_{n\to\infty}\frac{(n+1)!}{n!}=\lim_{n\to\infty}(n+1)=+\infty$$

所以收敛半径$R=0$,故$\sum\limits_{n=1}^{\infty}n!x^n$的收敛域为$\{0\}$.

(4)因为
$$\rho=\lim_{n\to\infty}\left|\frac{a_{n+1}}{a_n}\right|=\lim_{n\to\infty}\frac{\frac{1}{(n+1)!}}{\frac{1}{n!}}=\lim_{n\to\infty}\frac{1}{n+1}=0$$
所以 $R=+\infty$. 故 $\sum\limits_{n=0}^{\infty}\frac{x^n}{n!}$ 的收敛区间和收敛域均为 $(-\infty,+\infty)$.

注　定理2是求幂级数 $\sum\limits_{n=0}^{\infty}a_nx^n$ 的收敛半径,且幂级数是不缺项的. 求 $\sum\limits_{n=0}^{\infty}a_n(x-x_0)^n$ 的收敛半径和收敛域时,需要做一个变量代换 $t=x-x_0$,化成 $\sum\limits_{n=0}^{\infty}a_nt^n$ 的形式,然后采用定理2的方法求其收敛半径,$\sum\limits_{n=0}^{\infty}a_n(x-x_0)^n$ 与 $\sum\limits_{n=0}^{\infty}a_nt^n$ 的收敛半径相同,但收敛域可能不同.

例 11.15　求 $\sum\limits_{n=1}^{\infty}\frac{(x-3)^n}{\sqrt{n}}$ 的收敛域.

解　令 $x-3=t$,则原幂级数变为 $\sum\limits_{n=1}^{\infty}\frac{t^n}{\sqrt{n}}$.

因为 $\rho=\lim\limits_{n\to\infty}\left|\frac{a_{n+1}}{a_n}\right|=\lim\limits_{n\to\infty}\frac{\sqrt{n}}{\sqrt{n+1}}=1$,所以 $\sum\limits_{n=1}^{\infty}\frac{t^n}{\sqrt{n}}$ 的收敛半径 $R=\frac{1}{\rho}=1$.

当 $t=1$ 时,$\sum\limits_{n=1}^{\infty}\frac{t^n}{\sqrt{n}}=\sum\limits_{n=1}^{\infty}\frac{1}{\sqrt{n}}$ 发散;

当 $t=-1$ 时,$\sum\limits_{n=1}^{\infty}\frac{t^n}{\sqrt{n}}=\sum\limits_{n=1}^{\infty}\frac{(-1)^n}{\sqrt{n}}$ 收敛;

所以 $\sum\limits_{n=1}^{\infty}\frac{t^n}{\sqrt{n}}$ 的收敛域为 $[-1,1)$,即 $-1\leqslant t<1$.

将 $t=x-3$ 代入得:$-1\leqslant x-3<1$,从而 $2\leqslant x<4$. 故原级数的收敛域为 $[2,4)$.

例 11.16　求 $\sum\limits_{n=0}^{\infty}\frac{x^{2n+1}}{3^n}$ 的收敛域.

解法1　各项取绝对值后所成的级数为 $\sum\limits_{n=0}^{\infty}u_n=\sum\limits_{n=0}^{\infty}\frac{|x|^{2n+1}}{3^n}$.

因为 $\lim\limits_{n\to\infty}\frac{u_{n+1}}{u_n}=\lim\limits_{n\to\infty}\left|\frac{|x|^{2n+3}}{3^{n+1}}\cdot\frac{3^n}{|x|^{2n+1}}\right|=\lim\limits_{n\to\infty}\frac{|x|^2}{3}=\frac{|x|^2}{3}$.

当 $\frac{|x|^2}{3}<1$ 时,即 $|x|<\sqrt{3}$,则 $\sum\limits_{n=0}^{\infty}\frac{x^{2n+1}}{3^n}$ 收敛;

当 $\frac{|x|^2}{3}>1$ 时,即 $|x|>\sqrt{3}$,则 $\sum\limits_{n=0}^{\infty}\frac{x^{2n+1}}{3^n}$ 发散.

由于 $\sqrt{3}$ 刚好是收敛和发散的分界点,它到原点的距离是 $\sqrt{3}$,所以收敛半径为 $R=\sqrt{3}$,收敛区间为 $(-\sqrt{3},\sqrt{3})$.

当 $x=\pm\sqrt{3}$ 时,则 $\sum\limits_{n=0}^{\infty}\frac{x^{2n+1}}{3^n}=\pm\sum\limits_{n=0}^{\infty}\sqrt{3}$ 发散.

所以原级数的收敛域为 $(-\sqrt{3},\sqrt{3})$.

解法2 $\sum_{n=0}^{\infty}\frac{x^{2n+1}}{3^n}=x\sum_{n=0}^{\infty}\frac{x^{2n}}{3^n}$, 令 $y=x^2$,则

$$\sum_{n=0}^{\infty}\frac{x^{2n}}{3^n}=\sum_{n=0}^{\infty}\frac{y^n}{3^n}$$

由于 $\rho=\lim_{n\to\infty}\left|\frac{a_{n+1}}{a_n}\right|=\lim_{n\to\infty}\frac{3^n}{3^{n+1}}=\frac{1}{3}$,所以 $R_1=\frac{1}{\rho}=3$. 所以 $\sum_{n=0}^{\infty}\frac{x^{2n}}{3^n}$ 的收敛半径 $R=\sqrt{3}$.

当 $x=\pm\sqrt{3}$时, $\sum_{n=0}^{\infty}\frac{x^{2n}}{3^n}=\sum_{n=0}^{\infty}\frac{(\pm\sqrt{3})^{2n}}{3^n}=\sum_{n=0}^{\infty}1$, 发散.

所以 $\sum_{n=0}^{\infty}\frac{x^{2n}}{3^n}$ 的收敛域为$(-\sqrt{3},\sqrt{3})$.

故 $\sum_{n=0}^{\infty}\frac{x^{2n+1}}{3^n}$ 的收敛域为$(-\sqrt{3},\sqrt{3})$.

11.4.3 幂级数的运算

设$\sum_{n=0}^{\infty}a_nx^n$ 与 $\sum_{n=0}^{\infty}b_nx^n$ 的收敛半径分别为 R_1 和 R_2,则有

(1)$\lambda\sum_{n=0}^{\infty}a_nx^n=\sum_{n=0}^{\infty}\lambda a_nx^n, x\in(-R_1,R_1)$,$\lambda$ 为常数.

(2)$\sum_{n=0}^{\infty}a_nx^n\pm\sum_{n=0}^{\infty}b_nx^n=\sum_{n=0}^{\infty}(a_n\pm b_n)x^n, x\in(-R,R), R=\min(R_1,R_2)$.

(3)$(\sum_{n=0}^{\infty}a_nx^n)\cdot(\sum_{n=0}^{\infty}b_nx^n)=\sum_{n=0}^{\infty}c_nx^n, c_n=\sum_{k=0}^{n}a_kb_{n-k}, x\in(-R,R), R=\min(R_1,R_2)$.

(4)幂级数的除法:

设

$$\frac{\sum_{n=0}^{\infty}a_nx^n}{\sum_{n=0}^{\infty}b_nx^n}=\sum_{n=0}^{\infty}c_nx^n(b_0\neq 0)$$

则

$$(\sum_{n=0}^{\infty}b_nx^n)(\sum_{n=0}^{\infty}c_nx^n)=\sum_{n=0}^{\infty}a_nx^n$$

根据两个幂级数相等,它们同次幂的系数相等,即得

$$\begin{aligned}a_0&=b_0c_0\\a_1&=b_1c_0+b_0c_1\\a_2&=b_2c_0+b_1c_1+b_0c_2\\&\vdots\end{aligned}$$

由这些方程可顺序地求出 $\sum_{n=0}^{\infty}c_nx^n$ 的系数 $c_0,c_1,c_2\cdots,c_n,\cdots$,两个幂级数相除后所得的幂级数收敛区间可能比原两个级数的收敛区间小得多.

11.4.4　幂级数的性质

性质1　幂级数 $\sum_{n=0}^{\infty} a_n x^n$ 的和函数 $s(x)$ 在其收敛域上连续.

性质2　幂级数 $\sum_{n=0}^{\infty} a_n x^n$ 的和函数 $s(x)$ 在收敛区间 $(-R,R)$ 内可导,并有逐项求导公式 $s'(x) = \sum_{n=0}^{\infty}(a_n x^n)' = \sum_{n=1}^{\infty} n a_n x^{n-1}$.

性质3　幂级数 $\sum_{n=0}^{\infty} a_n x^n$ 的和函数 $s(x)$ 在其收敛域 I 上可积，对任意 $x \in I$ 有逐项积分公式:

$$\int_0^x s(t)\,\mathrm{d}t = \sum_{n=0}^{\infty}\int_0^x a_n x^n \mathrm{d}x = \sum_{n=0}^{\infty}\frac{a_n}{n+1}x^{n+1}$$

性质4　$\sum_{n=0}^{\infty} a_n x^n, \sum_{n=1}^{\infty} n a_n x^{n-1}, \sum_{n=0}^{\infty}\frac{a_n}{n+1}x^{n+1}$ 具有相同的收敛区间.

证　首先证明 $\sum_{n=0}^{\infty} a_n x^n$ 与 $\sum_{n=1}^{\infty} n a_n x^{n-1}$ 具有相同的收敛半径.

设 $(-R,R)$ 为 $\sum_{n=0}^{\infty} a_n x^n$ 的收敛区间,对任意的 $x_0 \in (-R,R)$,且 $x_0 \neq 0$,由阿贝尔定理的证明可知:

存在 $M>0$ 和非负实数 $r<1$,对一切自然数 n,都有 $|a_n x_0^n| < Mr^n$,则

$$|n a_n x_0^{n-1}| = \left|\frac{n}{x_0} a_n x_0^n\right| < \frac{n}{|x_0|}Mr^n$$

由正项级数的比值判别法知 $\sum_{n=1}^{\infty}\frac{M}{|x_0|}nr^n$ 收敛,根据比较判别法得: $\sum_{n=1}^{\infty} n a_n x^{n-1}$ 在 x_0 处绝对收敛(当然也是收敛的).

由于 x_0 为 $(-R,R)$ 内任一点,因此 $\sum_{n=0}^{\infty} n a_n x^{n-1}$ 在 $(-R,R)$ 内收敛.

现证 $\sum_{n=0}^{\infty} n a_n x^{n-1}$ 在 $|x|>R$ 时都发散.

如若不然,存在 x_1,且 $|x_1|>R$, $\sum_{n=0}^{\infty} n a_n {x_1}^{n-1}$ 收敛,则有一数 $\bar{x}$,使得 $|x_1|>|\bar{x}|>R$. 由阿贝尔定理, $\sum_{n=0}^{\infty} n a_n \bar{x}^{n-1}$ 绝对收敛,但 n 是可变动的,当取 $n>|\bar{x}|$ 时,有

$$|n a_n \bar{x}^{n-1}| = \frac{n}{|\bar{x}|}|a_n \bar{x}^n| \geqslant |a_n \bar{x}^n|$$

由正项级数比较判别法推知:

$\sum_{n=0}^{\infty} a_n x^n$ 在 $x=\bar{x}$ 时绝对收敛,这与 $\sum_{n=0}^{\infty} a_n x^n$ 的收敛区间为 $(-R,R)$ 相矛盾.

所以 $\sum_{n=0}^{\infty} n a_n x^{n-1}$ 在 $|x|>R$ 时都发散.

$\sum\limits_{n=0}^{\infty} na_n x^{n-1}$ 的收敛区间也为$(-R,R)$,所以 $\sum\limits_{n=0}^{\infty} a_n x^n$ 与 $\sum\limits_{n=1}^{\infty} na_n x^{n-1}$ 具有相同的收敛半径.

同理,$\sum\limits_{n=0}^{\infty} \dfrac{a_n}{n+1}x^{n+1}$ 与 $\sum\limits_{n=0}^{\infty} a_n x^n$ 具有相同的收敛半径.

所以对于一个幂级数,逐项求导和逐项积分所得到的幂级数与原幂级数具有相同的收敛半径.

注 幂级数与逐项求导或逐项积分后的幂级数具有相同的收敛半径,但在端点的敛散性可能有所变化. 如 $\sum\limits_{n=0}^{\infty} x^n$ 的收敛域为$(-1,1)$,但$\sum\limits_{n=0}^{\infty} \dfrac{x^{n+1}}{n+1}$ 的收敛域为$[-1,1)$.

例 11.17 利用$\dfrac{1}{1-x} = \sum\limits_{n=0}^{\infty} x^n$, $(|x|<1)$,求$\sum\limits_{n=1}^{\infty} (-1)^{n+1}\dfrac{1}{n}$ 的和.

解 因为

$$\frac{1}{1-x} = \sum_{n=0}^{\infty} x^n, (|x|<1)$$

所以

$$\frac{1}{1+x} = \frac{1}{1-(-x)} = \sum_{n=0}^{\infty} (-x)^n = \sum_{n=0}^{\infty} (-1)^n x^n, (|x|<1)$$

两边积分

$$\int_0^x \frac{1}{1+x}dx = \sum_{n=0}^{\infty} (-1)^n \int_0^x x^n dx$$

得

$$\ln(1+x) = \sum_{n=0}^{\infty} \frac{(-1)^n x^{n+1}}{n+1} = \sum_{n=1}^{\infty} \frac{(-1)^{n+1} x^n}{n}, (-1<x\leqslant 1)$$

令 $x=1$, $\ln 2 = 1 - \dfrac{1}{2} + \dfrac{1}{3} - \dfrac{1}{4} + \cdots + (-1)^{n+1}\dfrac{1}{n} + \cdots$

故

$$\sum_{n=1}^{\infty} \frac{(-1)^{n+1}}{n} = \ln 2$$

例 11.18 求幂级数 $\sum\limits_{n=0}^{\infty} (2n+1)x^n$ 的收敛域,并求其和函数.

解 因为

$$\rho = \lim_{n\to\infty}\left|\frac{a_{n+1}}{a_n}\right| = \lim_{n\to\infty}\frac{2n+3}{2n+1} = 1$$

所以

$$R = \frac{1}{\rho} = 1$$

显然,幂级数 $\sum\limits_{n=0}^{\infty} (2n+1)x^n$ 在 $x=\pm 1$ 时发散,故原幂级数的收敛域是$(-1,1)$.

设幂级数 $\sum\limits_{n=0}^{\infty} (2n+1)x^n$ 的和函数为 $s(x)$,即

$$S(x) = \sum_{n=0}^{\infty} (2n+1)x^n = 2\sum_{n=0}^{\infty} nx^n + \sum_{n=0}^{\infty} x^n = 2\sum_{n=1}^{\infty} nx^n + \sum_{n=0}^{\infty} x^n = 2x\sum_{n=1}^{\infty} nx^{n-1} + \sum_{n=0}^{\infty} x^n$$

因为

$$\frac{1}{1-x} = \sum_{n=0}^{\infty} x^n$$

将上式两端求导,得

$$\left(\frac{1}{1-x}\right)' = \sum_{n=0}^{\infty} (x^n)' = \sum_{n=1}^{\infty} nx^{n-1}, \text{即} \sum_{n=1}^{\infty} nx^{n-1} = \frac{1}{(1-x)^2}$$

所以

$$S(x) = \frac{2x}{(1-x)^2} + \frac{1}{1-x} = \frac{1+x}{(1-x)^2}, -1<x<1$$

例 11.19　求级数 $\sum_{n=0}^{\infty}\frac{(-1)^n(n^2-n+1)}{2^n}$ 的和.

解
$$\sum_{n=0}^{\infty}\frac{(-1)^n(n^2-n+1)}{2^n}=\sum_{n=2}^{\infty}n(n-1)\left(-\frac{1}{2}\right)^n+\sum_{n=0}^{\infty}\left(-\frac{1}{2}\right)^n$$

显然有
$$\sum_{n=0}^{\infty}\left(-\frac{1}{2}\right)^n=\frac{1}{1+\frac{1}{2}}=\frac{2}{3}$$

设 $S(x)=\sum_{n=2}^{\infty}n(n-1)x^{n-2}$，$x\in(-1,1)$，两边逐项积分两次得，
$$\int_0^x\left[\int_0^x S(x)\mathrm{d}x\right]\mathrm{d}x=\sum_{n=2}^{\infty}x^n=\frac{x^2}{1-x}$$

由此可得
$$S(x)=\left(\frac{x^2}{1-x}\right)''=\frac{2}{(1-x)^3}$$

即
$$\sum_{n=2}^{\infty}n(n-1)x^n=\frac{2x^2}{(1-x)^3},x\in(-1,1)$$

在上式中令 $x=-\frac{1}{2}$，$\sum_{n=2}^{\infty}n(n-1)\left(-\frac{1}{2}\right)^2=\frac{4}{27}$.

故
$$\sum_{n=0}^{\infty}\frac{(-1)^n(n^2-n+1)}{2^n}=\frac{4}{27}+\frac{2}{3}=\frac{22}{27}$$

例 11.20　设 $E(x)=\sum_{n=0}^{\infty}\frac{x^n}{n!}$，证明 $E(x)=\mathrm{e}^x$.

证明　因为 $\rho=\lim_{n\to\infty}\left|\frac{a_{n+1}}{a_n}\right|=\lim_{n\to\infty}\left|\frac{n!}{(n+1)!}\right|=\lim_{n\to\infty}\left|\frac{1}{n+1}\right|=0$，从而 $R=+\infty$.

所以 $\sum_{n=0}^{\infty}\frac{x^n}{n!}$ 在 $(-\infty,+\infty)$ 是收敛的.
$$E'(x)=\sum_{n=0}^{\infty}\left(\frac{x^n}{n!}\right)'=\sum_{n=1}^{\infty}\frac{x^{n-1}}{(n-1)!}=\sum_{n=0}^{\infty}\frac{x^n}{n!}=E(x)$$

由于 $E'(x)=E(x)$，$E(0)=1$，所以 $\frac{E'(x)}{E(x)}=1$.

两边积分
$$\int_0^x\frac{E'(x)}{E(x)}\mathrm{d}x=\int_0^x\mathrm{d}x,$$

得
$$\ln E(x)-\ln E(0)=x,\text{即}\ln E(x)=x$$

故
$$E(x)=\mathrm{e}^x$$

习题 11.4

A 组

1. 求下列级数的收敛半径与收敛域.

(1) $\sum_{n=1}^{\infty}\frac{x^n}{n^2 2^n}$　　　(2) $\sum_{n=1}^{\infty}\frac{(n!)^2}{(2n)!}x^n$

(3) $\sum_{n=1}^{\infty}\frac{3^n+(-2)^n}{n}(x+1)^n$　　(4) $\sum_{n=1}^{\infty}\frac{(x-2)^{2n}}{(2n-1)!}$

2. 求级数的和函数.

(1) $x+\frac{x^3}{3}+\frac{x^5}{5}+\cdots+\frac{x^{2n+1}}{2n+1}+\cdots$

(2) $x+2x^2+3x^3+\cdots+nx^n+\cdots$

B 组

1. 求下列级数的收敛半径与收敛域.

(1) $\sum_{n=1}^{\infty}r^{n^2}x^n$　　(2) $\sum_{n=1}^{\infty}\left(1+\frac{1}{2}+\cdots+\frac{1}{n}\right)x^n$

(3) $\sum_{n=1}^{\infty}\frac{x^{n^2}}{2^n}$　　(4) $\sum_{n=1}^{\infty}\frac{2^n\sin^n x}{n^2}$

2. 证明:设 $f(x)$ 为幂级数 $\sum_{n=0}^{\infty}a_nx^n$ 在 $(-R,R)$ 上的和函数,若 $f(x)$ 为奇函数,则级数 $\sum_{n=0}^{\infty}a_nx^n$ 仅出现奇次幂的项,若 $f(x)$ 为偶函数,则级数 $\sum_{n=0}^{\infty}a_nx^n$ 仅出现偶次幂的项.

3. 证明:

(1) $y=\sum_{n=0}^{\infty}\frac{x^{4n}}{(4n)!}$ 满足方程 $y^{(4)}=y$.

(2) $y=\sum_{n=0}^{\infty}\frac{x^n}{(n!)^2}$ 满足方程 $xy''+y'-y=0$.

4. 求下列级数的和.

(1) $\sum_{n=1}^{\infty}\frac{n^2}{n!}$　　(2) $\sum_{n=2}^{\infty}\frac{1}{(n^2-1)2^n}$

11.5　函数展开成幂级数

前面已讨论了幂级数的性质以及求一个收敛的幂级数的和函数.若给定一个函数,能否找一个幂级数来表示此函数?如果能找到,函数的幂级数表示式是否唯一?

11.5.1　泰勒级数

高等数学上册讲过泰勒公式,若 $f(x)$ 在点 x_0 的某邻域内存在 $n+1$ 阶的连续导数,则

$$f(x)=f(x_0)+f'(x_0)(x-x_0)+\frac{f''(x_0)}{2!}(x-x_0)^2+\cdots+\frac{f^{(n)}(x_0)}{n!}(x-x_0)^n+R_n(x)$$

$$R_n(x)=\frac{f^{(n+1)}(\xi)}{(n+1)!}(x-x_0)^{n+1},\xi\text{ 在 }x_0\text{ 与 }x\text{ 之间}\tag{11.11}$$

这时,在 x_0 附近的 $f(x)$ 可用式(11.11)右端的多项式

$$f(x_0)+f'(x_0)(x-x_0)+\frac{f''(x_0)}{2!}(x-x_0)^2+\cdots+\frac{f^{(n)}(x_0)}{n!}(x-x_0)^n$$

来近似表示,且误差等于拉格朗日型余项的绝对值$|R_n(x)|$.

如果$f(x)$在$x=x_0$处存在任意阶的导数,那么形如

$$f(x_0)+f'(x_0)(x-x_0)+\frac{f''(x_0)}{2!}(x-x_0)^2+\cdots+\frac{f^{(n)}(x_0)}{n!}(x-x_0)^n+\cdots \tag{11.12}$$

的级数,称为$f(x)$在x_0处的泰勒级数. $f(x)$在x_0的泰勒级数在x_0附近的和函数是否就是$f(x)$呢? 下面的定理回答该问题.

定理1　设函数$f(x)$在$U(x_0,\delta)$内具有任意阶导数,函数$f(x)$的泰勒级数在$U(x_0,\delta)$内收敛于$f(x)$的充要条件是

$$\lim_{n\to\infty}R_n(x)=0\quad(R_n(x)\text{ 为}f(x)\text{ 在 }x_0\text{ 的泰勒公式余项})$$

证　①必要性:若$f(x)$的泰勒级数(11.12)在$U(x_0,\delta)$内收敛于$f(x)$,即

$$\lim_{n\to\infty}s_{n+1}(x)=\lim_{n\to\infty}\left(\sum_{k=0}^{n}\frac{f^{(k)}(x_0)}{k!}(x-x_0)^k\right)=f(x)$$

根据泰勒公式(11.11),有

$$f(x)=s_{n+1}(x)+R_n(x)$$

由此可得

$$R_n(x)=s_{n+1}(x)-f(x)$$

故

$$\lim_{n\to\infty}R_n(x)=\lim_{n\to\infty}s_{n+1}(x)-f(x)=f(x)-f(x)=0$$

②充分性:若$x\in U(x_0,\delta)$,有$\lim\limits_{n\to\infty}R_n(x)=0$,由泰勒公式(11.11),有

$$f(x)=s_{n+1}(x)+R_n(x)$$

因此

$$S_{n+1}(x)=f(x)-R_n(x)$$

所以

$$\lim_{n\to\infty}s_{n+1}(x)=\lim_{n\to\infty}(f(x)-R_n(x))=\lim_{n\to\infty}f(x)-\lim_{n\to\infty}R_n(x)=f(x)$$

故$f(x)$的泰勒级数收敛于$f(x)$.

如果$f(x)$能在$U(x_0,\delta)$内等于其泰勒级数的和函数,则称函数$f(x)$在$U(x_0,\delta)$内可以展开成幂级数,称式(11.12)为$f(x)$在$x=x_0$处的泰勒展开式(或幂级数展开式).

若令式(11.12)中的$x_0=0$时,$f(x)$的泰勒级数就变为

$$f(0)+f'(0)x+\frac{f''(0)}{2!}x^2+\cdots+\frac{f^{(n)}(0)}{n!}x^n+\cdots \tag{11.13}$$

称式(11.13)为$f(x)$的麦克劳林级数.

如果$f(x)$可展开成泰勒级数(或麦克劳林级数),则其展开式是唯一的,证明过程见定理2.

定理2　若$f(x)$满足:

(1)$f(x)$在x_0的某邻域$U(x_0,R)$内存在任意阶导数,

(2)$f(x)=\sum\limits_{n=0}^{\infty}a_n(x-x_0)^n$,$(|x-x_0|<R)$,

则

$$a_n=\frac{f^{(n)}(x_0)}{n!}\quad(n\geqslant 0)$$

证明　$f(x)=a_0+a_1(x-x_0)+a_2(x-x_0)^2+a_3(x-x_0)^3+\cdots+a_n(x-x_0)^n+\cdots$

$f'(x)=a_1+2a_2(x-x_0)+3a_3(x-x_0)^2+\cdots+na_n(x-x_0)^{n-1}+\cdots$

$f''(x)=2a_2+3\cdot 2\cdot a_3(x-x_0)+\cdots+n(n-1)a_n(x-x_0)^{n-2}+\cdots$

$\cdots$

$f^{(n)}(x)=n!\ a_n+(n+1)n(n-1)\cdot 3\cdot 2(x-x_0)+\cdots$

在以上各式中令 $x=x_0$,得

$$f(x_0)=a_0,f'(x_0)=a_1,f''(x_0)=2!a_2,\cdots,f^{(n)}(x_0)=n!a_n\cdots$$

从而得 $$a_0=f(x_0),a_1=f'(x_0),a_2=\frac{f''(x_0)}{2!},\cdots,a_n=\frac{f^{(n)}(x_0)}{n!}\cdots$$

注 具有任意阶导数的函数,其泰勒级数(或麦克劳林级数)并不都能收敛于函数本身.

例 11.21 求函数 $f(x)=\begin{cases}e^{-\frac{1}{x^2}} & x\neq 0\\ 0 & x=0\end{cases}$ 的麦克劳林级数的和函数 $s(x)$.

解 由于函数 $f(x)=\begin{cases}e^{-\frac{1}{x^2}} & x\neq 0\\ 0 & x=0\end{cases}$,在 $x=0$ 处的任何阶导数都等于 0,即 $f^{(n)}(0)=0$,$(n\geqslant 1)$,所以 $f(x)$ 在 $x=0$ 处的泰勒级数为

$$0+0x+\frac{0}{2!}x^2+\cdots+\frac{0}{n!}x^n+\cdots\quad(-\infty<x<+\infty)$$

故麦克劳林级数的和函数 $s(x)=0$.

由此例看出:对一切 $x\neq 0$ 都有 $f(x)\neq s(x)$.

11.5.2 函数展开成幂级数

(1)直接展开法

要把函数展开成幂级数,可按下列步骤进行:

步骤 1 求出 $f(x)$ 及其各阶导数在 x_0 处的值 $f(x_0),f'(x_0),f''(x_0),\cdots,f^{(n)}(x_0),\cdots$

步骤 2 根据公式写出泰勒级数(11.12),并求出收敛域.

步骤 3 考察余项 $R_n(x)$ 的极限是否为 0. 若 $\lim\limits_{n\to\infty}R_n(x)=0$,则幂级数(11.12)是 $f(x)$ 的展开式;若 $\lim\limits_{n\to\infty}R_n(x)\neq 0$,即使 $f(x)$ 的幂级数收敛,幂级数的和函数也不等于 $f(x)$.

例 11.22 求函数 $f(x)=e^x$ 的麦克劳林级数.

解 因为 $f^{(n)}(x)=e^x$,所以 $f(0)=1,\cdots,f^{(n)}(0)=1\quad(n=1,2,\cdots)$.

于是,$f(x)$ 的麦克劳林级数为

$$1+x+\frac{x^2}{2!}+\cdots+\frac{x^n}{n!}+\cdots$$

$$R_n(x)=\frac{f^{(n+1)}(\xi)}{(n+1)!}x^{n+1}=\frac{e^{\xi}x^{n+1}}{(n+1)!},\xi\text{ 在 0 与 }x\text{ 之间.}$$

又因为 $$0\leqslant|R_n(x)|=\left|\frac{e^{\xi}x^{n+1}}{(n+1)!}\right|\leqslant\frac{e^{|x|}\cdot|x|^{n+1}}{(n+1)!}$$

根据正项级数的比值判别法知 $\sum\limits_{n=0}^{\infty}\frac{e^{|x|}|x|^{n+1}}{(n+1)!}$ 收敛,所以 $\lim\limits_{n\to\infty}\frac{e^{|x|}|x|^{n+1}}{(n+1)!}=0$.

再由夹逼准则知 $\lim\limits_{n\to\infty}|R_n(x)|=0$,从而 $\lim\limits_{n\to\infty}R_n(x)=0$.

故 $$e^x=1+x+\frac{x^2}{2!}+\cdots+\frac{x^n}{n!}+\cdots\quad x\in(-\infty,+\infty)$$

例 11.23　求 $f(x)=\sin x$ 的麦克劳林级数.

解　因为 $f^{(n)}(x)=\sin\left(\frac{n\pi}{2}+x\right)$,$(n=1,2\cdots)$,令 $x=0$,

则
$$f^{(2n)}(0)=0,f^{(2n-1)}(0)=(-1)^{n+1}\quad(n=1,2,\cdots)$$
所以 $\sin x$ 的麦克劳林级数为
$$x-\frac{x^3}{3!}+\frac{x^5}{5!}+\cdots+(-1)^{n+1}\frac{x^{2n-1}}{(2n-1)!}+\cdots$$
$$0\leqslant|R_{2n}(x)|=\left|\frac{\sin\left(\frac{2n\pi}{2}+\xi\right)}{2n!}x^{2n}\right|\leqslant\frac{|x|^{2n}}{2n!},\xi\text{ 在 }0\text{ 与 }x\text{ 之间}$$

由于 $\sum\limits_{n=0}^{\infty}\frac{|x|^{2n}}{2n!}$ 收敛,所以 $\lim\limits_{n\to\infty}\frac{|x|^{2n}}{2n!}=0$.

由夹逼准则知:$\lim\limits_{n\to\infty}R_n(x)=0$.

故
$$\sin x=x-\frac{x^3}{3!}+\frac{x^5}{5!}+\cdots+(-1)^n\frac{x^{2n+1}}{(2n+1)!}+\cdots$$
$$=\sum_{n=0}^{\infty}\frac{(-1)^n x^{2n+1}}{(2n+1)!}\quad(-\infty<x<+\infty)$$

例 11.24　求 $f(x)=(1+x)^{\alpha}$ 的麦克劳林级数,α 为任意常数.

解　(1)当 α 为正整数时,由二项式定理直接展开得到 $f(x)$ 的展开式.

(2)当 α 不为正整数时:
$$f^{(n)}(x)=\alpha(\alpha-1)\cdots(\alpha-n+1)(1+x)^{\alpha-n}\quad(n=1,2\cdots)$$
$$f^{(n)}(0)=\alpha(\alpha-1)\cdots(\alpha-n+1)\quad(n=1,2\cdots)$$
所以 $f(x)$ 的麦克劳林级数为
$$1+\alpha x+\frac{\alpha(\alpha-1)}{2!}x^2+\cdots+\frac{\alpha(\alpha-1)\cdots(\alpha-n+1)}{n!}x^n+\cdots\tag{11.14}$$
级数(11.14)的收敛区间为$(-1,1)$.

直接证明 $\lim\limits_{n\to\infty}R_n(x)=0$ 时有困难,现证明级数(11.14)的和函数为$(1+x)^{\alpha}$.

设
$$\phi(x)=1+\sum_{n=1}^{\infty}\frac{\alpha(\alpha-1)\cdots(\alpha-n+1)}{n!}x^n$$

两边求导,得
$$\phi'(x)=\alpha\left[1+\frac{\alpha-1}{1}x+\cdots+\frac{(\alpha-1)\cdots(\alpha-n+1)}{(n-1)!}x^{n-1}\cdots\right]$$

两边乘以$(1+x)$,并利用公式
$$\frac{(\alpha-1)\cdots(\alpha-n+1)}{(n-1)!}+\frac{(\alpha-1)\cdots(\alpha-n)}{n!}=\frac{\alpha(\alpha-1)\cdots(\alpha-n+1)}{n!}$$
有
$$(1+x)\phi'(x)=\alpha\left[1+\alpha x+\frac{\alpha(\alpha-1)}{2!}x^2+\cdots+\frac{\alpha(\alpha-1)\cdots(\alpha-n+1)}{n!}x^n+\cdots\right]$$
所以
$$(1+x)\phi'(x)=\alpha\phi(x)$$

由此可得
$$\frac{\phi'(x)}{\phi(x)}=\frac{\alpha}{1+x}$$

将上式两端同时在$[0,x]$上积分,得

$$\ln\phi(x)-\ln\phi(0)=\alpha\ln(1+x)\quad(\phi(0)=1)$$

所以
$$\phi(x)=(1+x)^{\alpha}$$

故$(1+x)^{\alpha}=1+\alpha x+\dfrac{\alpha(\alpha-1)}{2!}x^2+\cdots+\dfrac{\alpha(\alpha-1)\cdots(\alpha-n+1)}{n!}x^n+\cdots\quad x\in(-1,1)$

级数(11.14)的收敛域与α的取值有关,对应于$\alpha=-1,-\dfrac{1}{2},\dfrac{1}{2}$的麦克劳林级数分别为

$$\frac{1}{1+x}=1-x+x^2+\cdots+(-1)^n x^n+\cdots\quad x\in(-1,1),$$

$$\frac{1}{\sqrt{1+x}}=1-\frac{1}{2}x+\frac{1\cdot3}{2\cdot4}x^2-\frac{1\cdot3\cdot5}{2\cdot4\cdot6}x^3+\cdots+\frac{(-1)^n(2n-1)!!}{(2n)!!}x^n+\cdots\quad x\in(-1,1]$$

$$\sqrt{(1+x)}=1+\sum_{n=1}^{\infty}(-1)^{n-1}\frac{(2n-3)!!}{(2n)!!}x^n\quad x\in[-1,1)$$

(2)间接展开法

间接展开法通常是利用已知的函数展开式,通过变量代换、幂级数的运算和幂级数的性质等将函数展开成幂函数,这样做可以使计算简单且避免研究余项的极限.

例 11.25 将函数$f(x)=\arctan\dfrac{1+x}{1-x}$展为$x$的幂级数.

解 因为
$$\frac{1}{1-x}=\sum_{n=0}^{\infty}x^n\quad(-1<x<1)$$

由
$$f'(x)=\frac{1}{1+x^2}=\sum_{n=0}^{\infty}(-1)^n x^{2n}\quad(-1<x<1)$$

将上式两端在$[0,x]$上积分

$$f(x)-f(0)=\int_0^x f'(t)\,dt=\int_0^x\sum_{n=0}^{\infty}(-1)^n t^{2n}\,dt=\sum_{n=0}^{\infty}\frac{(-1)^n}{2n+1}x^{2n+1}$$

所以
$$f(x)=f(0)+\sum_{n=0}^{\infty}\frac{(-1)^n}{2n+1}x^{2n+1}$$

又
$$f(0)=\arctan 1=\frac{\pi}{4}$$

故
$$f(x)=\arctan\frac{1+x}{1-x}=\frac{\pi}{4}+\sum_{n=0}^{\infty}\frac{(-1)^n}{2n+1}x^{2n+1}\quad(-1\leqslant x<1).$$

例 11.26 将函数$f(x)=\dfrac{1}{x^2+4x+3}$展开成$(x-1)$的幂级数.

解 因为
$$f(x)=\frac{1}{x^2+4x+3}=\frac{1}{(x+1)(x+3)}=\frac{1}{2}\left(\frac{1}{1+x}-\frac{1}{3+x}\right)$$

$$\frac{1}{1+x}=\frac{1}{2+(x-1)}=\frac{1}{2}\frac{1}{1-\left(-\dfrac{x-1}{2}\right)}$$

$$=\frac{1}{2}\sum_{n=0}^{\infty}\frac{(-1)^n(x-1)^n}{2^n}$$

$$=\sum_{n=0}^{\infty}\frac{(-1)^n(x-1)^n}{2^{n+1}}\quad(-1<x<3)$$

$$\frac{1}{3+x}=\frac{1}{4+(x-1)}=\frac{1}{4}\frac{1}{1-\left(-\frac{x-1}{4}\right)}$$

$$=\frac{1}{4}\sum_{n=0}^{\infty}\frac{(-1)^n(x-1)^n}{4^n}$$

$$=\sum_{n=0}^{\infty}\frac{(-1)^n(x-1)^n}{2^{2n+2}}\quad(-3<x<5)$$

所以 $\quad f(x)=\frac{1}{x^2+4x+3}=\sum_{n=0}^{\infty}(-1)^n\left(\frac{1}{2^{n+2}}-\frac{1}{2^{2n+3}}\right)(x-1)^n\quad(-1<x<3)$

例 11.27　求 $\arcsin x$ 的麦克劳林级数.

解　因为 $\quad \frac{1}{\sqrt{1+x}}=1+\sum_{n=1}^{\infty}\frac{(-1)^n(2n-1)!!}{(2n)!!}x^n\quad(-1<x\leqslant 1)$

所以
$$\frac{1}{\sqrt{1-x^2}}=1+\sum_{n=1}^{\infty}\frac{(-1)^n(2n-1)!!}{(2n)!!}(-x^2)^n$$

即
$$\frac{1}{\sqrt{1-x^2}}=1+\sum_{n=1}^{\infty}\frac{(2n-1)!!}{(2n)!!}x^{2n}$$

将上式两边积分 $\quad \int_0^x\frac{1}{\sqrt{1-x^2}}\mathrm{d}x=x+\sum_{n=1}^{\infty}\frac{(2n-1)!!}{(2n)!!}\int_0^x x^{2n}\mathrm{d}x$

得
$$\arcsin x=x+\sum_{n=1}^{\infty}\frac{(2n-1)!!}{(2n)!!}\frac{x^{2n+1}}{2n+1}\quad x\in[-1,1]$$

注意　端点的敛散性可由拉贝判别法得出.

习题 11.5

A 组

1. 求下列函数的麦克劳林级数.

(1) $f(x)=\frac{x^{10}}{1-x}$　　(2) $f(x)=\sin^2 x$

2. 将下列函数展开成 $(x-1)$ 的幂级数.

(1) $\frac{1}{3-x}$　　(2) $f(x)=\frac{1}{x}$

B 组

1. 求 $\mathrm{sh}\,x$ 和 $\mathrm{ch}\,x$ 的麦克劳林级数.

2. 求 $F(x)=\int_0^x \mathrm{e}^{-x^2}\mathrm{d}t$ 的麦克劳林级数.

3. 求下列函数的麦克劳林级数.

(1) $f(x)=\frac{x}{\sqrt{1-2x}}$　　(2) $f(x)=\frac{\mathrm{e}^x}{1-x}$

(3) $f(x)=\int_0^x \frac{\sin x}{x}\mathrm{d}x$　　　　(4) $f(x)=\ln(x+\sqrt{1+x^2})$

*11.6　函数幂级数展开式的应用

11.6.1　近似计算

例 11.28　计算 $\ln 2$ 的近似值,误差不超过 0.000 1.

解　若用展开式

$$\ln(1+x)=x-\frac{x^2}{2}+\frac{x^3}{3}-\frac{x^4}{4}+\cdots+(-1)^{n-1}\frac{x^n}{n}+\cdots\quad(-1<x\leqslant 1)\tag{11.15}$$

令 $x=1$ 来计算,为了保证误差不超过 0.000 1,需取级数的前 10 000 项进行计算,这样做的工作量太大,需用收敛速度较快的级数来代替它.

用 $-x$ 代替 x,得

$$\ln(1-x)=-x-\frac{x^2}{2}-\frac{x^3}{3}-\frac{x^4}{4}-\cdots+\frac{x^n}{n}+\cdots\quad(-1\leqslant x<1)\tag{11.16}$$

由式(11.15)减式(11.16),得

$$\ln\frac{1+x}{1-x}=2\left(x+\frac{x^3}{3}+\frac{x^5}{5}+\cdots+\frac{x^{2n-1}}{(2n-1)}+\cdots\right)\quad(-1<x<1)\tag{11.17}$$

令 $\frac{1+x}{1-x}=2$, 解之得 $x=\frac{1}{3}$. 以 $x=\frac{1}{3}$ 代入式(11.17),得

$$\ln 2=2\left(\frac{1}{3}+\frac{1}{3}\cdot\frac{1}{3^3}+\frac{1}{5}\cdot\frac{1}{3^5}+\frac{1}{7}\cdot\frac{1}{3^7}+\cdots\right)$$

如果取前四项作为 $\ln 2$ 的近似值,则误差为

$$|r|=2\left(\frac{1}{9}\cdot\frac{1}{3^9}+\frac{1}{11}\cdot\frac{1}{3^{11}}+\frac{1}{13}\cdot\frac{1}{3^{13}}+\cdots\right)<\frac{2}{3^{11}}\left(1+\frac{1}{9}+\left(\frac{1}{9}\right)^2+\cdots\right)$$

$$=\frac{2}{3^{11}}\cdot\frac{1}{1-\frac{1}{9}}=\frac{1}{4\cdot 3^9}<\frac{1}{7\,000}$$

于是取 $\ln 2\approx 2\left(\frac{1}{3}+\frac{1}{3}\cdot\frac{1}{3^3}+\frac{1}{5}\cdot\frac{1}{3^5}+\frac{1}{7}\cdot\frac{1}{3^7}\right)$,在计算时应考虑舍入误差,取前五位小数:

$$\frac{1}{3}\approx 0.333\,33,\ \frac{1}{3}\cdot\frac{1}{3^2}\approx 0.012\,35,\ \frac{1}{5}\cdot\frac{1}{3^5}\approx 0.000\,82,\ \frac{1}{7}\cdot\frac{1}{3^7}\approx 0.000\,07$$

因此得 $\ln 2\approx 0.693\,1$.

例 11.29　计算定积分 $\frac{2}{\sqrt{\pi}}\int_0^{\frac{1}{2}}\mathrm{e}^{-x^2}\mathrm{d}x$ 的近似值,要求误差不超过 0.000 1(取 $\frac{2}{\sqrt{\pi}}\approx 0.564\,19$).

解　将 e^x 的幂级数展开式中的 x 换成 $-x^2$,就得到被积函数的幂级数展开式

$$e^{-x^2}=1+\frac{(-x^2)}{1!}+\frac{(-x^2)^2}{2!}+\frac{(-x^2)^3}{3!}+\cdots=\sum_{n=0}^{\infty}(-1)^n\frac{x^{2n}}{n!}\quad(-\infty<x<+\infty)$$

根据幂级数在收敛区间逐项可积,得

$$\frac{2}{\sqrt{\pi}}\int_0^{\frac{1}{2}}e^{-x^2}dx=\frac{2}{\sqrt{\pi}}\int_0^{\frac{1}{2}}\left[\sum_{n=0}^{\infty}\frac{(-1)^n}{n!}x^{2n}\right]dx=\frac{2}{\sqrt{\pi}}\sum_{n=0}^{\infty}\frac{(-1)^n}{n!}\int_0^{\frac{1}{2}}x^{2n}dx$$

$$=\frac{1}{\sqrt{\pi}}\left(1-\frac{1}{2^2\cdot 3}+\frac{1}{2^4\cdot 5\cdot 2!}-\frac{1}{2^6\cdot 7\cdot 3!}+\cdots\right)$$

取前四项的和作为近似值,其误差为

$$|r_4|\leqslant\frac{1}{\sqrt{\pi}}\frac{1}{2^8\cdot 9\cdot 4!}<\frac{1}{90\ 000}$$

所以
$$\frac{2}{\sqrt{\pi}}\int_0^{\frac{1}{2}}e^{-x^2}dx\approx\frac{1}{\sqrt{\pi}}\left(1-\frac{1}{2^2\cdot 3}+\frac{1}{2^4\cdot 5\cdot 2!}-\frac{1}{2^6\cdot 7\cdot 3!}\right)\approx 0.520\ 5$$

11.6.2 欧拉公式

设有复数项级数为

$$(u_1+iv_1)+(u_2+iv_2)+\cdots+(u_n+iv_n)+\cdots\tag{11.18}$$

其中 $u_n,v_n(n=1,2,3,\cdots)$ 为常数.如果实数所成的级数

$$u_1+u_2+u_3+\cdots+u_n+\cdots\tag{11.19}$$

收敛于和 u,并且虚部所成级数

$$v_1+v_2+v_3+\cdots+v_n+\cdots\tag{11.20}$$

收敛于和 v,则称级数(11.18)收敛且其和为 $u+iv$.

若级数(11.18)各项的模所构成的级数

$$\sqrt{u_1^2+v_1^2}+\sqrt{u_2^2+v_2^2}+\cdots+\sqrt{u_n^2+v_n^2}+\cdots\tag{11.21}$$

收敛,则称级数(11.18)绝对收敛.

定理1 若级数(11.18)绝对收敛,则级数(11.19),(11.20)绝对收敛.

证 由于
$$|u_n|\leqslant\sqrt{u_n^2+v_n^2},\ |v_n|\leqslant\sqrt{u_n^2+v_n^2}\quad(n=1,2,3,\cdots)$$

又 $\sum\limits_{n=1}^{\infty}\sqrt{u_n^2+v_n^2}$ 收敛,根据正项级数的比较判别法有:$\sum\limits_{n=1}^{\infty}|u_n|$,$\sum\limits_{n=1}^{\infty}|v_n|$收敛.

所以级数(11.19),(11.20)绝对收敛.

由于复数项级数

$$1+z+\frac{1}{2!}z^2+\cdots+\frac{1}{n!}z^n+\cdots\quad(z=x+iy)\tag{11.22}$$

在整个复平面上是绝对收敛的.因此定义复变量指数函数,记作 e^z,即

$$e^z=1+z+\frac{1}{2!}z^2+\cdots+\frac{1}{n!}z^n+\cdots\quad(|z|<\infty)\tag{11.23}$$

当 $x=0$ 时,z 为纯虚数 iy,式(11.23)记为

$$e^{iy}=1+iy+\frac{1}{2!}(iy)^2+\frac{1}{3!}(iy)^3+\cdots+\frac{1}{n!}(iy)^n+\cdots$$

$$=1+iy-\frac{1}{2!}y^2-i\frac{1}{3!}y^3+\frac{1}{4!}y^4+i\frac{1}{5!}y^5-\cdots$$

$$= \left(1 - \frac{1}{2!}y^2 + \frac{1}{4!}y^4 - \cdots\right) + \mathrm{i}\left(y - \frac{1}{3!}y^3 + \frac{1}{5!}y^5 - \cdots\right)$$

$$= \cos y + \mathrm{i} \sin y$$

若 y 为实数,则有:

$$\mathrm{e}^{\mathrm{i}y} = \cos y + \mathrm{i} \sin y \tag{11.24}$$

这就是欧拉公式.

将式(11.24)中的 y 换为 $-y$,有

$$\mathrm{e}^{-\mathrm{i}y} = \cos y - \mathrm{i} \sin y \tag{11.25}$$

式(11.24)加式(11.25),得

$$\cos y = \frac{\mathrm{e}^{\mathrm{i}y} + \mathrm{e}^{-\mathrm{i}y}}{2}$$

式(11.24)减式(11.25),得

$$\sin y = \frac{\mathrm{e}^{\mathrm{i}y} - \mathrm{e}^{-\mathrm{i}y}}{2}$$

习题 11.6

1. 利用幂级数展开式求下列函数的近似值.

(1) $\ln 1.2$　　(2) $\frac{1}{\sqrt{\mathrm{e}}}$

2. 利用被积函数的幂级数展开式求下列定积分的近似值.

(1) $\int_0^1 \cos x^2 \mathrm{d}x$　　(2) $\int_0^{\frac{1}{2}} \frac{\arcsin x}{x} \mathrm{d}x$

11.7 傅立叶级数

11.7.1 三角级数

我们常会碰到周期运动,如描述简谐振动的正弦函数

$$y = A \sin(\omega t + \varphi)$$

就是一个周期运动,其中 A 为振幅,φ 为初相角,ω 为角频率,周期 $T = \frac{2\pi}{\omega}$. 较为复杂的周期运动,则常是有限个简谐振动 $y_n = A_n \sin(n\omega t + \varphi_n)$,$(n = 1, 2, \cdots, l)$ 的叠加,为

$$y = \sum_{n=1}^{l} y_n = \sum_{n=1}^{l} A_n \sin(n\omega t + \varphi_n)$$

对无穷多个简谐振动进行叠加得到无穷级数:

$$A_0 + \sum_{n=1}^{\infty} A_n \sin(n\omega t + \varphi_n) \tag{11.26}$$

若级数(11.26)收敛,则它所描述的是更为一般的周期运动现象.

由于
$$\sin(n\omega t+\varphi_n)=\sin\varphi_n\cos n\omega t+\cos\varphi_n\sin n\omega t$$
所以有
$$A_0+\sum_{n=1}^{\infty}A_n\sin(n\omega t+\varphi_n)=A_0+\sum_{n=1}^{\infty}(A_n\sin\varphi_n\cos n\omega t+A_n\cos\varphi_n\sin n\omega t)\quad(11.27)$$
令
$$\omega t=x,A_o=\frac{a_0}{2},A_n\sin\varphi_n=a_n,A_n\cos\varphi_n=b_n,n=1,2,\cdots$$
则级数(11.27)就可写成
$$\frac{a_0}{2}+\sum_{n=1}^{\infty}(a_n\cos nx+b_n\sin nx)\tag{11.28}$$
由于式(11.28)是含三角函数的级数,所以称(11.28)为三角级数.

若三角级数(11.28)收敛,则其和函数一定是一个以2π为周期的函数.式(11.28)中的系数a_n和b_n按何种方法去确定?为此先讨论组成级数(11.28)的三角函数系的性质.
$$1,\cos x,\sin x,\cos 2x,\sin 2x\cdots,\cos nx,\sin nx\cdots\tag{11.29}$$
性质1　三角函数系(11.29)具有共同的周期2π.

性质2　三角函数系(11.29)任何两个不同函数的乘积在$[-\pi,\pi]$上的积分都等于0,即
$$\int_{-\pi}^{\pi}\cos nx\mathrm{d}x=\int_{-\pi}^{\pi}\sin nx\mathrm{d}x=0\quad(n=1,2,3,\cdots)$$
$$\int_{-\pi}^{\pi}\cos mx\cos nx\mathrm{d}x=0\quad(m\neq n)$$
$$\int_{-\pi}^{\pi}\sin mx\sin nx\mathrm{d}x=0,(m\neq n)$$
$$\int_{-\pi}^{\pi}\cos mx\sin nx\mathrm{d}x=0$$
性质3　三角函数系(11.29)的任意一个函数的平方在$[-\pi,\pi]$的积分都不为0.
$$\int_{-\pi}^{\pi}1^2\mathrm{d}x=2\pi,\int_{-\pi}^{\pi}\cos^2 nx\mathrm{d}x=\int_{-\pi}^{\pi}\sin^2 nx\mathrm{d}x=\pi$$

11.7.2　以2π为周期的函数的傅立叶级数

设$f(x)$是以2π为周期的函数,且能展开成三角级数,即
$$f(x)=\frac{a_0}{2}+\sum_{n=1}^{\infty}(a_n\cos nx+b_n\sin nx)\tag{11.30}$$
如果$f(x)$在$[-\pi,\pi]$上连续且可积,三角级数是逐项可积的,则对式(11.30)逐项积分得
$$\int_{-\pi}^{\pi}f(x)\mathrm{d}x=\frac{a_0}{2}\int_{-\pi}^{\pi}\mathrm{d}x+\sum_{n=1}^{\infty}(a_n\int_{-\pi}^{\pi}\cos nx\mathrm{d}x+b_n\int_{-\pi}^{\pi}\sin nx\mathrm{d}x)=a_0\pi$$
$$a_0=\frac{1}{\pi}\int_{-\pi}^{\pi}f(x)\mathrm{d}x$$
将式(11.30)的两端乘以$\cos kx$,k为自然数,得
$$f(x)\cos kx=\frac{a_0}{2}\cos kx+\sum_{n=1}^{\infty}(a_n\cos nx\cos kx+b_n\sin nx\cos kx)$$
将上式两端积分,得

$$\int_{-\pi}^{\pi} f(x)\cos kx\mathrm{d}x = \frac{a_0}{2}\int_{-\pi}^{\pi}\cos kx\mathrm{d}x + \sum_{n=1}^{\infty}\left(a_n\int_{-\pi}^{\pi}\cos nx\cos kx\mathrm{d}x + b_n\int_{-\pi}^{\pi}\sin nx\cos kx\mathrm{d}x\right)$$

$$= \frac{a_0}{2}\int_{-\pi}^{\pi}\cos kx\mathrm{d}x + a_k\int_{-\pi}^{\pi}\cos^2 kx\mathrm{d}x + \sum_{\substack{n=1\\ n\neq k}}^{\infty} a_n\int_{-\pi}^{\pi}\cos nx\cos kx\mathrm{d}x + \sum_{n=1}^{\infty} b_n\int_{-\pi}^{\pi}\sin nx\cos kx\mathrm{d}x$$

$$= a_k\int_{-\pi}^{\pi}\cos^2 kx\mathrm{d}x = a_k\pi$$

所以
$$a_k = \frac{1}{\pi}\int_{-\pi}^{\pi} f(x)\cos kx\mathrm{d}x \quad (k = 1,2,3\cdots)$$

同理,以 $\sin kx$ 乘以式(11.30)的两端,并逐项积分得

$$\int_{-\pi}^{\pi} f(x)\sin kx\mathrm{d}x = b_k\int_{-\pi}^{\pi}\sin^2 kx\mathrm{d}x = b_k\pi$$

所以有
$$b_k = \frac{1}{\pi}\int_{-\pi}^{\pi} f(x)\sin kx\mathrm{d}x \quad (k = 1,2,3\cdots).$$

对给定的以 2π 为周期的可积函数 $f(x)$,按公式

$$a_n = \frac{1}{\pi}\int_{-\pi}^{\pi} f(x)\cos nx\mathrm{d}x \quad (n = 0,1,2,3,\cdots)$$

$$b_n = \frac{1}{\pi}\int_{-\pi}^{\pi} f(x)\sin nx\mathrm{d}x \quad (n = 1,2,3\cdots)$$

所确定的 a_n, b_n 称为函数 $f(x)$ 的傅立叶(Fourier)系数.将 $f(x)$ 的傅立叶系数代入式(11.30)的右端得到的三角级数

$$\frac{a_0}{2} + \sum_{n=1}^{\infty}(a_n\cos nx + b_n\sin nx)$$

称为 $f(x)$ 的傅立叶级数,记为

$$f(x) \sim \frac{a_0}{2} + \sum_{n=1}^{\infty}(a_n\cos nx + b_n\sin nx)$$

如果 $f(x)$ 是以 2π 为周期,且在一个周期内可积,则一定可以计算出 $f(x)$ 的傅立叶级数.但 $f(x)$ 的傅立叶级数是否收敛?如果收敛,是否仍然收敛于 $f(x)$?这就需要引入狄里克雷收敛定理.

定理1(狄里克雷收敛定理) 若以 2π 为周期的函数 $f(x)$ 满足:

(1)在一个周期内连续或只有有限个第一类间断点,

(2)在一个周期内至多只有有限个极值点.

则 $f(x)$ 的傅立叶级数在每一点 x 处收敛于 $f(x)$ 在点 x 的左、右极限的算术平均值,即

$$\frac{a_0}{2} + \sum_{n=1}^{\infty}(a_n\cos nx + b_n\sin nx) = \frac{f(x+0)+f(x-0)}{2}$$

注

①$f(x)$ 的傅立叶级数在点 x 处收敛于 $\frac{f(x+0)+f(x-0)}{2}$;

②当 $f(x)$ 在点 x 连续时,$\frac{f(x+0)+f(x-0)}{2} = f(x)$,即此时 $f(x)$ 的傅立叶级数收敛于 $f(x)$ 在 x 处的值.

③$x=\pm\pi$，级数都收敛于$\dfrac{f(-\pi+0)+f(\pi-0)}{2}$.

$x=\pi$ 时，级数收敛于

$$\frac{f(\pi+0)+f(\pi-0)}{2}=\frac{f(\pi+0-2\pi)+f(\pi-0)}{2}=\frac{f(-\pi+0)+f(\pi-0)}{2}$$

$x=-\pi$ 时，级数收敛于

$$\frac{f(-\pi+0)+f(-\pi-0)}{2}=\frac{f(-\pi+0)+f(-\pi-0+2\pi)}{2}=\frac{f(-\pi+0)+f(\pi-0)}{2}$$

④$f(x)$是以 2π 为周期的周期函数，傅立叶系数公式中的积分区间$[-\pi,\pi]$可以改为长度为 2π 的任何区间，而不影响 a_n，b_n 的值.

$$a_n=\frac{1}{\pi}\int_c^{c+2\pi}f(x)\cos nx\mathrm{d}x,b_n=\frac{1}{\pi}\int_c^{c+2\pi}f(x)\sin nx\mathrm{d}x\quad(n=0,1,2\cdots),\ c\text{ 为任意实数.}$$

⑤如果我们只给出函数$f(x)$在$[-\pi,\pi)$上的解析表达式，要求出$f(x)$在$[-\pi,\pi)$上的傅立叶级数，这时需要把$f(x)$作为周期延拓，延拓后的函数 $F(x)$就是以 2π 为周期的函数，即

$$F(x)=\begin{cases}f(x) & x\in[-\pi,\pi)\\ f(x-2k\pi) & x\in[(2k-1)\pi,(2k+1)\pi]\end{cases}\quad(k=\pm1,\pm2,\cdots)$$

将 $F(x)$展成傅立叶级数，则把自变量限定在$[-\pi,\pi)$范围内的该傅立叶级数就是$f(x)$在$[-\pi,\pi)$上的傅立叶级数.

例 11.30　设$f(x)=\begin{cases}x,0\leqslant x\leqslant\pi\\0,-\pi<x<0\end{cases}$. 求$f(x)$在$[-\pi,\pi]$中的傅立叶级数，并求傅立叶级数的和函数 $s(x)$.

解　$f(x)$及其周期延拓后的图像如图 11.5 所示.

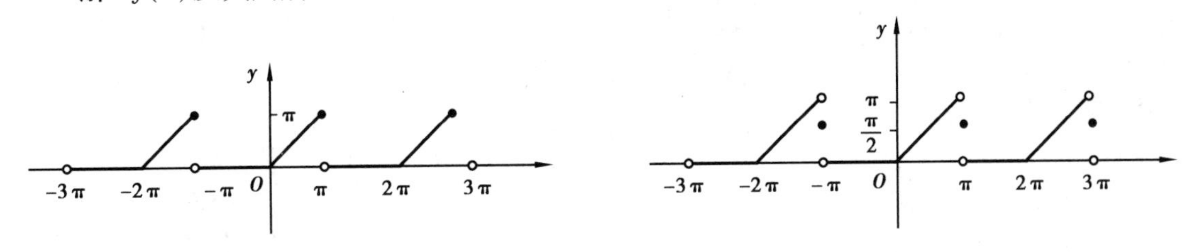

图 11.5　　　　图 11.6

由于
$$a_0=\frac{1}{\pi}\int_{-\pi}^{\pi}f(x)\mathrm{d}x=\frac{1}{\pi}\int_0^{\pi}x\mathrm{d}x=\frac{\pi}{2}$$

当 $n\geqslant1$ 时
$$\begin{aligned}a_n&=\frac{1}{\pi}\int_{-\pi}^{\pi}f(x)\cos nx\mathrm{d}x=\frac{1}{\pi}\int_0^{\pi}x\cos nx\mathrm{d}x\\&=\frac{1}{n\pi}x\sin nx\Big|_0^{\pi}-\frac{1}{n\pi}\int_0^{\pi}\sin nx\mathrm{d}x\\&=\frac{1}{n^2\pi}\cos nx\Big|_0^{\pi}=\frac{1}{n^2\pi}(\cos n\pi-1)=\begin{cases}-\dfrac{2}{n^2\pi} & n\text{ 为奇数,}\\0, & n\text{ 为偶数}\end{cases}\end{aligned}$$

$$b_n=\frac{1}{\pi}\int_{-\pi}^{\pi}f(x)\sin nx\mathrm{d}x=\frac{1}{\pi}\int_0^{\pi}x\sin nx\mathrm{d}x$$

$$= -\frac{1}{n\pi}x\cos nx\Big|_0^{\pi} + \frac{1}{n\pi}\int_0^{\pi}\cos nx\mathrm{d}x$$

$$= \frac{(-1)^{n+1}}{n} + \frac{1}{n^2\pi}\sin nx\Big|_0^{\pi} = \frac{(-1)^{n+1}}{n}$$

由于$f(x)$是连续函数,所以根据收敛定理有

$$f(x) = \frac{a_0}{2} + \sum_{n=1}^{\infty}(a_n\cos nx + b_n\sin nx)$$

$$= \frac{\pi}{4} + \left(-\frac{2}{\pi}\cos x + \sin x\right) + \left(-\frac{1}{2}\sin 2x\right) + \left(-\frac{2}{9\pi}\cos 3x + \frac{1}{3}\sin 3x\right) + \cdots$$

$$x \in ((2k-1)\pi, (2k+1)\pi)$$

$x = (2k \pm 1)\pi$ 时,$f(x)$的傅立叶级数收敛于$\frac{f(\pi-0)+f(-\pi+0)}{2} = \frac{\pi+0}{2} = \frac{\pi}{2}$.

和函数 $s(x) = \begin{cases} f(x), x\in((2k-1)\pi, \quad (2k+1)\pi) \\ \frac{\pi}{2}, \quad x = (2k\pm1)\pi \end{cases}$,$(k = \pm1, \pm2, \pm3, \cdots)$.

$f(x)$的傅立叶级数的和函数的图像如图 11.6 所示,注意它与$f(x)$图像之差别.

例 11.31 求函数$f(x)$在$(0,2\pi]$上的傅立叶级数,并求级数$\sum_{n=0}^{\infty}\frac{1}{(2n+1)^2}$的和.

其中

$$f(x) = \begin{cases} x^2, & 0 < x < \pi \\ 0, & x = \pi \\ -x^2, & \pi < x \leqslant 2\pi \end{cases}$$

解 $f(x)$及其周期延拓后的图形如图 11.7 所示.

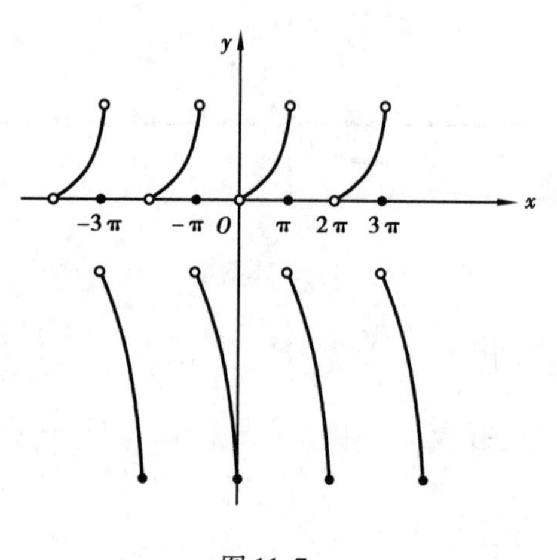

图 11.7

$$a_0 = \frac{1}{\pi}\int_0^{2\pi}f(x)\mathrm{d}x$$

$$= \frac{1}{\pi}\int_0^{\pi}x^2\mathrm{d}x + \frac{1}{\pi}\int_{\pi}^{2\pi}(-x^2)\mathrm{d}x$$

$$= \frac{\pi^2}{3} - \frac{7\pi^2}{3} = -2\pi^2$$

$$a_n = \frac{1}{\pi}\int_0^{2\pi}f(x)\cos nx\mathrm{d}x$$

$$= \frac{1}{\pi}\int_0^{\pi}x^2\cos nx\mathrm{d}x + \frac{1}{\pi}\int_{\pi}^{2\pi}(-x^2\cos nx)\mathrm{d}x$$

$$= \frac{4}{n^2}[(-1)^n - 1]$$

$$b_n = \frac{1}{\pi}\int_0^{2\pi}f(x)\sin nx\mathrm{d}x$$

$$= \frac{1}{\pi}\int_0^{\pi}x^2\sin nx\mathrm{d}x + \frac{1}{\pi}\int_{\pi}^{2\pi}(-x^2)\sin nx\mathrm{d}x$$

$$=\frac{2}{\pi}\left\{\frac{\pi^2}{n}+\left(\frac{\pi^2}{n}-\frac{2}{n^3}\right)[1-(-1)^n]\right\}$$

所以，在$(0,2\pi]$上的傅立叶级数为

$$f(x)=-\pi^2+\sum_{n=1}^{\infty}\left\{\frac{4}{n^2}[(-1)^n-1]\cos nx+\frac{2}{\pi}\left[\frac{\pi^2}{n}+\left(\frac{\pi^2}{n}-\frac{2}{n^3}\right)(1-(-1)^n)\right]\sin nx\right.$$

$$=-\pi^2-8\left(\cos x+\frac{1}{3^2}\cos 3x+\frac{1}{5^2}\cos 5x+\cdots\right)+$$

$$\frac{2}{\pi}\left\{(3\pi^2-4)\sin x+\frac{\pi^2}{2}\sin 2x+\left(\frac{3\pi^2}{3}-\frac{4}{3^3}\right)\sin 3x+\frac{\pi^2}{4}\sin 4x+\cdots\right\}$$

令$x=\pi$，由于$\frac{f(-\pi-0)+f(\pi+0)}{2}=0$，根据狄里克雷收敛定理有

$$-\pi^2+8\left(\frac{1}{1^2}+\frac{1}{3^2}+\frac{1}{5^2}+\cdots\right)=0$$

即
$$\frac{1}{1^2}+\frac{1}{3^2}+\frac{1}{5^2}+\cdots+\cdots=\frac{\pi^2}{8}$$

故
$$\sum_{n=0}^{\infty}\frac{1}{(2n+1)^2}=\frac{\pi^2}{8}$$

11.7.3　奇偶函数的傅立叶级数

(1)奇函数的傅立叶级数

若$f(x)$是以2π为周期的奇函数，则$f(x)\cos nx$为奇函数，$f(x)\sin nx$是偶函数，根据傅立叶级数系数的计算公式有

$$a_n=\frac{1}{\pi}\int_{-\pi}^{\pi}f(x)\cos nx\mathrm{d}x=0\quad(n=0,1,2\cdots)$$

$$b_n=\frac{1}{\pi}\int_{-\pi}^{\pi}f(x)\sin nx\mathrm{d}x=\frac{2}{\pi}\int_{0}^{\pi}f(x)\sin nx\mathrm{d}x\quad(n=1,2,3\cdots)$$

由此看出：以2π为周期的奇函数的傅立叶级数只含正弦函数的项，即

$$\sum_{n=1}^{\infty}b_n\sin nx\tag{11.31}$$

形如式(11.31)的傅立叶级数称为正弦级数.

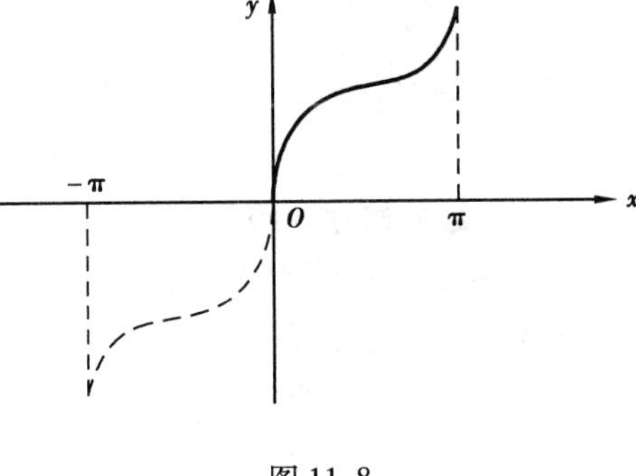

图11.8

如果要把定义在$[0,\pi)$上的函数$f(x)$展成正弦级数，则首先需对函数在$[-\pi,\pi)$上作奇延拓得$F(x)$，即$F(x)=\begin{cases}f(x) & x\in[0,\pi)\\ -f(-x) & x\in[-\pi,0)\end{cases}$其图形如图11.8所示. 然后将$F(x)$作以$2\pi$为周期的周期延拓得到$F^*(x)$，$F^*(x)$的正弦级数限定在$[0,\pi)$上即为$f(x)$在$[0,\pi)$上的正弦级数.

例11.32　设$f(x)$以2π为周期，在一个周期内$f(x)=x(-\pi\leqslant x<\pi)$，求$f(x)$的傅立叶级数.

解 由于此函数为奇函数,所以其傅立叶级数中只含正弦函数项. 根据傅立叶级数的系数计算公式,有

$$a_n = 0 \quad (n = 0,1,2,\cdots)$$

$$b_n = \frac{1}{\pi}\int_{-\pi}^{\pi} f(x)\sin nx\mathrm{d}x = \frac{2}{\pi}\int_0^{\pi} x\sin nx\mathrm{d}x = (-1)^{n+1}\frac{2}{n} \quad (n = 1,2,3,\cdots)$$

故 $f(x)$ 的傅立叶级数为

$$2\left(\sin x - \frac{1}{2}\sin 2x + \frac{1}{3}\sin 3x - \cdots + \frac{(-1)^{n+1}}{n}\sin nx + \cdots\right)$$

当 $2k\pi - \pi < x < 2k\pi + \pi$,级数收敛于 x;

当 $x = (2k+1)\pi$,级数收敛于 0.

例 11.33 将 $f(x)$ 在 $[0,\pi)$ 上展开成正弦级数. 其中

$$f(x) = \begin{cases} 1, 0 < x < \dfrac{\pi}{2} \\ \dfrac{1}{2}, x = \dfrac{\pi}{2} \\ 0, \dfrac{\pi}{2} < x \leqslant \pi \end{cases}$$

解 $$b_n = \frac{2}{\pi}\int_0^{\pi} f(x)\sin nx\mathrm{d}x = \frac{2}{\pi}\int_0^{\frac{\pi}{2}} \sin nx\mathrm{d}x = \frac{2}{\pi}\left(\frac{-\cos nx}{n}\right)\Bigg|_0^{\frac{\pi}{2}} = \frac{2}{n\pi}\left(1 - \cos\frac{n\pi}{2}\right)$$

$$= \begin{cases} \dfrac{1}{k\pi}(1 - (-1)^k), n = 2k \\ \dfrac{2}{(2k-1)\pi}, n = 2k-1 \end{cases} \quad (k = 1,2,3,\cdots)$$

所以,$f(x)$ 的正弦级数为

$$f(x) \sim \frac{1}{\pi}\sum_{k=1}^{\infty}\frac{(1-(-1)^k)}{k}\sin 2kx + \frac{2}{\pi}\sum_{k=1}^{\infty}\frac{1}{2k-1}\sin(2k-1)x$$

正弦级数的和函数为

$$s(x) = \begin{cases} f(x), 0 < x \leqslant \dfrac{\pi}{2}, \dfrac{\pi}{2} < x < \pi \\ 0, x = 0, \pi \end{cases}$$

(2)偶函数的傅立叶级数

若 $f(x)$ 是以 2π 为周期的偶函数,则 $f(x)\cos nx$ 为偶函数,$f(x)\sin nx$ 为奇函数, 根据傅立叶级数系数的计算公式有

$$a_n = \frac{1}{\pi}\int_{-\pi}^{\pi} f(x)\cos nx\mathrm{d}x = \frac{2}{\pi}\int_0^{\pi} f(x)\cos nx\mathrm{d}x \quad (n = 0,1,2,\cdots)$$

$$b_n = \frac{1}{\pi}\int_{-\pi}^{\pi} f(x)\sin nx\mathrm{d}x = 0 \quad (n = 1,2,\cdots)$$

所以,$f(x)$ 的傅立叶级数只含有余弦函数的项,即

$$\frac{a_0}{2} + \sum_{n=1}^{\infty} a_n\cos nx \tag{11.32}$$

形如式(11.32)的傅立叶级数称为余弦级数.

如果要把定义在$[0,\pi)$上的函数$f(x)$展成余弦级数,则首先需对函数在$[-\pi,\pi)$上作偶延拓得$F(x)$,即

$$F(x)=\begin{cases}f(x) & x\in[0,\pi)\\ f(-x) & x\in[-\pi,0)\end{cases}$$

其图形如图 11.9 所示. 然后将$F(x)$作以2π为周期的周期延拓得到$F^*(x)$,$F^*(x)$的余弦级数限定在$[0,\pi)$上即为$f(x)$在$[0,\pi)$上的余弦级数.

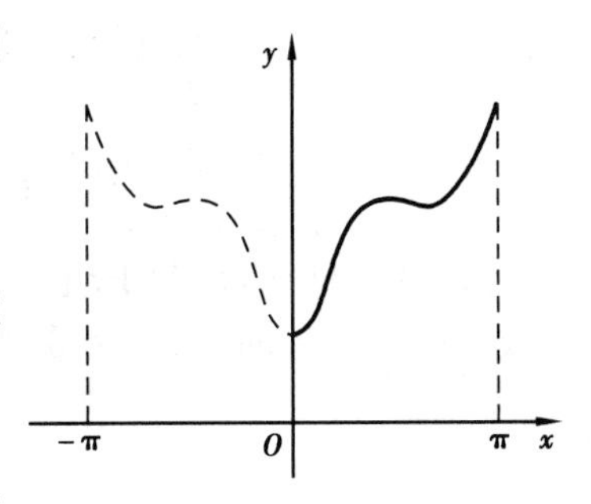

图 11.9

例 11.34　将函数$f(x)=x^2(0<x<\pi)$展成余弦级数,并计算$\sum\limits_{n=1}^{\infty}\dfrac{(-1)^n}{n^2}$和$\sum\limits_{n=1}^{\infty}\dfrac{1}{n^2}$.

解　首先将函数$f(x)$进行偶延拓,得到$F(x)=x^2,(-\pi<x<\pi)$. 再将$F(x)$作以2π为周期的周期延拓得$F^*(x)$. 因为$F^*(x)$为偶函数,其傅立叶级数为余弦级数.
所以$b_n=0$

$$a_0=\frac{1}{\pi}\int_{-\pi}^{\pi}F^*(x)\,dx=\frac{2}{\pi}\int_0^{\pi}f(x)\,dx=\frac{2}{\pi}\int_0^{\pi}x^2\,dx=\frac{2}{3}\pi^2$$

$$a_n=\frac{2}{\pi}\int_0^{\pi}f(x)\cos nx\,dx=\frac{2}{\pi}\int_0^{\pi}x^2\cos nx\,dx=(-1)^n\frac{4}{n^2}\quad(n=1,2,3\cdots)$$

$f(x)$的余弦级数为

$$\frac{\pi^2}{3}+4\sum_{n=1}^{\infty}\frac{(-1)^n}{n^2}\cos nx,\text{且有}\frac{\pi^2}{3}+4\sum_{n=1}^{\infty}\frac{(-1)^n}{n^2}\cos nx=x^2\quad(0\leqslant x\leqslant\pi)$$

令$x=0$,得

$$0=\frac{\pi^2}{3}+4\sum_{n=1}^{\infty}\frac{(-1)^n}{n^2}$$

即

$$\frac{1}{1^2}-\frac{1}{2^2}+\frac{1}{3^2}-\frac{1}{4^2}+\cdots=\frac{\pi^2}{12}$$

当$x=\pi$时,得

$$\pi^2=\frac{\pi^2}{3}+4\sum_{n=1}^{\infty}\frac{1}{n^2}$$

即

$$\frac{1}{1^2}+\frac{1}{2^2}+\cdots+\frac{1}{n^2}+\cdots=\frac{\pi^2}{6}$$

11.7.4　周期为 $2l$ 的周期函数的傅立叶级数

前面讨论了周期为2π的周期函数的傅立叶级数. 但在实际应用中遇到的函数却不一定是以2π为周期,可能是以$2l(l>0)$为周期的函数.

将以$2l$为周期的函数$f(x)$展成傅立叶级数,只需通过线性变换$x=\dfrac{l}{\pi}t$把$f(x)$变换成以2π为周期的t的函数$F(t)=f\left(\dfrac{l}{\pi}t\right)$,若$f(x)$在$[-l,l]$上满足收敛定理的条件,则$F(t)$在$[-\pi,\pi]$上也满足收敛定理的条件. 根据收敛定理,有

$$\frac{F(t+0)+F(t-0)}{2}=\frac{a_0}{2}+\sum_{n=1}^{\infty}(a_n\cos nt+b_n\sin nt)\tag{11.33}$$

其中 $$a_n = \frac{1}{\pi}\int_{-\pi}^{\pi} F(t)\cos nt\mathrm{d}t = \frac{1}{l}\int_{-l}^{l} f(x)\cos\frac{n\pi x}{l}\mathrm{d}x \quad (n = 0,1,2,\cdots)$$

$$b_n = \frac{1}{\pi}\int_{-\pi}^{\pi} F(t)\sin nt\mathrm{d}t = \frac{1}{l}\int_{-l}^{l} f(x)\sin\frac{n\pi x}{l}\mathrm{d}x \quad (n = 1,2,\cdots)$$

将式(11.33)的 t 换回 x 得到下面的定理2.

定理2 设周期为 $2l(l>0)$ 的周期函数 $f(x)$ 满足收敛定理的条件,则它的傅立叶级数展开式为

$$\frac{f(x+0)+f(x-0)}{2} = \frac{a_0}{2} + \sum_{n=1}^{\infty}\left(a_n\cos\frac{n\pi x}{l} + b_n\sin\frac{n\pi x}{l}\right) \tag{11.34}$$

其中 $$a_n = \frac{1}{l}\int_{-l}^{l} f(x)\cos\frac{n\pi x}{l}\mathrm{d}x \quad (n = 0,1,2,\cdots) \tag{11.35}$$

$$b_n = \frac{1}{l}\int_{-l}^{l} f(x)\sin\frac{n\pi x}{l}\mathrm{d}x \quad (n = 1,2,\cdots) \tag{11.36}$$

注 当 $f(x)$ 为奇函数时,$f(x)$ 的傅立叶级数为

$$\sum_{n=1}^{\infty} b_n\sin\frac{n\pi x}{l},\text{其中 } b_n = \frac{2}{l}\int_0^l f(x)\sin\frac{n\pi x}{l}\mathrm{d}x \quad (n = 1,2,\cdots)$$

当 $f(x)$ 为偶函数时,$f(x)$ 的傅立叶级数为

$$\frac{a_0}{2} + \sum_{n=1}^{\infty} a_n\cos\frac{n\pi x}{l},\ a_n = \frac{2}{l}\int_0^l f(x)\cos\frac{n\pi x}{l}\mathrm{d}x \quad (n = 0,1,2,\cdots)$$

例11.35 将函数 $f(x)$ 在 $[-5,5)$ 展成傅立叶级数. 其中 $f(x) = \begin{cases}0, & -5<x<0\\ 3, & 0\leqslant x<5\end{cases}$.

解 由于 $f(x)$ 在 $[-5,5)$ 满足收敛定理的条件. 所以有

$$a_0 = \frac{1}{5}\int_{-5}^{5} f(x)\mathrm{d}x = \frac{1}{5}\int_0^5 3\mathrm{d}x = 3$$

$$a_n = \frac{1}{5}\int_{-5}^{5} f(x)\cos\frac{n\pi}{l}x\mathrm{d}x = \frac{1}{5}\int_0^5 3\cos\frac{n\pi x}{5}\mathrm{d}x$$

$$= \frac{3}{5}\,\frac{5}{n\pi}\sin\frac{n\pi x}{5}\bigg|_0^5 = 0 \quad (n = 1,2,\cdots)$$

$$b_n = \frac{1}{5}\int_{-5}^{5} f(x)\sin\frac{n\pi x}{5}\mathrm{d}x = \frac{1}{5}\int_0^5 3\sin\frac{n\pi x}{5}\mathrm{d}x$$

$$= \frac{3}{5}\left[-\frac{5}{n\pi}\cos\frac{n\pi x}{5}\right]\bigg|_0^5 = \frac{3(1-\cos n\pi)}{n\pi}$$

$$= \frac{6}{(2k-1)\pi} \quad (k = 1,2,\cdots)$$

故 $f(x)$ 的傅立叶级数为

$$\frac{3}{2} + \sum_{k=1}^{\infty}\frac{6}{(2k-1)\pi}\sin\frac{(2k-1)\pi x}{5}$$

$$= \frac{3}{2} + \frac{6}{\pi}\left(\sin\frac{\pi x}{5} + \frac{1}{3}\sin\frac{3\pi x}{5} + \frac{1}{5}\sin\frac{5\pi x}{5} + \cdots\right)$$

$$= \begin{cases} x & x\in(-5,0)\cup(0,5)\\ \frac{3}{2} & x = 0, \pm 5\end{cases}$$

例 11.36　将 $f(x)=x$ 在 $[0,2)$ 内展开成正弦级数和余弦级数.

解　(1)将 $f(x)$ 展成正弦级数.

$$a_n=0,(n=0,1,2,\cdots)$$

$$b_n=\frac{2}{2}\int_0^2 x\sin\frac{n\pi x}{2}\mathrm{d}x=\frac{4}{n\pi}(-1)^{n+1}\quad(n=1,2,\cdots)$$

$f(x)=x$ 在 $[0,2)$ 内的正弦级数为

$$\sum_{n=1}^{\infty}\frac{4}{n\pi}(-1)^{n+1}\sin\frac{n\pi x}{2}=\frac{4}{\pi}\left(\sin\frac{\pi x}{2}-\frac{1}{2}\sin\frac{2\pi x}{2}+\frac{1}{3}\sin\frac{3\pi x}{2}+\cdots\right)$$

该正弦级数的和函数为

$$s(x)=\begin{cases}x & x\in(0,2)\\ 0 & x=0,2\end{cases}$$

(2)将 $f(x)$ 展成余弦级数.

$$b_n=0\quad(n=1,2,\cdots)$$

$$a_0=\int_0^2 x\mathrm{d}x=2$$

$$a_n=\frac{2}{2}\int_0^2 x\cos\frac{n\pi x}{2}\mathrm{d}x=\frac{4}{n^2\pi^2}[(-1)^n-1]\quad(n=1,2,\cdots)$$

所以 $f(x)$ 在 $[0,2)$ 内的余弦级数为

$$1+\sum_{k=1}^{\infty}\frac{-8}{(2k-1)^2\pi^2}\cos\frac{(2k-1)\pi x}{2}=1-\frac{8}{\pi^2}\left(\cos\frac{\pi x}{2}+\frac{1}{3^2}\cos\frac{3\pi x}{2}+\frac{1}{5^2}\cos\frac{5\pi x}{2}+\cdots\right)$$

习题 11.7

A 组

1. 设函数 $f(x)=\pi x+x^2(-\pi<x<\pi)$ 的傅立叶级数展开式为

$$\frac{a_0}{2}+\sum_{n=1}^{\infty}(a_n\cos nx+b_n\sin nx)$$

求系数 b_3 的值.

2. 设 $f(x)$ 是周期为 2 的周期函数,它在区间 $(-1,1]$ 上的定义为

$$f(x)=\begin{cases}2, & -1<x\leqslant 0\\ x^3, & 0<x\leqslant 1\end{cases}$$

求 $f(x)$ 的傅立叶(Fourier)级数在 $x=1$ 处的收敛值.

3. 将 $f(x)=\dfrac{\pi-x}{2}(0\leqslant x\leqslant\pi)$ 展开成正弦级数.

4. 将函数 $f(x)=2x^2$ 展开成余弦级数.

B 组

1. 设连续函数 $f(x)$ 的周期为 2π. 证明:

(1)若 $f(x-\pi)=-f(x)$,则 $f(x)$ 的傅立叶系数 $a_0=0,a_{2k}=0,b_{2k}=0,(k=1,2,3,\cdots)$.

(2)若$f(x-\pi)=f(x)$,则$f(x)$的傅立叶系数$a_{2k+1}=0, b_{2k+1}=0, (k=0,1,2,\cdots)$.

2. 将下列函数展开成傅立叶级数.

(1)$f(x)=e^x(-\pi\leqslant x<\pi)$

(2)$f(x)=\begin{cases}e^x, -\pi\leqslant x<0\\ 1, 0\leqslant x\leqslant\pi\end{cases}$

3. 将函数$f(x)=\begin{cases}x, 0\leqslant x\leqslant\dfrac{l}{2}\\ l-x, \dfrac{l}{2}\leqslant x\leqslant l\end{cases}$分别展开成余弦级数和正弦级数.

4. 将$f(x)=x-1(0\leqslant x\leqslant 2)$展开成周期为4的余弦级数.

总习题11

1. 证明:当$-\dfrac{1}{2}<x<\dfrac{1}{2}$时,$\dfrac{1}{1-3x+2x^2}=1+3x+7x^2+\cdots+(2^n-1)x^{n-1}+\cdots$.

2. 将下列函数展开成x的幂级数.

(1)$f(x)=(1+x)\ln(1+x)$　　(2)$f(x)=\sin^2 x$

3. 设函数$f(x)=\sum\limits_{n=1}^{\infty}\dfrac{x^n}{n^2}$定义在$[0,1]$上,证明它在$(0,1)$上满足

$$f(x)+f(1-x)+\ln x\ln(1-x)=f(1)$$

4. 利用函数的幂级数展开式,求下列极限.

(1)$\lim\limits_{n\to\infty}n[\ln(n+1)-\ln n]$　　(2)$\lim\limits_{x\to\infty}\left[x-x^2\ln\left(1+\dfrac{1}{x}\right)\right]$

5. 选出下列每小题的正确答案.

(1)$k>0$,则$\sum\limits_{n=1}^{\infty}(-1)^n\dfrac{k+n}{n^2}$(　　).

A. 绝对收敛　　B. 条件收敛　　C. 收敛　　D. 发散

(2)$\sum\limits_{n=1}^{\infty}a_n(x-1)^n$在$x=1$处收敛,则此级数在$x=2$处(　　).

A. 收敛　　B. 发散　　C. 不确定

(3)$\sum\limits_{n=1}^{\infty}(-1)^{n-1}a_n=2, \sum\limits_{n=1}^{\infty}a_{2n-1}=5$,则$\sum\limits_{n=1}^{\infty}a_n=$(　　).

A. 1　　B. 0　　C. 8　　D. 不能确定

(4)$a_n>0$,且$\sum\limits_{n=1}^{\infty}a_n$收敛,$\lambda\in\left(0,\dfrac{\pi}{2}\right)$,则$\sum\limits_{n=1}^{\infty}(-1)^n\left(n\tan\dfrac{\lambda}{n}\right)a_{2n}$(　　).

A. 绝对收敛　　B. 条件收敛　　C. 收敛　　D. 发散

(5)$\lambda>0$,且$\sum\limits_{n=1}^{\infty}a_n^2$收敛,则$\sum\limits_{n=1}^{\infty}(-1)^n\dfrac{|a_n|}{\sqrt{n^2+\lambda}}$(　　).

A. 绝对收敛　　B. 条件收敛　　C. 收敛　　D. 发散

(6)若级数 $\sum_{n=1}^{\infty} a_n(x-1)^n$ 在 $x=-1$ 处条件收敛,则级数 $\sum_{n=1}^{\infty} a_n$ (　　).

A. 条件收敛　　B. 绝对收敛　　C. 发散　　D. 不能确定

(7)幂级数 $\sum_{n=1}^{\infty} \frac{n}{2^n+(-3)^n}x^{2n-1}$ 的收敛半径为(　　).

A. 1　　B. $\sqrt{3}$　　C. $\frac{1}{2}$　　D. 不能确定

(8)设 $f(x)=\begin{cases}-1, & -\pi<x\leqslant 0\\ 1+x^2, & 0<x\leqslant\pi\end{cases}$,则其以 2π 为周期的傅立叶级数在点 $x=\pi$ 处收敛于(　　).

A. $\frac{\pi^2}{2}$　　B. $\sqrt{3}$　　C. 0　　D. π

6. 设 $a_n>0$,证明级数 $\sum_{n=1}^{\infty} \frac{a_n}{(1+a_1)(1+a_2)\cdots(1+a_n)}$ 收敛.

7. 用积分判别法讨论下列级数的敛散性.

(1) $\sum_{n=1}^{\infty} \frac{1}{n^2+1}$　　(2) $\sum_{n=1}^{\infty} \frac{n}{n^2+1}$

8. 若 $\lim_{n\to\infty} n^2 a_n = k(0<k<+\infty)$,证明级数 $\sum_{n=1}^{\infty} a_n$, $\sum_{n=1}^{\infty} a_n^2$ 收敛.

9. 证明级数 $\sum_{n=1}^{\infty} \frac{n}{(n-1)!}=2\mathrm{e}$.

10. 设级数 $\sum_{n=1}^{\infty} a_n(a_n>0)$,且 $\lim_{n\to\infty} \frac{\ln a_n^{-1}}{\ln n}=q$,证明:$q>1$ 时,$\sum_{n=1}^{\infty} a_n$ 收敛;$q<1$ 时,$\sum_{n=1}^{\infty} a_n$ 发散.

11. 求幂级数 $\sum_{n=1}^{\infty} \frac{1}{n2^n}x^{n-1}$ 的收敛域,并求其和函数.

12. 讨论级数 $\sum_{n=1}^{\infty} \frac{1}{n(\ln n)^p}$,$(p>0)$ 的敛散性.

13. 设 $a_0,a_1,\cdots,a_n,\cdots$ 为一等差数列,且 $a_0\neq 0$,求级数 $\sum_{n=1}^{\infty} a_n x^n$ 的收敛域.

14. $f(x)$ 在 $x=0$ 的某一邻域内具有二阶连续的导数,且 $\lim_{n\to\infty} \frac{f(x)}{x}=0$,证明:级数 $\sum_{n=1}^{\infty} f\left(\frac{1}{n}\right)$ 绝对收敛.

15. 设正项数列 $\{a_n\}$ 单调减少,且 $\sum_{n=1}^{\infty} (-1)^n a_n$ 发散,试问 $\sum_{n=1}^{\infty} \left(\frac{1}{a_n+1}\right)^n$ 是否收敛?并说明理由.

16. 判断级数 $\sum_{n=1}^{\infty} \left(\frac{1}{n}-\ln\frac{n+1}{n}\right)$ 的收敛性,并证明:$\lim_{n\to\infty} \frac{1+\frac{1}{2}+\cdots+\frac{1}{n}}{\ln n}=1$.

17. 设$f(x)$是以2π为周期的连续函数,它的富氏级数的系数为a_n, b_n.

令$G(x)=\dfrac{1}{\pi}\int_{-\pi}^{\pi}f(t)f(x+t)\mathrm{d}t$

(1)证明$G(x)$是偶函数且以2π为周期的函数.

(2)求$G(x)$在$[-\pi,\pi]$上的富氏级数,且用a_n, b_n来表示.

18. 将函数$f(x)=2+|x|(-1\leqslant x\leqslant 1)$展开成以2为周期的傅立叶级数,并由此求级数$\sum\limits_{n=1}^{\infty}\dfrac{1}{n^2}$的和.

第 12 章 微分方程

常微分方程有深刻而生动的实际背景.它从生产实践与科学技术中产生,成为现代科学技术中分析问题与解决问题的一个强有力的工具.数学应用于实际问题的关键是要找出具有特定性质的函数,而在很多的实际问题中,往往不能直接找出所需要的函数,有时能根据具体的情况建立含未知函数的导数或微分的方程,如果这些方程可求解,就可以求得所需的函数,这就是所要讨论的微分方程.

12.1 微分方程的基本概念

先看两个具体实例,然后介绍微分方程的基本概念.

例 12.1 已知一条曲线过点(0,1),且在该曲线上任意点 $M(x,y)$ 处的切线斜率为 $2x$,求此曲线的方程.

解 设所求曲线的方程为 $y=y(x)$,根据导数的几何意义可知,$y=y(x)$ 应满足方程

$$\frac{\mathrm{d}y}{\mathrm{d}x}=2x \tag{12.1}$$

又 $y=y(x)$ 还应满足 $y(0)=1$.

对式(12.1)两端积分得:$y=x^2+c$(c 为任意常数).

将条件 $y(0)=1$ 代入上式得 $c=1$,故所求曲线的方程为:$y=x^2+1$.

例 12.2 设质量为 m 的物体,在时间 $t=0$ 时自由下落,忽略空气的阻力,求物体下落距离与时间的关系.

解 如图 12.1 所示建立坐标系,设 x 为物体下落的距离,于是物体下落的速度和加速度分别为 $v=\frac{\mathrm{d}x}{\mathrm{d}t}$和 $a=\frac{\mathrm{d}^2x}{\mathrm{d}t^2}$,根牛顿第二定律 $F=ma$,可列出方程

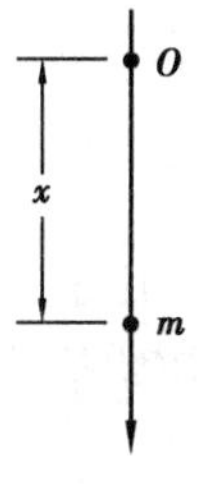

$$m\frac{\mathrm{d}^2x}{\mathrm{d}t^2}=mg$$

即

$$\frac{\mathrm{d}^2x}{\mathrm{d}t^2}=g \tag{12.2}$$

图 12.1

将上式积分两次,得

$$v(t)=\frac{dx}{dt}=gt+c_1 \tag{12.3}$$

$$x=\frac{1}{2}gt^2+c_1t+c_2 \tag{12.4}$$

其中,c_1 及 c_2 为两个任意常数.

又初始速度 $v_0=x'(0)=0, x(0)=0$,将这两个条件代入式(12.3)和式(12.4),可解得 c_1,c_2 为:

$$c_1=0, c_2=0$$

因此自由下落物体的距离公式为 $x=\frac{1}{2}gt^2$.

含有未知函数的导数或微分的方程称为微分方程. 如方程(12.1)、(12.2)是微分方程. 如果未知函数是一元函数的,称为常微分方程;如果微分方程的未知函数是多元函数的,则称该方程为偏微分方程. 本章只讨论常微分方程.

微分方程中所出现的未知函数的最高阶导数的阶数称为微分方程的阶. 如 $y'=xy$ 和 $(t^2+x)dt+xdx=0$ 是一阶微分方程,方程 $y''+2y'-3y=e^x$ 是二阶微分方程.

一般地,n 阶微分方程的形式是

$$F(x,y,y',\cdots,y^{(n)})=0 \tag{12.5}$$

称方程(12.5)为 n 阶隐式微分方程,如果能从方程(12.5)解出 $y^{(n)}$,即

$$y^{(n)}=f(x,y',y'',\cdots,y^{(n-1)}) \tag{12.6}$$

称方程(12.6)为 n 阶显式微分方程.

由例 12.1 和例 12.2 可以看出:在研究某些实际问题时,首先要建立微分方程,然后找出某种函数,将该函数代入微分方程能使微分方程成为恒等式,则找出的该函数称为微分方程的解. 即:将 $y=y(x)(x\in I)$ 代入方程(12.5)使之成为恒等式,则称 $y=y(x)$ 为方程(12.5)在 I 上的一个解.

如 $y=x^2+1$ 是一阶微分方程 $y'=2x$ 在 $(-\infty, +\infty)$ 上的解,$y=c_1\cos x+c_2\sin x$ 是二阶微分方程 $y''+y=0$ 在 $(-\infty, +\infty)$ 上的解.

如果 n 阶微分方程的解 $y=\varphi(x,c_1,c_2,\cdots,c_n)$ 中含有独立任意常数的个数与方程的阶数相同(n 个独立的任意常数是指它们不能合并而使得任意常数的个数减少),则称该解为微分方程的通解. 如 $y^2=x^2+cx$ 是 $2xyy'=x^2+y^2$ 的通解,$y=ce^x$ 为一阶微分方程 $y'=y$ 的通解.

由于通解中含有独立的任意常数,所以它还不能准确反映客观事物的规律性. 要完全地反映客观事物的规律性,必须确定这些常数的值. 确定了通解中的任意常数以后所得到的解称为微分方程的特解. 如 $x=\frac{1}{2}gt^2$ 是二阶微分方程 $\frac{d^2x}{dt^2}=g$ 的特解.

用于确定通解中任意常数的条件称为初始条件. 一般 n 阶微分方程 $F(x,y,y',\cdots,y^{(n)})=0$ 的初始条件表述为

$$y|_{x=x_0}=y_0, y'|_{x=x_0}=y_1,\cdots,y^{(n-1)}|_{x=x_0}=y_{n-1}$$

求微分方程满足初始条件的解的问题称为初值问题. n 阶微分方程的初值问题常记为

$$\begin{cases}F(x,y,y',\cdots,y^{(n)})=0\\ y|_{x=x_0}=y_0, y'|_{x=x_0}=y_1,\cdots,y^{(n-1)}|_{x=x_0}=y_{n-1}\end{cases}$$

为了便于研究方程的解的性质,我们常考虑解的图像.微分方程解的图形是一条曲线,称之为微分方程的积分曲线.如二阶微分方程的初值问题

$$\begin{cases} y'' = f(x,y,y') \\ y\big|_{x=x_0} = y_0, y'\big|_{x=x_0} = y_1 \end{cases}$$

的几何意义是微分方程的通过(x_0,y_0)且在该点处的切线斜率为y_1的那条积分曲线.

例 12.3　已知$y=c_1\sin x+c_2\cos x$是微分方程$y''+y=0$的通解,求满足$y\big|_{x=\frac{\pi}{4}}=1,y'\big|_{x=\frac{\pi}{4}}=-1$的特解.

解　因为方程的通解为

$$y = c_1\sin x + c_2\cos x$$

两边同时求导得

$$y' = c_1\cos x - c_2\sin x$$

将初始条件代入,得到方程组

$$\begin{cases} \dfrac{1}{\sqrt{2}}c_1 + \dfrac{1}{\sqrt{2}}c_2 = 1 \\ \dfrac{1}{\sqrt{2}}c_1 - \dfrac{1}{\sqrt{2}}c_2 = -1 \end{cases}$$

解之得

$$c_1 = 0, c_2 = \sqrt{2}$$

故所求特解为

$$y = \sqrt{2}\cos x$$

习题12.1

A组

1. 指出下列微分方程的阶.

(1)$\dfrac{d^2y}{dx^2}=x+\sin x$　　(2)$\left(\dfrac{dy}{dx}\right)^2=4$

(3)$y^3\dfrac{d^2y}{dx^2}+1=0$　　(4)$\dfrac{d^4y}{dx^4}-2\dfrac{d^3y}{dx^3}+\dfrac{d^2y}{dx^2}=0$

2. 验证下列函数是否为相应微分方程的解.

(1)$y''=x^2+y^2, y=\dfrac{1}{x}$.

(2)$y'=p(x)y$,$p(x)$连续,$y=ce^{\int p(x)dx}$.

(3)$y''+y=0,y=3\sin x-4\cos x$.

B组

1. 验证当$c>0$时,$y=\dfrac{c}{2}x^2-\dfrac{1}{2c}$为方程$\dfrac{dy}{dx}=\dfrac{y}{x}+\sqrt{1+\left(\dfrac{y}{x}\right)^2}$在$(0,+\infty)$上的解;而当$c<0$时,该函数为上述方程在$(-\infty,0)$上的解.

2. 已知某微分方程的通解和初始条件分别为$y=c_1\sin(x-c_2)$,$y\big|_{x=\pi}=1,y'\big|_{x=\pi}=0$.求满足初始条件的解.

12.2 可分离变量方程

如果一阶微分方程 $F(x,y,y')=0$ 能化成

$$N(y)\,\mathrm{d}y = M(x)\,\mathrm{d}x \tag{12.7}$$

的形式,则称原方程为可分离变量方程.

设 $y=y(x)$ 是 $N(y)\,\mathrm{d}y=M(x)\,\mathrm{d}x$ 的一个解,则有

$$N(y(x))y'(x)\,\mathrm{d}x = M(x)\,\mathrm{d}x$$

将上式两端同时关于 x 积分

$$\int N(y(x))y'(x)\,\mathrm{d}x = \int M(x)\,\mathrm{d}x$$

由变换 $y=y(x)$, $\mathrm{d}y=y'(x)\,\mathrm{d}x$,上式变为

$$\int N(y)\,\mathrm{d}y = \int M(x)\,\mathrm{d}x \tag{12.8}$$

设 $G(y)$ 和 $F(x)$ 分别为 $N(y)$, $M(x)$ 的原函数,于是式(12.8)变为

$$G(y) = F(x) + c \tag{12.9}$$

方程(12.7)的解满足关系式(12.9);由方程(12.9)确定的隐函数 $y=\varphi(x,c)$ 便是式(12.7)的通解,也可直接称式(12.9)为式(12.7)的隐式通解.

例 12.4 求解方程 $\dfrac{\mathrm{d}y}{\mathrm{d}x}=\dfrac{\sqrt{1-y^2}}{\sqrt{1-x^2}}$.

解 当 $y\neq\pm1$ 时:

$$\int\frac{\mathrm{d}y}{\sqrt{1-y^2}}=\int\frac{1}{\sqrt{1-x^2}}\mathrm{d}x$$

即

$$\arcsin y = \arcsin x + c$$

所以原方程的通解为

$$y = \sin(\arcsin x + c).$$

另外,$y=\pm1$ 时也是方程的解,它们不包括在上述通解中,$y=\pm1$ 称为原方程的奇解.

例 12.5 求解初值问题 $\begin{cases}\dfrac{\mathrm{d}y}{\mathrm{d}x}=2\sqrt{y}\\ y\big|_{x=0}=1\end{cases}$.

解 在区域 $y>0$ 中,方程为

$$\frac{\mathrm{d}y}{\mathrm{d}x}=2\sqrt{y},\ \frac{1}{2\sqrt{y}}\mathrm{d}y=\mathrm{d}x$$

积分后得

$$\sqrt{y} = x - c$$

又 $y(0)=1$,所以 $c=-1$,即 $\sqrt{y}=x+1$.

故 $y=(x+1)^2\ (x>-1)$ 为原初值问题的解.

例 12.6 求微分方程 $\dfrac{\mathrm{d}y}{\mathrm{d}x}=\dfrac{1}{x-2y}$ 的通解.

解 令 $u=x-2y$, $\dfrac{\mathrm{d}y}{\mathrm{d}x}=\dfrac{1}{2}\left(1-\dfrac{\mathrm{d}u}{\mathrm{d}x}\right)$,代入原方程得

$$\frac{\mathrm{d}u}{\mathrm{d}x}=\frac{u-2}{u}$$

分离变量再积分得

$$u+2\ln(u-2)=x+2\ln c$$

将 $u=x-2y$ 代入上式得

$$x-2y+2\ln(x-2y-2)=x+2\ln c$$

化简得

$$\ln(x-2y-2)=y+\ln c$$

所以原方程的通解为 $x-2y-2=ce^{y}$.

例 12.7 求微分方程 $xy'+y=y(\ln x+\ln y)$ 的通解.

解 由于 $(xy)'=xy'+y$,所以原方程变为

$$(xy)'=y\ln(xy),(xy)'=\frac{1}{x}xy\ln(xy)$$

令 $u=xy$,代入上式得

$$u'=\frac{u\ln u}{x}$$

分离变量后积分得

$$\int\frac{1}{u\ln u}\mathrm{d}u=\int\frac{1}{x}\mathrm{d}x,\ln\ln u=\ln x+\ln C$$

即

$$u=e^{Cx}$$

所以原方程的通解为 $xy=e^{Cx}$.

例 12.8 设曲线 L 的极坐标方程为 $r=r(\theta)$,$M(r,\theta)$ 为 L 上任一点,$M_0(2,0)$ 为 L 上一定点,若极径 OM_0,OM 与曲线 L 所围成的曲边扇形面积值等于 L 上 M_0 与 M 两点间弧长值的一半,求曲线 L 的方程.

解 根据题目的条件作出图形,如图 12.2 所示.

由题设得

$$\frac{1}{2}\int_0^{\theta}r^2\mathrm{d}\theta=\frac{1}{2}\int_0^{\theta}\sqrt{r^2+r'^2}\mathrm{d}\theta$$

两边对 θ 求导,得 $r^2=\sqrt{r^2+r'^2}$,即

$$r'=\pm r\sqrt{r^2-1}$$

分离变量后得 $\dfrac{\mathrm{d}r}{r\sqrt{r^2-1}}=\pm\mathrm{d}\theta$

两边积分,得 $-\arcsin\dfrac{1}{r}+C=\pm\theta$

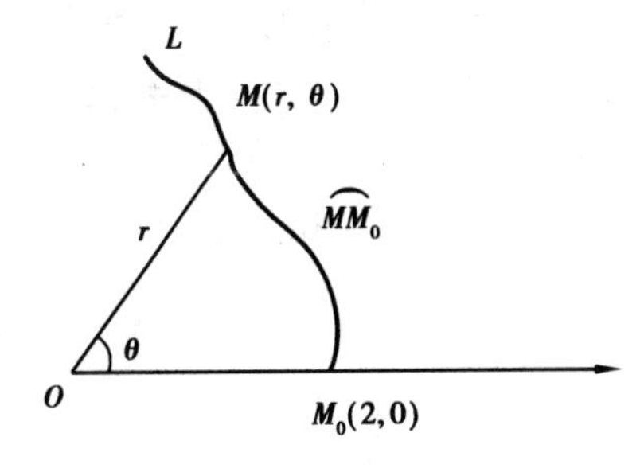

图 12.2

将条件 $r(0)=2$ 代入上式,得 $C=\dfrac{\pi}{6}$,故所求曲线 L 的方程为

$$r\sin\left(\frac{\pi}{6}\mp\theta\right)=1,\text{即 }r=\csc\left(\frac{\pi}{6}\mp\theta\right)$$

$$r\sin\left(\frac{\pi}{6}\mp\theta\right)=1$$

$$r\sin\frac{\pi}{6}\cos\theta \mp r\cos\frac{\pi}{6}\sin\theta = 1$$

$$x = r\cos\theta, y = r\sin\theta$$

所求的曲线方程为:$x \mp \sqrt{3}y = 2$.

习题 12.2

A 组

1. 求下列微分方程的通解.

(1) $y'\tan x - y\ln y = 0$

(2) $(e^{x+y} - e^x)dx + (e^{x+y} + e^y)dy = 0$

(3) $x\sqrt{1-y^2}dx + y\sqrt{1-x^2}dy = 0$

(4) $2x\tan y + y'\sec^2 y \cdot (1+x^2) = 0$

2. 求下列满足初始条件的解.

(1) $(x^2-1)y' + 2xy^2 = 0, y(0) = 1$;

(2) $(y^2 + xy^2)dx - (x^2 + yx^2)dy = 0, y(1) = -1$.

3. 已知曲线通过点(1,2),且曲线上各点处的切线与切点到原点的向径及 x 轴围成一个等腰三角形(以 x 轴为底).求该曲线方程.

B 组

1. 用适当变量替换将下列方程化为变量可分离方程,然后求微方程的通解.

(1) $(x+y+1)dx + 2x + 2y - 1dy = 0$

(2) $y' = \cos x\cos y + \sin x\sin y$

(3) $xdy + ydx = (x^3y^2 - x)dx$

(4) $yf(xy)dx + xg(xy)dy = 0$

2. 人工繁殖细菌,其增长速度和当时的细菌数成正比.

(1)若在 4 小时的细菌数即为原细菌数的 2 倍,问在 12 小时的细菌数应有多少?

(2)若在 3 小时的时候有细菌 10^4 个,在 5 小时有 4×10^4 个,问在开始时有多少个细菌?

3. 若 $f(x)$ 在 $(-\infty, +\infty)$ 有定义,$f'(0) = 1$,且对任何 x 和 y 有 $f(x+y) = f(x)f(y)$.求 $f(x)$.

12.3 齐次方程

12.3.1 齐次方程

形如

$$y' = f\left(\frac{y}{x}\right) \tag{12.10}$$

的方程称为齐次方程.

齐次方程的解法是通过变换 $u = \frac{y}{x}$ 把式(12.10)转换成可分离变量方程,即令 $u = \frac{y}{x}$,则

有 $y = ux$, $y' = xu' + u$.

方程 $y' = f\left(\frac{y}{x}\right)$ 变为

$$xu' + u = f(u)$$

$$xu' = f(u) - u$$

$$\frac{\mathrm{d}u}{f(u) - u} = \frac{1}{x}\mathrm{d}x \tag{12.11}$$

此为可分离变量方程,如果 $u = u(x)$ 是方程(12.11)的解,则 $y(x) = xu(x)$ 是式(12.10)的解.

例12.9　求微分方程 $2xyy' = x^2 + y^2$ 的通解.

解　因为

$$2xyy' = x^2 + y^2$$

所以

$$y' = \frac{x^2 + y^2}{2xy} = \frac{x}{2y} + \frac{y}{2x}$$

令 $\frac{y}{x} = u$, 则 $y = xu$, $y' = u + xu'$.

原方程变为

$$u' = -\frac{u^2 - 1}{2ux}$$

分离变量得

$$\frac{2u}{u^2 - 1}\mathrm{d}u = -\frac{1}{x}\mathrm{d}x$$

两边积分得

$$\ln|u^2 - 1| = -\ln|x| + \ln|c|$$

即

$$u^2 - 1 = \frac{c}{x}$$

再将 u 换回 $\frac{y}{x}$ 得

$$\left(\frac{y}{x}\right)^2 = 1 + \frac{c}{x}$$

故原方程的通解为

$$y^2 = x^2 + cx$$

例12.10　设河边点 O 的正对岸为点 A,河宽 $OA = h$,两岸为平行直线,水流速度为 $\boldsymbol{a}$,有一小船从点 A 驶向点 O,设小船在静水中的速度为 $\boldsymbol{b}(|\boldsymbol{b}| > |\boldsymbol{a}|)$,且小船始终朝着 O 点行驶,求小船行驶轨迹的方程.

解　设水流的速度为 $\boldsymbol{a}(|\boldsymbol{a}| = a)$,小船在静水中的速度为 $\boldsymbol{b}(|\boldsymbol{b}| = b)$,则小船实际航行的速度为 $\boldsymbol{v} = \boldsymbol{a} + \boldsymbol{b}$. 取 O 为坐标原点,河岸朝顺水方向为 x 轴,y 轴指向对岸,如图12.3所示.

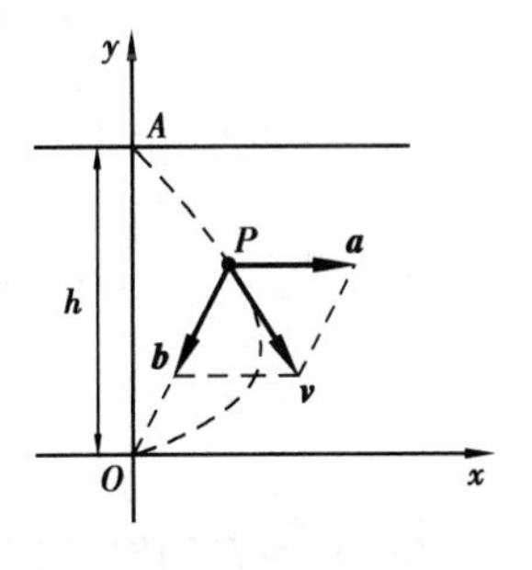

图12.3

设在 t 时刻,小船位于点 $P(x,y)$,则小船的运动速度为 $\boldsymbol{v} = \{v_x, v_y\} = \left\{\frac{\mathrm{d}x}{\mathrm{d}t}, \frac{\mathrm{d}y}{\mathrm{d}t}\right\}$,因此有

$$\frac{\mathrm{d}x}{\mathrm{d}y} = \frac{v_x}{v_y}$$

由于 $\boldsymbol{a} = (a, 0)$, $\boldsymbol{b} = b\boldsymbol{e}_{\overrightarrow{PO}}$, $\overrightarrow{PO} = -(x,y)$, $\overrightarrow{PO}$ 的单位向量为 $\boldsymbol{e}_{\overrightarrow{PO}} = -\frac{1}{\sqrt{x^2 + y^2}}(x,y)$,

从而
$$\boldsymbol{b}=-\frac{b}{\sqrt{x^2+y^2}}(x,y)$$

于是
$$\boldsymbol{v}=\boldsymbol{a}+\boldsymbol{b}=\left\{a-\frac{bx}{\sqrt{x^2+y^2}},-\frac{by}{\sqrt{x^2+y^2}}\right\}$$

由此得到微分方程

$$\frac{\mathrm{d}x}{\mathrm{d}y}=\frac{v_x}{v_y}=-\frac{a\sqrt{x^2+y^2}}{by}+\frac{x}{y}$$

即
$$\frac{\mathrm{d}x}{\mathrm{d}y}=-\frac{a}{b}\sqrt{\left(\frac{x}{y}\right)^2+1}+\frac{x}{y}\tag{12.12}$$

令$\frac{x}{y}=u$,则$x=yu$,$\frac{\mathrm{d}x}{\mathrm{d}y}=y\frac{\mathrm{d}u}{\mathrm{d}y}+u$. 代入微分方程(12.12),得

$$y\frac{\mathrm{d}u}{\mathrm{d}y}=-\frac{a}{b}\sqrt{u^2+1}$$

分离变量得

$$\frac{\mathrm{d}u}{\sqrt{u^2+1}}=-\frac{a}{by}\mathrm{d}y$$

两边积分可得

$$u=\frac{1}{2}\left[(Cy)^{-\frac{a}{b}}-(Cy)^{\frac{a}{b}}\right]$$

即
$$x=\frac{y}{2}\left[(Cy)^{-\frac{a}{b}}-(Cy)^{\frac{a}{b}}\right]\tag{12.13}$$

将初始条件$x|_{y=h}=0$代入式(12.13)得

$$C=\frac{1}{h}$$

故小船行驶轨迹的方程为$x=\frac{y}{2}\left[\left(\frac{y}{h}\right)^{-\frac{a}{b}}-\left(\frac{y}{h}\right)^{\frac{a}{b}}\right]$.

*12.3.2 $\frac{\mathrm{d}y}{\mathrm{d}x}=f\left(\frac{ax+by+c}{a_1x+b_1y+c_1}\right)$型微分方程的解法

(1)当$c=c_1=0$时,$\frac{\mathrm{d}y}{\mathrm{d}x}=f\left(\frac{ax+by}{a_1x+b_1y}\right)$可采用齐次方程的解法求出其通解.

(2)当$\begin{vmatrix}a & b\\ a_1 & b_1\end{vmatrix}\neq 0$时,作变量代换$\begin{cases}x=X+\alpha\\ y=Y+\beta\end{cases}$ (α,β为待定的常数),代入原方程变为

$$\frac{\mathrm{d}Y}{\mathrm{d}X}=f\left(\frac{aX+bY+a\alpha+b\beta+c}{a_1X+b_1Y+a_1\alpha+b_1\beta+c_1}\right)$$

选取α与β的值,使得

$$\begin{cases}a\alpha+b\beta+c=0\\ a_1\alpha+b_1\beta+c_1=0\end{cases}\tag{12.14}$$

因为$\Delta=\begin{vmatrix}a & b\\ a_1 & b_1\end{vmatrix}\neq 0$时,则式(12.14)有唯一解,$\alpha,\beta$就是取这一组解,于是原方程转化为

$$\frac{dY}{dX}=f\left(\frac{aX+bY}{a_1X+b_1Y}\right) \tag{12.15}$$

求出方程(12.15)的解,并将解中的 X,Y 分别用 $x-\alpha$ 和 $y-\beta$ 替换便得到原方程的解.

(3)当 $b_1=b=0$ 时,$\frac{dy}{dx}=f\left(\frac{ax+c}{a_1x+c_1}\right)$是可分离变量方程.

(4)当 $a_1=b_1=0,b\neq0$ 时,对方程

$$\frac{dy}{dx}=f\left(\frac{ax+by+c}{c_1}\right)$$

作变量代换 $u=ax+by$,则原方程变为

$$\frac{dy}{dx}=\frac{1}{b}\left(\frac{du}{dx}-a\right),$$

从而原方程可化为

$$\frac{du}{dx}=a+bf\left(\frac{u+c}{c_1}\right)$$

此方程为可分离变量方程.

(5)当$\frac{a}{a_1}=\frac{b}{b_1}=k(a_1\neq0,b_1\neq0)$时,$a=kb_1,b=kb_1,ax+by=k(a_1x+b_1y)$

原方程即为
$$\frac{dy}{dx}=f\left(\frac{k(a_1x+b_1y)+c}{(a_1x+b_1y)+c_1}\right)$$

令 $u=a_1x+b_1y$,则 $y=\frac{1}{b_1}(u-a_1x)$代入上式得

$$\frac{1}{b_1}\left(\frac{du}{dx}-a_1\right)=f\left(\frac{ku+c}{u+c_1}\right),$$

这是一个可分离变量方程,可以求解.

例12.11 求 $y'=\frac{x+y+1}{x-y-3}$的通解.

解 令$\begin{cases}x+y+1=0\\x-y-3=0\end{cases}$,解之得

$$\begin{cases}x=1\\y=-2\end{cases}$$

作变换$\begin{cases}x=X+1\\y=Y-2\end{cases}$,代入原方程得

$$\frac{dY}{dX}=\frac{X+Y}{X-Y}$$

令$\frac{Y}{X}=u,Y=uX$ 可将方程化为

$$X\frac{du}{dX}=\frac{1+u^2}{1-u},\text{即}\frac{1-u}{1+u^2}du=\frac{dX}{X}$$

两边积分
$$\int\frac{1}{1+u^2}du-\int\frac{u}{1+u^2}du=\int\frac{1}{X}dX$$

$$\arctan u-\frac{1}{2}\ln(1+u^2)=\ln X+\ln\frac{1}{c}$$

即
$$\frac{e^{\arctan u}}{\sqrt{1+u^2}}=\frac{X}{c},\quad X=\frac{ce^{\arctan u}}{\sqrt{1+u^2}}$$

用$u=\frac{Y}{X}$代入上式得

$$\sqrt{X^2+Y^2}=ce^{\arctan\frac{Y}{X}}$$

再用$\begin{cases}X=x-1\\Y=y+2\end{cases}$代入上式得原方程的通解

$$\sqrt{(x-1)^2+(y+2)^2}=ce^{\arctan\frac{y+2}{x-1}}$$

习题 12.3

A 组

1. 解下列微分方程.

(1)$xy'-y=(x+y)\ln\frac{x+y}{x}$ (2)$xy'=\sqrt{x^2-y^2}+y$

(3)$xy'-y=x\tan\frac{y}{x}$ (4)$(1+2e^{\frac{x}{y}})dx+2e^{\frac{x}{y}}(1-\frac{x}{y})dy=0$

(5)$y'=\frac{y}{x}+\tan\frac{y}{x},y|_{x=1}=\frac{\pi}{6}$ (6)$xy'=y-xe^{\frac{y}{x}},y|_{x=1}=0$

2. 设曲线$y=f(x)$上任意一点$P(x,y)$到坐标原点的距离等于曲线上点P的切线在y轴上的截距,已知曲线过点(1,0),求此曲线方程.

B 组

解下列微分方程.

(1)$(2x-4y+6)dx+(x+y-3)dy=0$

(2)$(2x+y+1)dx-(4x+2y-3)dy=0$

(3)$(x+4y)y'=2x+3y+5$

(4)$y'=2\left(\frac{y-2}{x+y-1}\right)^2$

12.4 一阶线性微分方程

12.4.1 一阶线性方程

一阶线性方程不论在实际应用上或者理论上都很重要,且它的解法和理论比较系统完整.形如

$$y'+P(x)y=Q(x)\tag{12.16}$$

的方程称为一阶线性微分方程.

如果 $Q(x) \neq 0$,则称方程(12.16)为一阶非齐次线性方程;

如果 $Q(x)=0$,则称方程 $y'+P(x)y=0$ 为方程(12.16)所对应的一阶齐次线性方程.

(1)一阶齐次线性方程 $y'+P(x)y=0$ 的解法

由于 $y'+P(x)y=0$ 是一个可分离变量方程.当 $y\neq 0$ 时,分离变量得:

$$\frac{\mathrm{d}y}{y} = -P(x)\,\mathrm{d}x$$

两边积分后得

$$\ln|y| = -\int P(x)\,\mathrm{d}x + \ln|C| \quad (C \neq 0)$$

即

$$y = C\mathrm{e}^{-\int P(x)\mathrm{d}x} \quad (C \neq 0)$$

显然,$y=0$ 是它的解,但在上式中取 C 的值为 0 可得到该解.故一阶齐次线性方程的通解为

$$y = C\mathrm{e}^{-\int P(x)\mathrm{d}x} \tag{12.17}$$

(2)一阶非齐次线性方程的解法

一般采用常数变易法求非齐次线性方程 $y'+P(x)y=Q(x)$ 的通解,因为式(12.17)是齐次线性方程 $y'+P(x)y=0$ 的通解,而非齐次线性方程比齐次线性方程多一项,自然联系到两个函数乘积的导数是由一项变成两项,猜想非齐次线性方程的解可能是两个函数乘积的形式,因此将式(12.17)中常数 c 换成函数 $c(x)$,即猜想微分方程 $y'+P(x)y=Q(x)$ 的解为

$$y = c(x)\mathrm{e}^{-\int P(x)\mathrm{d}x} \tag{12.18}$$

于是

$$y' = c'(x)\mathrm{e}^{-\int P(x)\mathrm{d}x} - c(x)P(x)\mathrm{e}^{-\int P(x)\mathrm{d}x} \tag{12.19}$$

将式(12.18)和式(12.19)代入非齐次线性方程(12.16)得

$$c'(x) = q(x)\mathrm{e}^{\int P(x)\mathrm{d}x}$$

两边积分得

$$c(x) = \int Q(x)\mathrm{e}^{\int P(x)\mathrm{d}x}\mathrm{d}x + c \tag{12.20}$$

将式(12.20)代入式(12.18)得非齐次线性方程(12.16)的通解

$$y = \mathrm{e}^{-\int P(x)\mathrm{d}x}\left(\int Q(x)\mathrm{e}^{\int P(x)\mathrm{d}x}\mathrm{d}x + c\right) \tag{12.21}$$

若把式(12.21)改写为两项之和,得

$$y = c\mathrm{e}^{-\int P(x)\mathrm{d}x} + \mathrm{e}^{-\int P(x)\mathrm{d}x}\int Q(x)\mathrm{e}^{\int P(x)\mathrm{d}x}\mathrm{d}x$$

上式右端第一项是齐次线性方程的通解,第二项是非齐次线性方程的一个特解.由此看出:一阶非齐次线性方程的通解等于对应的齐次线性方程的通解与非齐次方程的一个特解之和.

注意　如果非齐次线性方程的形式是$\frac{\mathrm{d}x}{\mathrm{d}y}+P(y)x=Q(y)$,则其通解就是把式(12.21)中的 x 与 y 互换,即

$$x = \mathrm{e}^{-\int P(y)\mathrm{d}y}\left(\int Q(y)\mathrm{e}^{\int P(y)\mathrm{d}y}\mathrm{d}y + c\right)$$

例 12.12 求 $y' - \dfrac{2y}{x+1} = (x+1)^{\frac{5}{2}}$ 的通解.

解 因为
$$P(x) = -\frac{2}{x+1}, Q(x) = (x+1)^{\frac{5}{2}}$$
所以
$$\begin{aligned} y &= e^{-\int P(x)dx}\left(\int Q(x)e^{\int P(x)dx}dx + C\right) \\ &= e^{\int \frac{2}{x+1}dx}\left(\int (x+1)^{\frac{5}{2}}e^{-\int \frac{2}{x+1}dx}dx + c\right) \\ &= e^{2\ln(x+1)}\left(\int (x+1)^{\frac{5}{2}}e^{-2\ln(x+1)}dx + c\right) \\ &= (x+1)^2\left(\int (x+1)^{\frac{5}{2}} \cdot \frac{1}{(x+1)^2}dx + c\right) \\ &= (x+1)^2\left(\int (x+1)^{\frac{1}{2}}dx + c\right) \\ &= (x+1)^2\left(\frac{2}{3}(x+1)^{\frac{3}{2}} + c\right) \end{aligned}$$

例 12.13 求微分方程 $(y^3 + xy)y' = 1$ 满足 $y|_{x=0} = 0$ 的特解.

解 因为 $\dfrac{dy}{dx} = \dfrac{1}{y^3 + xy}$

所以
$$\frac{dx}{dy} = yx + y^3$$
从而
$$\frac{dx}{dy} - yx = y^3$$
于是
$$P(y) = -y, Q(y) = y^3$$
所以
$$\begin{aligned} x &= e^{-\int P(y)dy}\left(\int Q(y)e^{\int P(y)dy}dy + C\right) = e^{\int ydy}\left(\int y^3 e^{\int -ydy}dy + C\right) \\ &= e^{\frac{y^2}{2}}\left(\int y^3 e^{-\frac{y^2}{2}}dy + C\right) = e^{\frac{y^2}{2}}\left(-y^2 e^{-\frac{y^2}{2}} + 2\int ye^{-\frac{y^2}{2}}dy + C\right) \\ &= e^{\frac{y^2}{2}}\left(-y^2 e^{-\frac{y^2}{2}} - 2e^{-\frac{y^2}{2}} + C\right) = -y^2 - 2 + Ce^{\frac{y^2}{2}} \end{aligned}$$
又 $y(0) = 0$, 所以有 $-2 + C = 0$,解得 $C = 2$.

故
$$x = 2e^{\frac{y^2}{2}} - y^2 - 2$$

12.4.2 贝努利方程

形如
$$y' + P(x)y = Q(x)y^n \quad (n \neq 0,1) \tag{12.22}$$
的方程称为贝努利方程.

贝努利方程是在一阶非齐次线性方程 $y' + P(x)y = Q(x)$ 的右端添加了一个乘积因子 $y^{(n)}$,它的解法是通过变量代换转化为一阶非齐次线性方程进行求解.

将方程(12.22)的两端同时除以 y^n,得到
$$y^{-n}y' + P(x)y^{1-n} = Q(x) \tag{12.23}$$
令 $z = y^{1-n}, y^{-n}y' = \dfrac{1}{1-n}\dfrac{dz}{dx}$,则方程(12.23)变为

$$\frac{1}{1-n}\frac{\mathrm{d}z}{\mathrm{d}x}+P(x)z=Q(x)$$

即
$$\frac{\mathrm{d}z}{\mathrm{d}x}+(1-n)P(x)z=(1-n)Q(x) \tag{12.24}$$

方程(12.24)是一个关于 z 的一阶非齐次线性方程,求出通解后,以 y^{1-n} 代替 z 便得到贝努利方程(12.22)的通解.

例 12.14　求微分方程 $y'=\frac{y}{2x}+\frac{x^2}{2y}$的通解.

解　原方程即为 $y'-\frac{y}{2x}=\frac{x^2}{2y}$

两边同时乘以 $2y$,得

$$2yy'-\frac{1}{x}y^2=x^2 \tag{12.25}$$

令 $y^2=z,2yy'=\frac{\mathrm{d}z}{\mathrm{d}x}$. 将它们代入式(12.25)得

$$z'-\frac{1}{x}z=x^2 \tag{12.26}$$

记 $P(x)=-\frac{1}{x},Q(x)=x^2$.

根据一阶非齐次线性方程的通解公式得出式(12.26)的通解为

$$z=\mathrm{e}^{-\int P(x)\mathrm{d}x}\left(\int Q(x)\mathrm{e}^{\int P(x)\mathrm{d}x}\mathrm{d}x+C\right)=\mathrm{e}^{\int\frac{1}{x}\mathrm{d}x}\left(\int x^2\mathrm{e}^{-\int\frac{1}{x}\mathrm{d}x}\mathrm{d}x+C\right)$$

$$=\mathrm{e}^{\ln x}\left(\int x^2\mathrm{e}^{-\ln x}\mathrm{d}x+C\right)=x\left(\int x^2\frac{1}{x}\mathrm{d}x+C\right)=x\left(\int x\mathrm{d}x+C\right)$$

$$=x\left(\frac{x^2}{2}+c\right)=cx+\frac{x^3}{2}$$

所以原方程的通解为 $y^2=cx+\frac{x^3}{2}$.

例 12.15　求微分方程$(y^4-3x^2)\frac{\mathrm{d}y}{\mathrm{d}x}+xy=0$ 满足 $y|_{x=1}=1$ 的特解.

解　原方程变形为

$$\frac{\mathrm{d}x}{\mathrm{d}y}=-\frac{y^4-3x^2}{xy}=-\frac{y^3}{x}+\frac{3x}{y}$$

即
$$\frac{\mathrm{d}x}{\mathrm{d}y}-\frac{3}{y}x=-\frac{y^3}{x}$$

将上式两端同时乘以 x 得

$$x\frac{\mathrm{d}x}{\mathrm{d}y}-\frac{3}{y}x^2=-y^3 \tag{12.27}$$

令 $x^2=z$,则 $2x\frac{\mathrm{d}x}{\mathrm{d}y}=\frac{\mathrm{d}z}{\mathrm{d}y}$,即 $x\frac{\mathrm{d}x}{\mathrm{d}y}=\frac{1}{2}\frac{\mathrm{d}z}{\mathrm{d}y}$.

于是方程(12.27)变为

$$\frac{1}{2}\frac{\mathrm{d}z}{\mathrm{d}y}-\frac{3}{y}z=-y^3,$$

即
$$\frac{dz}{dy}-\frac{6z}{y}=-2y^3 \tag{12.28}$$
记 $P(y)=-\frac{6}{y}, Q(y)=-2y^3$.

根据一阶非齐次线性方程的通解得出方程(12.28)的通解为

$$\begin{aligned}
z &= e^{-\int P(y)dy}\left(\int Q(y)e^{\int P(y)dy}dy+c\right)=e^{-\int -\frac{6}{y}dy}\left(\int -2y^3e^{-\int\frac{6}{y}dy}dy+c\right)\\
&= e^{6\ln y}\left(-2\int y^3e^{-6\ln y}dy+c\right)=e^{6\ln y}\left(-2\int y^3\frac{1}{y^6}dy+c\right)\\
&= y^6\left(-2\int y^{-3}dy+c\right)=y^6\left(-2\frac{y^{-2}}{-2}+c\right)\\
&= y^6(y^{-2}+c)=y^4+cy^6
\end{aligned}$$

故原方程的通解为 $x^2=y^4+cy^6$.

习题 12.4

A 组

1. 解下列微分方程.

(1) $xy'-y=\frac{x}{\ln x}$　　(2) $y'+y\tan x=\sec x$

(3) $\frac{di}{dt}-6i=10\sin 2t$　　(4) $xy'+y-e^x=0, y(1)=e$

2. 已知 $\int_0^1 f(ux)du=\frac{1}{2}f(x)+1$, 求 $f(x)$.

3. 求曲线,使其切线在纵轴上的截距等于切点的横坐标.

B 组

1. 解下列微分方程.

(1) $(x+1)\frac{dy}{dx}=ny+e^x(x+1)^{n+1}$

(2) $\frac{dy}{dx}=\frac{1}{x+\sin x}$

(3) $ydx+(x-\ln y)dy=0$

(4) $xy'+(1-x)y=e^{2x}(0<x<\infty), \lim\limits_{x\to 0^+}y(x)=1$

2. 解下列贝努利方程.

(1) $\frac{dy}{dx}-y=xy^5$　　(2) $y'+2xy+xy^4=0$

(3) $\frac{dy}{dx}+y=y^2(\cos x-\sin x)$　　(4) $xdy-\{y+xy^3(1+\ln x)\}dx=0$

3. 通过变量代换将下列方程化为线性方程,再求解.

(1) $(2x+1)y'-4e^{-y}+2=0$

(2) $2yy'+2xy^2=xe^{-x^2}, y(0)=1$

4. 连接两点 $A(0,1)$, $B(1,0)$ 的一条凸曲线,它位于 AB 弦的上方, $P(x,y)$ 为曲线上任意一点,已知曲线与 AP 之间的面积为 x^3,求此曲线的方程.

12.5　全微分方程

12.5.1　全微分方程的概念

若一阶微分方程

$$P(x,y)\mathrm{d}x+Q(x,y)\mathrm{d}y=0 \tag{12.29}$$

的左端恰好是某一个函数 $u=u(x,y)$ 的全微分,即

$$\mathrm{d}u(x,y)=P(x,y)\mathrm{d}x+Q(x,y)\mathrm{d}y$$

则称方程(12.29)为全微分方程.

12.5.2　全微分方程的解法

如果方程(12.29) 是全微分方程,则方程(12.29)的左端是某函数 $u(x,y)$ 的全微分,方程(12.29)变为

$$\mathrm{d}u(x,y)=0$$

于是全微分方程(12.29)的通解为

$$u(x,y)=C(C\text{ 为任意常数}) \tag{12.30}$$

从以上的分析可知,求全微分方程的通解关键在于求 $u(x,y)$. 由平面上曲线积分与路径无关的条件可知:当 $P(x,y)$, $Q(x,y)$ 在单连通区域 G 内具有一阶连续的导数时,要使得 $P(x,y)\mathrm{d}x+Q(x,y)\mathrm{d}y=0$ 成为全微分方程,其充要条件是

$$\frac{\partial P}{\partial y}=\frac{\partial Q}{\partial x} \tag{12.31}$$

在单连通区域 G 内恒成立,如果条件(12.31)满足时,则有

$$\begin{aligned}u(x,y)&=\int_{(x_0,y_0)}^{(x,y)}P(x,y)\mathrm{d}x+Q(x,y)\mathrm{d}y\\&=\int_{x_0}^{x}P(x,y_0)\mathrm{d}x+\int_{y_0}^{y}Q(x,y)\mathrm{d}y\end{aligned} \tag{12.32}$$

其中 (x_0,y_0) 是在区域 G 内选定点的坐标,这个点的选取应尽可能地使得计算变得简单.

例 12.16　求微分方程 $(5x^4+3xy^2-y^3)\mathrm{d}x+(3x^2y-3xy^2+y^2)\mathrm{d}y=0$ 的通解.

解　因为

$$P=5x^4+3xy^2-y^3, Q=3x^2y-3xy^2+y^2$$

$$\frac{\partial p}{\partial y}=\frac{\partial Q}{\partial x}=6xy-3y^2$$

所以题目所给出的方程为全微分方程,选取 $(x_0,y_0)=(0,0)$,

根据公式(12.32),有

$$u(x,y)=\int_0^x 5x^4\mathrm{d}x+\int_0^y(3x^2y-3xy^2+y^2)\mathrm{d}y$$
$$=x^5+\frac{3}{2}x^2y^2-xy^3+\frac{1}{3}y^3$$

所以原方程的通解为 $$x^5+\frac{3}{2}x^2y^2-xy^3+\frac{1}{3}y^3=C$$

12.5.3 积分因子的概念

如果方程 $P(x,y)\mathrm{d}x+Q(x,y)\mathrm{d}y=0$ 不满足条件$\frac{\partial P}{\partial y}=\frac{\partial Q}{\partial x}$,方程(12.29)就不是全微分方程. 若有一个非零函数$\mu(x,y)$,使得
$$\mu(x,y)P(x,y)\mathrm{d}x+\mu(x,y)Q(x,y)\mathrm{d}y=0$$
成为全微分方程,则$\mu(x,y)$称为微分方程(12.29)的积分因子.

寻找一个方程的积分因子不是一件容易的事情,在比较简单的情况下,用观察法可以得到方程的积分因子.

例 12.17 求微分方程 $y\mathrm{d}x-x\mathrm{d}y=0$ 的通解.

解 将原方程的两端同时乘以$\frac{1}{y^2}$得
$$\frac{y\mathrm{d}x-x\mathrm{d}y}{y^2}=0 \tag{12.33}$$

由于 $\mathrm{d}\left(\frac{x}{y}\right)=\frac{y\mathrm{d}x-x\mathrm{d}y}{y^2}$,所以方程(12.33)即为
$$\mathrm{d}\left(\frac{x}{y}\right)=0$$

所以原方程的通解为 $$\frac{x}{y}=c$$

例 12.18 求微分方程$(1+xy)y\mathrm{d}x+(1-xy)x\mathrm{d}y=0$ 的通解.

解 因为 $(1+xy)y\mathrm{d}x+(1-xy)x\mathrm{d}y=0$

所以 $$(y\mathrm{d}x+x\mathrm{d}y)+xy(y\mathrm{d}x-x\mathrm{d}y)=0$$

于是 $$\mathrm{d}(xy)+x^2y^2\left(\frac{\mathrm{d}x}{x}-\frac{\mathrm{d}y}{y}\right)=0 \tag{12.34}$$

将式(12.34)两端同时乘以$\frac{1}{x^2y^2}$,得
$$\frac{\mathrm{d}(xy)}{x^2y^2}+\frac{\mathrm{d}x}{x}-\frac{\mathrm{d}y}{y}=0 \tag{12.35}$$

再将(12.35)两边积分得到通解为
$$-\frac{1}{xy}+\ln\left|\frac{x}{y}\right|=C_1$$

原方程的通解为 $$\frac{x}{y}=Ce^{\frac{1}{xy}}(C=\pm e^{c_1})$$

习题12.5

A组

判别下列方程哪些是全微分方程,并求全微分方程的通解.

(1) $e^y dx + (xe^y - 2y) dy = 0$

(2) $(x\cos y + \cos x)y' - y\sin x + \sin y = 0$

(3) $y(x - 2y) dx - x^2 dy = 0$

(4) $(1 + e^{2\theta}) d\rho + 2\rho e^{2\theta} d\theta = 0$

(5) $(x^2 + y^2) dx + xy dy = 0$

B组

1. 利用观察法求出下列方程的积分因子,并求出其通解.

(1) $y dx - x dy + y^2 x dx = 0$

(2) $y^2(x - 3y) dx + (1 - 3y^2 x) dy = 0$

(3) $2y dx - 3xy^2 dx - x dy = 0$

(4) $(x - y^2) dx + 2xy dy = 0$

2. 验证$\dfrac{1}{xy(f(xy) - g(xy))}$是微分方程 $yf(xy) dx + xg(xy) dy = 0$ 的积分因子,并求方程 $y(2xy + 1) dx + x(1 + 2xy - x^3y^3) dy = 0$ 的通解.

3. 利用积分因子法求 $y' - (\tan x)y = x$ 的通解.

12.6　一阶微方程应用和举例

12.6.1　放射性物质的衰减问题

例12.19　镭是一种放射性物质,它的原子时刻都向外放射出氦原子以及其他射线,从而原子量减少,变成其他的物质(如铅).也就是说一定质量的镭,随着时间的变化,它的质量就会减少.已发现其衰减速度(即单位时间衰减的质量)与它的存余量成正比.设已知某块镭的质量在时刻 $t = t_0$ 为 m_0,试确定镭在时刻 t 的质量 m.

解　t 时刻镭的存余量 m 是 t 的函数,由于 m 将随时间而减少,所以镭的衰减速度$\dfrac{dm}{dt}$应为负值,于是,按照衰减规律,可列出方程

$$\begin{cases} \dfrac{dm}{dt} = -km \\ m(t_0) = m_0 \end{cases}$$

此为变量可分离方程的初值问题的解,解之可得:$m = m_0 e^{-k(t - t_0)}$.

放射性物质都满足上式这个规律,不同的是各种放射性物质具有各自的系数 k. $m = m_0 e^{-k(t-t_0)}$ 这个关系式是放射性物质的一个很基本的性质,它能说明很多问题. 若从此关系式出发,可以利用放射性物质来测定某种物体的绝对年龄.

12.6.2 抛物线的光学性质

汽车前灯和探照灯的反射镜面都是旋转抛物面,它是将抛物线绕对称轴旋转一周所形成的曲面. 将光源置于抛物线的焦点处,光线经镜面反射后就成为平行光线了. 下面用微分方程说明具有这个性质的曲线只有抛物线.

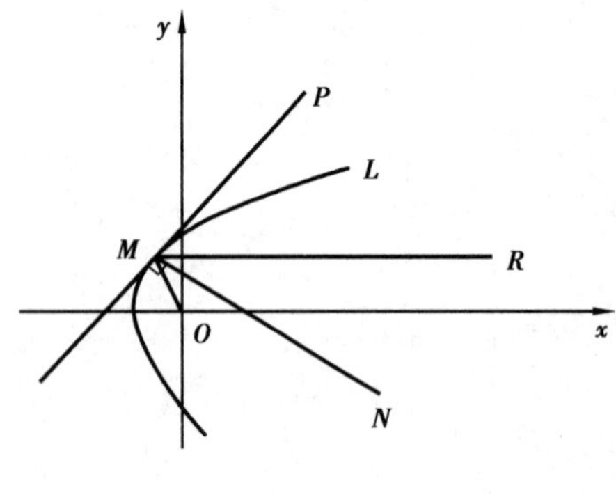

图 12.4

例 12.20 过旋转轴的一个平面上的轮廓线 L,如图 12.4 所示, 以旋转轴为 Ox 轴. 光源放在原点 $O(0,0)$,由 O 点发出的光线经镜面反射后平行于 Ox 轴,求曲线 L 的方程.

解 设 L 的方程为 $y = y(x)$,$M(x,y)$ 为 L 上任一点,光线 OM 经反射后为 MR,MP 为 L 在 M 点的切线,MN 为 L 在 M 点的法线,根据光线反射定律有 $\angle OMN = \angle NMR$,从而有

$$\tan\angle OMN = \tan\angle NMR \qquad (12.36)$$

又因点 $M(x,y)$ 处的切线 MT 的斜率为 y',法线 MN 的斜率为 $-\frac{1}{y'}$,所以由夹角的正切公式

$$\tan\angle OMN = \frac{-\frac{1}{y'} - \frac{y}{x}}{1 - \frac{y}{xy'}}, \quad \tan\angle NMR = \frac{1}{y'}$$

根据关系式(12.36)有

$$\frac{1}{y'} = -\frac{x + yy'}{xy' - y}$$

化简为

$$yy'^2 + 2xy' - y = 0 \qquad (12.37)$$

由方程(12.37)可解出 y',得到齐次方程

$$y' = -\frac{x}{y} \pm \sqrt{\left(\frac{x}{y}\right)^2 + 1} \qquad (12.38)$$

令 $\frac{y}{x} = u$,则 $\frac{\mathrm{d}y}{\mathrm{d}x} = u + x\frac{\mathrm{d}u}{\mathrm{d}x}$. 将此变换代入式(12.38),得

$$x\frac{\mathrm{d}u}{\mathrm{d}x} = \frac{-(1+u^2) \pm \sqrt{1+u^2}}{u}$$

变量分离后得

$$\frac{u\mathrm{d}u}{(1+u^2) \pm \sqrt{1+u^2}} = -\frac{\mathrm{d}x}{x} \qquad (12.39)$$

令 $1 + u^2 = t^2$,$2u\mathrm{d}u = 2t\mathrm{d}t$,$u\mathrm{d}u = t\mathrm{d}t$,代入式(12.39),得

$$\frac{\mathrm{d}t}{(t \pm 1)} = -\frac{\mathrm{d}x}{x}$$

将上式两边积分后得

$$\ln|t \pm 1| = \ln\left|\frac{c}{x}\right|,$$

即

$$\sqrt{u^2+1} = \frac{c}{x} \pm 1$$

两端平方并化简得

$$u^2 = \frac{c^2}{x^2} + \frac{2c}{x}$$

以 $u = \frac{y}{x}$ 代入得

$$y^2 = 2cx + c^2 = 2c\left(x + \frac{5}{2}\right).$$

这是一簇以原点为焦点的抛物线.

12.6.3　电路问题

例 12.21　设有如图 12.5 所示的一个简单电路，由电阻 R，电感 L 和电源组成. 电源的电动势为 $E = E_0 \sin \omega t$，今设时刻 $t=0$ 时，电路的电流为 I_0，求电流 I 与时间 t 的关系.

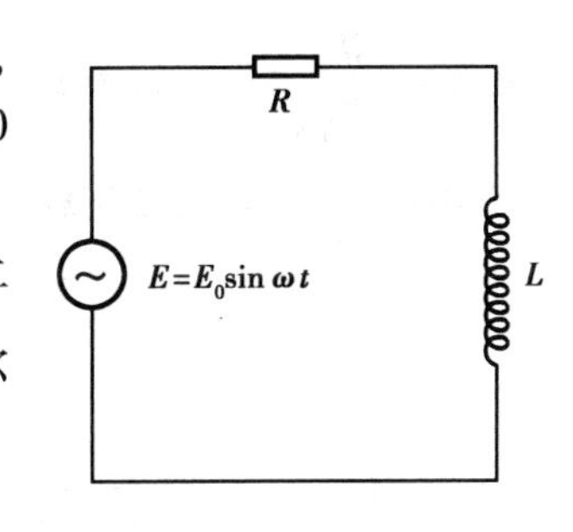

图 12.5

解　设时刻 t 的电流 $I = I(t)$，由电学知道：电流在电阻 R 上所产生的电压为 RI，在电感 L 上所产生的电压为 $L\frac{\mathrm{d}I}{\mathrm{d}t}$. 根据基尔霍夫（Kirdhoff）定律，有

$$E_0 \sin \omega t = RI + L\frac{\mathrm{d}I}{\mathrm{d}t}$$

整理后得到关于 I 的线性方程

$$\frac{\mathrm{d}I}{\mathrm{d}t} + \frac{R}{L}I = \frac{E_0}{L}\sin \omega t$$

这里记 $P(t) = \frac{R}{L}, Q(t) = \frac{E_0}{L}\sin \omega t$，所以根据一阶非齐次线性方程的通解公式有

$$\begin{aligned} I(t) &= \mathrm{e}^{-\int P(t)\mathrm{d}t}\left(\int Q(t)\mathrm{e}^{\int P(t)\mathrm{d}t}\mathrm{d}t + C\right) \\ &= \mathrm{e}^{-\int \frac{R}{L}\mathrm{d}t}\left(\int \frac{E_0}{L}\sin \omega t \mathrm{e}^{\int \frac{R}{L}\mathrm{d}t}\mathrm{d}t + C\right) \\ &= \mathrm{e}^{-\frac{R}{L}t}\left(\frac{E_0}{L}\int \mathrm{e}^{\frac{R}{L}t}\sin \omega t \mathrm{d}t + C\right) \\ &= C\mathrm{e}^{-\frac{R}{L}t} + \frac{E_0}{L}\mathrm{e}^{-\frac{R}{L}t}\int \mathrm{e}^{\frac{R}{2}t}\sin \omega t \mathrm{d}t \\ &= C\mathrm{e}^{-\frac{R}{L}t} + \frac{E_0}{L}\mathrm{e}^{-\frac{R}{L}t} \cdot \frac{\mathrm{e}^{\frac{R}{L}t}}{R^2+\omega^2L^2}(RL\sin \omega t - \omega L^2 \cos \omega t) \\ &= C\mathrm{e}^{-\frac{R}{L}t} + \frac{E_0}{R^2+\omega^2L^2}(R\sin \omega t - \omega L\cos \omega t) \end{aligned}$$

又 $I(0)=I_0$,所以 $I_0=c+\frac{E_0}{R^2+\omega^2L^2}(-\omega L)$,解得

$$c = I_0 + \frac{E_0\omega L}{R^2+\omega^2L^2}$$

故

$$I(t)=\left(I_0+\frac{E_0\omega L}{R^2+\omega^2L^2}\right)\mathrm{e}^{-\frac{R}{L}t}+\frac{E_0}{R^2+\omega^2L^2}(R\sin\omega t-\omega L\cos\omega t)$$

因为 $R>0,L>0$,所以当时间 t 充分大时,第一项趋于0,只剩下第二项

$$\tilde{I}=\frac{E_0}{R^2+\omega^2L^2}(R\sin\omega t-\omega L\cos\omega t)$$

$$=E_0\left(\frac{R}{R^2+\omega^2L^2}\sin\omega t-\frac{\omega_2}{R^2+\omega^2L^2}\cos\omega t\right)$$

若令

$$\cos\varphi=\frac{R}{R^2+\omega^2L^2},\sin\varphi=\frac{\omega L}{R^2+\omega^2L^2}$$

则

$$\tilde{I}=E_0\sin(\omega t-\varphi),\text{其中 }\varphi=\arctan\frac{\omega L}{R}$$

它的周期和电动势的周期相同,而相角落后 φ.

12.6.4 流体混合问题

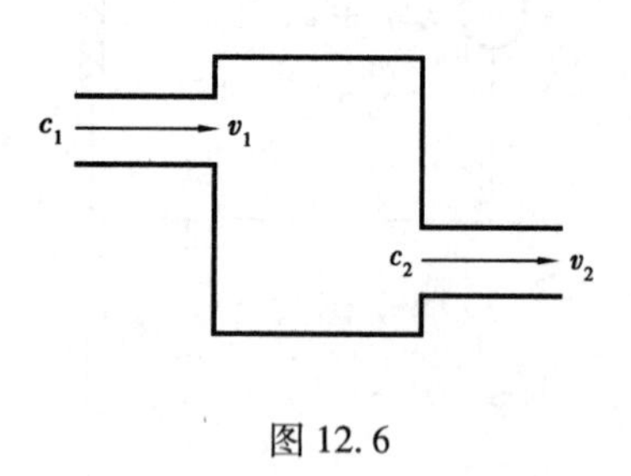

图 12.6

例 12.22 如图 12.6 所示,容器内装有含物质 A 的流体. 设时刻 $t=0$ 时,流体体积为 V_0,物质 A 的质量为 m_0(浓度当然也就知道了),今以速度 v_2(单位时间的流量)放出流体,而同时又以速度 v_1 注入浓度为 c_1 的同种流体. 试建立时刻 t 时容器中物质 A 的质量所满足的微分方程,并写出初始条件.

解 设在时刻 t,容器内物质 A 的质量为 $m=m(t)$,浓度为 c_2,经过时间 $\mathrm{d}t$ 后,容器内物质 A 的质量增加 $\mathrm{d}m$,于是有

$$\mathrm{d}m = c_1v_1\mathrm{d}t - c_2v_2\mathrm{d}t = (c_1v_1-c_2v_2)\mathrm{d}t$$

因为 $c_2=\frac{m}{V_0+(v_1-v_2)t}$,代入上式整理得

$$\frac{\mathrm{d}m}{\mathrm{d}t}+\frac{v_2}{V_0+(v_1-v_2)t}m=c_1v_1$$

求物质 A 在 t 时刻的质量问题就归结为求解下面初值问题的解

$$\begin{cases}\frac{\mathrm{d}m}{\mathrm{d}t}+\frac{v_2}{V_0+(v_1-v_2)t}m=c_1v_1\\ m(0)=m_0\end{cases}$$

12.6.5 在动力学中的运用

动力学是微分方程最早期的源泉之一,动力学的基本定律是牛顿第二定律 $F=ma$,这也是用微分方程来解决动力学的基本关系式. 在求解动力学问题时,要特别注意力学问题中的初始条件.

例 12.23　物体由高空下落，除受重力作用外，还受到空气阻力的作用，在速度不太大的情况（低于音速的$\frac{4}{5}$）下，假设空气阻力与速度的平方成正比，求速度和时间的关系式.

解　设物体质量为m，空气阻力系数为k，又设在时刻t物体的下落速度为v，于是在时刻t物体所受的力为$f=mg-kv^2$.

根据牛顿第二定律有

$$m\frac{\mathrm{d}v}{\mathrm{d}t}=mg-kv^2$$

将上面方程分离变量后得

$$\frac{m}{mg-kv^2}\mathrm{d}v=\mathrm{d}t$$

将上式两边积分得

$$\frac{1}{2}\sqrt{\frac{m}{kg}}\ln\frac{\sqrt{mg}+\sqrt{k}v}{\sqrt{mg}-\sqrt{k}v}=t+c$$

又$v(0)=0$，所以有$c=0$，代入上式得

$$\frac{1}{2}\sqrt{\frac{m}{kg}}\ln\frac{\sqrt{mg}+\sqrt{k}v}{\sqrt{mg}-\sqrt{k}v}=t$$

即

$$v=\frac{\sqrt{mg}\left(e^{2\sqrt{\frac{kg}{m}}t}-1\right)}{\sqrt{k}\left(e^{2\sqrt{\frac{kg}{m}}t}+1\right)}$$

故原方程的通解为

$$v=\frac{\sqrt{mg}\left(e^{2\sqrt{\frac{kg}{m}}t}-1\right)}{\sqrt{k}\left(e^{2\sqrt{\frac{kg}{m}}t}+1\right)}$$

习题12.6

A组

1. 一曲线由原点到此曲线任意一点切线的距离为此点的向径长度的k倍，试建立曲线所满足的微分方程.

2. 一质点沿x轴运动，在运动过程中只受到一个与速度成正比的阻力的作用. 设它从原点出发时的初速为10 m/s，而当它到达坐标为2.5 m的点时，其速度为5 m/s. 求质点到达坐标为4米的点的速度.

B组

1. 一容器盛有盐水100 L，其中含盐水50 g. 现以含盐水2 g/L的盐水，以3 L/min的速度注入容器内. 设流入的盐水与原有的盐水因搅拌而成为均匀的混合物，同时此混合物又以流速为2 L/min流出. 试求30 min后容器内所含的盐量.

2. 重量为1 000 kg的物体，在水中由静止开始下沉，下沉过程中除受重力外还受两个力，一个是浮力为200 kg，另一个为水的阻力，为100v kg（其中，v为下沉速度，单位为m/s）. 求5 s后物体下沉的距离，并求下沉的极限速度.

3. 根据牛顿冷却定律,物体在空气中冷却的速度与物体的温度和空气的温度之差成正比.已知空气温度为 30 ℃,而物体在 15 min 内从 100 ℃冷却到 70 ℃. 求物体冷却到 40 ℃所需的时间.

12.7 可降阶的高阶微分方程

高阶微分方程是指二阶及二阶以上的微分方程,主要是通过变量代换转化成低阶微分方程求解,本节我们主要介绍三种容易降阶的高阶微分方程.

12.7.1 $y''(x)=f(x)$ 型的微分方程

由于此方程的右端只含有自变量 x,则通过一次积分,便化为一阶微分方程,即

$$y' = \int f(x)\,dx + c_1$$

再积一次分,便得原方程的通解

$$\begin{aligned} y &= \int\left(\int f(x)\,dx + c_1\right)dx \\ &= \int\left(\int f(x)\,dx\right)dx + c_1x + c_2 \end{aligned}$$

一般地,求 $y^{(n)}(x)=f(x)$ 的通解只须连续积分 n 次即可.

12.7.2 $F(x.y',y'')=0$ 型的微分方程

$F(x,y',y'')=0$ 方程的特点是不显含因变量 y,可用变换 $y'=u, y''=u'$, 把它化成只含 u', u 和 x 的一阶微分方程

$$F(x,u,u') = 0 \tag{12.40}$$

假设方程(12.40)的通解 $u=u(x,c_1)$,由于 $y'=u$,所以原方程的通解为

$$y = \int u(x,c_1)\,dx + C_2$$

例 12.24 求解方程

$$\begin{cases} (1+x^2)y'' = 2xy' \\ y|_{x=0} = 1 \\ y'|_{x=0} = 3 \end{cases}$$

解 因为方程 $(1+x^2)y''=2xy'$ 不显含因变量 y,所以令 $y'=u$,则 $y''=u'$,原方程变为

$$(1+x^2)u' = 2xu \tag{12.41}$$

将方程(12.41)分离变量后并积分得

$$\int \frac{1}{u}du = \int \frac{2x}{1+x^2}dx$$

$$\ln|u| = \ln(1+x^2) + \ln|C_1|$$

所以

$$u = C_1(1+x^2)$$

即

$$y' = C_1(1+x^2)$$

又 $y'(0)=3$，所以 $C_1=3$，因此有

$$y' = 3(1+x^2) \tag{12.42}$$

将式(12.42)两端再积分，得

$$y = \int 3(1+x^2)\mathrm{d}x = 3\left(x+\frac{x^3}{3}\right)+C_2 = 3x+x^3+C_2$$

又 $y(0)=1$，所以 $1=C_2$.

因此原方程的初值问题的解为　　$y=x^3+3x+1.$

例 12.25（悬链线方程）　如图 12.7 所示，有一完全柔软的质量均匀的线悬挂在 A,B 两点，在重力作用下处于平衡状态. 试求这曲线 $y=y(x)$.

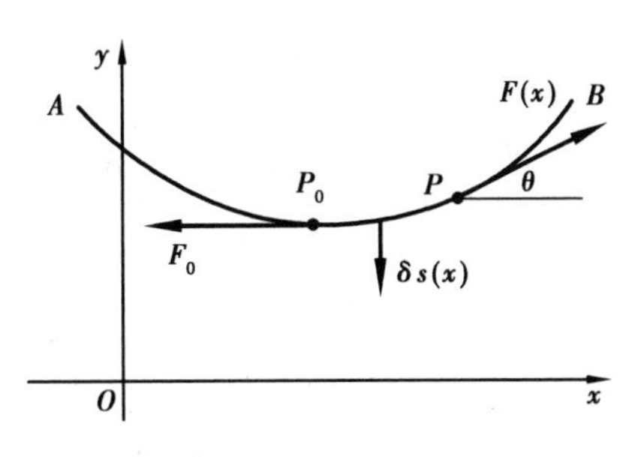

图 12.7

解　设 δ 为悬链线单位长度所受的重力，悬链线在最低点 P_0 的坐标为(x_0,y_0)，在曲线上任取一点 $P(x,y)$，现分析弧段 P_0P 的受力情况：在 P_0 点受到一个水平张力 F_0，其方向为水平向左；在 P 点受到一个切向张力 $F(x)$，方向与 x 轴方向成 θ 夹角；P_0P 弧段还受到一个垂直向下的重力 $\delta s(x)$，$s(x)$ 表示弧段 p_0p 的弧长.

由于此线是处于平衡状态，由力学知识可知，弧段 P_0P 在水平方向和竖直方向所受的合力应为0.

在水平方向　　$$F(x)\cos\theta = F_0 \tag{12.43}$$

在竖直方向　　$$F(x)\sin\theta = \delta s(x) \tag{12.44}$$

用式(12.44)除以式(12.43)得　　$$\tan\theta = \frac{\delta}{F_0}s(x) \tag{12.45}$$

又因为 $s(x) = \int_{x_0}^{x}\sqrt{1+(y'(t))^2}\,\mathrm{d}t$，$\tan\theta = y'$，于是式(12.45)变为

$$y' = \frac{\delta}{F_0}\int_{x_0}^{x}\sqrt{1+y'(t)^2}\,\mathrm{d}t \tag{12.46}$$

将式(12.46)的两边同时对 x 求导得

$$y'' = \frac{\delta}{F_0}\sqrt{1+(y'(x))^2} \tag{12.47}$$

方程(12.47)是不显含 y 的二阶微分方程，所以令 $y'=u$，则 $y''=u'$，方程(12.47)变为

$$u' = \frac{\delta}{F_0}\sqrt{1+u^2} \tag{12.48}$$

将式(12.48)分离变量得 $\dfrac{1}{\sqrt{1+u^2}}\mathrm{d}u = \dfrac{\delta}{F_0}\mathrm{d}x$

两边积分得

$$\ln(u+\sqrt{1+u^2}) = \frac{\delta}{F_0}(x-c_1) \tag{12.49}$$

即
$$u+\sqrt{1+u^2} = \mathrm{e}^{\frac{\delta}{F_0}(x-c_1)} \tag{12.50}$$

由式(12.49)可得

$$\ln\frac{1}{\sqrt{1+u^2}-u}=\frac{\delta}{F_0}(x-c_1)$$

由此得到

$$\sqrt{1+u^2}-u=e^{-\frac{\delta}{F_0}(x-c_1)} \tag{12.51}$$

将式(12.50)减去式(12.51)得到

$$u=\frac{e^{\frac{\delta}{F_0}(x-c_1)}-e^{-\frac{\delta}{F_0}(x-c_1)}}{2}$$

即

$$y'=u=\mathrm{sh}\frac{\delta}{F_0}(x-c_1) \tag{12.52}$$

将式(12.52)再积分一次,得 $y=\frac{F_0}{\delta}\mathrm{ch}\frac{\delta}{F_0}(x-c_1)+c_2$

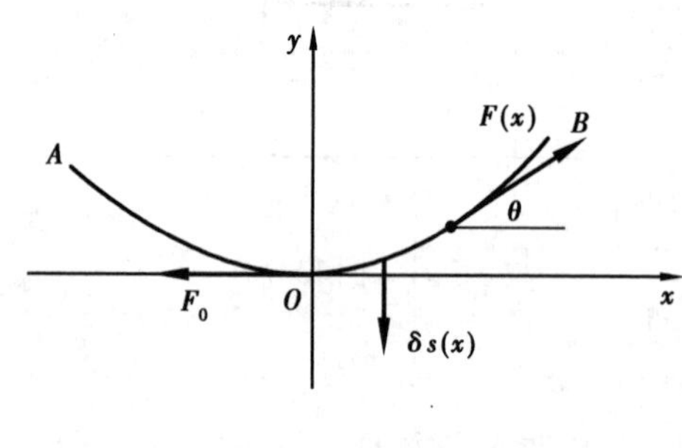

图 12.8

将初始条件$\begin{cases}y(x_0)=y_0\\y'(x_0)=0\end{cases}$代入 $y(x)$和$y'(x)$,得

$$c_1=x_0,c_2=y_0-\frac{F_0}{\delta}$$

所以悬链线的方程为

$$y=\frac{F_0}{\delta}\mathrm{ch}\frac{\delta}{F_0}(x-x_0)+y_0-\frac{F_0}{\delta}$$

如果选取坐标如图 12.8 所示,则悬链线的方程可将上面方程的 x_0,y_0 分别置0,得

$$y=\frac{F_0}{\delta}\mathrm{ch}\frac{\delta}{F_0}x-\frac{F_0}{\delta}$$

12.7.3　$F(y,y',y'')=0$ 型的微分方程

微分方程 $F(y,y',y'')=0$ 的特点是不显含自变量 x,令变换 $P=\frac{dy}{dx}$, 于是有

$$y''=\frac{d}{dx}\left(\frac{dy}{dx}\right)=\frac{dP}{dx}=\frac{dP}{dy}\cdot\frac{dy}{dx}=P\frac{dP}{dy}$$

将变换 $y'=P,y''=P\frac{dP}{dy}$代入 $F(y,y',y'')=0$,得

$$F\left(y,P,P\frac{dP}{dy}\right)=0 \tag{12.53}$$

假设式(12.53)的通解为 $P=P(y,c_1)$,即

$$y'=P(y,C_1) \tag{12.54}$$

将方程(12.54)变量分离后并积分得原方程的通解

$$\int\frac{1}{P(y,C_1)}dy=x+C_2$$

例 12.26　求$(2y+1)y''+2y'^2=0$ 的通解.

解　原方程不显含自变量 x,所以令

$$\frac{dy}{dx}=P,\frac{d^2y}{dx^2}=P\frac{dP}{dy}$$

将上述变换代入原方程得

$$(2y+1)\frac{dP}{dy}P+2P^2=0,$$

即
$$\frac{1}{P}dP=-\frac{2}{2y+1} \tag{12.55}$$

将式(12.55)两端积分得

$$\ln|P|=-\ln|2y+1|+\ln|c_1|,$$

则
$$P=\frac{c_1}{2y+1}$$

即
$$\frac{dy}{dx}=\frac{c_1}{2y+1} \tag{12.56}$$

将方程(12.56)分离变量并积分得

$$\int(2y+1)dy=\int c_1dx$$

所以原方程的隐式通解为 $y^2+y=c_1x+c_2$.

例 12.27　一火箭以初速 v_0 从地面垂直向上发射,试求速度和高度的关系. 若火箭的初速为 $v_0=\sqrt{\frac{2GM}{R}}$(G 为万有引力常数,M 为地球的质量,R 为地球的半径),求高度和时间的关系式. 假设火箭只受地球的引力作用,火箭的质量为常数(若火箭离地球表面相对较近时,燃料燃烧得很快,这种假定是合理的).

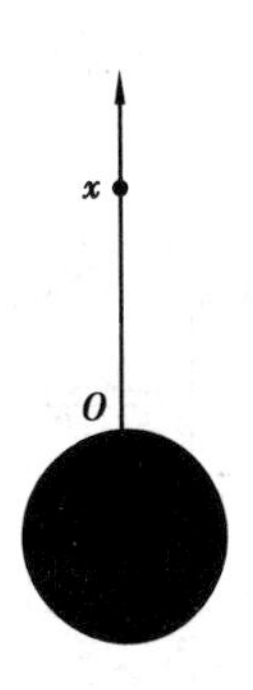

图 12.9

解　选择坐标如图 12.9 所示,设火箭的质量为 m,火箭离地面高度为 x,则火箭所受到地球的引力为

$$F=-\frac{GMm}{(R+x)^2}.$$

记 $v=\frac{dx}{dt}$,$a=\frac{d^2x}{dt^2}$. 根据牛顿第二定律 $F=ma$,有

$$m\frac{d^2x}{dt^2}=-\frac{GMm}{(R+x)^2}$$

即
$$\frac{d^2x}{dt^2}=-\frac{GM}{(R+x)^2} \tag{12.57}$$

方程(12.57)是一个不显含自变量 t 的二阶微分方程.

根据不显含自变量的二阶微分方程的解法,作变量代换

$$\frac{dx}{dt}=v,\frac{d^2x}{dt^2}=\frac{dv}{dt}=\frac{dv}{dx}\cdot\frac{dx}{dt}=v\cdot\frac{dv}{dx}$$

将上述变换代入方程(12.57),得

$$v\frac{dv}{dx}=-\frac{GM}{(R+x)^2} \tag{12.58}$$

将方程(12.58)分离变量并积分得

$$\int vdv=-GM\int\frac{1}{(R+x)^2}dx$$

即
$$\frac{v^2}{2}=\frac{GM}{R+x}+C_1$$

又 $x=0$ 时,$v=v_0$,所以$\frac{v_0^2}{2}=\frac{GM}{R}+C_1$,解得 $C_1=\frac{v_0^2}{2}-\frac{GM}{R}$.
故速度和高度的关系为

$$v^2=\frac{2GM}{R+x}+v_0^2-\frac{2GM}{R}$$

从速度和高度的关系式可以看出:

①如果 $v_0\geqslant\sqrt{\frac{2GM}{R}}$,火箭速度将不会达到0,$\sqrt{\frac{2GM}{R}}$是发出的火箭不至于受地球引力而坠回到地球上所具有的最低速度;如果 $v_0<\sqrt{\frac{2GM}{R}}$,火箭将坠回到地球上. 火箭速度与高度之间的关系图像如图12.10和图12.11所示.

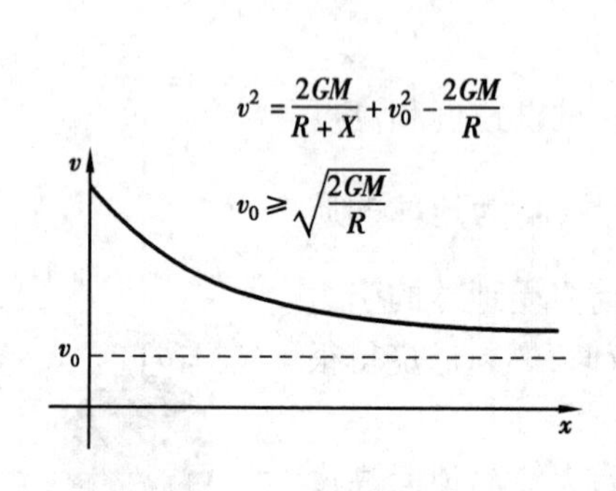

图12.10

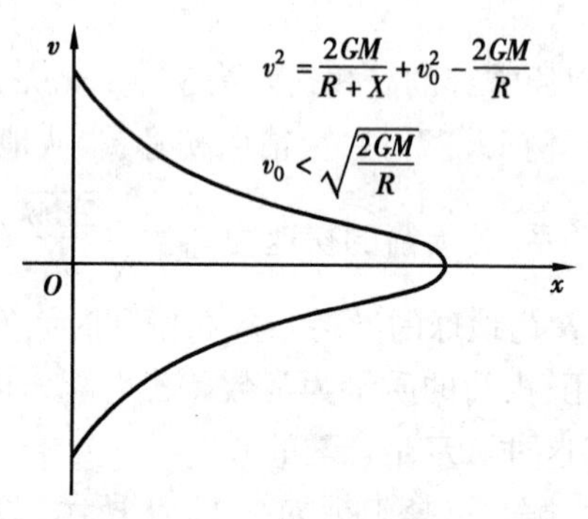

图12.11

②如果 $v_0=\sqrt{\frac{2GM}{R}}$,则 $v^2=\frac{2GM}{R+x}$, 即

$$\left(\frac{\mathrm{d}x}{\mathrm{d}t}\right)^2=\frac{2GM}{R+x} \tag{12.59}$$

由式(12.59)可得
$$\frac{\mathrm{d}x}{\mathrm{d}t}=\sqrt{\frac{2GM}{R+x}} \tag{12.60}$$

将方程(12.60)变量分离后并积分得

$$\frac{2}{3}(R+x)^{\frac{3}{2}}=\sqrt{2GM}t+C_2$$

又 $x(0)=0$,所以

$$C_2=\frac{2}{3}R^{\frac{3}{2}}$$

所以高度与时间的关系为 $\frac{2}{3}(R+x)^{\frac{3}{2}}=\sqrt{2GM}t+\frac{2}{3}R^{\frac{3}{2}}$.

*12.7.4 恰当导数方程

若 $F(x,y,y',y'')=0$ 的左端恰为某一函数 $\psi(x,y,y')$ 对 x 的导数,则可将其化为

$$\frac{\mathrm{d}}{\mathrm{d}x}\psi(x,y,y') = 0$$

具有这种性质的原方程称为恰当导数方程.

若 $F(x,y,y',y'')=0$ 为恰当导数方程,则存在某一函数 $\psi(x,y,y')$,使得原方程可化为一阶微分方程 $\psi(x,y,y')=C_1$,该方程的通解就是原方程的通解.

例 12.28 求微分方程 $yy''+y'^2=0$ 的通解.

解 易知 $(yy')'=yy''+(y')^2$,所以原方程即为

$$(yy')' = 0 \tag{12.61}$$

由方程(12.61)得

$$yy' = c_1$$

变量分离后得

$$y\mathrm{d}y = c_1\mathrm{d}x \tag{12.62}$$

将方程(12.62)两边积分后得到原方程的通解为 $y^2=c_1x+c_2$.

例 12.29 求微分方程 $yy''-y'^2=0$ 的通解.

解 因为 $yy''-y'^2=0$,两边同时乘以$\frac{1}{y^2}$,得:

$$\frac{yy''-y'^2}{y^2} = 0$$

由于 $\mathrm{d}\left(\frac{y'}{y}\right)=\frac{yy''-y'^2}{y^2}$,所以原方程为

$$\mathrm{d}\left(\frac{y'}{y}\right) = 0 \tag{12.63}$$

方程(12.63)的解为 $y'=c_1y$,将上式分离变量并积分得原方程的通解为

$$y = c_2\mathrm{e}^{c_1x}$$

习题 12.7

A 组

1. 解下列方程.

(1) $(1-x^2)y''-xy'=2$

(2) $y''=3\sqrt{y}, y(0)=1, y'(0)=2$

(3) $y''-a(y')^2=0, y(0)=0, y'(0)=1$

(4) $yy''-(y')^2-y^2y'=0$

2. 质量为 100 kg 的物体,在与水平面成30°的斜面上由静止状态下滑,如果不计摩擦,试求:

(1)物体运动的微分方程.

(2)5 s 后物体下滑的距离,以及此时的速度和加速度.

B 组

1. 求解下列微分方程.

(1) $y''=(1+(y')^2)^{\frac{3}{2}}$　　(2) $yy''+(y')^2+1=0$

(3) $y'''-y''\cot x=\sin^2 x$　　(4) $y^{(4)}-\frac{1}{x}y^{(3)}=0$

2. 设有一质量为 m 的物体,在空气中由静止开始下落. 若空气阻力为 $R=c^2v^2$(c 为常数,v 为物体的运动速度),而且当 $t\to\infty$ 时,速度以 75 m/s 为极限,求其运动规律.

3. 质量为 m 的质点受力 F 的作用沿着 Ox 轴作直线运动. 设力 F 仅是时间 t 的函数 $F=F(t)$,在开始时刻 $t=0$ 时 $F(0)=F_0$,随着时间 t 的增大,此力 F 均匀地减少,直到 $t=T$ 时,$F(T)=0$. 如果开始时质点位于原点,且初速度为 0,求此质点的运动规律.

12.8 二阶线性方程

二阶线性微分方程在实际问题中应用较多,因此要解决实际中的某些问题,需要讨论二阶线性方程的解法.

12.8.1 二阶线性方程的概念

形如

$$y''+P(x)y'+Q(x)y=f(x) \tag{12.64}$$

的方程称为二阶线性微分方程.

若 $f(x)\equiv 0$ 时,则称方程(12.64)为二阶线性齐次方程.

若 $f(x)\neq 0$ 时,则称方程(12.64)为二阶线性非齐次方程.

12.8.2 二阶线性齐次方程解的结构

定理 1 若 y_1,y_2 是二阶线性齐次方程 $y''+P(x)y'+Q(x)y=0$ 的解,则 $y=C_1y_1+C_2y_2$ 仍为它的解(C_1,C_2 为任意常数).

证 因为 y_1,y_2 是二阶线性齐次方程 $y''+P(x)y'+Q(x)y=0$ 的解,

所以 $y''_1+P(x)y_1'+Q(x)y_1=0, y''_2+P(x)y_2'+Q(x)y_2=0$

从而

$$\begin{aligned}&y''+P(x)y'+Q(x)y\\&=(C_1y_1''+C_2y_2'')+P(x)(C_1y_1'+C_2y_2')+Q(x)(C_1y_1+C_2y_2)\\&=C_1(y_1''+P(x)y_1'+Q(x)y_1)+C_2(y_2''+Q(x)y_2'+Q(x)y_2)\\&=0.\end{aligned}$$

故 $y=C_1y_1+C_2y_2$ 是二阶线性齐次方程的解.

由定理 1 可以得出以下两个推论.

推论 1 若 y_1 是二阶线性齐次方程的解,则 Cy_1 也是它的解.

推论 2 若 y_1,y_2 是二阶线性齐次方程的解,则 y_1+y_2 也是它的解.

定理 1 表明了二阶线性齐次方程的解具有叠加性,叠加起来的解 $y=C_1y_1+C_2y_2$ 在形式上有 C_1,C_2 两个任意常数,但它不一定是二阶线性齐次方程的通解.

如设 y_1 是二阶线性齐次方程的解，ky_1 也是二阶线性齐次方程的解，现取 $y_2=ky_1$，则有

$$y=C_1y_1+C_2y_2=C_1y_1+C_2ky_1=(C_1+C_2k)y_1=Cy_1,(C=C_1+C_2k)$$

由此看出：$y=C_1y_1+C_2y_2$ 实质上只含有一个任意常数，少于微分方程的阶数，因此它不是二阶线性齐次方程的通解. 那么究竟 y_1,y_2 需要满足什么条件，$y=C_1y_1+C_2y_2$ 才是二阶线性齐次方程的通解呢？为回答这个问题，我们介绍函数组在已知区间上线性相关和线性无关的概念.

定义1　如果存在一组不全为0的常数 $k_1,k_2,\cdots,k_n$，使得

$$k_1y_1(x)+k_2y_2(x)+\cdots+k_ny_n(x)=0 \tag{12.65}$$

在区间 I 上恒成立，则称函数组 $y_1(x),y_2(x),\cdots,y_n(x)$ 在区间 I 上是线性相关的；

如果只当 $k_1=k_2=\cdots=k_n=0$ 时，才能使式(12.65)成立，则称 $y_1(x),y_2(x),\cdots,y_n(x)$ 在区间 I 上是线性无关的.

如函数组 $1,\cos^2x,\sin^2x$ 在 $(-\infty,+\infty)$ 内是线性相关的，因为取 $k_1=1,k_2=k_3=-1$ 时，总有 $k_1y_1+k_2y_2+k_3y_3=1-\cos^2x-\sin^2x=0$ 成立；

函数组 $1,x,x^2,x^3$ 在任何区间 I 上是线性无关的，因为要使

$$k_1\cdot 1+k_2x+k_3x^2+k_4x^3=0$$

则必有

$$k_1=k_2=k_3=k_4=0$$

由定义不难得出以下两个结论：

结论1　函数组 $y_1(x),y_2(x),\cdots,y_n(x)$ 中有一函数 $y_i(x)=0\ (x\in I)$，则 $y_1(x),y_2(x),\cdots,y_n(x)$ 在区间 I 上线性相关.

因为选取 y_i 的系数 $k_i\neq 0$，其余函数的系数为0，就可使 $\sum\limits_{j=1}^{n}k_iy_i(x)=0$.

结论2　两个函数 $y_1(x)$ 和 $y_2(x)$ 之比 $\dfrac{y_1(x)}{y_2(x)}$ 在区间 I 上有定义，则它们在区间 I 上线性无关等价于 $\dfrac{y_1(x)}{y_2(x)}$ 在区间 I 上不恒等于常数.

有了线性无关的概念以后，我们就可以得到二阶线性齐次方程的通解结构定理.

定理2　若 $y_1(x),y_2(x)$ 是 $y''+P(x)y'+Q(x)y=0$ 的两个线性无关的特解，则 $y=C_1y_1(x)+C_2y_2(x)$（C_1,C_2 为 任意常数）是该方程的通解.

由定理2可以看出：求二阶线性齐次方程的通解可转化为求它的两个线性无关的特解，但这两个线性无关的特解对于变系数的二阶线性齐次方程来说并不容易求出，但如果知道其中一个特解，可采用下述方法来确定另一个与之线性无关的特解.

设 $y_1(x)$ 为 $y''+P(x)y'+Q(x)y=0$ 的一个已知特解，则设另一个与之线性无关的特解为 $y_2(x)=u(x)y_1(x)$（其中 $u(x)$ 为待定函数），则有

$$y_2'(x)=u'(x)y_1(x)+u(x)y_1'(x)$$

$$\begin{aligned}y_2''(x)&=u''(x)y_1(x)+u'(x)y_1'(x)+u'(x)y_1'(x)+u(x)y_1''(x)\\&=u(x)y_1''(x)+2u'(x)y_1'(x)+u''(x)y_1(x).\end{aligned}$$

将 $y_2(x),y_2'(x),y_2''(x)$ 代入齐次方程，并整理得

$$(y_1''(x)+P(x)y_1'+Q(x)y_1(x))u(x)+(2y_1'(x)+P(x)y_1(x))u'(x)+y_1(x)u''(x)=0 \tag{12.66}$$

因为 $y_1(x)$ 是齐次方程的解,所以

$$y_1''(x)+P(x)y_1'+Q(x)y_1(x)=0$$

于是方程(12.66)化为

$$(2y_1'(x)+P(x)y_1(x))u'(x)+y_1(x)u''(x)=0 \tag{12.67}$$

方程(12.67)是不显含因变量 u 的方程,所以令 $u'=v,u''=v'$,代入方程(12.67)得

$$y_1(x)v'+(2y_1'(x)+P(x)y_1(x))v=0 \tag{12.68}$$

将方程(12.68)分离变量后得

$$\frac{1}{v}\mathrm{d}v=-\frac{2y_1'(x)+P(x)y_1(x)}{y_1(x)}\mathrm{d}x \tag{12.69}$$

将方程(12.69)两边同时积分得

$$\int\frac{1}{v}\mathrm{d}v=-\int\left(2\frac{y_1'}{y_1}+P(x)\right)\mathrm{d}x$$

$$v=C_1\frac{1}{y_1^2}\mathrm{e}^{\int-P(x)\mathrm{d}x} \tag{12.70}$$

因为只需要特解,取 $C_1=1$ 得:$v=\frac{1}{y_1^2}\mathrm{e}^{-\int P(x)\mathrm{d}x}$,即

$$u'(x)=\frac{1}{y_1^2}\mathrm{e}^{-\int P(x)\mathrm{d}x} \tag{12.71}$$

将方程(12.71)再积分得

$$u(x)=\int\frac{1}{y_1^2}\mathrm{e}^{-\int P(x)\mathrm{d}x}\mathrm{d}x+C_2 \tag{12.72}$$

取 $C_2=0$,得

$$u(x)=\int\frac{1}{y_1^2}\mathrm{e}^{-\int P(x)\mathrm{d}x}\mathrm{d}x$$

故

$$y_2(x)=y_1(x)u(x)=y_1\int\frac{1}{y_1^2}\mathrm{e}^{-\int P(x)\mathrm{d}x}\mathrm{d}x \tag{12.73}$$

公式(12.73)称为刘维尔公式.

若已知二阶线性齐次方程的一个特解 y_1,则可用公式 $y_2=y_1\int\frac{1}{y_1^2}\mathrm{e}^{-\int P(x)\mathrm{d}x}\mathrm{d}x$ 求出另一个与之线性无关的特解,然后把 y_1,y_2 两个解线性组合起来便是二阶线性齐次方程的通解 $y=C_1y_1+C_2y_2$.

例 12.30 二阶线性齐次方程为 $y''+P(x)y'+Q(x)y=0$,证明:

(1)若 $1+P(x)+Q(x)=0$,则微分方程有一特解 $y=\mathrm{e}^x$.

(2)若 $P(x)+xQ(x)=0$,则微分方程有一特解 $y=x$.

(3)若存在常数 m,使得 $m^2+mp(x)+q(x)=0$,则微分方程有一特解 $y=\mathrm{e}^{mx}$.

证 (1)因为 $y=y'=y''=\mathrm{e}^x$,又因为 $1+P(x)+Q(x)=0$,

所以

$$y''+P(x)y'+Q(x)y=\mathrm{e}^x[1+P(x)+Q(x)]=0$$

故 $y=\mathrm{e}^x$ 为方程 $y''+P(x)y'+Q(x)y=0$ 的一个特解.

同理可证(2)和(3).

例 12.31 求微分方程 $(x-1)y''-xy'+y=0$ 的通解.

解　将方程化为
$$y''-\frac{x}{x-1}y'+\frac{1}{x-1}y=0$$

设
$$P(x)=-\frac{x}{x-1},Q(x)=\frac{1}{x-1}$$

因为
$$1+P(x)+Q(x)=1-\frac{x}{x-1}+\frac{1}{x-1}=\frac{x}{x-1}-\frac{x}{x-1}=0$$

又
$$P(x)+xQ(x)=-\frac{x}{x-1}+\frac{x}{x-1}=0$$

根据例12.30的结果得到原方程有特解 $y_1=e^x$ 和特解 $y_2=x$. 而$\frac{y_1}{y_2}=\frac{e^x}{x}\neq$常数, y_1 与 y_2 线性无关.

故原方程的通解为 $y=c_1x+c_2e^x$.

例12.32　求微分方程$(1-x^2)y''-2xy'+2y=0$的通解.

解　将方程化为
$$y''-\frac{2x}{1-x^2}y'+\frac{2}{1-x^2}y=0$$

记
$$P(x)=-\frac{2x}{1-x^2},Q(x)=\frac{2}{1-x^2}$$

因为$P(x)+xQ(x)=-\frac{2x}{1-x^2}+\frac{2x}{1-x^2}=0$,所以方程有一个特解 $y_1=x$,则根据刘维尔公式求出另一个与 y_1 线性无关的特解:

$$\begin{aligned}
y_2&=y_1\int\frac{1}{y_1^2}e^{-\int P(x)dx}dx=x\int\frac{1}{x^2}e^{\int\frac{2x}{1-x^2}dx}dx\\
&=x\int\frac{1}{x^2}e^{\int\frac{1}{1-x^2}d(1-x)^2}dx=x\int\frac{1}{x^2}e^{-\ln(1-x^2)}dx\\
&=x\int\frac{1}{x^2}\cdot\frac{1}{1-x^2}dx=x\int\left(\frac{1}{x^2}+\frac{1}{1-x^2}\right)dx\\
&=x\left[\int\frac{1}{x^2}dx+\int\frac{1}{1-x^2}dx\right]\\
&=x\left[-\frac{1}{x}+\frac{1}{2}\ln\left|\frac{1+x}{1-x}\right|\right]=\frac{x}{2}\ln\left|\frac{1+x}{1-x}\right|-1
\end{aligned}$$

原方程的通解为
$$y=c_1x+c_2\left(\frac{x}{2}\ln\left|\frac{1+x}{1-x}\right|-1\right).$$

12.8.3　二阶线性非齐次方程解的结构

定理3　设 y_1 是 $y''+P(x)y'+Q(x)y=0$ 的解,y_2 是 $y''+P(x)y'+Q(x)y=f(x)$的解,则 $y=y_1+y_2$ 是 $y''+P(x)y'+Q(x)y=f(x)$的解.

证　因为 y_1 是 $y''+P(x)y'+Q(x)y=0$ 的解,y_2 是 $y''+P(x)y'+Q(x)y=f(x)$的解,所以
$$y_1''+P(x)y_1'+Q(x)y_1=0$$
$$y_2''+P(x)y_2'+Q(x)y_2=f(x)$$

所以
$$\begin{aligned}
&y''+P(x)y'+Q(x)y\\
=&(y_1+y_2)''+P(x)(y_1+y_2)'+Q(x)(y_1+y_2)
\end{aligned}$$

$$= (y_1'' + P(x)y_1' + Q(x)y_1) + (y_2'' + P(x)y_2' + Q(x)y_2)$$
$$= 0 + f(x) = f(x)$$

定理3 表明:齐次方程的解与非齐次方程的解的和是非齐次方程的解.

定理4 设 y_1, y_2 是 $y'' + P(x)y' + Q(x)y = f(x)$ 的解,则 $y = y_1 - y_2$ 是 $y'' + P(x)y' + Q(x)y = 0$ 的解.

证 因为 y_1, y_2 是 $y'' + P(x)y' + Q(x)y = f(x)$ 的解,

所以
$$y_1'' + P(x)y_1' + Q(x)y_1 = f(x), y_2'' + P(x)y_2' + Q(x)y_2 = f(x)$$
$$y'' + P(x)y' + Q(x)y$$
$$= (y_1 - y_2)'' + P(x)(y_1 - y_2)' + Q(x)(y_1 - y_2)$$
$$= (y_1'' + P(x)y_1' + Q(x)y_1) - (y_2'' + P(x)y_2' + Q(x)y_2)$$
$$= f(x) - f(x) = 0$$

定理4 表明:非齐次方程的任意两个解之差是齐次方程的解.

定理5 设 Y 是 $y'' + P(x)y' + Q(x)y = 0$ 的通解,y^* 为 $y'' + P(x)y' + Q(x)y = f(x)$ 的一个特解,则 $y'' + P(x)y' + Q(x)y = f(x)$ 的通解为 $y = Y + y^*$.

证 因为 Y 为 $y'' + P(x)y' + Q(x)y = 0$ 的通解,所以
$$Y'' + P(x)Y' + Q(x)Y = 0.$$

又 y^* 为 $y'' + P(x)y' + Q(x)y = f(x)$ 的特解,所以
$$y^{*''} + P(x)y^{*'} + Q(x)y^* = f(x).$$

从而
$$(Y + y^*)'' + P(x)(Y + y^*)' + Q(x)(Y + y^*)$$
$$= Y'' + y^{*''} + P(x)(Y' + y^{*'}) + Q(x)(Y + y^*)$$
$$= (Y'' + P(x)Y' + Q(x)Y) + (y^{*''} + P(x)y^{*'} + Q(x)y^*)$$
$$= f(x)$$

因此,$y = Y + y^*$ 是非齐次线性方程的解.

又 Y 是齐次方程的通解,含有两个独立的任意常数,因而 y 中也含有两个独立的任意常数. 故 $y = Y + y^*$ 是非齐次方程的通解.

由定理5 可以看出:求非齐次线性方程的通解问题可转化为求齐次方程的通解和非齐次方程的一个特解问题,而齐次方程的通解问题在 12. 8. 2 已得到解决,现在关键的问题是求非齐次方程的特解. 下面两个定理可以帮助我们寻找非齐次方程的特解.

定理6 设 y_1^*, y_2^* 分别为 $y'' + P(x)y + Q(x)y = f_1(x)$ 和 $y'' + P(x)y' + Q(x)y = f_2(x)$ 的特解,则 $y^* = y_1^* + y_2^*$ 为 $y'' + P(x)y' + Q(x)y = f_1(x) + f_2(x)$ 的特解.

证 因为 y_1^*, y_2^* 分别为 $y'' + P(x)y + Q(x)y = f_1(x)$ 和 $y'' + P(x)y' + Q(x)y = f_2(x)$ 的解,

所以
$$y_1^{*''} + P(x)y_1^{*'} + Q(x)y_1^* = f_1(x)$$
$$y_2^{*''} + P(x)y_2^{*'} + Q(x)y_2^* = f_2(x)$$
$$y^{*''} + P(x)y^{*'} + Q(x)y^*$$
$$= (y_1^* + y_2^*)'' + P(x)(y_1^* + y_2^*)' + Q(x)(y_1^* + y_2^*)$$
$$= (y_1^{*''} + P(x)y_1^{*'} + Q(x)y_1^*) + (y_1^{*''} + P(x)y_1^{*'} + Q(x)y_1^*)$$
$$= f_1(x) + f_2(x)$$

定理7 如果 $y = y_1(x) + iy_2(x)$ 是方程 $y'' + P(x)y' + Q(x)y = f_1(x) + if_2(x)$ 的解,则

$y_1(x), y_2(x)$分别为$y''+P(x)y'+Q(x)y=f_1(x)$, $y''+P(x)y'+Q(x)y=f_2(x)$的解.

证 因为$y(x)=y_1(x)+iy_2(x)$对x的n阶导数定义为

$$y^{(n)}(x) = y_1^{(n)}(x) + iy_2^{(n)}(x)$$

所以$y'=y_1'+iy_2'$, $y''=y_1''+iy_2''$.

将y', y''代入方程$y''+P(x)y'+Q(x)y=f_1(x)+if_2(x)$,并整理得

$$(y_1''+P(x)y_1'+Q(x)y_1) + i(y_2''+P(x)y_2'+Q(x)y_2) = f_1(x) + if_2(x) \tag{12.74}$$

方程(12.74)左右两端对应的实部和虚部应相等,从而有

$$y_1''+P(x)y_1'+Q(x)y_1 = f_1(x)$$
$$y_2''+P(x)y_2'+Q(x)y_2 = f_2(x)$$

所以定理的结论得证.

由定理7不难得出以下推论.

推论 若$y=y_1(x)+iy_2(x)$是$y''+P(x)y'+Q(x)y=0$的解,则$y_1(x)$, $y_2(x)$都是方程$y''+P(x)y'+Q(x)y=0$的解.

习题12.8

A组

1. 判别下列函数组是否线性相关.

(1) $\sin 2t, \cos t, \sin t$　　(2) e^t, te^t, t^2e^t

(3) $x, \tan x$　　(4) $x^2-x+3, 2x^2+x, 2x+4$

2. 已知方程$(x-1)y''-xy'+y=0$的一个解$y_1=x$,求其通解.

3. 已知二阶微分方程$y''+p(x)y'+q(x)y=f(x)$的三个解为$y_1(x)=x$, $y_2(x)=e^x$, $y_3=e^{2x}$. 试求方程满足条件$y(0)=1$, $y'(0)=3$的特解.

B组

1. 已知方程$(1-\ln x)y''+\frac{1}{x}y'-\frac{1}{x^2}y=0$的一个解$y_1=\ln x$,求其通解.

2. 已知二阶齐次线性方程的两个解是x和x^2,求此方程,并求其通解.

12.9 二阶常系数齐次线性方程解法

我们已经知道方程$y''+p(x)y'+q(x)y=0$的通解等于它的两个线性无关的特解y_1, y_2的线性组合,即$y=c_1y_1+c_2y_2$,只是这两个线性无关的特解并非总能求出来. 但是,当齐次方程的系数$p(x)$, $q(x)$全为实常数时,求它的两个线性无关的特解问题却能化成求一元二次方程的根的问题.

形如

$$y''+py'+qy=0 \tag{12.75}$$

的方程(p,q 为实常数),称为二阶常系数齐次方程.

我们很容易求出一阶方程 $y'+ay=0$(a 为常数)有一个特解 $y=e^{-ax}$. 把方程(12.75)与该方程比较,它们都是常系数线性齐次方程,因而对方程(12.75),我们也用 $y=e^{rx}$进行尝试,看能否选取适当的常数 r,使得 $y=e^{rx}$满足方程(12.75).

将 $y=e^{rx}$求导,得

$$y' = re^{rx}, \quad y'' = r^2e^{rx}$$

将 y,y',y''代入方程(12.75)得

$$(r^2 + pr + q)e^{rx} = 0$$

由于 $e^{rx}\neq 0$,所以有

$$(r^2 + pr + q) = 0 \tag{12.76}$$

如果 r 满足方程(12.76),则 $y=e^{rx}$便是方程(12.75)的解. 代数方程(12.76)称为微分方程(12.75)的特征方程,特征方程的根称为特征根.

特征方程(12.76)是一个一元二次方程,它的根可用公式 $r=\dfrac{-p\pm\sqrt{p^2-4q}}{2}$求出,它们有三种不同的情形:

①当 $p^2-4q>0$ 时,特征方程有两个不同的实根 r_1,r_2,则 $y_1=e^{r_1x},y_2=e^{r_2x}$是方程(12.75)的两个线性无关的特解,故方程(12.75)的通解为

$$y = c_1e^{r_1x} + c_2e^{r_2x}$$

②$p^2-4q=0$ 时,特征方程有两个相等的实根 $r_1=r_2=r=-\dfrac{p}{2}$,且 $2r+p=0$.

因为 $y_1=e^{rx}$为方程(12.75)的一个特解,所以另一个与之线性无关的特解 y_2 可以根据刘维尔公式求出.

$$\begin{aligned} y_2 &= y_1\int \frac{1}{{y_1}^2}e^{-\int p dx}dx = e^{rx}\int \frac{1}{e^{2rx}}e^{-\int p dx}dx \\ &= e^{rx}\int e^{-(2r+p)x}dx = e^{rx}\int dx = xe^{rx} \end{aligned}$$

所以方程(12.75)的通解为

$$y = c_1y_1 + c_2y_2 = c_1e^{rx} + c_2xe^{rx} = (c_1 + c_2x)e^{rx}$$

③当 $p^2-4q<0$,特征方程(12.76)有一对共轭的复根 $\alpha\pm\beta i$.

因为$\bar{y}_1=e^{(\alpha+\beta i)x},\bar{y}_2=e^{(\alpha-\beta i)x}$是方程(12.75)的解,但这是两个复函数的解,我们需要寻找两个实函数的解. 根据欧拉公式有

$$\bar{y}_1 = e^{(\alpha+i\beta)x} = e^{\alpha x}(\cos\beta x + i\sin\beta x) = e^{\alpha x}\cos\beta x + ie^{\alpha x}\sin\beta x$$

$$\bar{y}_2 = e^{(\alpha-i\beta)x} = e^{\alpha x}(\cos\beta x - i\sin\beta x) = e^{\alpha x}\cos\beta x - ie^{\alpha x}\sin\beta x$$

根据定理 7 的推论得 $e^{\alpha x}\cos\beta x,e^{\alpha x}\sin\beta x$ 是 $y''+py'+qy=0$ 的两个线性无关的解.
故方程(12.75)的通解为

$$y = c_1e^{\alpha x}\cos\beta x + c_2e^{\alpha x}\sin\beta x = (c_1\cos\beta x + c_2\sin\beta x)e^{\alpha x}$$

例 12.33 求微分方程 $y''-3y'+2y=0$ 的通解.

解 特征方程为 $r^2-3r+2=0$,解之得 $r_1=1,r_2=2$.

所以 $y_1=e^x,y_2=e^{2x}$是 $y''-3y'+2y=0$ 的两个线性无关的特解.

故原方程的通解为 $y=c_1\mathrm{e}^{x}+c_2\mathrm{e}^{2x}$.

例 12.34　求微分方程 $y''-6y'+9y=0$ 的通解.

解　特征方程是 $r^2-6r+9=0$，所以 $r_1=r_2=3$.

所以原方程的两个线性无关的特解为 $y_1=\mathrm{e}^{3x},y_2=x\mathrm{e}^{3x}$.

故原方程的通解为 $y=c_1\mathrm{e}^{3x}+c_2x\mathrm{e}^{3x}=(c_1+c_2x)\mathrm{e}^{3x}$.

例 12.35　求微分方程 $y''+4y'+6y=0$ 的通解.

解　特征方程为 $r^2+4r+6=0$. 解之得 $r=-2\pm\sqrt{2}\mathrm{i}$.

故原方程的通解为 $y=(c_1\cos\sqrt{2}x+c_2\sin\sqrt{2}x)\mathrm{e}^{-2x}$.

例 12.36　设有一弹性系数为 c 的弹簧,它的上端固定,下端挂一质量为 m 的物体,处于平衡位置. 如果物体初速度不为0,则物体在平衡位置附近作上下振动. 设物体在振动过程中受到的介质阻力与它的速度成正比,其比例系数为 u,并取平衡位置为坐标原点,x 轴铅直向下,如图12.12所示. 假设物体在 $t=0$ 时的位置为 x_0,初始速度为 v_0,求物体振动规律的函数 $x=x(t)$.

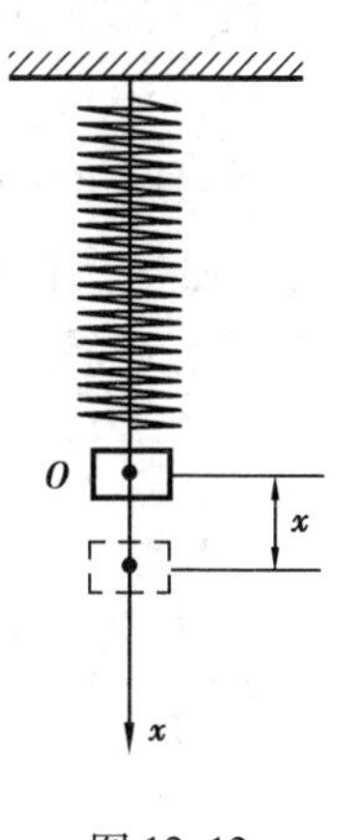

图12.12

解　设 f 表示弹性恢复力(它不包括在平衡位置时和重力 mg 相平衡的那一部分弹力),R 表示物体在振动过程中所受的介质阻力,根据题意得

$$f=-cx$$

$$R=-u\frac{\mathrm{d}x}{\mathrm{d}t}$$

根据牛顿第二定律得

$$m\frac{\mathrm{d}^2x}{\mathrm{d}t^2}=-cx-u\frac{\mathrm{d}x}{\mathrm{d}t}$$

记 $2n=\dfrac{u}{m},k^2=\dfrac{c}{m}$,则上式变为

$$\frac{\mathrm{d}^2x}{\mathrm{d}t^2}+2n\frac{\mathrm{d}x}{\mathrm{d}t}+k^2x=0 \tag{12.77}$$

题目的要求就是求方程(12.77)满足初始条件 $x|_{t=0}=x_0,\left.\dfrac{\mathrm{d}x}{\mathrm{d}t}\right|_{t=0}=v_0$ 的特解.

方程(12.77)的特征方程为 $r^2+2nr+k^2=0$,因此特征根为

$$r=\frac{-2n\pm\sqrt{4n^2-4k^2}}{2}=-n\pm\sqrt{n^2-k^2}$$

以下按 $n<k,n>k$,及 $n=k$ 三种不同情形分别进行讨论.

①小阻尼情形:$n<k$.

特征方程的根 $r=-n\pm\mathrm{i}\omega$,$(\omega=\sqrt{k^2-n^2})$是一对共轭复根,所以方程(12.77)的通解为

$$x=\mathrm{e}^{-nt}(C_1\cos\omega t+C_2\sin\omega t)$$

应用初始条件,定出 $C_1=x_0,C_2=\dfrac{u_0+nx_0}{\omega}$,因此所求特解为

$$x=\mathrm{e}^{-nt}\left(x_0\cos\omega t+\frac{v_0+nx_0}{\omega}\sin\omega t\right) \tag{12.78}$$

令
$$x_0 = A\sin\varphi, \frac{v_0 + nx_0}{\omega} = A\cos\varphi, (0 \leqslant \varphi < 2\pi) \tag{12.79}$$

那么(12.78)式又可写成
$$x = Ae^{-nt}\sin(\omega t + \varphi) \tag{12.80}$$

其中,$\omega = \sqrt{k^2 - n^2}$,$A = \sqrt{x_0^2 + \frac{(v_0 + nx_0)^2}{\omega^2}}$,$\tan\varphi = \frac{x_0\omega}{v_0 + nx_0}$

从式(12.80)看出,物体的运动是周期 $T = \frac{2\pi}{\omega}$,它的振幅 Ae^{-nt} 随时间 t 的增大而逐渐减小,所以物体随时间 t 的增大而趋于平衡位置. 函数(12.80)的图形如图12.13所示(图中假定 $x_0 = 0, v_0 > 0$).

②大阻尼情形:$n > k$.

特征方程的根 $r_1 = -n + \sqrt{n^2 - k^2}$,$r_2 = -n - \sqrt{n^2 - k^2}$ 是两个不相等的负实根,所以方程(12.77)的通解为
$$x = C_1 e^{-(n - \sqrt{n^2 - k^2})t} + C_2 e^{-(n + \sqrt{n^2 - k^2})t} \tag{12.81}$$

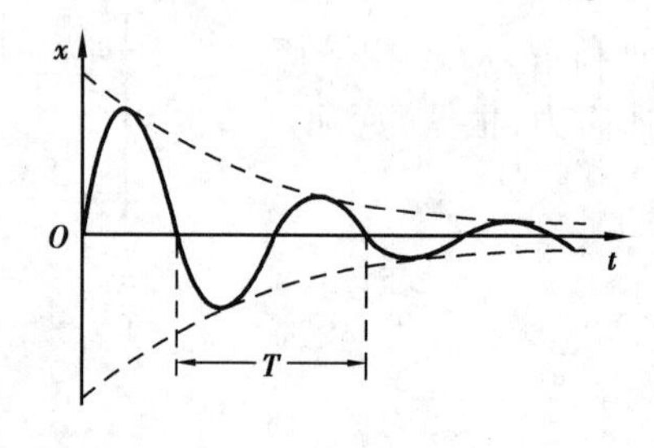

图 12.13

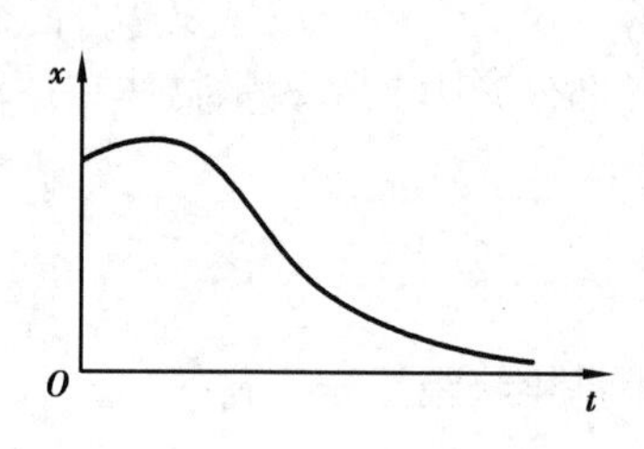

图 12.14

其中,任意数 C_1, C_2 可以由初始条件来确定. 从式(12.81)看出,当 $t \to +\infty$ 时,$x \to 0$. 因此在大阻尼情形,物体随时间 t 的增大而趋于平衡位置. 函数(12.81)的图形如图12.14所示(图中假定 $x_0 > 0, v_0 > 0$).

③临界阻尼情形:$n = k$.

特征方程的根 $r_1 = r_2 = -n$ 是两个相等的实根,所以方程(12.77)的通解为
$$x = e^{-nt}(C_1 + C_2 t)$$

其中,任意常数 C_1 及 C_2 可由初始条件来确定. 由于 $\lim\limits_{t \to +\infty} te^{-nt} = \lim\limits_{t \to +\infty} \frac{t}{e^{nt}} = \lim\limits_{t \to +\infty} \frac{1}{e^{nt}} = 0$,从而可以看出,当 $t \to +\infty$ 时,$x \to 0$. 因此在临界阻尼情形,物体也随时间 t 的增大而趋于平衡位置.

总之,对于有阻尼的自由振动,不论是小阻尼、大阻尼或临界阻尼,物体都随时间 t 的增大而趋于平衡位置.

二阶常系数齐次线性微分方程所用之法及方程的通解的形式可以推广到 n 阶常系数齐次线性微分方程上去,现简述于下.

n 阶常系数齐次线性微分方程的一般形式为
$$y^{(n)} + p_1 y^{(n-1)} + p_2 y^{(n-2)} + \cdots + p_{n-1}y' + p_n y = 0 (p_1, p_2, \cdots, p_n \text{ 为常数})$$
它的特征方程为
$$r^n + p_1 r^{n-1} + p_2 r^{n-2} + \cdots + p_{n-1} r + p_n = 0$$

根据特征方程根的不同情况,可写出其对应微分方程的线性无关的特解,如表12.1所示.

表 12.1

特征方程的根	微分方程通解中的对应项
单实根	e^{rx}
k 重实根	$e^{rx},xe^{rx},x^2e^{rx},\cdots,x^{k-1}e^{rx}$
一对单复根 $\alpha\pm i\beta$	$e^{\alpha x}\cos\beta x,e^{\alpha x}\sin\beta x$
一对 k 重复根 $\alpha\pm i\beta$	$e^{\alpha x}\cos\beta x,xe^{\alpha x}\cos\beta x,\cdots,x^{k-1}e^{\alpha x}\cos\beta x$ $e^{\alpha x}\sin\beta x,xe^{\alpha x}\sin\beta x,\cdots,x^{k-1}e^{\alpha x}\sin\beta x$

将表 12.1 中所有对应项用任意常数 c_i 线性组合起来便是 n 阶常系数齐次线性微分方程的通解.

例 12.37　求微分方程 $y^{(4)}-4y'''+10y''-12y'+5y=0$ 的通解.

解　因为特征方程为 $r^4-4r^3+10r^2-12r+5=0,(r-1)^2((r-1)^2+4)=0$
所以特征方程的特征根为：$r_{1,2}=1,r_{3,4}=1\pm 2i$.
故原方程的通解为
$$y=(c_1+c_2x)e^x+e^x(c_3\cos 2x+c_4\sin 2x)$$

例 12.38　求微分方程 $y^{(4)}+2y''+y=0$ 的通解.

解　特征方程为 $r^4+2r^2+1=0$，解之得
$$r_{1,2}=\pm i,r_{3,4}=\pm i$$
故原方程的通解为
$$y=(c_1+c_2x)\cos x+(c_3+c_4x)\sin x$$

习题 12.9

A 组

1. 求下列微分方程的通解.

(1) $y''+9y'+20y=0$　　(2) $y''-2y'+y=0$

(3) $y''+6y'+13y=0$　　(4) $y''+4y=0$

2. 求下列微分方程满足初始条件的解.

(1) $y''-3y'+2y=0,y(0)=2,y'(0)=-3$

(2) $y''+4y'+4y=0,y(2)=4,y'(2)=0$

(3) $y''-4y'+13y=0,y(0)=0,y'(0)=3$

B 组

1. 求下列微分方程的解.

(1) $y'''-y''-y'+y=0$　　(2) $y^{(6)}-2y^{(4)}-y''+2y=0$

2. 试讨论 λ 为何值时，$y''+\lambda y=0$ 存在满足 $y(0)=y(1)=0$ 的非零解.

12.10 二阶常系数线性非齐次方程解法

12.10.1 二阶常系数线性非齐次方程的概念

形如

$$y'' + py' + qy = f(x) \tag{12.82}$$

的方程(p,q 为常数)称为二阶常系数非齐次方程.

由二阶线性非齐次方程的解的结构知道:方程(12.82)的通解等于其对应的齐次方程 $y''+py'+qy=0$ 的通解与方程(12.82)的一个特解之和. 齐次方程的通解等于它的两个线性无关的特解的线性组合. 因而二阶常系数非齐次方程的求解问题在理论上已得到解决. 本节介绍待定系数法确定方程(12.82)的 $f(x)$ 为下面两种特殊情形的特解. $f(x)$ 的这两种形式是:

①$f(x)=p_m(x)e^{\alpha x}$,($p_m(x)$ 为 m 次多项式);

②$f(x)=e^{\alpha x}[p_m(x)\cos\beta x+p_n(x)\sin\beta x]$.

其中 $p_m(x)$,$p_n(x)$ 分别表示 m 次和 n 次的多项式.

我们之所以研究这两种二阶常系数非齐次方程的解法,不仅是由于其解法简单,主要是因为很多的实际问题都归结为这两类方程(如弹簧振动与电振荡问题),具有重要的实际意义.

12.10.2 $f(x)=p_m(x)e^{\alpha x}$ 型

我们知道,方程

$$y'' + py' + qy = e^{\alpha x}p_m(x) \tag{12.83}$$

的特解是使得方程(12.83)成为恒等式的函数. 由于方程(12.83)的右端是 m 次多项式 $p_m(x)$ 与指数函数 $e^{\alpha x}$ 的乘积,左端的系数又是常系数,而多项式与指数函数乘积的导数仍是同一类型的函数,因此可猜测方程(12.83)的特解形式为

$$y^* = Q(x)e^{\alpha x}$$

其中 $Q(x)$ 是待定的多项式函数.

设 $y^*=Q(x)e^{\alpha x}$,则有

$$y^{*\prime} = e^{\alpha x}[\alpha Q(x) + Q'(x)]$$

$$y^{*\prime\prime} = e^{\alpha x}[\alpha^2 Q(x) + 2\alpha Q'(x) + Q''(x)]$$

将 y^*,$y^{*\prime}$,$y^{*\prime\prime}$ 代入方程(12.83),并消去 $e^{\alpha x}$ 得

$$Q''(x) + (2\alpha + p)Q'(x) + (\alpha^2 + p\alpha + q)Q(x) = p_m(x) \tag{12.84}$$

①α 不是特征方程 $r^2+pr+q=0$ 的根,则 $\alpha^2+p\alpha+q\neq 0$.

因为 $p_m(x)$ 的次数为 m 次,要使方程(12.84)式成立,则 $Q(x)$ 的次数应为 m,记为 $Q_m(x)$,即

$$Q_m(x) = a_0x^m + a_1x^{m-1} + \cdots + a_m \tag{12.85}$$

将式(12.85)代入式(12.84),比较等式两端 x 同次幂的系数,就得到 $a_0,a_1,\cdots,a_m$ 作为未知数的 $m+1$ 个方程组成的方程组,解出 $a_0,a_1,\cdots,a_m$,从而得到所求的特解

$$y^* = Q_m(x)e^{\alpha x}$$

②α是特征方程$r^2+pr+q=0$的单根，则$\alpha^2+p\alpha+q=0,2\alpha+p\neq0$.

从方程(12.84)可看出：方程(12.84)左边的最高次数应是$Q'(x)$的次数，因为$p_m(x)$的次数为m次，要使方程(12.84)成立，$Q'(x)$的次数应为m，则$Q(x)$的次数应为$m+1$，此时可令

$$Q(x) = xQ_m(x)$$

从而得到所求的特解形式为

$$y^* = xQ_m(x)e^{\alpha x}$$

③α是特征方程$r^2+pr+q=0$的重根，则有$\alpha^2+p\alpha+q=0,2\alpha+p=0$.

要使得方程(12.84)成立，$Q''(x)$的次数必须是m次，所以$Q(x)$的次数应为$m+2$. 此时可令特解形式为

$$y^* = x^2Q_m(x)$$

综上所述，我们有如下结论：

$y''+py'+qy=p_m(x)e^{\alpha x}$的特解形式为

$$y^* = x^kQ_m(x)e^{\alpha x}$$

①α不是$r^2+pr+q=0$的根，$k=0$.

②α是$r^2+pr+q=0$的单根，$k=1$.

③α是$r^2+pr+q=0$的重根，$k=2$.

例 12.39　求$y''-5y'=-5x^2+2x$的通解.

解　对应齐次方程的特征方程为$r^2-5r=0$，特征根为$r_1=0,r_2=5$.

所以齐次方程的通解为　$y=c_1+c_2e^{5x}$.

又由于$\alpha=0$是单特征根，故非齐次方程的特解设为

$$y^* = x(Ax^2+Bx+C)$$

将$y^*,y^{*\prime},y^{*\prime\prime}$代入方程$y''-5y'=-5x^2+2x$，比较方程两端$x$的同次幂系数，得

$$A=\frac{1}{3},B=C=0$$

所以特解为　$y^*=\frac{1}{3}x^3$

故所求方程的通解为$y=c_1+c_2e^{5x}+\frac{1}{3}x^3$.

例 12.40　求方程$y''-2y'+y=4xe^x$的通解.

解　对应齐次方程的特征方程为$r^2-2r+1=0$，特征根为$r_1=r_2=1$. 所以原方程对应的齐次方程的通解为$y=(c_1+c_2x)e^x$.

又因$\alpha=1$是特征方程的二重根，所以原方程的特解设为

$$y^* = x^2(Ax+B)e^x$$

将$y^*,y^{*\prime},y^{*\prime\prime}$代入方程$y''-2y'+y=4xe^x$，比较方程两端$x$的同次幂系数，得

$$A=\frac{2}{3},B=0$$

所以原方程的特解为　$y^*=\frac{2}{3}x^3e^x$

故原方程的通解为 $y=(c_1+c_2x)e^x+\frac{2}{3}x^3e^x$.

例 12.41 求 $y''-2y'-3y=3x+1+e^{-x}$ 的通解.

解 对应齐次方程的特征方程为 $r^2-2r-3=0$,特征根为 $r_1=-1,r_2=3$. 所以原方程所对应的齐次方程的通解为 $y=c_1e^{-x}+c_2e^{3x}$.

$y''-2y'-3y=3x+1+e^{-x}$ 的特解 y^* 等于 $y''-2y'-3y=3x+1$ 的特解 y_1^* 和 $y''-2y'-3y=e^{-x}$ 的特解 y_2^* 的和,即 $y^*=y_1^*+y_2^*$.

不难求出:$y_1^*=-x+\frac{1}{3}$,$y_2^*=-\frac{1}{4}xe^{-x}$.

所以原方程的一个特解为:$y^*=y_1^*+y_2^*=-x+\frac{1}{3}-\frac{1}{4}xe^{-x}$.

故原方程的通解为 $y=c_1e^{-x}+c_2e^{3x}-x+\frac{1}{3}-\frac{1}{4}xe^{-x}$.

12.10.3 $f(x)=e^{\alpha x}[P_m(x)\cos\beta x+P_n(x)\sin\beta x]$型

根据欧拉公式,有

$$\cos\beta x=\frac{e^{i\beta x}+e^{-i\beta x}}{2},\sin\beta x=\frac{e^{i\beta x}-e^{-i\beta x}}{2i}$$

于是

$$\begin{aligned}f(x)&=e^{\alpha x}\left[P_m(x)\frac{e^{i\beta x}+e^{-i\beta x}}{2}+P_n(x)\frac{e^{i\beta x}-e^{-i\beta x}}{2i}\right]\\&=\left(\frac{P_m(x)}{2}+\frac{P_n(x)}{2i}\right)e^{(\alpha+i\beta)x}+\left(\frac{P_m(x)}{2}-\frac{P_n(x)}{2i}\right)e^{(\alpha-i\beta)x}\\&=\left(\frac{P_m(x)}{2}-\frac{P_n(x)}{2}i\right)e^{(\alpha+i\beta)x}+\left(\frac{P_m(x)}{2}+\frac{P_n(x)}{2}i\right)e^{(\alpha-i\beta)x}\\&=P_s(x)e^{(\alpha+i\beta)x}+\overline{P}_s(x)e^{(\alpha-i\beta)x}\end{aligned}$$

其中,$s=\max(m,n)$,$P_s(x)$,$\overline{P}_s(x)$是互为共轭的复多项式.

因为 $y''+py'+qy=P_s(x)e^{(\alpha+i\beta)x}$的特解形式为

$$y_1^*=x^kQ_s(x)e^{(\alpha+i\beta)x}\tag{12.86}$$

式(12.86)中 k 的取值按 $\alpha+i\beta$ 不是特征方程 $r^2+pr+q=0$ 的根或单根分别取 0 或 1.

同理,$y''+py'+qy=\overline{P}_s(x)e^{(\alpha-i\beta)x}$的特解形式为

$$y_2^*=x^k\overline{Q}_s(x)e^{(\alpha-i\beta)x}\tag{12.87}$$

其中,k 的取值根据 $\alpha-i\beta$ 不是 $r^2+pr+q=0$ 的根或是单根而取 0 或 1.

$Q_s(x)$与 $\overline{Q}_s(x)$互为共轭的复多项式. 根据解的叠加原理,方程(12.82)的一个特解为

$$\begin{aligned}y^*&=y_1^*+y_2^*=x^k(Q_s(x)e^{(\alpha+i\beta)x}+\overline{Q}_s(x)e^{(\alpha-i\beta)x})\\&=x^k[(R_s^{(1)}(x)+iR_s^{(2)}(x))(\cos\beta x+i\sin\beta x)+\\&\quad(R_s^{(1)}(x)-iR_s^{(2)}(x))(\cos\beta x-i\sin\beta x)]e^{\alpha x}\\&=x^ke^{\alpha x}[(R_s^{(1)}(x)\cos\beta x-R_s^{(2)}(x)\sin\beta x)+(R_s^{(1)}(x)\cos\beta x-R_s^{(2)}(x)\sin\beta x)]\\&=x^ke^{\alpha x}[2R_s^{(1)}(x)\cos\beta x-2R_s^{(2)}(x)\sin\beta x]\\&=x^ke^{\alpha x}[(r_s^{(1)}(x)\cos\beta x+r_s^{(2)}(x)\sin\beta x)\end{aligned}$$

其中，$r_s^{(1)}(x) = 2R_s^{(1)}(x)$，$r_s^{(2)}(x) = -2R_s^{(2)}(x)$.

综上所述，$y''+py'+qy=e^{\alpha x}[P_m(x)\cos\beta x+P_n(x)\sin\beta x]$的特解形式为

$$y^* = x^k e^{\alpha x}[(r_s^{(1)}(x)\cos\beta x + r_s^{(2)}(x)\sin\beta x] \tag{12.88}$$

其中，$s=\max(m,n)$，$r_s^{(1)}(x)$，$r_s^{(2)}(x)$都是 s 次多项式.

$\alpha\pm i\beta$ 不是特征方程 $r^2+pr+q=0$ 的根，$k=0$；

$\alpha\pm i\beta$ 是特征方程 $r^2+pr+q=0$ 的根，$k=1$.

注意

①$P_m(x)$，$P_n(x)$中有一个恒为 0，原方程的特解仍具有式(12.88)的形式，不能当 $P_m(x)\equiv 0$或 $P_n(x)\equiv 0$ 时，就令特解形式(12.88)中 $r_s^{(1)}(x)\equiv 0$ 或 $r_s^{(2)}(x)\equiv 0$.

②$y''+py'+qy=e^{\alpha x}[P_m(x)\cos\beta_1 x+P_n(x)\sin\beta_2 x]$的特解 y^* 应根据解的叠加原理求出.

设 $y''+py'+qy=e^{\alpha x}P_m(x)\cos\beta_1 x$ 的特解为 y_1^*，$y''+py'+qy=e^{\alpha x}P_n(x)\sin\beta_2 x$ 的特解为 y_2^*.

则原方程的特解为 $y^*=y_1^*+y_2^*$.

例 12.42　求方程 $y''+y'-2y=e^x(\cos x-7\sin x)$的通解.

解　方程对应齐次方程的特征方程为 $r^2+r-2=0$，特征根为 $r_1=1$，$r_2=-2$.
所以齐次方程的通解为：$y=c_1e^x+c_2e^{-2x}$.

又因为 $1\pm i$ 不是特征方程的根，所以原方程的特解形式设为

$$y^* = e^x(A\cos x + B\sin x)$$

则有

$$y^{*\prime} = e^x((A+B)\cos x + (B-A)\sin x)$$

$$y^{*\prime\prime} = e^x(2B\cos x - 2A\sin x)$$

将 $y^{*\prime\prime}$，$y^{*\prime}$，y^* 代入原方程，得

$$(3B-A)\cos x - (3A+B)\sin x = \cos x - 7\sin x$$

所以

$$\begin{cases} -A+3B=1 \\ -3A-B=-7 \end{cases}$$

解得

$$A=2, B=1$$

所以得到原方程的一个特解为 $y^*=e^x(2\cos x+\sin x)$.
故原方程的通解为 $y=c_1e^x+c_2e^{-2x}+e^x(2\cos x+\sin x)$.

例 12.43　求方程 $y''+y=2\sin x$ 的通解.

解　齐次方程的特征方程为 $\lambda^2+1=0$，所以特征根为 $\lambda_{1,2}=\pm i$.

于是齐次方程的通解为 $y=c_1\cos x+c_2\sin x$.

由于 i 是特征方程的单根，所以原方程的特解设为

$$y^* = x(A\cos x + B\sin x)$$

将 $y^{*\prime\prime}$，$y^{*\prime}$，y^* 代入原方程得

$$A=-1, B=0$$

所以原方程的特解为 $y^*=-x\cos x$.
故原方程的通解为 $y=c_1\cos x+c_2\sin x-x\cos x$.

例 12.44　求方程 $y''+y=\cos 2x+2\sin x$ 的通解.

解　齐次方程的特征方程为 $\lambda^2+1=0$，所以特征根为 $\lambda_{1,2}=\pm i$.

从而齐次方程的通解为:$y=c_1\cos x+c_2\sin x$.

设 $y''+y=\cos 2x$ 的一个特解为 y_1^*,由于 $2i$ 不是特征方程的根,所以 y_1^* 设为

$$y_1^*=A\cos 2x+B\sin 2x$$

将它代入方程 $y''+y=\cos 2x$ 得

$$y_1^*=-\frac{1}{3}\cos 2x$$

同理,可求得 $y''+y=2\sin x$ 的一个特解 y_2^* 为 $y_2^*=-x\cos x$.

所以原方程的一个特解为 $y^*=y_1^*+y_2^*=-\left(x\cos x+\frac{1}{3}\cos 2x\right)$.

故原方程的通解为 $y=c_1\cos x+c_2\sin x-\left(x\cos x+\frac{1}{3}\cos 2x\right)$.

习题 12.10

A 组

1. 求解下列微分方程的通解.

(1) $y''-y'-2y=3x$

(2) $y''-6y'+9y=e^{3x}(x+1)$

(3) $y''+4y=\sin 2x$

(4) $y''-2y'+5y=e^x\sin 2x$

2. 求下列微分方程满足初始条件的解.

(1) $y''-3y'+2y=5, y(0)=1, y'(0)=2$

(2) $y''-y=4xe^x, y(0)=0, y'(0)=1$

B 组

1. 求解下列微分方程的通解.

(1) $y''+y=x\cos 2x$　　(2) $y''-2y'=2\cos^2 x$

2. 求微分方程 $y''+y=\sin 2x, y\left(\frac{\pi}{2}\right)=1, y'\left(\frac{\pi}{2}\right)=0$ 的特解.

3. 设 $\phi(x)=e^x-\int_0^x(x-u)\phi(u)\,du$,其中 $\phi(x)$ 为连续函数,求 $\phi(x)$.

12.11　微分方程的幂级数解法

当微分方程的解不能用初等函数或积分式表达时,还可以用其他方法求解. 常用幂级数解法和数值解法. 本节简单地介绍微分方程的幂级数解法.

设微分方程的解 $y(x)$ 可展开成幂级数

$$y(x) = \sum_{k=0}^{\infty} a_k x_k = a_0 + a_1 x + a_2 x^2 + \cdots + a_k x^k + \cdots \qquad (12.89)$$

其中,$a_0, a_1, \cdots, a_k, \cdots$是待定系数. 将式(12.89)代入微分方程便得一恒等式,再比较等式两端 x 的同次幂的系数,就可以确定常数 $a_0, a_1, a_2, \cdots$. 以这些常数为系数的幂级数(12.89)在其收敛域上表示的和函数就是所求微分方程的解.

例 12.45　求微分方程满足$\dfrac{dy}{dx} = x + y$,满足 $y(0) = 1$ 的特解.

解　设微分方程的解为

$$y = a_0 + a_1 x + a_2 x^2 + \cdots + a_n x^n + a_{n+1} x^{n+1} + \cdots$$

则

$$y' = a_1 + 2a_2 x + \cdots + n a_n x^{n-1} + (n+1) a_{n+1} x^n + \cdots$$

将 y 及 y'代入原方程得

$$a_1 + 2a_2 x + \cdots + n a_n x^{n-1} + (n+1) a_{n+1} x^n + \cdots$$

$$= 1 + (a_1 + 1)x + a_2 x^2 + \cdots + a_n x^n + a_{n+1} x^{n+1} + \cdots$$

比较上式两端 x 的同次幂的系数,得

$$a_1 = 1, 2a_2 = a_1 + 1, \cdots, n a_n = a_{n-1} \cdots,$$

即

$$a_1 = 1, 2a_2 = 1, \cdots, a_n = \frac{a_{n-1}}{n}, \cdots$$

即

$$a_1 = 1, a_2 = \frac{2}{2!}, a_3 = \frac{a_2}{3} = \frac{2}{3!}, \cdots, a_n = \frac{2}{n!}, \cdots$$

将 $y(0) = 1$ 代入,可得 $a_0 = 1$.

原方程幂级数解为

$$y = 1 + x + \frac{2}{2!}x^2 + \frac{2}{3!}x^3 + \cdots + \frac{2}{n!}x^n + \cdots,$$

$$= 2e^x - x - 1$$

例 12.46　求微分方程 $y'' - xy = 0$ 满足初条件 $y(0) = 0, y'(0) = 1$ 的特解.

解　设方程的解为

$$y = a_0 + a_1 x + a_2 x^2 + \cdots + a_n x^n + \cdots$$

则有

$$y' = a_1 + 2a_2 x + \cdots + n a_n x^{n-1} + \cdots$$

$$y'' = 2a_2 + 3 \cdot 2a_3 x + \cdots + n(n-1) a_n x^{n-2} + \cdots$$

由初始条件 $y(0) = 0, y'(0) = 1$,可得

$$a_0 = 0, a_1 = 1$$

将 y, y''代入原方程,得

$$2a_2 + 3 \cdot 2a_3 x + (4 \cdot 3a_4 - 1)x^2 + (5 \cdot 4a_5 - a_2)x^3 (6 \cdot 5a_6 - a_3)x^4 + \cdots +$$

$$[(n+2)(n+1)a_{n+2} - a_{n-1}]x^n + \cdots = 0$$

比较恒等式两端 x 得同次幂的系数,得

$$2a_2 = 0, 3 \cdot 2a_3 = 0, 4 \cdot 3a_4 - 1 = 0, \cdots, (n+2)(n+1)a_{n+2} - a_{n-1} = 0, \cdots$$

它们的规律为

$$a_2 = a_3 = a_5 = a_8 = a_9 = \cdots = 0,$$

$$a_4 = \frac{1}{4 \cdot 3}, a_7 = \frac{a_4}{7 \cdot 6} = \frac{1}{7 \cdot 6 \cdot 4 \cdot 3},$$

$$a_{10}=\frac{a_7}{10\cdot 9}=\frac{1}{10\cdot 9\cdot 7\cdot 6\cdot 4\cdot 3},\cdots$$

即
$$a_{3n-1}=a_{3n}=0,a_1=1,\ a_{3n+1}=\frac{1}{(3n+1)\cdot 3n}a_{3n-2}$$

故所求特解为

$$y=x+\frac{1}{4\cdot 3}x^4+\frac{1}{7\cdot 6\cdot 4\cdot 3}x^7+\frac{1}{10\cdot 9\cdot 7\cdot 6\cdot 4\cdot 3}x^{10}+\cdots+$$
$$\frac{1}{(3n+1)3n\cdots 10\cdot 9\cdot 7\cdot 6\cdot 4\cdot 3}x^{3n+1}+\cdots$$

习题 12.11

A 组

试用幂级数解法求下列微分方程的解.

(1) $y'-xy-x=1$.

(2) $y''-xy'+y=0$.

B 组

试用幂级数解法求下列微分方程的解.

(1) $xy''+y'+xy=0,y(0)=1,y'(0)=0$.

(2) $x''(t)-x\cos t=0,x(0)=a,x'(0)=0$.

*12.12 欧拉方程

一般求解变系数的线性微分方程是不容易的,但有些特殊的变系数线性微分方程可以通过变量代换转换为常系数线性微分方程,此时容易求解. 欧拉方程就是其中的一种.

形如

$$x^n y^{(n)}+p_1x^{n-1}y^{(n-1)}+p_2x^{n-2}y^{(n-2)}+\cdots+p_{n-1}xy'+p_ny=f(x) \tag{12.90}$$

的方程($p_1,p_2,\cdots,p_n$ 为常数)称为欧拉方程. 欧拉通过变量代换 $x=e^t$ 将其化为常系数线性微分方程进行求解,下面介绍其解法.

设 $x=e^t$ 或 $t=\ln x$,则有

$$\frac{dy}{dx}=\frac{dy}{dt}\frac{dt}{dx}=\frac{1}{x}\frac{dy}{dt} \tag{12.91}$$

$$\frac{d^2y}{dx^2}=\frac{d}{dx}\left(\frac{dy}{dx}\right)=\frac{d}{dx}\left(\frac{1}{x}\frac{dy}{dt}\right)=\frac{1}{x^2}\left(\frac{d^2y}{dt^2}-\frac{dy}{dt}\right) \tag{12.92}$$

$$\frac{d^3y}{dx^3}=\frac{1}{x^3}\left(\frac{d^3y}{dt^3}-3\frac{d^2y}{dt^2}+2\frac{dy}{dt}\right) \tag{12.93}$$

一般用 D 表示对 t 的求导运算 $\frac{d}{dt}$(D 称为微分算子),则式(12.91),式(12.92),式

(12.93)可写为

$$xy' = \frac{dy}{dt} = Dy$$

$$x^2y'' = \frac{d^2y}{dt^2} - \frac{dy}{dt} = \left(\frac{d^2}{dt^2} - \frac{d}{dt}\right)y = (D^2 - D)y = D(D-1)y$$

$$x^3y''' = (D^3 - 3D^2 + 2D)y = D(D-1)(D-2)y$$

一般地,有

$$x^ky^{(k)} = D(D-1)(D-2)\cdots(D-k+1)y$$

由此可见,微分算子可按多项式计算,把它们代入欧拉方程,便得到一个以 t 为自变量的常系数线性微分方程,求出此方程的解之后,把 t 代回 x,即得原方程的解.

例 12.47　求方程 $x^2y''-4xy'+6y=2\ln x$ 的通解.

解　设 $x=e^t$ 或 $t=\ln x$,则原方程变为

$$D(D-1)y - 4Dy + 6y = 2t$$

$$D^2y - 5Dy + 6y = 2t$$

即

$$\frac{d^2y}{dt^2} - 5\frac{dy}{dt} + 6y = 2t \tag{12.94}$$

首先求(12.94)所对应的齐次方程 $\frac{d^2y}{dt^2}-5\frac{dy}{dt}+6y=0$ 通解.

特征方程为 $r^2-5r+6=0$,特征根为 $r_1=2,r_2=3$,所以齐次方程通解为 $y=c_1e^{2t}+c_2e^{3t}$.

再求非齐次方程(12.94)的特解.

设方程(12.94)的特解为 $y^*=At+B$,代入方程(12.94),得

$$A = \frac{1}{3}, B = \frac{5}{18}$$

所以方程(12.94)的特解为:$y^*=\frac{1}{3}t+\frac{5}{18}$,从而得到方程(12.94)的通解为 $y=c_1e^{2t}+c_2e^{3t}+\frac{t}{3}+\frac{5}{18}$.

将上式中的 t 换回 x 得到原方程的通解为 $y=c_1x^2+c_2x^3+\frac{1}{3}\ln x+\frac{5}{18}$.

习题 12.12

A 组

求下列微分方程的通解.

(1) $x^2y''-2y=2x\ln x$　　(2) $(x+1)^2y''-2(x+1)y'+2y=0$

B 组

求下列微分方程满足初始条件的特解.

(1) $x^2y''-xy'+y=x\ln x, y(1)=1, y'(1)=1$

(2) $x^3y''+3x^2y''+6xy'=0, y(0)=0, y'(0)=0, y''(1)=1$

*12.13 线性微分方程组

前面几节研究了含有一个未知函数的微分方程的解法. 但在很多实际与理论问题中,还需求由几个微分方程联立起来共同确定几个具有同一自变量的函数的情形,这些联立的微分方程称为微分方程组. 如已知在平面上运动的质点 $P(x,y)$ 的速度与时间 t 及点的坐标 (x,y) 的关系为

$$\begin{cases} v_x = f_1(t,x,y) \\ v_y = f_2(t,x,y) \end{cases}$$

且质点在时刻 t_0 经过点 (x_0,y_0),求该质点的运动轨迹.

此问题其实就是求微分方程组

$$\begin{cases} \dfrac{\mathrm{d}x}{\mathrm{d}t} = f_1(t,x,y) \\ \dfrac{\mathrm{d}y}{\mathrm{d}t} = f_2(t,x,y) \end{cases} \tag{12.95}$$

满足初始条件 $x(t_0)=x_0, y(t_0)=y_0$ 的解 $x(t), y(t)$.

又如 $\dfrac{\mathrm{d}^2\theta}{\mathrm{d}t^2} = -\dfrac{g}{l}\sin\theta$ 是一个二阶微分方程,但如果令 $\dfrac{\mathrm{d}\theta}{\mathrm{d}t}=\omega$,则上式可化成方程组

$$\begin{cases} \dfrac{\mathrm{d}\theta}{\mathrm{d}t} = \omega \\ \dfrac{\mathrm{d}\omega}{\mathrm{d}t} = -\dfrac{g}{l}\sin\theta \end{cases} \tag{12.96}$$

方程组(12.95)、(12.96)有一个共同点:方程组中出现未知函数的导数都是一阶的,称这样的微分方程组为一阶微分方程组. 含有 n 个未知函数 $y_1, y_2, \cdots, y_n$ 的一阶微分方程组的一般形式为

$$\begin{cases} \dfrac{\mathrm{d}y_1}{\mathrm{d}x} = f_1(x,y_1,y_2,\cdots,y_n) \\ \dfrac{\mathrm{d}y_2}{\mathrm{d}x} = f_2(x,y_1,y_2,\cdots,y_n) \\ \cdots \\ \dfrac{\mathrm{d}y_n}{\mathrm{d}x} = f_n(x,y_1,y_2,\cdots,y_n) \end{cases} \tag{12.97}$$

如果方程(12.97)中的 $f_i(x,y_1,y_2,\cdots,y_n)$, $(1 \leqslant i \leqslant n)$ 关于 $y_1, y_2, \cdots, y_n$ 是线性的,则方程组(12.97)可写为

$$\begin{cases}\dfrac{dy_1}{dx}=a_{11}(x)y_1+a_{12}(x)y_2+\cdots+a_{1n}(x)y_n+f_1(x)\\ \dfrac{dy_2}{dx}=a_{21}(x)y_1+a_{22}(x)y_2+\cdots+a_{2n}(x)y_n+f_2(x)\\ \cdots\\ \dfrac{dy_n}{dx}=a_{n1}(x)y_1+a_{n2}(x)y_2+\cdots+a_{2n}(x)y_n+f_n(x)\end{cases}$$

任意一个 n 阶线性方程

$$y^{(n)}+p_1(x)y^{(n-1)}+\cdots+p_{n-1}(x)y'+p_n(x)y=f(x) \tag{12.98}$$

都可通过代换 $y'=y_1,y''=y_2,\cdots,y^{(n-1)}=y_{n-1}$ 化成线性微分方程组：

$$\begin{cases}\dfrac{dy}{dx}=y_1\\ \dfrac{dy_1}{dx}=y_2\\ \cdots\\ \dfrac{dy_{n-2}}{dx}=y_{n-1}\\ \dfrac{dy_{n-1}}{dx}=-p_1(x)y_{n-1}-\cdots-p_{n-1}(x)y_1-p_n(x)y+f(x)\end{cases} \tag{12.99}$$

一般求解变系数线性微分方程组相当困难，这里只举例说明常系数线性微分方程组的解法.

例 12.48　解微分方程组：

$$\begin{cases}\dfrac{dx}{dt}=3x-2y & (12.100)\\ \dfrac{dy}{dt}=2x-2y+2e^t & (12.101)\end{cases}$$

解　由式(12.100)，得

$$y=\frac{3}{2}x-\frac{1}{2}\frac{dx}{dt} \tag{12.102}$$

将式(12.102)两端对 t 求导，得

$$\frac{dy}{dt}=\frac{3}{2}\frac{dx}{dt}-\frac{1}{2}\frac{d^2x}{dt^2} \tag{12.103}$$

将式(12.102)及式(12.103)代入式(12.101)并简化得

$$\frac{d^2x}{dt^2}-\frac{dx}{dt}-2x=-4e^t \tag{12.104}$$

方程(12.104)是一个二阶常系数非齐次线性方程，求得它的通解为

$$x=c_1e^{2t}+c_2e^{-t}+2e^t \tag{12.105}$$

因此

$$\frac{dx}{dt}=2c_1e^{2t}-c_2e^{-t}+2e^t$$

将 $x,\dfrac{dx}{dt}$ 代入式(12.102)，得

$$y = \frac{1}{2}(c_1e^{2t} + c_2e^{-t} + 2e^t) - \frac{1}{2}(2c_1e^{2t} - c_2e^{-t} + 2e^t)$$

$$= \frac{1}{2}c_1e^{2t} + 2c_2e^{-t} + 2e^t \tag{12.106}$$

将式(12.105),式(12.106)联立起来得所求的方程组的通解

$$\begin{cases} x = c_1e^{2t} + c_2e^{-t} + 2e^t, \\ y = \frac{1}{2}c_1e^{2t} + 2c_2e^{-t} + 2e^t \end{cases}$$

例 12.49　解微分方程组:

$$\begin{cases} \frac{dx}{dt} = y \\ \frac{dy}{dt} = x \end{cases}$$

解　将原方程两式相加,得

$$\frac{d(x+y)}{dt} = x + y$$

即

$$\frac{d(x+y)}{x+y} = dt \tag{12.107}$$

将方程(12.107)两端积分,得

$$\ln(x+y) = t + \ln c_1$$

即

$$x + y = c_1e^t \tag{12.108}$$

又将原方程两式相减得$\frac{d(x-y)}{dt} = -(x-y)$,即

$$\frac{d(x-y)}{x-y} = -dt \tag{12.109}$$

将方程(12.109)两端积分,得

$$\ln(x-y) = -t + \ln c_2$$

即

$$x - y = c_2e^{-t} \tag{12.110}$$

联立方程(12.108),(12.110),解得原方程组的通解为

$$\begin{cases} x = \frac{1}{2}(c_1e^t + c_2e^{-t}) \\ y = \frac{1}{2}(c_1e^t - c_2e^{-t}) \end{cases}$$

习题 12.13

A 组

求下列微分方程的通解.

(1) $\begin{cases}\dfrac{dy}{dx}=3y-2z\\ \dfrac{dz}{dx}=2y-z\end{cases}$　　(2) $\begin{cases}\dfrac{dx}{dt}+y-2x=6e^{-t}\\ \dfrac{d^2x}{dt^2}+\dfrac{d^2y}{dt^2}-2\dfrac{dx}{dt}=0\end{cases}$

B组

求微分方程组满足初始条件的解.

(1) $\begin{cases}\dfrac{dx}{dt}+3x-y=0, x(0)=1\\ \dfrac{dy}{dt}-8x+y=0, y(0)=4\end{cases}$　　(2) $\begin{cases}2\dfrac{dx}{dt}-4x+\dfrac{dy}{dt}-y=e^t, x(0)=\dfrac{3}{2}\\ \dfrac{dx}{dt}+3x+y=0, y(0)=2\end{cases}$

总习题12

1. 填空.

(1) $y'+y\tan x=\cos x$ 的通解为________.

(2) 已知曲线 $y=f(x)$ 过点 $\left(0,-\dfrac{1}{2}\right)$，且其上任一点 (x,y) 处的切线斜率为 $x\ln(1+x^2)$，则 $f(x)=$________.

(3) $y''+y=-2x$ 的通解为________，$y''-2y'+2y=e^x$ 的通解为________.

2. 选择题.

(1) 设 $y=f(x)$ 是方程 $y''-2y'+4y=0$ 的一个解，若 $f(x_0)>0$，且 $f'(x_0)=0$，则 $f(x)$ 在 x_0 处(　　).

A. 取得极大值　　B. 取得极小值

C. 在某个邻域内单调增加　　D. 在某个邻域内单调减少

(2) 设 $y''+p(x)y'+q(x)y=f(x)$ 的三个线性无关的解 y_1, y_2, y_3，则该方程的通解为(　　).

A. $c_1y_1+c_2y_2+y_3$　　B. $c_1y_1+c_2y_2-(c_1+c_2)y_3$

C. $c_1y_1+c_2y_2-(1-c_1-c_2)y_3$　　D. $c_1y_1+c_2y_2+(1-c_1-c_2)y_3$

(3) 若 $f(x)$ 满足 $f(x)=\int_0^{2x}f\left(\dfrac{t}{2}\right)dt+\ln 2$，则 $f(x)=$(　　).

A. $e^x\ln 2$　　B. $e^{2x}\ln 2$　　C. $e^x+\ln 2$　　D. $e^2+\ln 2x$

(4) $y=f(x)$ 在任意点 x 处的增量 $\Delta y=\dfrac{y\Delta x}{1+x^2}+\alpha$，且当 $\Delta x\to 0$ 时，α 是 Δx 的高阶无穷小，$y(0)=\pi$，则 $y(1)=$(　　).

A. 2π　　B. π　　C. $e^{\frac{\pi}{4}}$　　D. $\pi e^{\frac{\pi}{4}}$

3. 设在第一象限中有一曲线 $y=f(x)$，从这条曲线上的任一点 C 所作纵轴垂线(垂足为 B)与纵轴及曲线本身三者包围的面积 $S_{\triangle ABC}$ 等于矩形 $OBCD$ 的面积的 $\dfrac{1}{3}$，如图12.15所示. 求此曲线方程.

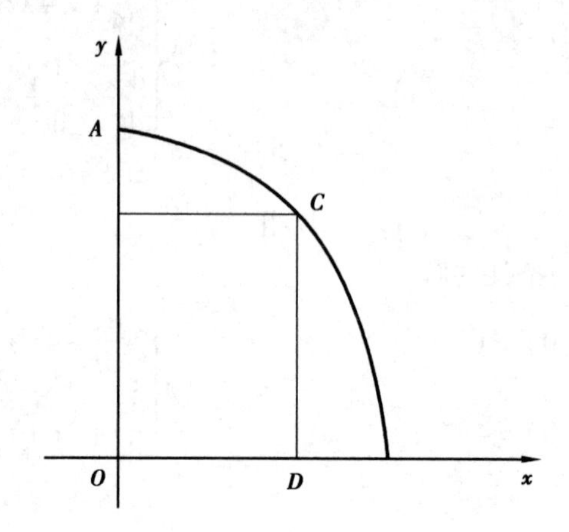

图 12.15

4. 若 $F(x)$ 是 $f(x)$ 的一个原函数, $G(x)$ 是 $\dfrac{1}{f(x)}$ 的一个原函数,且 $F(x)\cdot G(x)=-1$, $f(0)=1$. 求 $f(x)$.

5. 设可导函数 $f(x)$ 对任何 x,y 恒有 $f(x+y)=\mathrm{e}^{y}f(x)+\mathrm{e}^{x}f(y)$ 且 $f'(0)=2$,求 $f(x)$.

6. 求可导的函数 $f(x)$,使之满足 $f(x)=x+\int_0^x tf'(x-t)\,\mathrm{d}t$.

7. 在上半平面上求一条向上凹的曲线,其上任一点 $p(x,y)$ 处的曲率等于此曲线在该点的法线段 pQ 长度的倒数(Q 是法线与 x 轴的交点)且(1,1)处的切点与 x 轴平行.

8. 设物体 A 从点(0,1)出发,以速度大小为常数 v 沿 y 轴正向运动,物体 B 从点(-1,0)与 A 同时出发,其速度大小为 $2v$,方向始终指向 A,试建立物体 B 的运动轨迹所满足的微分方程,并写出初始条件.

9. 求 $x+yy'=f(x)\ g(\sqrt{x^2+y^2})$ 的通解.

10. 已知 $f(x)$ 是定义在 $(0,+\infty)$ 内的连续函数,当 $x>0,y>0$ 时,有关系式 $\int_1^{xy}f(t)\,\mathrm{d}t=y\int_1^x f(t)\,\mathrm{d}t+x\int_1^y f(t)\,\mathrm{d}t$, 且 $f(1)=3$,求 $f(x)$.

参考文献

[1] 同济大学数学系. 高等数学[M]. 6 版. 北京:高等教育出版社,2007.
[2] 段正敏,易正俊. 高等数学[M]. 北京:高等教育出版社,2007.
[3] Richard A. Hunt. Calculus[M]. 2nd ed. PROFESSIONAL EDITION, 1994.
[4] 电子科技大学应用数学系. 一元微积分与微分方程[M]. 成都:电子科技大学出版社,1997.
[5] 陈传璋,金福临,等. 数学分析[M]. 北京:高等教育出版社,1983.